中 外 物 理 学 精 品 书 系

本 书 出 版 得 到 " 国 家 出 版 基 金 " 资 助

U0196814

国家出版基金项目
NATIONAL PUBLICATION FOUNDATION

中 外 物 理 学 精 品 书 系

前 沿 系 列 · 65

有限晶体中的电子态：

Bloch 波的量子限域

（第二版）

〔美〕任尚元　著

北京大学出版社
PEKING UNIVERSITY PRESS

图书在版编目 (CIP) 数据

有限晶体中的电子态：Bloch 波的量子限域 /（美）任尚元著 . — 2 版 . —北京：北京大学出版社，2023.2
（中外物理学精品书系）
ISBN 978–7–301–33585–7

Ⅰ . ①有… Ⅱ . ①任… Ⅲ . ①固体理论 Ⅳ . ① O481

中国版本图书馆 CIP 数据核字 (2022) 第 211262 号

书 名	有限晶体中的电子态：Bloch 波的量子限域（第二版）	
	YOUXIAN JINGTI ZHONG DE DIANZITAI: Bloch BO DE LIANGZI XIANYU（DI–ER BAN）	
著作责任者	〔美〕任尚元 著	
责 任 编 辑	顾卫宇	
标 准 书 号	ISBN 978–7–301–33585–7	
出 版 发 行	北京大学出版社	
地 址	北京市海淀区成府路 205 号 100871	
网 址	http://www.pup.cn 新浪微博：@ 北京大学出版社	
电 子 信 箱	zpup@pup.pku.edu.cn	
电 话	邮购部 010–62752015 发行部 010–62750672 编辑部 010–62752021	
印 刷 者	北京中科印刷有限公司	
经 销 者	新华书店	
	787 毫米 ×1092 毫米 16 开本 19 印张 394 千字	
	2006 年 5 月第 1 版	
	2023 年 2 月第 2 版 2023 年 2 月第 1 次印刷	
定 价	60.00 元	

序　言

　　物理学是研究物质、能量以及它们之间相互作用的科学。她不仅是化学、生命、材料、信息、能源和环境等相关学科的基础,同时还与许多新兴学科和交叉学科的前沿紧密相关。在科技发展日新月异和国际竞争日趋激烈的今天,物理学不再囿于基础科学和技术应用研究的范畴,而是在国家发展与人类进步的历史进程中发挥着越来越关键的作用。

　　我们欣喜地看到,随着中国政治、经济、科技、教育等各项事业的蓬勃发展,我国物理学取得了跨越式的进步,成长出一批具有国际影响力的学者,做出了很多为世界所瞩目的研究成果。今日的中国物理,正在经历一个历史上少有的黄金时代。

　　为积极推动我国物理学研究、加快相关学科的建设与发展,特别是集中展现近年来中国物理学者的研究水平和成果,在知识传承、学术交流、人才培养等方面发挥积极作用,北京大学出版社在国家出版基金的支持下于 2009 年推出了“中外物理学精品书系”项目。书系编委会集结了数十位来自全国顶尖高校及科研院所的知名学者。他们都是目前各领域十分活跃的知名专家,从而确保了整套丛书的权威性和前瞻性。

　　这套书系内容丰富、涵盖面广、可读性强,其中既有对我国物理学发展的梳理和总结,也有对国际物理学前沿的全面展示。可以说,“中外物理学精品书系”力图完整呈现近现代世界和中国物理科学发展的全貌,是一套目前国内为数不多的兼具学术价值和阅读乐趣的经典物理丛书。

　　“中外物理学精品书系”的另一个突出特点是,在把西方物理的精华要义“请进来”的同时,也将我国近现代物理的优秀成果“送出去”。这套丛书首次成规模地将中国物理学者的优秀论著以英文版的形式直接推向国际相关研究的主流领域,使世界对中国物理学的过去和现状有更多、更深入的了解,不仅充分展示出中国物理学研究和积累的"硬实力",也向世界主动传播我国科技文化领域不断创新发展的"软实力",对全面提升中国科学教育领域的国际形象起到一定的促进作用。

习近平总书记2020年在科学家座谈会上的讲话强调:"希望广大科学家和科技工作者肩负起历史责任,坚持面向世界科技前沿、面向经济主战场、面向国家重大需求、面向人民生命健康,不断向科学技术广度和深度进军。"中国未来的发展在于创新,而基础研究正是一切创新的根本和源泉。我相信"中外物理学精品书系"会持续努力,不仅可以使所有热爱和研究物理学的人们从书中获取思想的启迪、智力的挑战和阅读的乐趣,也将进一步推动其他相关基础科学更好更快地发展,为我国的科技创新和社会进步做出应有的贡献。

"中外物理学精品书系"编委会主任
中国科学院院士,北京大学教授
王恩哥
2022 年 7 月于燕园

内 容 提 要

  Bloch 波是一种比众所周知的平面波更为普遍的波的形式。本书在微分方程数学理论的基础上分析了这两种波的量子限域效应的根本性的不同：在 Bloch 波的量子限域里总是存在着与边界有关的电子态。正是由于这种与边界有关的电子态的存在，导致了在理想低维系统和有限晶体电子态研究里的远为丰富的物理内容。本书一些结论与固体物理学界的传统看法有很大不同。

  作为一个单电子和无自旋的理论，本书的理论是一个比以 Bloch 定理为基础的传统的固体物理学里晶体中的电子态理论和量子力学里经典的无限深方势阱问题的理论都更为普遍的解析理论：新理论包含了这两个经典理论各自的核心物理内容，即前者的周期性和后者的存在边界和有限尺度。

  在处理其它周期性如一维声子晶体和一维光子晶体的有关物理问题时，本书里介绍的周期性 Sturm-Liouville 理论方法包括了有关数学理论近些年来的重要进展，与现在最为常用的转移矩阵方法相比，这是一个基础完全不同的数学方法。其中引入的比起经典的"微商"更为普遍的"准微商"数学概念，有可能在许多物理问题中得到广泛应用。

献给

黄昆先生, 谢希德先生

第二版序

关关雎鸠, 在河之洲。窈窕淑女, 君子好逑。

——《诗经·国风·周南·关雎》

晶体中的电子态的理论是固体物理学的重要基础。量子力学建立以后不久, 关于晶体中电子态的理论就在此基础上发展起来。传统固体物理学中的晶体中的电子态的基本理论已经建立了近百年。Bloch 最早认识到, 由于晶体里的原子排列是具有平移对称性的, 晶体中的电子态应当是一种新的形式的波。这种波后来被称作 Bloch 波。他建立的理论被称为 Bloch 定理, 是现代固体物理学里最基本和最重要的一条定理。

现代固体物理学是建立在 Bloch 定理的基础上的: 晶体里的 Bloch 波的能量形成能带, 能带之间有 Bloch 波不能存在的禁带, 由能带的配置决定晶体的各种物理性质。这一理论取得了巨大的成功 —— 各种各样的宏观固体的很多物理性质和物理过程都在这一理论的基础上得到了很好的认识。在这些认识的基础上, 发明和发展了许多新的电子元器件, 其中有一些已经给现代科学和技术带来了根本性的变革。如果说, 现代科学和技术的许多方面能发展到今天这个地步, 是得益于或甚至是完全建立在这个理论的成功的基础上的, 是并不过分的。能带理论也被认为是物理学在 20 世纪最重大的成就之一。

建立在 Bloch 定理的基础上的晶体中的电子态的理论实质上是一个无限晶体中的电子态的理论: 只有在无限晶体里的所有原子的排列才具有平移对称性。因为任何真实晶体的尺寸都是有限的, 这个传统的理论也就必然存在着一些非常基本的困难。特别是我们现在已经经常必须面对亚微米、纳米晶体这样一些尺度比过去常见的晶体小得多的晶体, 这些困难就变得更加突出。

按照 Bloch 定理, Bloch 波是所谓的行波。这些行波会向各个方向运动, 只有在晶体的尺度是无限大的情况下, 它们才会总是留在晶体里面。任何真实晶体都有一定的尺度和一定的边界。如果有限尺度的晶体里的电子态是 Bloch 波, 这些行波就会越过晶体的边界而流出, 晶体里会不断地失去电子。所以有限尺度的晶体中的电子态不可能是 Bloch 波。为了克服这一困难, 固体物理学中普遍采用的办法是对有限尺度的晶体加上一个周期性边条件。它的含义实际上表明, 如果一个电子从晶体的一个边界面流出, 它就同时会从相对的边界面流进来。这显然不真实, 在物理上也是不可能的。

任何一个真实的晶体都是有边界的。边界的存在有可能引起新的电子态的存在。1932 年, Tamm 认识到在一个半无限晶体的边界处可能存在另外一种电子态。这种新型的电子态 —— 在无限晶体中或在满足周期性边条件的晶体里是不存在的 —— 被称为表面态, 因为它们被局域在半无限晶体的表面附近。从那以后, 对于表面态及其相关问题的研究得到迅速发展, 成为固体物理和化学里面一个卓有成效的研究领域。现在人们已经清楚地认识到, 表面态的存在及其性质可能对固体的物理性质和固体中的物理过程有着重要影响。周期性边条件的假设是完全消除晶体边界效应的一个重大简化, 它不符合任何真实晶体的实际状况, 完全不能说明表面态的存在。这样一些非 Bloch 波态的存在必须要基于另外不同的理论考虑。这是固体物理学传统的电子态理论的另一个基本困难。直到现在, 固体物理学界对表面态及其相关问题的理论研究仍多采用半无限晶体的模型。因此, 传统固体物理学电子态理论的基本状况是对体内的电子态采用无限晶体模型, 对表面态则采用半无限晶体的模型。这和任何真实晶体的尺寸都是有限的这一众所周知的客观事实, 形成了非常鲜明的对比。

一个真实有限晶体中的电子态与晶体中的 Bloch 波之间的差别会随着晶体的尺度减小而变得愈加显著。能清楚认识一个真实的有限尺度晶体中的电子态, 在理论上和实际上都具有重要意义。既然有限尺度的晶体中的电子态不可能是 Bloch 波, 那么这些电子态究竟是什么? 这就是本书希望探索并且试图回答的问题。

建立一个有边界的低维系统或有限尺度晶体中的电子态的普遍理论一直被认为是一个相当困难的问题, 其主要障碍在于低维系统或有限晶体的原子排列不再具有平移对称性。因此, 过去绝大多数对于低维系统中电子态的理论研究, 都是采用近似方法或者用数值方法求解, 而且通常只针对某一种特定材料和 (或) 采用一个特定模型, 其中最广泛采用的近似方法之一就是有效质量近似方法。

量子限域是量子力学里最基本也最能显示量子力学特征的问题之一。一个几乎在任何初等量子力学教科书中都会讨论的问题 —— 所谓方势阱问题, 实际上就是最简单的平面波的量子限域的问题。这是一个在量子力学里早已被认识得很清楚的问题: 得到的普遍结论是当电子被完全限域在一个一定宽度的方势阱里时, 得到的所有电子态都是驻波态。这些电子态的能量 (从方势阱的底部算起) 只能取不为零的分立值, 它们都随着势阱的宽度变小而增加。由量子限域问题得到的一些概念和基本认识常被广泛地用于许多涉及量子力学的有关问题中。

因为无限晶体中的电子态是 Bloch 波, 低维系统或有限晶体中的电子态的理论问题也可以看做是一个 Bloch 波的量子限域的理论问题。Bloch 波可以看成是一种比平面波更加普遍的波的形式。对于这种更加普遍的形式的波，固体物理学界除了一些最基本的认识以外，实际上认识得相当有限。因而对于 Bloch 波的量子限域，固体物理学界最常用的做法就是直接搬用熟知的处理平面波的量子限域的做法，只是把晶体里的电子当作一个具有由特定晶体所决定的特定有限质量的电子。这就是前面提到的广泛采用的有效质量近似方法。这种做法严格来说在理论上是站不住脚的。但是因为过去缺乏对 Bloch 波的量子限域的清楚认识，这种做法相当普遍。而其得到的结果有时也和实验结果以及和其他途径比如说用数值方法求解所得相差甚远，甚至有可能完全矛盾。其根本原因就在于 Bloch 波是一种比平面波更加普遍的波的形式，并不就是简单的平面波。

近些年来数学家们在周期性微分方程相关领域里的研究取得了深入的进展，给我们提供了比过去更进一步认识清楚这个物理问题的可能性。在相关数学理论的基础上，作者提出了一个 Bloch 波的完全量子限域的新理论。从而认识到，Bloch 波的完全量子限域和平面波的完全量子限域有着根本性的不同。

这个理论给出了在数学上严格求解一维 Bloch 波的完全量子限域的普遍解析结果。一般来说高维 Bloch 波的完全量子限域的问题则要困难得多。但是在许多简单而又重要的情况下，许多重要结论也可以从有关数学定理再加上物理直观推断得到。

所得到的最基本的认识是：不同于平面波的量子限域的电子态都是驻波态，在一些简单而重要的情况下，Bloch 波的完全量子限域可能产生两种完全不同类型的电子态，即依赖于边界的电子态或依赖于尺度的电子态。

依赖于尺度的电子态就是 Bloch 波的驻波态，其数量、性质和能量由量子限域的尺度决定，与量子限域的边界位置无关。相应于 Bloch 波的每个能带都存在且只存在一个依赖于边界的电子态；这是一种不同类型的电子态，其性质和能量由量子限域的边界位置决定，与量子限域的尺度无关，并且可能处于 Bloch 波不能存在的禁带里。这是先在一维情况下得到的结果，后来在高维情况也得到了类似的认识。应当特别指出的是，即使在高维情况下，依赖于边界的电子态也总是一定存在的。只是我们对于其他的电子态是否是 Bloch 波的驻波态，以及如果是的话，又是怎样的 Bloch 波的驻波态的认识在目前看来还很不清楚。正是由于 Bloch 波的量子限域中依赖于边界的电子态的存在，才使得 Bloch 波的量子限域既和平面波的量子限域 —— 所有电子态都是与尺度有关的驻波态 —— 大不相同，也和传统固体物理学里普遍采用的周期性边条件的结果 —— 所有电子态都是 Bloch 波，禁带里是不能存在电子态的 —— 大不相同。前面说过的表面态就是依赖于边界的电子态的其中一种形式。因此，存在依赖于边界的电子态是 Bloch 波的量子限域的基本特征。这正是认识清楚低维系统和有限晶体电子态及其有关物理问题的最为关键的一点。

因为 Bloch 波可以看做是一种比平面波更加普遍的波的形式，Bloch 波的完全量子限域的新理论也比相应的平面波的量子限域 —— 即量子力学里的方势阱问题

—— 更为普遍。因此, 这些新的认识也增进和扩展了我们对于量子限域这一量子力学里的基本问题的理解。由于量子力学的基础性意义, 量子力学里任何可以严格解析求解的问题常常都可能具有十分重要的价值。量子力学已发展了近百年, 经过无数人的努力工作, 到现在新发现的能够严格解析求解的问题已经不多见了。一维 Bloch 波的完全量子限域可以在数学上严格解析求解, 增添了一个重要的、有相当普遍意义的例子。

理想低维系统和有限晶体是最简单的低维系统和有限晶体。在认识 Bloch 波的量子限域的基础上, 我们得以建立一个理想低维系统和有限晶体中的电子态的新理论。

这个新理论完全放弃了过去传统固体物理学普遍采用的周期性边条件, 因而不存在前面提到过的传统固体物理学的晶体中的电子态理论的基本困难。作为一个单电子和无自旋的理论, 它能够包容相应的传统固体物理学的晶体中的电子态的理论, 能够说明和解释相应的传统固体物理学的晶体中的电子态理论所能够说明和解释的所有问题。它还能说明和解释相应的传统固体物理学的晶体中的电子态理论完全不能说明的许多问题。

其中最基本的结论就是, 和传统固体物理学的晶体中的电子态的理论里所有电子态都是 Bloch 波完全不同, Bloch 波的量子限域中两种完全不同类型的电子态导致了低维系统和有限晶体中电子态的远为丰富的物理内容。正是由于有依赖于边界的电子态的存在, 低维系统和有限晶体中的电子态的性质可能与在固体物理学界里被广泛接受的有关低维系统中的电子态的一些认识 (例如由有效质量近似而得来的一些认识), 有根本性的区别。在此基础上, 有可能能够探索和理解低维系统和有限尺度晶体中电子态的一些最基本和最普遍的物理问题: 表面态和其他有关电子态的存在及其性质, 是这个理论的自然结论; 前面说到的尺度效应, 以及一些过去数值计算研究工作中得到的与有效质量近似完全矛盾、完全无法解释的结果都很容易地能得到认识和澄清; 这个理论对于许多固体物理学中的传统重要观念, 例如关于表面态的观念, 关于立方半导体的理想低维系统中禁带宽的观念等也提出了一些全新的看法。

另外, 这个新理论也提出了许多新的问题, 作出了新的预言。

其中一个自然的预言就是, 在晶体尺寸变得很小, 依赖于边界的电子态的作用变得重要而需要加以考虑时, 存在于宏观金属晶体和宏观半导体晶体之间的根本差别就可能会变得模糊。一个立方半导体的低维系统甚至有可能具有金属的导电性。

作者提出的许多新的和固体物理学界普遍看法大不相同的观念和预言, 其中一些已被其他作者的后续研究所逐渐证实。

一个理想的低维系统或有限晶体是一个真实的低维系统或有限晶体的简单化模型。对于理想低维系统和有限晶体中的电子态的清楚认识是认识真实低维系统和有限晶体中的电子态及其相关的物理性质的第一步和基础。

真实低维系统和有限晶体当然比这个理论所处理的理想低维系统和有限晶体更为复杂。然而与无限晶体相比，理想低维系统和有限晶体显然远为更接近于真实低维系统和有限晶体的物理现实。因此，我们有理由期待，由理想低维系统和有限晶体中获得的一些认识对于清楚地认识真实的低维系统和有限晶体是迈出了重要的一步。

Bloch 得到的关于无限晶体的电子态的深刻认识是对于固体物理学这一重要的科学领域作出了开创性的贡献。Tamm 关于半无限晶体的电子态的工作标志了表面科学的开始。关于理想低维系统和有限晶体的电子态的一些新的认识，希望也会是沿着这个人类认识自然的正确方向的一个有深刻意义的进展。

作为一个单电子和无自旋的理论，本书的理论是一个比以 Bloch 定理为基础的传统的固体物理学里晶体中的电子态理论和量子力学里经典的无限深方势阱问题的理论都更为普遍的解析理论：新理论包含了这两个经典理论里的最核心的物理内容，即前者的周期性和后者的存在边界和有限尺度。

除了固体物理学以外，周期性边界条件被广泛地应用于许多涉及周期性系统的问题上。本书完全放弃了周期性边界条件的做法，也许也可以给这些相关问题提供一条至少是不同的，在很多情况下也很有可能是更好的思路。

一个从事科学研究的人能有幸在一片前人很少或甚至从未涉足的领域里耕耘，呼吸到的是完全新鲜的空气和泥土的芳香，还能略有所获，心中的愉悦，是难以用言语形容的，也是非学问中人难以领会的。如果所获能再实在和出人意料一些，就更是非常幸运的事。

作者将本书的新版献给黄昆先生和谢希德先生这两位中国现代固体物理学的奠基人。作者曾有幸在做人和做物理这两方面都亲身受教于两位先生，获益终身。

本书中文版第二版在英文版第二版[①]的基础上有一些进一步的充实和改进。

作者感谢王正行教授和任尚芬教授在中文版第二版的准备工作中的帮助。作者感谢国家出版基金对本书的资助和北京大学出版社为本书出版所做的许多工作。作者深为感谢顾卫宇女士的认真、细致的编辑工作。

任尚元
于美国加利福尼亚州圣地亚哥市
2022 年 12 月

[①]英文版第二版为：Shang Yuan Ren, *Electronic States in Crystals of Finite Size: Quantum Confinement of Bloch Waves, second edition*, Springer Tracts in Modern Physics, Vol. 270, Springer Nature, Singapore (2017), 于 2017 年 9 月出版。

第一版序

路漫漫其修远兮, 吾将上下而求索。

—— 屈原《离骚》

本书是作者多年来对现代固体物理学中的一个基本物理问题思考的结果。

本书的内容看起来似乎比较专门, 但是实际上讨论的是固体物理学这门和实际应用有着密切联系的重要基础学科里的最基础的问题。在本书的英文版[①] 由 Springer 出版社出版后, 作者很高兴其中文版也能很快出版。

学过固体物理学的人都知道, 晶体中的电子态的理论是这门科学的基础。现代固体物理学是建立在一个以 Bloch 波来描述晶体中的电子态的理论的基础上的, 它实质上是一个无限晶体中的电子态的理论。这个理论取得了巨大的成功。如果说, 现代科学和技术的许多方面能发展到今天这个地步, 是得益于或甚至是完全建立在这个理论的成功的基础上的, 是并不过分的。

但是, 这个传统理论不可能被应用来处理 20 世纪 70 年代左右开始迅猛发展的, 与亚微米和纳米尺度的晶体中的电子态有关的物理问题。对于这样一些小尺度晶体中的电子态, 虽然过去并没有一个普遍性的一般理论, 但在固体物理学界还是有许多理论研究工作, 也有一些多年来逐渐形成的传统的看法。

本书提出了一个有限晶体中的电子态的理论, 其许多结论和固体物理学界的许多传统的看法有很大的不同, 也和传统的固体物理学中的晶体中的电子态的理论的结果有很大的不同。本书的许多结论正确与否, 当然还须要经过实验和时间的检验。但单从理论基础而言, 究竟哪个理论更为合理, 读者应当不难作出自己的判断。如果有读者认为本书提出的有限晶体中的电子态的理论更为合理, 那就不难看到, 作者所做的还只刚刚是个开始。相对于传统的固体物理学这样一门经过七十多年发展已经相当全面、深入和成熟的学科, 能否和如何发展出一套系统的基于有限晶体中的电子态理论的固体的物理性质和固体中物理过程的理论, 我们还所知甚少或

[①] 英文版为: Shang Yuan Ren, *Electronic States in Crystals of Finite Size: Quantum Confinement of Bloch Waves*, Springer Tracts in Modern Physics, Vol. 212, Springer, New York (2006), 于 2005 年 10 月出版。

基本上还一无所知, 这个领域还基本上是一块处女地。要真正认识清楚亚微米和纳米尺度的晶体的物理性质及其中的物理过程, 还有很长的路要走。也许经过若干年以后, 固体物理科学会有一个和目前非常不同的面貌。从事数学或理论物理这样的严格科学的研究的人都知道, "无限" 和 "有限" 之间常常是存在着一个很高的门槛甚至是一道壁垒的。跨过这个门槛, 穿越这道壁垒, 就又是一个繁花似锦的崭新天地。

黄昆先生在世时, 作者曾就有关问题以及一些结果和先生进行过多次讨论, 并得到了先生的充分肯定和鼓励。此书正式出版前, 先生就过早仙逝。作者未能将本书呈献在先生面前, 哪怕是在病床前, 这是作者深感遗憾的。

作者感谢任尚芬教授在本书的中文版的准备阶段的许多帮助。本书中文版得到了国家自然科学基金 (NSFC No. 10434010) 的部分资助; 还得到了北京大学出版社和孙琐女士的许多帮助。连树声老师和王正行教授对作者寻找王国维在《人间词话》里所讲到的做学问的三种境界的词牌原文给予了热情帮助。在此一并致谢。

任尚元

于北京大学中关园

2005 年 10 月

英文版第二版序①

本书的第一版在微分方程理论的基础上提出了一个理想低维系统和有限晶体里的电子态的单电子和无自旋的理论。所得到的最基本的认识是, 不同于固体物理学中众所周知的在具有平移不变性的晶体里所有的电子态都是 Bloch 波这种观念, 在一些简单而重要的情况下, 理想低维系统 —— 即晶体的平移不变性由于边界的存在而在某一个特定方向上在两端被截断 —— 可能产生两种不同类型的电子态: 即依赖于边界的电子态或依赖于尺度的电子态。依赖于尺度的电子态是 Bloch 波的驻波态, 其数量和性质由理想低维系统截断以后的尺度决定。依赖于边界的电子态是另一种不同类型的电子态, 其性质由理想低维系统的边界位置决定。这个结果是先在一维晶体中得到的, 后来在多维晶体也得到了类似的认识。从十多年前首次发表以来, 这个认识已被许多作者在一些其他低维系统的后续研究里得以证实。现在已经能够认识到, 存在着依赖于边界的电子态, 是 Bloch 波的量子限域的一个基本特征。但这是否也是低维系统的许多不同寻常的物理性质的根源, 则还有待于更进一步的研究。

这一版的第二章归纳了周期性 Sturm-Liouville 方程的有关基本理论, 作为本书数学基础的一部分。作者近年来认识到, 这个理论可以比第一版第二章里的数学理论处理更为普遍的一维物理问题, 包括一维多层光子晶体和声子晶体里的物理问题。这些晶体的波动方程在数学上可以用与一维电子晶体的 Schrödinger 微分方程同样的方式来处理。因此, 这些不同的一维晶体的本征模式都具有相似的性质。如果这些模式都能完全限域在晶体的有限尺度范围, 就会有如上所述的两种不同类型的本征模式。周期性 Sturm-Liouville 方程的普遍数学理论不仅能够直接给出许多以前在文献中已经得到过的有关多层晶体的方程或理论结果, 还可以不需要再费太多努力就能进一步处理更为复杂的, 以前难以处理的问题。这个理论也能对一些在以前的数值计算中观察到但未能解释的结果, 提供数学理论上的认识。这些问题将在附录 C—F 中讨论。

本书主要关注的内容仍然是有限尺度晶体中的电子态。这一版在特别是第三章、第五章和第八章中的许多部分有着相当大的修改。第一版中得到的所有主要科学结论都仍然有效或得到了更大的增进, 例如对一维晶体和多维晶体之间差别

---

①这是根据作者为本书英文版第二版所撰写的序言翻译的。

的认识。从根本上来说, 表面态的存在是源于有关的允许能带的存在而非禁带的存在。多维晶体里的表面态并不一定总是在禁带里。现今人们对晶体中电子结构的一些最基本的认识在历史上常常是通过分析一维模型而得到的。现在看来, 一维模型有优点也有缺点。优点是一维模型总是比高维模型容易求解, 并更有可能得到解析解。缺点是一维模型的结果对高维情况也很有可能会是误导。例如表面态总是在禁带里, 并且总是在禁带中间处衰减最快就仅仅是一维晶体的特征, 对于高维晶体并不适用。

作者得知, 一些读者觉得本书有些不太容易读懂: 本书里的数学理论可能比许多固体物理学书里面的要稍深一些。固体物理学中的一个众所周知的简单模型 —— Kronig-Penney 模型 —— 的一个重要优点是其本征方程的解 —— 不论在允许或者禁止的能量范围内 —— 都可以解析地得到并且简单地表达出来。这个模型为用以阐明第二部分的数学理论提供了一个具体的例子。为此添加了附录 A。

周期性是最基本的并且被研究得最为普遍的数学概念之一。许多情况下周期性是可以被截断的。被截断的周期性提出了新的基本问题。与对周期性的研究和认识相比, 对被截断的周期性的研究和普遍认识要少得多。存在着两种不同类型的态是对一些最简单的情况的初步认识, 这也还仅仅是个开始。本书的这一版是作者试图在周期性微分方程的数学理论基础上来认识被截断的周期性的一个继续的和进一步的努力。

本书的这一版献给黄昆先生和谢希德先生这两位中国现代固体物理学的奠基人。作者曾有幸在做人和做学问这两方面都亲身受教于两位老师, 获益终身。

作者感谢 Walter A. Harrison 教授的指导和帮助。是在他的引领下, 作者在停止物理研究工作十多年之后, 又能重新进入固体物理学的研究领域。

作者感谢张亚中、马中骐、任尚芬、邵嗣烘、王怀玉、Anton Zettl、张酣、张平文、张绳百、张勇等教授在作者写作本书新版时的帮助或讨论。

最后, 作者感谢他的家人。没有他们在许多方面和许多年来持续的理解、爱心和支持, 这本书里的工作是无法完成的。

任尚元
于美国圣地亚哥 Carmel Valley
2017 年 5 月

英文版第一版序[①]

晶体中的电子态的理论是现代固体物理学的基础。在传统的固体物理学中, 晶体中的电子态的理论是建立在 Bloch 定理的基础上的, 它实质上是一个无限晶体中的电子态的理论。然而, 任何真实晶体的尺寸都是有限的, 这是一个人们必须面对的物理事实。实际有限尺度的晶体中的电子态与由 Bloch 定理所给出的电子态之间的差别随着晶体尺寸的减小而愈加显著。能够清楚地认识实际有限尺度的晶体中的电子态, 在理论上和实际上都具有相当重要的意义。多年以前, 作者还是北京大学的一个学生, 在学习固体物理学时就感到其中周期性边条件的普遍应用并不很令人信服, 至少我们应该对于这样一个重大简化的影响能有清晰的理解; 后来作者发现他的很多同学也有同样的感觉。在许多固体物理学的书中, 作者发现只有在玻恩 (M. Born) 和黄昆合著的 Dynamic Theory of Crystal Lattices[②] 这一经典著作的附录中对此问题有一个比较仔细的讨论。

本书试图在理解 Bloch 波的量子限域效应的基础上来发展一个理想有限晶体中的电子态的理论。长期以来, 缺少平移不变性一直是发展有限尺度晶体中的电子态的一般理论的一个主要障碍。在本书中, 作者发现这个障碍可以通过利用具有周期系数的二阶微分方程的数学理论来克服: 在一些简单而重要的理想低维系统和有限尺度的晶体中, 可以得到电子态的普遍的和严格的解析解。本书中得到的一些结果与固体物理学界的许多传统看法有很大的不同。

本书包括五部分: 第一部分简单阐述为什么我们需要一个有限尺度晶体中的电子态的理论。第二部分研究一维半无限和有限晶体中的电子态的问题, 这一部分的绝大多数结论都可以严格证明。第三部分研究三维晶体中的低维系统或有限晶体中的电子态。虽然作者认为这一部分的基础是严格的, 但是其推理过程在很大程度上是建立在物理直觉上的, 因为必要、严格的相应的数学理论现在还并不具备。第四部分是结束语。第五部分是两个附录。第二、三部分里各章节的内容是密切相关的, 希望读者能按顺序来阅读。如果没有前面章节的准备, 读者也许会觉得后面的章节较难理解。虽然本书的目的是发展一个有限尺度晶体中的电子态的理论, 但正是建立在平移不变性之上的对传统固体物理学中的晶体的电子态的清楚认识, 为这样一个新理论提供了基础。

---

①这是根据作者为本书英文版第一版所撰写的序言翻译的.
②Born M, Huang K. Dynamic theory of crystal lattices. Oxford: Clarendon, 1954.

　　作者在写作本书时经常感到, 数学家和固体物理学家对于彼此所关心的问题及其结果互相不够熟悉。本书的主要数学基础是 Eastham 的 The Spectral Theory of Periodic Differential Equations [①]。这本书已出版 30 多年, 但是书中的许多重要结果却似乎并不为固体物理学界所知。虽然 Bloch 函数是现代固体物理学中的电子态理论的一个最基本的函数, 但除了它能表达成平面波函数和周期函数的乘积这一点以外, 这个函数的一些普遍性质实际上并不为固体物理学界所广泛知晓。在很长的一段时期内, 作者对于 Bloch 函数的认识也只限于这一点, 结果是在一些问题上花了很多时间却并无显著进展。一次偶然的机会, 作者看到了 Eastham 的书。开始, 他对于那些看来困难的数学内容也有些望而生畏, 但是后来他作了一些努力去读懂这本书, 并把新学到的数学结果应用于有关的物理问题上。本书基本上就是这些努力的结果。

　　除了 Eastham 的这本书以外, 作者还受益于两本经典著作: Courant 和 Hilbert 的 Methods of Mathematical Physics[②] 以及 Titchmarsh 的 Eigenfunction Expansions Associated with Second-Order Differential Equations[③]。这两本书中的一些定理非常有力, 如果这些很多年前出版的书中的定理能够被固体物理学界清楚、广泛地理解的话, 很多关于低维系统电子态的误解早就可以澄清了。可惜的是, 这些好书现在已经不再出版了。现在功能越来越强的数值计算方法的广泛应用无疑为人们对低维系统的理解作出了重大贡献, 然而, 作者希望本书的出版能够引起广大读者对于用解析方法来研究这些非常重要又很有挑战性的问题的兴趣。至少, 它和数值计算方法是可以互为重要补充的。从根本上来说, 对于一个物理问题的真正透彻和深入的认识通常可以从一个包含有问题的最基本物理内涵的简单化模型的解析理论来得到。

　　作者很高兴能有这个机会来感谢黄昆教授多年来的指导、帮助和讨论。正是他引导作者进入了固体物理学的领域。作者也很感谢李爱扶 (Avril Rhys) 女士, 黄昆教授的夫人。她的关心和帮助是作者在写作此书过程中最为感激的体验之一。作者也希望感谢彭桓武教授与作者分享他在 20 世纪 40 年代固体物理学早期的经验以及多次有益的讨论。作者为有机会聆听黄昆教授和彭桓武教授谈及他们当年与玻恩教授一起工作时的经历而感到荣幸。

　　作者感谢 John D. Dow、郭汉英、韩汝珊、Walter A. Harrison、马中骐、任尚芬、王正行、吴思诚、阎守胜、杨乐、余树祥、曾谨言、张平和张平文等教授的讨论

　　[①]Eastham M S P. The spectral theory of periodic differential equations. Edinburgh: Scottish Academic Press, 1973.
　　[②]Courant R, Hilbert D. Methods of mathematical physics. New York: Interscience, 1953.
　　[③]Titchmarsh E C. Eigenfunction expansions associated with second-order differential equations. Oxford: Oxford University, 1958.

和帮助。他感谢宣宇琳和阮志凌两位同学的帮助; 也感谢程伟博士在有关计算机应用方面的许多帮助。

最后, 作者感谢他的家人, 特别是妻子伟敏、女儿宇健和宇慧, 女婿卫东和健, 孙辈娜娜、阳阳和威威。他们的关爱与支持不仅给了他很多的家庭乐趣, 也给了他力量和勇气去战胜人们有时不得不面对的磨难, 这才有了本书的诞生。

任尚元
北京大学中关园
2005 年 3 月

目　　录

第三部分 低维系统和有限晶体

第四部分 尾 声

第五部分 附 录

第一部分

为什么需要一个有限晶体中的电子态的理论

蒹葭苍苍，白露为霜。所谓伊人，在水一方。溯洄从之，道阻且长。溯游从之，宛在水中央。

——《诗经·国风·秦风·蒹葭》

第一章 绪 论

固体物理学是现代物理科学中研究各种固体的物理性质、其中的物理过程及其产生原因的一个领域. 除了基本的科学意义以外, 对于固体的不同物理性质和其中物理过程的清楚认识, 还使人们有可能在实际中应用这些有关的物理性质和物理过程. 从 20 世纪中期以来, 这个领域中的许多研究成果已经为近代科学和技术的发展作出了很大贡献, 其中有一些甚至导致了根本性的变革. 我们有理由期望在这个领域里的下一步进展还会继续为人类和社会带来巨大的福利.

对于晶体中的电子态的清楚认识, 是理解固体的物理性质和固体中的物理过程的重要基础. 传统固体物理学的晶体中的电子态的基本理论已经建立了近百年. 其后的理论发展主要是把这个基本理论应用到不同的物理问题上和计算不同特定固体的具体电子结构. 但是, 这个传统的理论也存在一些非常基本的困难, 这些困难由于现在人们经常必须面对尺度比过去小得多的晶体而变得更加突出.

本章是这样安排的: 在 1.1 节和 1.2 节中, 我们将简要地回顾传统固体物理学中对于晶体中电子态的一些最基本的认识, 并且通过几个简单例子说明晶体中电子态的性质如何决定晶体的物理性质和其中的物理过程. 在 1.3 节中, 我们将指出传统固体物理学中的电子态理论的一些基本困难. 由于这些基本困难, 传统固体物理学中的电子态理论不能说明真实晶体的边界效应和尺度效应, 特别是现在人们有可能需要面对亚微米和纳米尺度范围的晶体 —— 所谓低维系统, 这些效应问题变得更加显著. 在 1.4 节和 1.5 节中, 我们将简单评述目前研究低维体系中的电子态时最常用的近似理论方法之一 —— 有效质量近似和一些数值计算结果. 1.6 节是对本书主题和得到的主要结果的一个简单介绍.

§1.1 建立于平移不变性基础上的晶体中的电子态

近代固体物理学中的晶体中的电子态理论 —— 能带理论的基础是 Bloch 定理[1], 它基于一个基本假设: 即晶体中的原子是周期性排列的, 因而晶体中的势场具有平移不变性[2-7].

在周期势场中, 单电子的 Schrödinger 微分方程可以写成

$$-\frac{\hbar^2}{2m}\nabla^2 y(\boldsymbol{x}) + [V(\boldsymbol{x}) - E]\phi(\boldsymbol{x}) = 0, \tag{1.1}$$

其中 $V(\boldsymbol{x})$ 是周期势场:

$$V(\boldsymbol{x} + \boldsymbol{a}_1) = V(\boldsymbol{x} + \boldsymbol{a}_2) = V(\boldsymbol{x} + \boldsymbol{a}_3) = V(\boldsymbol{x}). \tag{1.2}$$

这里 $\boldsymbol{a}_1$, $\boldsymbol{a}_2$ 和 $\boldsymbol{a}_3$ 是晶体的三个晶格基矢. 基于这样的假设, Bloch 定理表明晶体中电子态具有如下性质:

$$\phi(\boldsymbol{k}, \boldsymbol{x} + \boldsymbol{a}_i) = \mathrm{e}^{\mathrm{i}\boldsymbol{k}\cdot\boldsymbol{a}_i}\phi(\boldsymbol{k}, \boldsymbol{x}), \qquad\qquad i = 1, 2, 3, \tag{1.3}$$

这也可以表达成:

$$\phi(\boldsymbol{k}, \boldsymbol{x}) = \mathrm{e}^{\mathrm{i}\boldsymbol{k}\cdot\boldsymbol{x}}u(\boldsymbol{k}, \boldsymbol{x}), \tag{1.4}$$

其中 $\boldsymbol{k}$ 是 $\boldsymbol{k}$ 空间中的实波矢, $u(\boldsymbol{k}, \boldsymbol{x})$ 是与周期势场具有同样周期的函数:

$$u(\boldsymbol{k}, \boldsymbol{x} + \boldsymbol{a}_1) = u(\boldsymbol{k}, \boldsymbol{x} + \boldsymbol{a}_2) = u(\boldsymbol{k}, \boldsymbol{x} + \boldsymbol{a}_3) = u(\boldsymbol{k}, \boldsymbol{x}). \tag{1.5}$$

(1.3) 和 (1.4) 式中的函数 $\phi(\boldsymbol{k}, \boldsymbol{x})$ 也称为 Bloch 函数或者 Bloch 波. 它是现代固体物理学中的一个最基本的函数.

(1.3) 和 (1.4) 式中波矢 $\boldsymbol{k}$ 的范围可以限制在 $\boldsymbol{k}$ 空间中一个特定的称为 Brillouin 区的范围内[8]. Brillouin 区由 $\boldsymbol{k}$ 空间的三个倒晶格基矢 $\boldsymbol{b}_1, \boldsymbol{b}_2$ 和 $\boldsymbol{b}_3$ 决定:

$$\boldsymbol{b}_1 = \frac{\boldsymbol{a}_2 \times \boldsymbol{a}_3}{\boldsymbol{a}_1 \cdot (\boldsymbol{a}_2 \times \boldsymbol{a}_3)}, \quad \boldsymbol{b}_2 = \frac{\boldsymbol{a}_3 \times \boldsymbol{a}_1}{\boldsymbol{a}_2 \cdot (\boldsymbol{a}_3 \times \boldsymbol{a}_1)}, \quad \boldsymbol{b}_3 = \frac{\boldsymbol{a}_1 \times \boldsymbol{a}_2}{\boldsymbol{a}_3 \cdot (\boldsymbol{a}_1 \times \boldsymbol{a}_2)}, \tag{1.6}$$

因而

$$\boldsymbol{a}_i \cdot \boldsymbol{b}_j = \delta_{i,j}, \qquad\qquad i, j = 1, 2, 3, \tag{1.7}$$

这里 $\delta_{i,j}$ 是 Kronecker 符号.

当 $\boldsymbol{k}$ 在 Brillouin 区中变化时, 相应的 Bloch 波 $\phi(\boldsymbol{k}, \boldsymbol{x})$ 的能量 —— 方程 (1.1) 的本征值 E —— 也会随之在一定的能量范围内变化. 这些许可的能量范围被称为能带, 可以写成 $E_n(\boldsymbol{k})$ (这里 n 是能带的指标). 它们可以按能量增加的顺序排列:

$$E_0(\boldsymbol{k}) \leqslant E_1(\boldsymbol{k}) \leqslant E_2(\boldsymbol{k}) \leqslant E_3(\boldsymbol{k}) \leqslant E_4(\boldsymbol{k}) \leqslant \cdots.$$

对应的本征函数可以用 $\phi_n(\boldsymbol{k}, x)$ 表示, 它们可以写作

$$\phi_n(\boldsymbol{k}, \boldsymbol{x}) = \mathrm{e}^{\mathrm{i}\boldsymbol{k}\cdot\boldsymbol{x}}u_n(\boldsymbol{k}, \boldsymbol{x}), \tag{1.8}$$

这里 $\boldsymbol{k}$ 是波矢, $u_n(\boldsymbol{k}, \boldsymbol{x})$ 是与势场具有同样周期的函数:

$$u_n(\boldsymbol{k}, \boldsymbol{x} + \boldsymbol{a}_1) = u_n(\boldsymbol{k}, \boldsymbol{x} + \boldsymbol{a}_2) = u_n(\boldsymbol{k}, \boldsymbol{x} + \boldsymbol{a}_3) = u_n(\boldsymbol{k}, \boldsymbol{x}).$$

由晶体价电子所形成的能带对于决定晶体的物理性质以及其中的物理过程起着重要作用. 例如, 如果某个晶体在其最高填满能带和最低未填充能带之间有一个带隙 (又常被称为禁带), 在低温时晶体中只有很少的导电电子, 这个晶体就是半导体或者是绝缘体, 是哪一种取决于禁带宽度的大小. 如果某个晶体在其最高填充能带和最低未填满能带之间没有禁带, 即使在极低温下也仍然会有相当数量的导电电子, 它就是金属.

但是, 真正的平移不变性只有在晶体是无限大的时候才有可能. 任何真实晶体的尺度都是有限的, 平移不变性的基础 —— 原子是周期性排列的假设对于任何真实晶体与实际并不符合. 为了绕过这个困难, 在处理有限大小的晶体时, 传统固体物理学中通常假定一个周期性边界条件: 如果有一个平行六面体形的晶体, 其交于一个顶角的三边分别是 $N_1 \boldsymbol{a}_1$, $N_2 \boldsymbol{a}_2$ 和 $N_3 \boldsymbol{a}_3$, 周期性边界条件要求这个晶体中电子态的波函数满足[2-7]

$$\phi_n(\boldsymbol{k}, \boldsymbol{x} + N_1 \boldsymbol{a}_1) = \phi_n(\boldsymbol{k}, \boldsymbol{x} + N_2 \boldsymbol{a}_2) = \phi_n(\boldsymbol{k}, \boldsymbol{x} + N_3 \boldsymbol{a}_3) = \phi_n(\boldsymbol{k}, \boldsymbol{x}). \quad (1.9)$$

条件 (1.9) 式的结果是使得波矢 $\boldsymbol{k}$ 取分立值:

$$\boldsymbol{k} = k_1 \boldsymbol{b}_1 + k_2 \boldsymbol{b}_2 + k_3 \boldsymbol{b}_3, \quad (1.10)$$

其中

$$k_i = \frac{j_i}{N_i} 2\pi, \qquad j_i = 0, 1, 2, \cdots, N_i - 1, \quad i = 1, 2, 3. \quad (1.11)$$

因此在这样一个有限的晶体中, 每个能带 n 中一共有

$$N = N_1 N_2 N_3 \quad (1.12)$$

个 Bloch 态 $\phi_n(\boldsymbol{k}, \boldsymbol{x})$.

可以注意到, 在 Bloch 波的表达式 (1.4) 或 (1.8) 式中, 如果其周期函数部分 $u(\boldsymbol{k}, \boldsymbol{x})$ 或 $u_n(\boldsymbol{k}, \boldsymbol{x})$ 只是个常数, 我们得到的就是平面波. 因此, Bloch 波是一个比平面波更加普遍的波的形式. 平面波是平移周期为零时的 Bloch 波的特殊形式, Bloch 波和能带结构是系统对称性由最高的连续的平移对称性 (平移周期为零) 降到次高的分立的平移对称性 (平移周期不为零) 的结果. 对于这种比平面波更加普遍的 Bloch 波, 固体物理学界除了一些最基本的认识以外, 迄今为止我们认识得还非常有限.

§1.2　几种典型晶体的能带结构

一个特定晶体的能带结构通常是由它的能量 E 和波矢 $\boldsymbol{k}$ 之间的色散关系 $E_n(\boldsymbol{k})$ 描述的. Kramers[9] 最先清楚地认识到一维晶体的能带总是有特别简单的

结构. 三维晶体的能带则通常比较复杂[10,11]. 晶体的很多不同物理性质都可以通过它特定的能带结构来理解. 在半导体 (以及绝缘体) 中, 由价电子填充的能带称为价带. 在最高价带和最低未填充能带 (称为导带) 之间有一个禁带. 对于具有平移不变性的晶体, 电子态只能据有允许能带中的能量. 能量处在禁带中的电子态是不允许存在的.

半导体中最重要的物理过程总是发生在禁带附近. 因此, 能带结构在禁带附近的细节 (例如禁带宽的大小, 导带底和价带顶的位置, 能带结构在这些极值附近的行为等) 几乎总是在技术上最重要、因而在理论上也最有兴趣的问题. 正是这些细节决定了一种半导体材料的物理性质及其可能的应用.

硅和砷化镓是在目前两个最重要的半导体材料. 因其元件加工技术的成熟及原材料的丰富, 硅更是当今最重要的半导体材料. 它的禁带宽约为 1.2eV, 价带顶在 Brillouin 区的中心, 而六个导带底分别是在 k 空间中六个等价的 [100] 轴上, 靠近 Brillouin 区的边界. 尽管硅是目前应用最广泛的半导体, 但它的一个重要缺点是, 它是间接半导体: 价带顶和导带底分别处于 Brillouin 区里不同的位置, 这样在价带顶和导带底之间不能有直接的光跃迁. 因此, 要用硅来制作光电元件, 或者把光电器件和通常的硅电子集成电路结合起来, 是不容易的.

砷化镓是除硅以外最重要的半导体材料之一. 它的禁带宽大约是 1.5eV. 它的价带顶和导带底都在 Brillouin 区的中心, 因此在价带顶和导带底之间可以有直接的光跃迁. 这样的半导体被称为直接半导体. 砷化镓是当前制作光电器件和光电集成电路最好的半导体材料之一.

对于金属而言, 最重要的物理过程总是发生在 Fermi 面附近, 因此能带结构 $E_n(k)$ 在 Fermi 面附近的细节通常最为重要.

现代固体物理科学基本上是建立在晶体中电子态理论的基础上的. 人们进一步发展了许多实验和理论方法来研究各种晶体中的不同的物理性质, 这些理论方法通常都是基于以下的基本认识:

(1) 晶体中的电子态是 Bloch 波;
(2) 特定固体的物理性质是由它的特定的能带结构决定的.

这一理论取得了很大的成功 —— 各种各样的宏观固体的许多电子学、电学、光学、磁学、热学以及力学性质等都可以在这一理论的基础上得到很好的理解. 在这些成就的基础上, 发明和发展了许多新的电子元器件, 其中有一些 (例如晶体管以及半导体集成电路) 已经给现代科学和技术带来了根本性的变革.

§1.3 传统固体物理学晶体中电子态理论的基本困难

基于 Bloch 定理即晶体中的电子势场的平移不变性的电子态理论是人们近百

年来认识晶体中电子态的基础, 并且取得了巨大的成功. 然而, 这一传统的理论也有一些非常基本的困难. 这是因为势场的平移不变性只有在无限晶体中才能存在, 也就是说, 只有在无限大小的晶体中的电子态才能够用 Bloch 波 ((1.4) 或 (1.8) 式) 来描述. 按照 Bloch 定理, 晶体中电子态是 Bloch 行波. Bloch 行波的流密度一般来说不为零:

$$\phi_n^*(\boldsymbol{k}, \boldsymbol{x}) \nabla \phi_n(\boldsymbol{k}, \boldsymbol{x}) - \phi_n(\boldsymbol{k}, \boldsymbol{x}) \nabla \phi_n^*(\boldsymbol{k}, \boldsymbol{x}) \neq 0.$$

这里上角标 "*" 表示复共轭. 因此, 这些行波会向各个方向运动, 只有在晶体的尺度是无限大的情况下, 它们才会总是留在晶体里面. 任何真实晶体都有一定的大小和一定的边界. 如果有限大小的晶体中的电子态是 Bloch 波, 这些行波就会越过晶体边界而流出, 晶体里会不断地失去电子. 所以有限大小的晶体中的电子态不可能是行进的 Bloch 波. 为了克服这一困难, 周期性边界条件 (1.9) 式实际上表明, 如果一个电子从晶体的一个边界面流出, 它就同时会从相对的边界面流进来. 这显然不真实, 在物理上也是不可能的.

任何一个真实的晶体都是有边界的. 边界的存在, 即周期性势场的截断, 有可能使得有新的电子态存在. 1932 年, Tamm[12] 发现在一维 Kronig-Penney[13] 晶体中周期势场的截断, 也就是在一个半无限晶体边界外存在势垒, 可能会在低于势垒高度的 Bloch 波的禁带中引入另外一种电子态. 这种新型的电子态 —— 其能量在禁带内因而在无限晶体中或在满足周期性边界条件的晶体中是不存在的 —— 被称为表面态, 因为它们通常被局域在半无限晶体的表面附近. 从那时以来, 对于表面态及其相关问题的研究得到迅速发展, 成为固体物理和化学中一个卓有成效的研究领域 [14,15]. 现在人们已经清楚地认识到, 表面态的存在及其性质可能对固体的物理性质和固体中的物理过程有着重要影响. 周期性边界条件的假设 ((1.9) 式) 是完全消除晶体边界效应的一个重大简化, 它并不符合任何真实晶体的实际状况. 对于一个有限晶体, 相应于每一个能带它给出的是 $N_1 N_2 N_3$ 个 Bloch 态. 因而传统的基于势场平移不变性的晶体中的电子态理论完全不能说明表面态的存在. 这样一些非 Bloch 态的存在必须要基于另外的不同的理论考虑. 这是固体物理学传统的电子态的理论的另一个基本困难.

因为传统固体物理学中的电子态理论基本上是无限晶体中电子态的理论, 所以有一些非常简单但显然也是非常基本的问题, 例如, 在一个如图 1.1 所示的简单的长方体形晶体里有哪些不同类型的电子态, 这些电子态彼此之间有哪些不同, 是至今还没有被认识清楚的.

在传统的固体物理学中, 所有的电子态都被认为是 Bloch 波. 这在早年当人们主要面对的是宏观尺度的固体材料时是可以接受的, 因为在宏观尺度的晶体中类体态的数目比类表面态、类棱态、类顶角态等的数目要大得多得多. 一个真实的有限

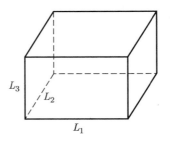

图 1.1　边长为 L_1, L_2 和 L_3 的长方体形晶体

晶体中的电子态与传统固体物理学中的基于平移不变性的电子态之间的差别会随着晶体的尺寸减小而变得愈加显著. 能够清楚认识一个真实的有限尺度晶体中的电子态在理论上和实际上都具有重要意义. 从 20 世纪 70 年代以来, 对于在亚微米、纳米尺度范围的低维系统 (例如量子阱、量子线、量子点) 的研究迅速发展. 人们发现, 在这些低维系统中, 当系统的尺度变化时, 半导体晶体的物理性质会有显著的变化: 当系统的尺度变小时, 会发现所测量到的光学禁带宽会增加. 有一些间接半导体 (例如硅) 可能会变成发光体[16]; 而一些直接半导体 (例如砷化镓) 反倒有可能会变成间接半导体[17]. 这些非常有意思的半导体物理性质的尺度效应既为将来可能有的实际应用提供了重要前景, 也对基本的物理理论提出了重大挑战, 因为传统固体物理学基于平移不变性的晶体中的电子态理论是无法解释这些尺度效应的. 所以, 对低维系统和有限尺度晶体中电子态的清楚认识既在理论上非常有意义, 在实际上也非常重要. 但是, 建立一个有边界的低维系统或有限尺度晶体里的电子态的一般理论一直被认为是一个相当困难的问题, 其主要障碍在于低维系统或有限晶体中的势场不再具有平移不变性. 正是因为利用了势场的平移不变性, Bloch 定理才一方面给传统固体物理学的晶体中的电子态理论提供了一个理论框架, 另一方面也大大简化了求解具有周期性势场的 Schrödinger 微分方程的数学问题. 没有建立在 Bloch 定理上的这个理论框架和数学上的简化, 求解相应的具有边界的有限晶体中电子态的问题看起来就变得相当困难. 因此, 过去绝大多数对于低维系统中电子态的理论研究, 都是采用近似方法或者用数值方法求解, 而且通常只针对某一种特定材料和 (或) 采用一个特定模型[18-25], 其中最广泛采用的近似方法之一就是有效质量近似.

§1.4　有效质量近似

有效质量近似是在半导体物理学中应用得非常广泛的一种近似方法. 它有各种不同形式, 但是其基本思想都是将半导体中的电子当做具有由特定材料所决定的

特定 "有效质量" 而不是自由电子质量来处理. 当研究在弱的和缓变的外场下半导体中电子的行为, 例如电子在一个外加电场和 (或) 磁场或由浅杂质引起的势场[26] 中的行为时, 这种近似是一种非常成功的方法.

低维系统或有限晶体中的电子态的理论问题也可以看做是一个 Bloch 波的量子限域的理论问题. 平面波的量子限域 —— 最简单的就是众所周知的方势阱问题 —— 是一个几乎所有初等量子力学教科书中都会讨论到的问题, 也是一个早已被认识得很清楚的问题[27]. 在最简单的情况下, 即当电子被完全限制在一个宽度为 L 的一维方势阱里时, **所有的电子态都是驻波态**. 电子的能量只能取以下的分立值:

$$E_j = \frac{j^2 \hbar^2}{2mL^2}, \qquad\qquad j = 1, 2, 3, \cdots, \qquad (1.13)$$

其中的 m 是电子质量①. 因而, 电子在势阱中被允许的最低能量随着方势阱的阱宽变窄而增加. (1.13) 式可以很容易地推广到限域是二维或三维的情况.

如果势阱外势垒的高度是有限的, 而不是无限的, 限域就不是完全的, 结果势阱中的电子态的能级多少会有所降低. 因此, 量子限域总是会提高势阱中最低的可能能级: 势阱宽度越小且 (或) 势阱外的势垒越高, 势阱中电子态的最低可能能级就会越高.

一个众所周知的实验事实是, 半导体低维系统中所测量到的光学禁带宽会随着系统尺寸的减小而增加. (1.13) 式所表明的平面波的量子限域效应很自然地被借用来解释这个重要事实[29]. 按照有效质量近似, (1.13) 式或有关公式中对 Bloch 电子应该用 "有效质量", 而不是自由电子质量. 在半导体晶体中, Bloch 电子在导带底附近具有正有效质量, 而在价带顶附近具有负有效质量. 因此当系统的尺度缩小时, 有效质量近似的结论是导带中最低的可能能级会升高而价带中最高的可能能级会降低, 如图 1.4 所示. 这实际上是平面波量子限域效应的结论. 各种不同形式的有效质量近似已经被广泛地应用于研究 Bloch 电子的量子限域效应上[18-21,30]. 与实验结果相比较, 由各种形式的有效质量近似的理论预言值一般总是过高地估计了当系统变小时光学禁带宽的增加. 这些普遍性的过高估计通常被解释为有效质量近似里有一些没有考虑到的因素, 例如能带结构的非抛物线性等. 固体物理学界的普遍看法是, 在半导体低维系统中的 Bloch 电子的量子限域效应中, 图 1.4 的物理图像在概念上和定性上是正确的, 只是有效质量近似没有能够给出精确的定量的数值结果. 对于用不同形式的有效质量近似来研究 Bloch 波的量子限域效应, 可以指出,

---

①如果引入相对论效应, 当电子被完全限制在一个宽度为 L 的空间里时, (1.13) 式可以进一步推广成

$$E_j^2 = m^2 c^4 + j^2 \hbar^2 c^2 \left(\frac{\pi}{L}\right)^2,$$

其中 c 是光速[28].

有效质量近似原来只能用来处理在缓变的、弱的外场的情况下能带边附近的电子态; 而在量子限域问题中, 外场在限制的边界附近既非弱也非缓变. 因此使用有效质量近似的条件是完全不成立的. 有很多工作讨论了这个有趣的问题, 主要是用包络函数的方法[31].

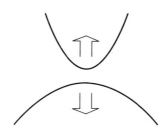

图 1.2   按照有效质量近似, 当半导体晶体的尺度缩小时, 最低未填充能级会升高而最高填充能级会降低.

我们前面说过, Bloch 波是一个比平面波更加普遍的波的形式, 平面波只是 Bloch 波的一种特殊形式. 有效质量近似的广泛使用, 显然是把问题过于简单化了.

§1.5   一些数值结果

关于硅量子膜里的电子能谱, 张绳百和 Zunger[32] 有一项很有意思的数值计算工作, 得到了一些与有效质量近似所预期的在定性上也不同的结果. 与有效质量近似的预期相反, 张绳百和 Zunger 在他们的数值计算中发现硅的 (001) 量子膜里存在这样一个带边态, 它的能量大约相当于价带顶的值, 而且当量子膜的厚度变化时, 这个能量值几乎不变, 如图 1.3 所示. 在 (110) 自由表面的硅和砷化镓量子膜的数值计算中[32-34] 也观察到这样的电子态, 它被称为 "零限域态" (zero-confinement state). 这种态的存在与有效质量近似的预言是直接矛盾的. 有效质量近似在说明这些带边态的量子限域效应上的明显失败清楚地表明, Bloch 波的量子限域效应确实与熟悉的平面波的量子限域效应有着根本性的不同. 只有当我们清楚地认识到这些态存在的物理根源时, 才有可能正确认识 Bloch 波的量子限域的基本物理内涵, 我们自然也可以怀疑有效质量近似即使在定性上也未必适合用来描述 Bloch 波的量子限域效应. 在用有效质量近似或与有效质量近似有关的想法或方法来处理 Bloch 波的量子限域效应时, 也必须十分小心. 否则, 有些很重要的物理效应可能就被忽略掉了.

张绳百和 Zunger[32] 文中的主要结果是硅 (001) 量子膜中的受限电子能谱与硅

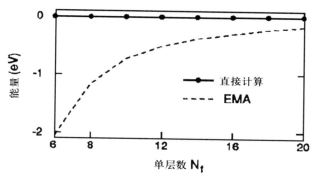

图 1.3 硅 (001) 薄膜中 "零限域" 带边态的能量随着薄膜厚度变化的关系, 图中 EMA 即有效质量近似. (经允许引自文献 [32], 版权为 American Institute of Physics 所有)

材料的能带结构基本重合, 如图 1.4 所示. 在硅 (110) 和砷化镓 (110) 量子膜中也观察到受限电子态的能量与体材料能带的类似的重合[32]. 很多以前的工作都指出, 受限的 Bloch 态的本征值与不受限的 Bloch 波的色散关系重合得相当好[35].

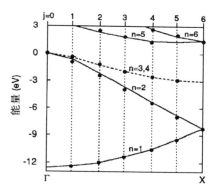

图 1.4 硅的能带 $E_n(\boldsymbol{k})$ (线) 与 12 个原子层的硅 (001) 薄膜直接计算的结果相比较. (经允许引自文献 [32], 版权为 American Institute of Physics 所有)

以上这些都是从数值计算结果中观察到的. 另一方面, Pedersen 和 Hemmer 的解析研究[36] 发现, 在有限的一维 Kronig-Penney 晶体里, 大部分受限制的电子态与能带结构严格重合, 而且并不依赖于边界的位置. 但是他们未能处理带边态的量子限域效应, 也未能处理其模型里的最低能带. Kalotas 和 Lee[37,38] 研究了由无限高壁垒束缚的有限 N 个周期的一维结构的束缚态, 发现这些束缚态的能级有两个不同的来源 —— 允许带和禁止范围: 每个允许带对应 $N-1$ 个能级 (依赖于 N); 另一组能级对应的是禁止范围 (不依赖于 N).

一个正确的低维系统和有限尺度晶体中的电子态的理论应该能够清楚地预言

低维系统中电子态的性质, 包括回答如前面 1.3 节里所提出的, 在一个简单的长方体形晶体中有多少不同类型的电子态, 这些电子态的性质又如何彼此不同, 这样一些简单但是也是十分基本的问题. 它也应该能够清楚地说明 Bloch 波的量子限域与我们早已熟知的平面波量子限域效应的相似和不同之处. 它还应该能够清楚地解释如图 1.3 和图 1.4 所示的数值结果.

§1.6　本书的主题及主要结果

在本书中, 我们试图提出一个简单的理论来探索有关低维系统和有限晶体中电子态的一些最基本的问题. 我们采用 Born-Oppenheimer 近似, 这样就可以考虑在一个固定的原子背景下的电子态. 另外, 我们只考虑一个单电子的和无自旋的理论.

理想低维系统和有限晶体是最简单的低维系统和有限晶体. 所谓 "理想" 是指以下假设:

(1) 在低维系统或有限晶体里的势场 $V(x)$ 与具有平移不变性的晶体里的势场是一样的;

(2) 电子态完全限制在低维系统或有限晶体的范围之内.

我们试图清楚认识以下两个问题:

(1) 在一维空间中, 平面波的完全量子限域与 Bloch 波的完全量子限域有什么相似和不同之处? 在前面这两个简化假设的基础上, 我们有可能从数学上严格解析求解一维 Bloch 波的量子限域的量子力学问题. 它是一个比众所周知的一维无限深方势阱问题更为普遍的量子力学问题. 对于这个问题, 我们现在已经可以认识得相当清楚, 因而对一些相关的物理问题有了新的基本的认识.

(2) 在三维空间中 Bloch 波完全量子限域和一维空间中 Bloch 波完全量子限域有什么相似和不同之处? 这个问题要困难得多. 但是在有关数学定理的基础上, 再加上基于物理直观的推理, 我们已经能够认识清楚一些虽然简单但是很重要的情况. 我们可以理解, 很自然地, 三维空间中 Bloch 波的完全量子限域与一维空间中 Bloch 波完全量子限域之间的差别一定会和三维空间中 Bloch 波的能谱与一维空间中 Bloch 波的能谱之间的差别密切相关.

正是对 Bloch 波的完全量子限域的进一步深入认识, 使得我们有可能建立一个理想低维系统和有限晶体中的电子态的解析理论, 去探索和理解低维系统和有限尺度晶体中电子态的一些最基本和最普遍的物理问题.

一个理想的低维系统或有限晶体是一个真实的低维系统或有限晶体的简化模型. 对于理想低维系统和有限晶体中的电子态的清楚认识是正确认识真实低维系统和有限晶体中电子态及其相关的物理性质的第一步和基础. 正如 P. W. Anderson 在他的诺贝尔物理学奖 (1977) 获奖演说中所说[39]:

一个简单化的模型通常能比任何数量的个别情况的从头计算都更好地说明自然的真谛. 这些计算即使正确, 也常常包含过多的细节, 因而掩盖了而不是揭示了真理. 能够计算或测量得过于准确可能是坏事而不是好事, 因为所测量或计算的常常与机理无关. 总之, 完美的计算只是重复自然, 并不能解释自然.

—— **P. W. Anderson**

真实的低维系统和有限晶体当然比本书中处理的理想低维系统和有限晶体更为复杂. 然而与无限晶体相比, 理想低维系统和有限晶体显然更为接近于低维系统和有限晶体的物理现实. 因此, 我们有理由相信, 由理想低维系统和有限晶体中获得的一些认识对于清楚地认识真实的低维系统和有限晶体是迈出了重要的一步.

自第二章始, 本书是这样安排的: 在第二部分中, 我们将研究一维半无限晶体和有限晶体. 这些是能体现出边界存在效应的最简单的体系. 在绝大多数情况下, 相应的结论可以严格证明. 其中, 在第二章中, 我们将学习一些周期性 Sturm-Liouville 方程及其解的零点的理论, 作为本书理论的必要的数学基础知识. 第三章将给出一个一维半无限晶体中表面态存在及其性质的普遍的定性分析, 并且在第二章数学理论的基础上, 提出一个研究表面态存在及其性质的定量的理论形式. 我们发现, 一般说来, 边界的存在并不总是在某个特定的禁带中引入表面态, 只有当半无限晶体的边界位于某些特定的彼此分开的子区间里面时, 才有可能在那个特定的禁带中引入表面态. 在第四章中, 我们将给出一维空间中 Bloch 波完全量子限域的解析解, 也就是有限长度的一维理想晶体中电子态的普遍解. 我们将证明, 一维 Bloch 波被完全量子限域在介于 τ 和 $\tau + L$ ($L = Na$, a 是势场周期, 而 N 是正整数) 之间时, 会产生两种不同类型的电子态: 对应于每一个 Bloch 波的能带, 这个量子限域总是会产生 $N - 1$ 个 Bloch 波的驻波态, 其能量依赖于量子限域的尺度 L, 但与量子限域的边界 τ 无关. 这些驻波态的能量与相应的 Bloch 波的能带正好重合. 除此以外还总是有一个且只有一个完全不同类型的电子态, 它的能量只依赖于量子限域的边界位置 τ, 而与量子限域的尺度 L 无关. 这个态或者是处于该能带上面的禁带中的一个表面态, 或者是一个带边态. 众所周知, 如果一维平面波是完全限域的, 所有允许的电子态都是驻波态. 因此, 这样一个依赖于边界的电子态的存在是 Bloch 波量子限域的一个基本特征.

对于一维 Bloch 波完全量子限域 —— 即一维理想有限晶体电子态 —— 的清楚认识为进一步认识高维空间 Bloch 波完全量子限域 —— 即理想低维系统和三维有限晶体中的电子态 —— 建立了良好的基础和出发点. 第三部分由讨论这些主题的三章组成. 高维空间 Bloch 波的量子限域和一维 Bloch 波的量子限域之间有相似之处, 也有不同之处. 其数学根源在于, 周期性偏微分方程的解的性质和周期性常微分方程的解的性质可能有相当大的不同.

一个自由边界的量子膜中的电子态问题可以当做三维 Bloch 波在一个特定方向上受到限域来处理, 这是第五章的内容. 我们认识到, 在一些简单而重要的情况下, 一个介于 $x_3 = \tau_3$[①] (τ_3 是膜的底部边界) 和 $x_3 = (\tau_3 + N_3)$ (N_3 是表示膜厚度的层数的正整数) 之间的理想量子膜有两种不同类型的电子态: 对应于每一个体能带 n 和膜平面中的每一个波矢 $\hat{k}$, 总有 $N_3 - 1$ 个 Bloch 电子的驻波态, 其能量依赖于膜的厚度 N_3, 而不依赖于膜的边界 τ_3; 以及一个电子态, 其能量依赖于 τ_3, 但并不依赖于 N_3. Bloch 波驻波态的能量与体材料的能带完全重合, 可以称作是类体态; 而依赖于 τ_3 的态的能量则通常都高于 (或偶然也可能会等于) $\hat{k}$ 在那个相应能带的最高能量. 这个依赖于 τ_3 的电子态通常是一个局域在量子膜的一个表面附近的表面态, 但是偶尔它也可能是一个带边态. 三维 Bloch 波量子限域的一个主要不同点是, 不像第四章中讨论的一维情况那样, 在这样的量子膜中的表面态并不一定总是在禁带之中. 然而, 对于具有同样体能带指数 n 和同样的膜平面中的波矢 $\hat{k}$ 的这两种电子态, 存在以下普遍关系:

类表面态的能量

> 每一个相关的类体态的能量.

某些简单的量子线中的电子态可以看做是量子膜中的二维 Bloch 波被进一步在另一个方向上限域. 某些简单有限晶体或量子点中的电子态可以看做是量子线中的一维 Bloch 波进一步在第三个方向上限域. 这样, 一步一步地研究 Bloch 波在一个特定方向的量子限域效应, 我们就能够获得对于某些简单理想低维体系和有限晶体中电子态的一些普遍性的认识.

假定有一个简单的矩形截面量子线, 其厚度为 N_3 层, 在 a_3 方向的边界由 τ_3 给定; 宽度为 N_2 层, 在 a_2 方向的边界由 τ_2 给定. 这个矩形量子线的电子态可以被认为是第五章里的量子膜中的 Bloch 波进一步在 a_2 方向受到限域. 这是第六章中处理的问题. 我们发现在一些简单而重要的情况下, 这样一个理想量子线中的电子态可以得到普遍的解析解. 对具有简单立方、四角或者正交 Bravais 格子的晶体的量子线, 对应于每一个体能带 n 和每一个在量子线 a_1 方向的波矢 $\bar{k}$, 总有 $(N_2 - 1)(N_3 - 1)$ 个一维 Bloch 波, 其能量与体材料的能带正好相重合, 且依赖于 N_2 和 N_3 但不依赖于 τ_2 和 τ_3; 还有 $(N_2 - 1) + (N_3 - 1)$ 个一维 Bloch 波, 其能量或者依赖于 N_2 和 τ_3 但不依赖于 τ_2 和 N_3, 或者依赖于 N_3 和 τ_2 但不依赖于 τ_3 和 N_2; 以及一个一维 Bloch 波, 其能量依赖于 τ_2 和 τ_3 但不依赖于 N_2 和 N_3. 相应地, 这些电子态可以视为量子线里的类体态、类表面态以及类棱态. 如果矩形截面量子线的晶体具有面心或体心立方 Bravais 格子, 每一种电子态的数目会有些不同. 对于具有同样体能带指数 n 和同样的量子线方向的波矢 $\bar{k}$ 的这三种电子态, 存在以

---

①在本书中位置矢量通常写成 $x = x_1 a_1 + x_2 a_2 + x_3 a_3$ 的形式. 对于量子膜, 通常假定 a_3 是唯一不在膜平面中的晶格基矢.

下的普遍关系:

$\qquad$ 类棱态的能量

$\qquad\qquad$ > 每一个类表面态的能量

$\qquad\qquad\qquad$ > 每一个相关的类体态的能量.

$\qquad$ 假定有一个简单的长方体形的有限晶体或量子点, 其 a_3 方向的厚度为 N_3 层, 边界由 τ_3 给定; a_2 方向的宽度为 N_2 层, 边界由 τ_2 给定; a_1 方向的长度为 N_1 层, 边界由 τ_1 给定. 这样一个长方体形的有限晶体或量子点中的电子态可以认为是第六章中处理的量子线中的 Bloch 波进一步在 a_1 方向受到限制. 这是第七章中将处理的问题. 我们发现在一些简单而重要的情况下, 这样一个理想有限晶体或量子点中的电子态可以得到普遍的解析解. 对具有简单立方、四角或者正交 Bravais 格子的晶体的有限晶体或量子点, 对应于每一个体能带 n, 存在 $(N_1-1)(N_2-1)(N_3-1)$ 个类体态; $(N_1-1)(N_2-1)+(N_2-1)(N_3-1)+(N_3-1)(N_1-1)$ 个类表面态; $(N_1-1)+(N_2-1)+(N_3-1)$ 个类棱态和一个类顶角态. 如果长方体形的有限晶体或量子点具有面心或体心立方 Bravais 格子, 每一种电子态的数目会有些不同. 对于具有体能带指数 n 的这四种电子态, 存在以下的普遍关系:

$\qquad$ 类顶角态的能量

$\qquad\qquad$ > 每一个类棱态的能量

$\qquad\qquad\qquad$ > 每一个相关的类表面态的能量

$\qquad\qquad\qquad\qquad$ > 每一个相关的类体态的能量.

$\qquad$ 由于这些依赖于边界的电子态的存在, 低维系统和有限晶体中的电子态的性质可能与在固体物理学界里被普遍接受的有关低维系统中的电子态的一些认识 (例如由有效质量近似而得来的一些认识) , 有很大的差别. 例如, 在一个立方半导体的理想低维系统中的禁带宽实际上有可能比具有平移对称性的体材料的禁带宽还要小. 一个立方半导体的低维系统甚至有可能具有金属的导电性. 这表明, 在晶体尺寸变得足够小, 因而与边界有关的电子态的作用需要加以考虑时, 存在于宏观金属晶体和宏观半导体晶体之间的根本差别可能会变得模糊.

$\qquad$ 第八章是结束语, 我们所获得的认识才仅仅是一个开始. 对于我们所能认识的每一小点, 都还有远为更多的问题是我们还没有能够认识的. Bloch 波这种更加普遍的波的形式是对人们熟知的平面波的一个重要且有基本意义的扩展. 要真正认识清楚这种新的更加普遍形式的波, 我们还有许多许多工作要做. 从对称破缺的角度上来看, 这是将群论用到周期系统的本征值问题, 也就是从连续的平移不变性到分立的平移不变性的对称破缺的一个自然结论. 我们则是在试图探索和认识系统的周期性和对称性因被截断而被再进一步破缺的有关理论问题. 因此, 很自然的一个问题就是, 这些新的结果仅仅是限于这样一个低维体系或有限晶体中电子态这样一个特定问题的特别行为呢, 还是它们也有可能只不过是一整类更普遍的与被截断的周期性相关理论的问题的一个共同结论呢?

参 考 文 献

[1] Bloch F. Zeit. f. Phys., 1928, 52: 555.

[2] Seitz F. The modern theory of solids. New York: McGraw-Hill, 1940.

[3] Jones H. The theory of Brillouin zones and electronic states in crystals. Amsterdam: North-Holland, 1960.

[4] Harrison W A. Solid state theory. New York: McGraw-Hill, 1970.

[5] Ashcroft N W, Mermin N D. Solid state physics. New York: Holt, Rinehart and Winston, 1976.

[6] 例如, Callaway J. Quantum theory of the solid state. 2nd ed. London: Academic Press, 1991.

[7] Kittel C. Introduction to solid state physics. 7th ed. New York: John Wiley & Sons, 1996.

[8] Brillouin L. J. Phys. Radium, 1930, 1: 377.

[9] Kramers H A. Physica, 1935, 2: 483.

[10] 例如, Chelikowsky J R, Cohen M L. Electronic structure and optical properties of semiconductors. (Springer Ser. Solid-State Sci., Vol. 75.) 2nd ed. Berlin: Springer, 1989.

[11] Chelikowsky J R, Cohen M L. Phys. Rev., 1976, B14: 556.

[12] Tamm I. Physik. Z. Sowj., 1932, 1: 733.

[13] Kronig R L, Penney W G. Proc. Roy. Soc. London. Ser. A., 1931, 130: 499.

[14] Davison S G, Stęślicka M. Basic theory of surface states. Oxford: Clarendon Press, 1992.

[15] Desjonquéres M C, Spanjaard D. Concepts in surface physics. Berlin: Springer, 1993.

[16] 例如, Nirmal M, Brus L. Accounts of Chemical Research, 1999, 32: 417;
Ossicini S, Pavesi L, Priolo F. Light emitting silicon for microphotonics. Berlin: Springer, 2003
及其中参考文献.

[17] 例如, Franceschetti A, Zunger A. Phys. Rev., 1995, B52: 14664;
Franceschetti A, Zunger A. J. Chem. Phys., 1996, 104: 5572.

[18] 例如, Yoffe A D. Adv. Phys., 1993, 42: 173;
Yoffe A D. Adv. Phys., 2001, 50: 1;
Yoffe A D. Adv. Phys., 2002, 51: 799
及其中参考文献.

[19] 例如, Davies J H. The physics of low dimensional semiconductors. Cambridge: Cambridge University Press, 1998 及其中的参考文献.

[20] 例如, Harrison P. Quantum wells, wires and dots: theoretical and computational physics of semiconductor Nanostructure. New York: John Wiley & Sons, 2000 及其中的参考文献.

[21] 例如, Xia J B. Phys. Rev., 1989, B40: 8500;
Takagahara T. Takeda K, Phys. Rev., 1992, B46: 15578;
Takagahara T. Phys. Rev., 1993, B47: 4569;
Efros Al L, Rosen M, Kuno M, et al. Phys. Rev., 1996, B54: 4843;
Efros Al L, Rosen M. Ann. Rev. Mat. Sci., 2000, 30: 475;
Rodina A V, Efros Al L, Alekseev A Yu. Phys. Rev., 2003, B67: 155312;
Feng D H, Xu Z Z, Jia T Q, et al. Phys. Rev., 2003, B68: 035344.

[22] 例如, Di Carlo A. Semicon. Sci. Tech., 2003, 18: R1 及其参考文献.

[23] 例如, Lippens P E, Lannoo M. Phys. Rev., 1989, B39: 10935;
Ren S Y, Dow J D. Phys. Rev., 1992, B45: 6492;
Sanders G D, Chang Y C. Phys. Rev., 1992, B45: 9202;
Allan G, Delurue C, Lannoo M. Phys. Rev., Lett., 1996, 76: 2961;
Ren S Y. Phys. Rev., 1997, B55: 4665;
Ren S Y. Solid State Comm., 1997, 102: 479;
Niquet Y M, Allan G, Delurue C, et al. Appl. Phys. Lett., 2000, 77: 1182;
Niquet Y M, Delurue C, Allan G, et al. Phys. Rev., 2000, B62: 5109;
Sée J, Dollfus P, Galdin S. Phys. Rev., 2002, B66: 193307;
Sapra S, Sarma D D. Phys. Rev., 2004, B69: 125304;
Chen P, Whaley K B. Phys. Rev., 2004, B70: 045311;
Allan G, Delurue C. Phys. Rev., 2004, B70: 245321.

[24] 例如, Wang L W, Zunger A. Chem J. Phys., 1994, 100: 2394;
Wang L W, Zunger A. Phys J. Chem., 1994, 98: 2158;
Wang L W, Zunger A. Phys. Rev. Lett., 1994, 73: 1039;
Yeh C Y, Zhang S B, Zunger A. Phys. Rev., 1994, B50: 14405;
Tomasulo A, Ramakrishna M V. J. Chem. Phys., 1996, 105: 3612;
Wang L W, Zunger A. Phys. Rev., 1996, B53: 9579;
Fu H X, Zunger A. Phys. Rev., 1997, B55: 1642;
Fu H X, Zunger A. Phys. Rev., 1997, B56: 1496;
Wang L W, Kim J N, Zunger A. Phys. Rev., 1999, B59: 5678;
Reboredo F A, Franceschetti A, Zunger A. Appl. Phys. Lett., 1999, 75: 2972;
Franceschetti A, Fu H X, Wang L W, et al. Phys. Rev., 1999, B60: 1919.

[25] 例如, Delley B, Steigmeier E F. Appl. Phys. Lett., 1995, 67: 2370;

Ogut S, Chelikowski J R, Louie S G. Phys. Rev. Lett., 1997, 79: 1770;

Garoufalis C S, Zdetsis A D, Grimme S. Phys. Rev. Lett., 2001, 87: 276402;

Weissker H Ch, Furthmüller J, Bechstedt F. Phys. Rev., 2003, B67: 245304;

Barnard A S, Russo S P, Snook I K. Phys. Rev., 2003, B68: 235407;

Zhao X, Wei C M, Yang L, et al. Phys. Rev. Lett., 2004, 92: 236805;

Rurali R, Lorenti N. Phys. Rev. Lett., 2005, 94: 026805;

Nesher G, Kronik L, Chelikowsky J R. Phys. Rev., 2005, B71: 035344.

[26] Luttinger J M, Kohn W. Phys. Rev., 1957, 97: 869;

Kohn W//Seitz F, Turnbull D. Solid state physics: Vol. 5. New York: Academic Press, 1957: 257–320.

[27] Schiff L I. Quantum mechanics. 3rd ed. New York: McGraw-Hill, 1968.

[28] Ren S Y. Chin. Phys. Lett., 2002, 19: 617.

[29] 例如, Efros Al L, Efros A L. Sov. Phys. Semicon., 1982, 16: 772;

Brus L E. J. Phys. Chem., 1984, 80: 4403;

Wang Y, Herron N. J. Phys. Chem., 1991, 95: 525.

[30] 例如, Kelly M J. Low-dimensional semiconductors: materials, physics, technology, devices. 3rd ed. Oxford: Oxford University Press, 1996;

Ridley B K. Electrons and phonons in semiconductor multilayers. 3rd ed. Cambridge: Cambridge University Press, 1996;

Bányai L, Koch S W. Semiconductor quantum dots. Singapore: World Scientific, 1993;

Delerue C, Lannoo M. Nanostructures: theory and modeling. Berlin: Springer, 2004;

Glutsch S. Excitons in low-dimensional semiconductors: theory, numerical methods, applications. Berlin: Springer, 2004.

[31] Burt M G. J. Phys. Condens. Matter, 1992, 4: 6651 及其参考文献.

[32] Zhang S B, Zunger A. Appl. Phys. Lett., 1993, 63: 1399.

[33] Zhang S B, Yeh C Y, Zunger A. Phys. Rev., 1993, B48: 11204.

[34] Franceschetti A, Zunger A. Appl. Phys. Lett., 1996, 68: 3455.

[35] 例如, Popovic Z V, Cardona M, Richter E, et al. Phys. Rev., 1989, B40: 1207;

Popovic Z V, Cardona M, Richter E, et al. Phys. Rev., 1989, B40, 3040;

Popovic Z V, Cardona M, Richter E, et al. Phys. Rev., 1990, B41: 5904.

[36] Pedersen F B, Hemmer P C. Phys. Rev., 1994, B50: 7724.

[37] Kalotas T M, Lee A R. Euro J. Phys., 1995, 16: 119.

[38] Sprung D W L, Sigetich J D, Wu H, et al. Amer. J. Phys., 2000, 68: 715.

[39] Anderson P W. Rev. Mod. Phys., 1978, 50: 191.

第二部分

一维半无限和有限晶体中的电子态

众里寻他千百度, 蓦然回首, 那人却在灯火阑珊处.

—— 辛弃疾《青玉案·元夕》

第二章 周期性 Sturm-Liouville 方程

一维晶体是最简单的晶体. 现今人们对晶体中电子结构的一些最基本的认识在历史上常常是通过分析一维晶体而得到的[1-3]. 最为众所周知的有 Kronig-Penney 模型[4], Kramers 关于一维晶体的能带结构的普遍分析[5], 以及 Tamm 的表面态理论[6], 等等①. 对一维有限晶体中的电子态的清晰认识是进一步认识低维系统和有限晶体中的电子态的基础. 为了这个目的, 我们需要先清楚地认识一维晶体的 Schrödinger 方程的解. 一维晶体的 Schrödinger 微分方程可以写为

$$-y''(x) + [v(x) - \lambda]y(x) = 0, \tag{2.1}$$

其中 $v(x+a) = v(x)$ 是周期性势场. Eastham[7] 发展了一个周期性二阶常微分方程的普遍数学理论, 方程 (2.1) 是其中的一种特殊且简单的形式. 他的书中的理论提供了本书第一版的主要数学基础.

最近作者认识到, 相关的数学理论 —— 周期性 Sturm-Liouville 方程的现代理论[8-10] —— 在 1973 年 Eastham 的书出版以后, 又取得了显著进展. Zettl[9] 指出, 在 Eastham 的书里 "strong smoothness and positivity restrictions are placed on the coefficients. However, many, but not all, of the proofs given there are valid under much less severe restrictions on the coefficients." (对系数的光滑性和取正值有过于苛刻的要求. 然而, 其中的许多 (但非所有) 证明, 在对系数远为宽松的条件下也是成立的.) 现代周期性 Sturm-Liouville 方程的理论对方程的系数限制更少, 因而可以处理更普遍的物理问题.

在本章中, 我们学习周期性 Sturm-Liouville 方程的一些基本理论[8-10], 为后面两章里研究一维半无限晶体和有限晶体的电子态做准备. 我们首先简要回顾一下关于一类二阶齐次线性常微分方程的理论的一些基本知识. 在此基础上介绍有关方程的解的零点的两个 Sturm 基本定理. 在常微分方程的理论中, 方程的解的零点的存在及其位置往往是至关重要的. 在本章的主要部分, 我们还将学习周期性 Sturm-Liouville 方程及其解的零点的更深入的理论. 在本章的数学理论和定理的基础上, 可以发展一个研究半无限一维晶体中表面态的存在及其性质的普遍理论形式, 以及严格证明关于理想一维有限晶体的电子态的普遍结果. 基本上, 我们是试

---

①现在看来, 一维模型有优点也有缺点. 优点是一维模型总是比高维模型容易求解, 并更有可能得到解析解. 缺点是一维模型的结果对高维情况也很有可能会是误导. 例如表面态总是在禁带里, 并且总是在禁带中间处的衰减最快就仅仅是一维晶体的特征, 对于高维晶体并不适用.

图在周期性 Sturm-Liouville 方程理论[8-10] 的基础上来推广本书第一版第二章的数学结果.

我们感兴趣的是周期系数 Sturm-Liouville 方程[8-10]:

$$[p(x)y'(x)]' + [\lambda w(x) - q(x)]y(x) = 0, \tag{2.2}$$

这里 $p(x) > 0$, $w(x) > 0$ 并且 $p(x), q(x), w(x)$ 分别是**分段连续的**、周期为 a 的实周期函数:

$$p(x + a) = p(x), \quad q(x + a) = q(x), \quad w(x + a) = w(x).$$

一维 Schrödinger 方程 (2.1) 是方程 (2.2) 中 $p(x) = w(x) = 1, q(x) = v(x)$ 的一个特定的简单形式. 本章里用来处理周期系数 Sturm-Liouville 方程 (2.2) 的数学理论比第一版第二章里处理方程 (2.1) 所需要的更为普遍和艰深一些. 然而, 这个理论可以用于处理更普遍的物理问题, 包括附录中的一维声子晶体和光子晶体. 作者认为, 相比起能得到的收获, 这些额外付出的努力是值得的. 对更完整和普遍的数学理论感兴趣的读者建议阅读原著 [7-10]. 对相关定理证明不感兴趣的读者可以跳过有关部分.

一维晶体中的电子态、一维声子晶体中的振动模式和一维光子晶体中的电磁模式这样一些初看起来完全不同的物理问题可以用实际上是同一类的数学方程来处理, 只是方程里面涉及的有关系数函数因为具体物理问题的不同而不同. 这样一个很有意思的事实也许能对这些有关物理问题的科学内涵的认识带来一些新的启发.

§2.1   基本理论和两个基本定理

我们以先讨论一类二阶线性常微分方程:

$$[(p(x)y')]' + q(x)y = 0, \ -\infty < x < +\infty. \tag{2.3}$$

这里 $p(x) > 0$ 和 $q(x)$ 都是**分段连续的**实函数.

$p(x)y'$ 可以称作是 y 的准微商[8-11], 以区别于通常意义下的经典微商 y'. 在本章里的数学理论里, 是 y 的准微商 $p(x)y'$ 起着第一版书里经典微商 y' 的作用. 根据作者的理解, 这是现代周期性 Sturm-Liouville 方程理论[8-10] 和 Eastham 的书[7] 里的数学理论的最主要的区别. 有许多我们感兴趣的物理问题, 通常意义下的经典微商 y' 可能并不存在, 但是准微商 $p(x)y'$ 是存在且连续的. 例如在 $p(x)$ 不连续的一些孤立点[1]. 准微商概念的引入和应用显著地扩充了现代 Sturm-Liouville 方程的理论可以处理的问题的范围.

方程 (2.3) 可以写成矩阵形式[8-11]:

$$\begin{pmatrix} y(x) \\ p(x)y'(x) \end{pmatrix}' = \begin{pmatrix} 0 & \dfrac{1}{p(x)} \\ -q(x) & 0 \end{pmatrix} \begin{pmatrix} y(x) \\ p(x)y'(x) \end{pmatrix}, \qquad -\infty < x < +\infty. \quad (2.4)$$

这是一个更为普遍的线性齐次一阶常微分方程组的矩阵形式

$$Y' = A\,Y \qquad (2.5)$$

的一个简单的特殊情况. 这里

$$Y = \begin{pmatrix} y \\ p(x)y' \end{pmatrix}, \qquad A = \begin{pmatrix} 0 & \dfrac{1}{p(x)} \\ -q(x) & 0 \end{pmatrix}, \qquad -\infty < x < +\infty. \quad (2.6)$$

对于本书里我们所感兴趣的物理问题, 矩阵 A 里的元素 $p(x)$, $q(x)$ 是如本节开始时所要求的**分段连续**的有限实周期函数, 并且 $p(x) > 0$. 数学家们通常更感兴趣的是方程 (2.5) 及其有关方程的普遍性质. 矩阵 A 里的元素的范围可以比我们在本书里感兴趣的物理问题所需要考虑的更为普遍.

方程 (2.3) 或方程 (2.4) 的解的普遍性质可以从方程 (2.5) 的解的普遍性质得到[8-12].

(1) 两个线性独立的解.

任何满足方程 (2.4) 的非平凡解 Y 都可以表示成方程 (2.4) 的两个线性独立的解 Y_1 和 Y_2 的线性组合:

$$Y = c_1 Y_1 + c_2 Y_2, \qquad (2.7)$$

---

[1]假定 x_i 是函数 $p(x)$ 不连续的一个孤立点. 将 (2.3) 式从 $x_i - \delta$ 到 $x_i + \delta$ 进行积分, 这里 δ 是一无限小的正实数, 我们得到

$$\int_{x_i-\delta}^{x_i+\delta} [p(x)y']' \mathrm{d}x = - \int_{x_i-\delta}^{x_i+\delta} q(x)y \mathrm{d}x.$$

因为 δ 是一无限小的正实数, 我们有

$$\int_{x_i-\delta}^{x_i+\delta} q(x)y \mathrm{d}x = 0. \qquad \delta \to 0.$$

因此

$$[p(x)y']_{x_i-0} = [p(x)y']_{x_i+0}.$$

也就是说, 虽然因为 $y'_{(x_i-0)} \neq y'_{(x_i+0)}$, y' 在 x_i 处并不存在, 但是它对应的准微商 $p(x)y'$ 在 x_i 处是连续的. 在本章中准微商 $p(x)y'$ 起着和第一版第二章里的微商一样的作用.

也就是

$$\begin{pmatrix} y \\ p(x)y' \end{pmatrix} = c_1 \begin{pmatrix} y_1 \\ p(x)y'_1 \end{pmatrix} + c_2 \begin{pmatrix} y_2 \\ p(x)y'_2 \end{pmatrix}, \tag{2.8}$$

这里 c_1 和 c_2 是两个独立常数.

(2) 基本矩阵和 Wroński 行列式.

如果 Y_1 和 Y_2 是方程 (2.4) 的两个线性独立解, 下面的矩阵 Φ 称作是方程 (2.4) 的一个基本矩阵:

$$\Phi = \begin{pmatrix} y_1 & y_2 \\ p(x)y'_1 & p(x)y'_2 \end{pmatrix}. \tag{2.9}$$

方程 (2.3) 的两个解 $y_1(x)$ 和 $y_2(x)$ 的 Wroński 行列式 $W(y_1, y_2)$ 定义为

$$W(y_1, y_2) = \det \Phi = y_1(x) \, p(x)y'_2(x) - p(x)y'_1(x) \, y_2(x). \tag{2.10}$$

方程 (2.3) 的两个确定的解 $y_1(x)$ 和 $y_2(x)$ 的 Wroński 行列式 $W(y_1, y_2)$ 是一常数:

$$[W(y_1, y_2)]' = [y_1(x) \, p(x)y'_2(x) - p(x)y'_1(x) \, y_2(x)]' = 0. \tag{2.11}$$

方程 (2.3) 的两个解 y_1 和 y_2 是线性独立解的必要和充分条件是

$$W(y_1, y_2) = y_1(x) \, p(x)y'_2(x) - p(x)y'_1(x) \, y_2(x) \neq 0.$$

(3) 参数变易公式.

非齐次常微分方程

$$[p(x)z']' + q(x)z = F \tag{2.12}$$

可以写成

$$\begin{pmatrix} z \\ p(x)z' \end{pmatrix}' = \begin{pmatrix} 0 & \dfrac{1}{p(x)} \\ -q(x) & 0 \end{pmatrix} \begin{pmatrix} z \\ p(x)z' \end{pmatrix} + \begin{pmatrix} 0 \\ F \end{pmatrix} \tag{2.13}$$

的矩阵形式. 方程 (2.13) 的解可以写成

$$\begin{pmatrix} z(x) \\ p(x)z'(x) \end{pmatrix} = \Phi(x) \int^x \Phi^{-1}(t) \begin{pmatrix} 0 \\ F(t) \end{pmatrix} \mathrm{d}t. \tag{2.14}$$

这里 Φ 是方程 (2.4) 的一个基本矩阵. 如果 $y_1(x)$ 和 $y_2(x)$ 是方程 (2.3) 的两个线性无关的解, (2.14) 式可以写成

$$
\begin{pmatrix} z(x) \\ p(x)z'(x) \end{pmatrix} = \begin{pmatrix} y_1(x) & y_2(x) \\ p(x)y_1'(x) & p(x)y_2'(x) \end{pmatrix} \begin{pmatrix} -\displaystyle\int^x \frac{1}{W(t)} y_2(t)F(t)\mathrm{d}t \\ \displaystyle\int^x \frac{1}{W(t)} y_1(t)F(t)\mathrm{d}t \end{pmatrix}, \quad (2.15)
$$

或者写成

$$
z(x) = -\int^x \frac{F(t)y_2(t)}{W(t)} \mathrm{d}t \, y_1(x) + \int^x \frac{F(t)y_1(t)}{W(t)} \mathrm{d}t \, y_2(x) \tag{2.16}
$$

和

$$
p(x)z'(x) = -\int^x \frac{F(t)y_2(t)}{W(t)} \mathrm{d}t \, p(x)y_1'(x) + \int^x \frac{F(t)y_1(t)}{W(t)} \mathrm{d}t \, p(x)y_2'(x). \tag{2.17}
$$

这里 $W[y_1(t), y_2(t)]$ 由 (2.10) 式定义.

关于二阶线性常微分方程 (2.3) 解的零点, 有两个普遍的基本定理[9].

定理 2.1 Sturm 分离定理 (文献 [9] 里的定理 2.6.2, 文献 [8] 里的定理 13.3):

如果 y_1 和 y_2 是方程 (2.3) 的两个线性无关实解, 则在 y_1 的两个相邻零点之间, 一定有且只有 y_2 的一个零点.

证明

假定 α 和 β 是 y_1 的两个相邻的零点:

$$
y_1(\alpha) = y_1(\beta) = 0; \tag{2.18}
$$

则可以证明在 (α, β) 中至少有 y_2 的一个零点.

假定不是这样, 在 (α, β) 中没有 y_2 的零点. 不失一般性我们可以假定在 (α, β) 有 $y_1(x) > 0$. 则对于一个小的 $\delta > 0$ 我们有

$$
y_1(\alpha + \delta) - y_1(\alpha) = \int_\alpha^{\alpha+\delta} \frac{py_1'}{p} \mathrm{d}x > 0. \tag{2.19}
$$

因为 $p(\alpha)y_1'(\alpha) \neq 0$ 并且 $p(x)y_1'(x)$ 连续, (2.19) 式表明

$$
p(\alpha)y_1'(\alpha) > 0. \tag{2.20}
$$

类似地会有

$$
p(\beta)y_1'(\beta) < 0. \tag{2.21}
$$

根据 (2.11) 式, 有 $[W(y_1, y_2)]_\alpha = [W(y_1, y_2)]_\beta$, 因而

$$y_1(\alpha)\, p(\alpha)y_2'(\alpha) - p(\alpha)y_1'(\alpha)\, y_2(\alpha) - y_1(\beta)\, p(\beta)y_2'(\beta) + p(\beta)y_1'(\beta)\, y_2(\beta) = 0.$$

由 (2.18) 式, 我们得到

$$-p(\alpha)y_1'(\alpha)y_2(\alpha) + p(\beta)y_1'(\beta)y_2(\beta) = 0. \qquad (2.22)$$

因为 y_2 和 y_1 是线性无关的, $y_2(\alpha)$ 或 $y_2(\beta)$ 都不可能是零. (2.22) 式只有在 $y_2(\alpha)$ 和 $y_2(\beta)$ 是不同符号的情况下, 才可能成立. 因为 $y_2(x)$ 是连续的, 所以 $y_2(x)$ 在 (α, β) 内至少有一个零点.

如果 $y_2(x)$ 在 (α, β) 内有多于一个零点, 则按照我们刚证明的, 在 $y_2(x)$ 的这两个相邻零点之间, 必有 y_1 的一个零点. 这和我们前面所假定的 α 和 β 是 y_1 的两个相邻的零点是矛盾的. 所以, 在 y_1 的两个相邻的零点之间总是有一个而且只有一个 y_2 的零点. 类似地, 在 y_2 的两个相邻的零点之间总是有一个而且只有一个 y_1 的零点. 因此, 方程 (2.3) 的两个线性无关实解 $y_1(x)$ 和 $y_2(x)$ 零点的是彼此分开且交替地分布的.

定理 2.2 Sturm 比较定理 (文献 [9] 中定理 2.6.3):

如果我们有两个微分方程

$$(p_1 y_1')' + q_1 y_1 = 0, \qquad (2.23)$$

和

$$(p_2 y_2')' + q_2 y_2 = 0, \qquad (2.24)$$

其中

$$0 < p_2 \leqslant p_1 \ \text{并且} \ \ q_2 \geqslant q_1. \qquad (2.25)$$

如果 α 和 β 是第一个方程 (2.23) 的任何一个实解 y_1 的两个零点: $y_1(\alpha) = y_1(\beta) = 0$; 则第二个方程 (2.24) 的任何一个非平凡实解 y_2 在 $[\alpha, \beta]$ 中至少有一个零点.

证明

假定不是这样, 在 $[\alpha, \beta]$ 中没有 y_2 的零点. 可以假定在 $[\alpha, \beta]$ 里 $y_2 > 0$. 不失一般性, 可以假定 α 和 β 是 y_1 的两个相邻的零点,

$$y_1(\alpha) = y_1(\beta) = 0, \qquad (2.26)$$

并且在 (α, β) 里 $y_1 > 0$. 则在 $[\alpha, \beta]$ 里会有

$$\left[\frac{y_1}{y_2}(p_1 y_1' y_2 - p_2 y_2' y_1)\right]' = (q_2 - q_1)y_1^2 + (p_1 - p_2){y_1'}^2 + p_2\frac{(y_1 y_2' - y_2 y_1')^2}{y_2^2}. \qquad (2.27)$$

将方程 (2.27) 从 α 至 β 积分并注意到因为有 (2.26) 式, (2.27) 式的左边积分是零. 我们得到

$$\int_\alpha^\beta (q_2 - q_1)y_1^2 \mathrm{d}x + \int_\alpha^\beta (p_1 - p_2)y_1'^2 \mathrm{d}x = -\int_\alpha^\beta p_2 \frac{(y_1y_2' - y_2y_1')^2}{y_2^2}\mathrm{d}x,$$

此式只有在 $q_1 = q_2, p_1 = p_2$ 并且 y_1, y_2 是线性相关时才可能成立. 因此, 定理得到证明.

§2.2   Floquet 理论

现在我们考虑在方程 (2.3) 中 $p(x)$ 和 $q(x)$ 是周期为 a 的周期函数

$$[p(x)y']' + q(x)y = 0, \qquad p(x + a) = p(x), \quad q(x + a) = q(x). \tag{2.28}$$

这里 a 是一个非零的实常数.

定理 2.3 (文献 [9] 中定理 2.7.1): 方程 (2.28) 至少存在着一个非平凡解 $y(x)$ 满足

$$y(x + a) = \rho\, y(x), \tag{2.29}$$

其中 ρ 是不为零的常数.

证明

我们总是可以按照如下的方式选取方程 (2.28) 的两个线性无关解 $\eta_1(x)$ 和 $\eta_2(x)$:

$$\eta_1(0) = 1, \ p(0)\eta_1'(0) = 0; \ \eta_2(0) = 0, \ p(0)\eta_2'(0) = 1. \tag{2.30}$$

这些解通常被称为方程 (2.28) 的归一化解[13]①.

因为相应的 $\eta_1(x + a)$ 和 $\eta_2(x + a)$ 也一定是方程 (2.28) 的两个线性无关解, 我们总可以将 $\eta_1(x + a)$ 和 $\eta_2(x + a)$ 表示成 $\eta_1(x)$ 和 $\eta_2(x)$ 的线性组合:

$$\begin{aligned} \eta_1(x + a) &= A_{11}\eta_1(x) + A_{12}\eta_2(x), \\ \eta_2(x + a) &= A_{21}\eta_1(x) + A_{22}\eta_2(x), \end{aligned} \tag{2.31}$$

这里 $A_{ij} \ (1 \leqslant i, j \leqslant 2)$ 是 4 个常数. 由 (2.30) 和 (2.31) 式, 我们得到矩阵 $A = (A_{ij})$ 的矩阵元是

$$A_{11} = \eta_1(a), \ A_{21} = \eta_2(a), \ A_{12} = p(a)\eta_1'(a), \ A_{22} = p(a)\eta_2'(a). \tag{2.32}$$

---

①本书中我们将经常用到有关方程的归一化解.

方程 (2.28) 的任何非平凡解 $y(x)$ 都可以写成

$$y(x) = c_1\eta_1(x) + c_2\eta_2(x),$$

这里 c_i 是常数. 如果存在着非零的 ρ 使得

$$
\begin{aligned}
(A_{11} - \rho)c_1 + A_{21}c_2 &= 0, \\
A_{12}c_1 + (A_{22} - \rho)c_2 &= 0
\end{aligned}
\tag{2.33}
$$

成立, 其中 c_i 不都为零, 则方程 (2.28) 存在着形如 (2.29) 式的非平凡解. 方程 (2.33) 中 c_i 不都为零的要求会导致条件

$$\rho^2 - [\eta_1(a) + p(a)\eta_2'(a)]\rho + 1 = 0. \tag{2.34}$$

方程 (2.34) 被称为与方程 (2.28) 相关的特征方程. 方程 (2.34) 的常数项不为零, 因而它至少有一个不为零的解 ρ.

这样, 我们证明了方程 (2.28) 至少有一个形如 (2.29) 式的非平凡解. 实际上方程 (2.28) 也可能有两个线性独立的形如 (2.29) 式的非平凡解. 这两种可能性取决于矩阵 $A = (A_{ij})$ 有两个线性独立的本征矢还是只有一个本征矢. 如果特征方程 (2.34) 有两个不同的根 ρ_1 和 ρ_2, 则矩阵 $A = (A_{ij})$ 总是有两个线性独立的本征矢, 因而方程 (2.28) 总有两个形如 (2.29) 式的线性独立的非平凡解. 如果特征方程 (2.34) 有重根, 则矩阵 $A = (A_{ij})$ 可能有两个线性独立的本征矢或者是只有一个本征矢 (见下文); 相应地, 方程 (2.28) 也可能有两个形如 (2.29) 式的线性独立的非平凡解, 或者只有一个形如 (2.29) 式的非平凡解.

定理 2.4 (文献 [9] 中定理 2.7.2): 方程 (2.28) 存在着

(i) 形式如

$$
\begin{aligned}
y_1(x) &= e^{h_1 x}p_1(x), \\
y_2(x) &= e^{h_2 x}p_2(x)
\end{aligned}
\tag{2.35}
$$

的两个线性独立解, 这里 h_1 和 h_2 是并不一定不同的常数, $p_1(x)$ 和 $p_2(x)$ 是以 a 为周期的两个不同的周期函数; 或者

(ii) 形式如

$$
\begin{aligned}
y_1(x) &= e^{hx}p_1(x), \\
y_2(x) &= e^{hx}[x\,p_1(x) + p_2(x)]
\end{aligned}
\tag{2.36}
$$

的两个线性独立解, 这里 $p_1(x)$ 和 $p_2(x)$ 是以 a 为周期的两个不同的周期函数.

证明

特征方程 (2.34) 可能有两个不同的非零根或一个重根.

(1) 如果特征方程 (2.34) 有两个不同的非零根 ρ_1 和 ρ_2, 则方程 (2.28) 有两个线性独立的非平凡解 $y_1(x)$ 和 $y_2(x)$:

$$y_i(x + a) = \rho_i y_i(x), \qquad i = 1, 2.$$

可以这样定义 h_1 和 h_2:

$$\mathrm{e}^{ah_i} = \rho_i, \tag{2.37}$$

定义两个函数 $p_i(x)$:

$$p_i(x) = \mathrm{e}^{-h_i x} y_i(x),$$

容易看到 $p_1(x)$ 和 $p_2(x)$ 是以 a 为周期的周期函数:

$$p_i(x + a) = \mathrm{e}^{-h_i(x+a)} \rho_i y_i(x) = p_i(x).$$

因此方程 (2.28) 有两个线性独立的非平凡解

$$y_1(x) = \mathrm{e}^{h_1 x} p_1(x), \quad y_2(x) = \mathrm{e}^{h_2 x} p_2(x). \tag{2.38}$$

(2) 如果特征方程 (2.34) 有一个重根 ρ, 可以定义 h:

$$\mathrm{e}^{ah} = \rho. \tag{2.39}$$

按照**定理 2.3**, 方程 (2.28) 至少有一个形如 (2.29) 式的非平凡解

$$y_1(x + a) = \rho y_1(x).$$

假定 $Y_2(x)$ 是方程 (2.28) 的与 $y_1(x)$ 线性独立的另一个非平凡解. 因为 $Y_2(x + a)$ 也是方程 (2.28) 的一个非平凡解, 我们可以将其写成

$$Y_2(x + a) = c_1 y_1(x) + c_2 Y_2(x), \tag{2.40}$$

这里 c_i 是常数. 又因为

$$W(y_1, Y_2)|_{x+a} = \rho c_2 W(y_1, Y_2)|_x$$

并且 $W(y_1, Y_2)|_x$ 不依赖于 x, 所以

$$\rho c_2 = 1 = \rho^2,$$

上式第二个等号成立是因为 (2.34) 式的常数项等于 1. 因此

$$c_2 = \rho.$$

方程 (2.40) 可以写成

$$Y_2(x + a) = c_1 y_1(x) + \rho Y_2(x). \tag{2.41}$$

这又可能有两种不同的情况:

(2a) $c_1 = 0$. 方程 (2.41) 成为

$$Y_2(x + a) = \rho Y_2(x),$$

可以取 $y_2(x) = Y_2(x)$. 这样方程 (2.28) 有两个线性独立的非平凡解 $y_1(x)$ 和 $y_2(x)$, 并且

$$y_1(x + a) = \mathrm{e}^{ah} y_1(x), \qquad y_2(x + a) = \mathrm{e}^{ah} y_2(x).$$

从而证明了定理的第 (i) 部分. 这相当于矩阵 $A = (A_{ij})$ 有一个本征值 ρ, 但是有两个线性独立的本征矢. 因而方程 (2.28) 有两个形如 (2.29) 式的线性独立的非平凡解.

(2b) $c_1 \neq 0$. 定义

$$p_1(x) = \mathrm{e}^{-hx} y_1(x); \quad p_2(x) = (a\rho/c_1)\, \mathrm{e}^{-hx} Y_2(x) - x\, p_1(x),$$

则我们有

$$p_1(x + a) = \mathrm{e}^{-h(x+a)} y_1(x + a) = p_1(x),$$

并且

$$p_2(x + a) = (a\rho/c_1)\, \mathrm{e}^{-h(x+a)} Y_2(x + a) - (x + a) p_1(x + a)$$
$$= (a\rho/c_1)\, \mathrm{e}^{-hx} Y_2(x) - x\, p_1(x) = p_2(x).$$

因而 $p_1(x)$ 和 $p_2(x)$ 是周期函数. 又因为

$$y_1(x) = \mathrm{e}^{hx} p_1(x), \quad Y_2(x) = (c_1/a\rho)\, \mathrm{e}^{hx}[x\, p_1(x) + p_2(x)],$$

我们可以选取

$$y_2(x) = (a\rho/c_1)\, Y_2(x),$$

这样

$$y_2(x) = \mathrm{e}^{hx}[x\, p_1(x) + p_2(x)].$$

从而证明了定理的第 (ii) 部分. 这相当于矩阵 $A = (A_{ij})$ 只有一个独立的本征矢. 因而方程 (2.28) 只有一个形如 (2.29) 式的独立的非平凡解.

定理的第 (i) 部分相应于方程 (2.28) 有两个 (2.29) 式形式的线性独立的非平凡解的情况. 定理的第 (ii) 部分相应于方程 (2.28) 只有一个 (2.29) 式形式的非平凡解的情况.

§2.3　判别式和线性独立解的形式

从 2.2 节的讨论中我们可以知道, 周期系数常微分方程 (2.28) 的线性独立解的形式是由特征方程 (2.34) 的根 ρ 的形式所决定的; 而特征方程 (2.34) 的根 ρ 完全由实数

$$D = \eta_1(a) + p(a)\eta_2'(a) \tag{2.42}$$

决定. 因而 (2.42) 式中的实数 D 完全决定特征方程 (2.34) 的根 ρ 的形式, 从而决定了微分方程 (2.28) 的两个线性独立解的形式. (2.42) 式中的实数 D 被称为方程 (2.28) 的判别式.[①]

可能有五种不同情况:

A. $-2 < D < 2$.

这种情况下, 特征方程 (2.34) 的两个根 ρ_1 和 ρ_2 是不同的非实数. 它们是复共轭的; 并且其模为 1, 在 (2.35) 式中的 $h_i(i = 1, 2)$ 可以选作虚数 $\pm ik$ (这里 $0 < k < \dfrac{\pi}{a}$). 方程 (2.28) 有两个形式如

$$\begin{aligned} y_1(x) &= e^{ikx}p_1(x), \\ y_2(x) &= e^{-ikx}p_2(x) \end{aligned} \tag{2.43}$$

的线性独立解. 这里 $0 < k < \dfrac{\pi}{a}$, $p_i(x)$ $(i = 1, 2)$ 是以 a 为周期的周期函数. (2.43) 式里的 k 和判别式 D 满足下面的关系式:

$$\cos ka = \frac{1}{2}D. \tag{2.44}$$

B. $D = 2$.

这又可以分为两种子情况:

[①]容易见到, 作为 (2.32) 式里矩阵 A_{ij} 的迹, D 的数值是不会随着 (2.30) 式里的零点是怎样选择的而变化的.

B.1 $\eta_2(a)$ 和 $p(a)\eta_1'(a)$ 不都为零. 此时, 并非矩阵 $A - I\rho$ 的所有的矩阵元都为零, 这里 I 是单位矩阵. 矩阵 $A = (A_{ij})$ 只有一个独立的本征矢[②]. 方程 (2.28) 只能有一个形式如 (2.29) 式的解. 这是定理 2.4 的第 (ii) 部分的情况. 方程 (2.28) 可以有形式为

$$y_1(x) = p_1(x), \tag{2.45}$$
$$y_2(x) = x\, p_1(x) + p_2(x)$$

的两个线性独立解. 这里 $p_i(x)(i = 1, 2)$ 是以 a 为周期的周期函数.

B.2 $\eta_2(a) = p(a)\eta_1'(a) = 0$.

因为

$$W = \eta_1(a)\, p(a)\eta_2'(a) - p(a)\eta_1'(a)\, \eta_2(a) = 1,$$

我们有

$$\eta_1(a)\, p(a)\eta_2'(a) = 1.$$

但

$$\eta_1(a) + p(a)\eta_2'(a) = 2,$$

因此

$$\eta_1(a) = p(a)\eta_2'(a) = 1.$$

这样, 现在矩阵 $A - I\rho$ 的所有的矩阵元都为零, 矩阵 $A = (A_{ij})$ 有两个线性独立的本征矢, 方程 (2.33) 可以有两个独立解. 因而方程 (2.28) 的两个线性独立解都可以有 (2.29) 式的形式. 这是定理 2.4 的第 (i) 部分的情况. 方程 (2.28) 可以有两个线性独立解:

$$y_1(x) = p_1(x), \tag{2.46}$$
$$y_2(x) = p_2(x).$$

这里 $p_i(x)(i = 1, 2)$ 是以 a 为周期的周期函数.

C. $D > 2$.

这种情况下, 特征方程 (2.34) 的根 ρ_1 和 ρ_2 是两个不等于 1 的不同正实数. (2.37) 式中的 h_i 可以选实数 $\pm\beta$, 存在着一个实数 $\beta > 0$, 使得

$$e^{a\beta} = \rho_1, \quad e^{-a\beta} = \rho_2.$$

[②]虽然微分方程 (2.28) 总是有两个线性独立解, 代数方程 (2.33) 却并不总是有两个独立解. 仅当微分方程 (2.28) 的两个线性独立解都有 (2.29) 式的形式时, 代数方程 (2.33) 才有两个独立解, 并且矩阵 $A = (A_{ij})$ 有两个独立的本征矢. 如果代数方程 (2.33) 只有一个独立解, 则矩阵 $A = (A_{ij})$ 只有一个独立的本征矢, 微分方程 (2.28) 只有一个独立解有 (2.29) 式的形式, 另一个线性独立解的形式由定理 2.4 的第 (ii) 部分的 $y_2(x)$ 给出.

因而由 (2.38) 式, 方程 (2.28) 可以有两个线性独立解:

$$
\begin{aligned}
y_1(x) &= \mathrm{e}^{\beta x} p_1(x), \\
y_2(x) &= \mathrm{e}^{-\beta x} p_2(x),
\end{aligned}
\tag{2.47}
$$

这里 $\beta > 0$, $p_i(x)(i = 1, 2)$ 是以 a 为周期的周期函数. (2.47) 式里的 $\beta > 0$ 和判别式之间存在下面的关系式:

$$
\cosh \beta a = \frac{1}{2} D.
\tag{2.48}
$$

D. $D = -2$. 这又可以分为两种子情况:

D.1 $\eta_2(a)$ 和 $p(a)\eta_1'(a)$ 不都为零. 方程 (2.28) 可以有形式为

$$
\begin{aligned}
y_1(x) &= s_1(x), \\
y_2(x) &= x\, s_1(x) + s_2(x)
\end{aligned}
\tag{2.49}
$$

的两个线性独立解. 这里 $s_i(x)(i = 1, 2)$ 是以 a 为半周期的半周期函数: $s_i(x+a) = -s_i(x)$.

D.2 $\eta_2(a) = p(a)\eta_1'(a) = 0$. 方程 (2.28) 可以有两个线性独立解:

$$
\begin{aligned}
y_1(x) &= s_1(x), \\
y_2(x) &= s_2(x).
\end{aligned}
\tag{2.50}
$$

这里 $s_i(x)(i = 1, 2)$ 是半周期函数.

E. $D < -2$.

方程 (2.28) 可以有两个线性独立解:

$$
\begin{aligned}
y_1(x) &= \mathrm{e}^{\beta x} s_1(x), \\
y_2(x) &= \mathrm{e}^{-\beta x} s_2(x),
\end{aligned}
\tag{2.51}
$$

这里 $\beta > 0$, $s_i(x)(i = 1, 2)$ 是半周期函数. (2.51) 式里的正实数 $\beta > 0$ 和判别式 D 之间满足下面的关系式:

$$
\cosh \beta a = -\frac{1}{2} D.
\tag{2.52}
$$

§2.4 周期性 Sturm-Liouville 方程的谱理论

在前面的定理 2.1 至 2.4 的基础上, 可以基本上按照 Eastham 书[7] 里的途径平行于本书第一版第二章发展出周期性 Sturm-Liouville 方程的谱理论.

我们现在考虑周期性 Sturm-Liouville 方程 (2.2)

$$[p(x)y'(x)]' + [\lambda w(x) - q(x)]y(x) = 0,$$

其中 $p(x) > 0$, $w(x) > 0$ 并且 $p(x)$, $q(x)$, $w(x)$ 是分段连续的以 a 为周期的实周期函数:

$$p(x + a) = p(x), \quad q(x + a) = q(x), \quad w(x + a) = w(x).$$

方程 (2.2) 的归一化解 $\eta_i(x, \lambda), i = 1, 2$ 现在定义作

$$\eta_1(0, \lambda) = 1, \ p(0)\eta_1'(0, \lambda) = 0; \quad \eta_2(0, \lambda) = 0, \ p(0)\eta_2'(0, \lambda) = 1. \tag{2.53}$$

方程 (2.2) 的判别式现在是 λ 的函数:

$$D(\lambda) = \eta_1(a, \lambda) + p(a)\eta_2'(a, \lambda). \tag{2.54}$$

方程 (2.2) 的两个线性独立解由 (2.54) 式里的 $D(\lambda)$ 决定.

2.4.1　两个本征值问题

我们考虑方程 (2.2) 在如下条件的解:

$$y(a) = y(0), \quad p(a)y'(a) = p(0)y'(0), \tag{2.55}$$

其相应的本征值用 λ_n 表示并且排序:

$$\lambda_0 \leqslant \lambda_1 \leqslant \lambda_2 \leqslant \cdots.$$

本征函数可以取为实函数, 用 $\zeta_n(x)$ 表示. $\zeta_n(x)$ 可以进一步在 $[0, a]$ 里正交归一化:

$$\int_0^a \zeta_m(x)\zeta_n(x)\mathrm{d}x = \delta_{m,n}.$$

$\zeta_n(x)$ 可以用 (2.55) 式拓展到整个实轴 $(-\infty, +\infty)$ 成为一个连续并且分段准可微的, 以 a 为周期的函数[①]. 所以 λ_n 是方程 (2.2) 存在以 a 为周期的解时的 λ 值.

类似地我们也可以考虑方程 (2.2) 在如下条件的解:

$$y(a) = -y(0), \quad p(a)y'(a) = -p(0)y'(0). \tag{2.56}$$

其相应的本征值用 μ_n 表示并且排序:

$$\mu_0 \leqslant \mu_1 \leqslant \mu_2 \leqslant \cdots.$$

---

① 即函数 $\zeta_n(x)$ 的准微商 $p(x)\zeta_n'(x)$ 存在并且连续.

本征函数可以取为实函数, 用 $\xi_n(x)$ 表示. $\xi_n(x)$ 可以进一步在 $[0, a]$ 里正交归一化:

$$\int_0^a \xi_m(x)\xi_n(x)\,\mathrm{d}x = \delta_{m,n}.$$

$\xi_n(x)$ 可以用 (2.56) 式拓展到整个实轴 $(-\infty, +\infty)$, 成为一个连续并且分段准可微的, 以 a 为半周期的函数②. 所以 μ_n 是方程 (2.2) 存在以 a 为半周期的解时的 λ 值.

2.4.2 $D(\lambda)$ 随 λ 的变化

关于 (2.54) 式定义的 $D(\lambda)$ 怎样随 λ 的变化而变化及其与在 (2.55) 和 (2.56) 式中定义的两个本征值 λ_n 和 μ_n 的关系, 有如下的定理:

定理 2.5 (文献 [7] 书里定理 2.3.1 的推广):

(i) λ_n 和 μ_n 的顺序是

$$\lambda_0 < \mu_0 \leqslant \mu_1 < \lambda_1 \leqslant \lambda_2 < \mu_2 \leqslant \mu_3 < \lambda_3 \leqslant \lambda_4 < \cdots. \tag{2.57}$$

随着 λ 由 $-\infty$ 向 $+\infty$ 增加, $D(\lambda)$ 的数值变化如下 ($m = 0, 1, 2, \cdots$):

(ii) 在区间 $(-\infty, \lambda_0)$ 里, $D(\lambda) > 2$;

(iii) 在区间 $[\lambda_{2m}, \mu_{2m}]$ 里, $D(\lambda)$ 由 $+2$ 降到 -2;

(iv) 在区间 (μ_{2m}, μ_{2m+1}) 里, $D(\lambda) < -2$;

(v) 在区间 $[\mu_{2m+1}, \lambda_{2m+1}]$ 里, $D(\lambda)$ 由 -2 增加到 $+2$;

(vi) 在区间 $(\lambda_{2m+1}, \lambda_{2m+2})$ 里, $D(\lambda) > 2$.

证明

这几个定理可以分几步来证明.

(1) 存在着这样一个 Λ, 对于所有的 $\lambda < \Lambda$, 都有 $D(\lambda) > 2$.

我们可以选取这样一个 Λ, 使得对于所有的在 $(-\infty, +\infty)$ 之间的 x, 都有

$$[q(x) - \Lambda w(x)] > 0.$$

假定 $y(x)$ 是方程 (2.2) 的**任何**一个 $y(0) \geqslant 0$ 且 $p(0)y'(0) \geqslant 0$ 的非平凡解, 则总是有这样一个区间 $(0, \Delta)$ 在它里面 $y(x) > 0$.

对于所有的 $\lambda \leqslant \Lambda$, 在任何 $y(x) > 0$ 的区间 $(0, X)$ 里我们有

$$[p(x)y'(x)]' = [q(x) - \lambda w(x)]y(x) > 0;$$

因此, 在此区间 $(0, X)$ 里, 有 $p(x)y'(x) > 0$, 因而 $y(x)$ 在区间 $(0, X)$ 里是递增的. $y(x)$ 在 $(0, +\infty)$ 里没有零点. $y(x)$ 和 $p(x)y'(x)$ 都是在区间 $(0, +\infty)$ 里的递增函数.

---

②即函数 $\xi_n(x)$ 的准微商 $p(x)\xi_n'(x)$ 存在并且连续. 在文献 [8-11] 和 [14, 15] 里有和本节相关的内容.

因为在 (2.53) 式里定义的函数 $\eta_1(x,\lambda)$ 和 $\eta_2(x,\lambda)$ 满足

$$\eta_1(0,\lambda) \geqslant 0, \ p(0)\eta_1'(0,\lambda) \geqslant 0; \quad \eta_2(0,\lambda) \geqslant 0, \ p(0)\eta_2'(0,\lambda) \geqslant 0,$$

对于所有的 $\lambda \leqslant \Lambda$, $\eta_1(x,\lambda)$, $p(x)\eta_1'(x,\lambda)$ 和 $\eta_2(x,\lambda)$, $p(x)\eta_2'(x,\lambda)$ 也都是在区间 $(0,+\infty)$ 里的递增函数. 特别是

$$\eta_1(a,\lambda) > \eta_1(0,\lambda) = 1; \quad p(a)\eta_2'(a,\lambda) > p(0)\eta_2'(0,\lambda) = 1.$$

因此对于所有的 $\lambda \leqslant \Lambda$, 都有 $D(\lambda) > 2$.

但是随着 λ 的增加, $[p(x)y'(x)]'/y(x) = [q(x) - \lambda w(x)]$ 会变成负数, 因而 $D(\lambda)$ 会随着 λ 的增加而减小.

(2) 对于所有的满足 $|D(\lambda)| < 2$ 的 λ, 都有 $D'(\lambda) \neq 0$.

将 (2.2) 式对 λ 求微商并令 $y(x) = \eta_1(x,\lambda)$, 得到

$$\frac{\mathrm{d}}{\mathrm{d}x}\left[p(x)\frac{\mathrm{d}}{\mathrm{d}x}\left[\frac{\partial\eta_1(x,\lambda)}{\partial\lambda}\right]\right] + [\lambda w(x) - q(x)]\frac{\partial\eta_1(x,\lambda)}{\partial\lambda} = -w(x)\eta_1(x,\lambda). \quad (2.58)$$

将参数变易公式 (2.16) 用来在 $\dfrac{\partial\eta_1(0,\lambda)}{\partial\lambda} = 0$ (来自 (2.53) 式) 的初始条件下从方程 (2.58) 求解 $\partial\eta_1(x,\lambda)/\partial\lambda$, 得到

$$\frac{\partial\eta_1(x,\lambda)}{\partial\lambda} = \int_0^x [\eta_1(x,\lambda)\eta_2(t,\lambda) - \eta_2(x,\lambda)\eta_1(t,\lambda)]w(t)\eta_1(t,\lambda)\,\mathrm{d}t, \quad (2.59)$$

这里用到 $W[\eta_1(t,\lambda),\eta_2(t,\lambda)] = 1$.

类似地将 (2.2) 式对 λ 求微商并令 $y(x) = \eta_2(x,\lambda)$, 得到

$$\frac{\mathrm{d}}{\mathrm{d}x}\left[p(x)\frac{\mathrm{d}}{\mathrm{d}x}\left[\frac{\partial\eta_2(x,\lambda)}{\partial\lambda}\right]\right] + [\lambda w(x) - q(x)]\frac{\partial\eta_2(x,\lambda)}{\partial\lambda} = -w(x)\eta_2(x,\lambda). \quad (2.60)$$

将参数变易公式 (2.16) 用来在 $\dfrac{\partial\eta_2(0,\lambda)}{\partial\lambda} = 0$ (来自 (2.53) 式) 的初始条件下从方程 (2.60) 求解 $\partial\eta_2(x,\lambda)/\partial\lambda$, 得到

$$\frac{\partial\eta_2(x,\lambda)}{\partial\lambda} = \int_0^x [\eta_1(x,\lambda)\eta_2(t,\lambda) - \eta_2(x,\lambda)\eta_1(t,\lambda)]w(t)\eta_2(t,\lambda)\,\mathrm{d}t. \quad (2.61)$$

将参数变易公式 (2.17) 用来在 $p(0)\left[\dfrac{\partial\eta_2'(0,\lambda)}{\partial\lambda}\right] = 0$ (来自 (2.53) 式) 的初始条件下从方程 (2.60) 求解 $\dfrac{\partial p(x)\eta_2'(x,\lambda)}{\partial\lambda}$ 可以得到

$$\frac{\partial p(x)\eta_2'(x,\lambda)}{\partial\lambda} = \int_0^x [p(x)\eta_1'(x,\lambda)\eta_2(t,\lambda) \\ - p(x)\eta_2'(x,\lambda)\eta_1(t,\lambda)]w(t)\eta_2(t,\lambda)\mathrm{d}t. \quad (2.62)$$

将 (2.62) 和 (2.59) 式相加并令 $x = a$, 得到

$$D'(\lambda) = \int_0^a [p\eta_1'\eta_2^2(t,\lambda) + (\eta_1 - p\eta_2')\eta_1(t,\lambda)\eta_2(t,\lambda) - \eta_2\eta_1^2(t,\lambda)] \; w(t) \; \mathrm{d}t,$$

$$(2.63)$$

因而

$$4\eta_2 D'(\lambda) = - \int_0^a [2\eta_2\eta_1(t,\lambda) - (\eta_1 - p\eta_2')\eta_2(t,\lambda)]^2 \; w(t) \; \mathrm{d}t$$

$$- [4 - D^2(\lambda)] \int_0^a \eta_2^2(t,\lambda) \; w(t) \; \mathrm{d}t,$$

$$(2.64)$$

在 (2.63) 和 (2.64) 式里为了简便起见, 我们将 $\eta_i(a,\lambda)$ 写成 η_i, 将 $p(a)\eta_i'(a,\lambda)$ 写成 $p\eta_i'$.

如果 $|D(\lambda)| < 2$, 从 (2.64) 式可知 $\eta_2 D'(\lambda) < 0$; 因而 $D'(\lambda) \neq 0$. 因此只有在 $|D(\lambda)| \geqslant 2$ 的 λ 的范围里才可能有 $D'(\lambda) = 0$.

(3) 在 $D(\lambda) - 2 = 0$ 的零点 λ_n 处, 如果 (也并且仅当)

$$\eta_2(a,\lambda_n) = p(a)\eta_1'(a,\lambda_n) = 0 \qquad (2.65)$$

时, 有 $D'(\lambda_n) = 0$. 如果 $D'(\lambda_n) = 0$, 则有 $D''(\lambda_n) < 0$.

(3a) 因为 $W(\lambda_n) = 1$, (2.65) 式给出 $\eta_1(a,\lambda_n)p(a)\eta_2'(a,\lambda_n) = 1$. 从 $D(\lambda_n) = \eta_1(a,\lambda_n) + p(a)\eta_2'(a,\lambda_n) = 2$ 得到

$$\eta_1(a,\lambda_n) = p(a)\eta_2'(a,\lambda_n) = 1. \qquad (2.66)$$

这时 (2.63) 式给出 $D'(\lambda_n) = 0$.

按照 2.3 节的 **B.2**, 这相应于 $D(\lambda) - 2$ 在 $\lambda = \lambda_n$ 处有双重零点.

(3b) 反之, 如果 $D'(\lambda_n) = 0$, 则 (2.64) 式右边的第一个被积函数一定是零, 因为 $D(\lambda_n) = 2$. 因为 $\eta_1(t,\lambda)$ 和 $\eta_2(t,\lambda)$ 是线性无关的, 一定有 $\eta_2(a,\lambda_n) = 0$ 和 $\eta_1(a,\lambda_n) = p(a)\eta_2'(a,\lambda_n)$. 从 (2.63) 式可以得到 $p(a)\eta_1'(a,\lambda_n) = 0$.

(3c) 为进一步证明在 $D'(\lambda_n) = 0$ 时有 $D''(\lambda_n) < 0$, 将 (2.58) 式对 λ 求微商, 得到

$$\frac{\mathrm{d}}{\mathrm{d}x}\left[\frac{\partial^2 p(x)\eta_1'(x,\lambda)}{\partial\lambda^2}\right] + [\lambda w(x) - q(x)]\frac{\partial^2\eta_1(x,\lambda)}{\partial\lambda^2}$$

$$= -2w(x)\frac{\partial}{\partial\lambda}\eta_1(x,\lambda). \qquad (2.67)$$

将参数变易公式 (2.16) 用来在 $\dfrac{\partial^2\eta_1(0,\lambda)}{\partial\lambda^2} = 0$ (来自 (2.53) 式) 的初始条件下从方

程 (2.67) 求解 $\partial^2\eta_1(x,\lambda)/\partial\lambda^2$, 得到

$$\frac{\partial^2\eta_1(x,\lambda)}{\partial\lambda^2} = 2\int_0^x [\eta_1(x,\lambda)\eta_2(t,\lambda) - \eta_2(x,\lambda)\eta_1(t,\lambda)]w(t)\frac{\partial}{\partial\lambda}\eta_1(t,\lambda)\,\mathrm{d}t,$$

(2.68)

这里用到了 $W[\eta_1(t,\lambda),\eta_2(t,\lambda)] = 1$.

将 (2.60) 式对 λ 求微商, 得到

$$\frac{\mathrm{d}}{\mathrm{d}x}\left[\frac{\partial^2 p(x)\eta_2'(x,\lambda)}{\partial\lambda^2}\right] + [\lambda w(x) - q(x)]\frac{\partial^2\eta_2(x,\lambda)}{\partial\lambda^2}$$
$$= -2w(x)\,\frac{\partial}{\partial\lambda}\eta_2(x,\lambda).$$

(2.69)

将参数变易公式 (2.17) 用来在 $\dfrac{\partial^2 p(0)\eta_2'(0,\lambda)}{\partial\lambda^2} = 0$ (来自 (2.53) 式) 的初始条件下

从方程 (2.69) 求解 $\dfrac{\partial^2 p(x)\eta_2'(x,\lambda)}{\partial\lambda^2}$, 得到

$$\frac{\partial^2 p(x)\eta_2'(x,\lambda)}{\partial\lambda^2} = 2\int_0^x [p(x)\eta_1'(x,\lambda)\eta_2(t,\lambda)$$
$$- p(x)\eta_2'(x,\lambda)\eta_1(t,\lambda)]w(t)\frac{\partial}{\partial\lambda}\eta_2(t,\lambda)\,\mathrm{d}t.$$

(2.70)

将 (2.68) 和 (2.70) 式相加并注意到当 $D'(\lambda_n) = 0$ 时, (2.65) 和 (2.66) 式是成立的, 得到

$$D''(\lambda_n) = 2\int_0^a\left[\eta_2(t,\lambda_n)\frac{\partial\eta_1(t,\lambda_n)}{\partial\lambda} - \eta_1(t,\lambda_n)\frac{\partial\eta_2(t,\lambda_n)}{\partial\lambda}\right]w(t)\mathrm{d}t$$
$$= -2\int_0^a w(t)\mathrm{d}t\int_0^t[\eta_1(t,\lambda_n)\eta_2(\tau,\lambda_n) - \eta_2(t,\lambda_n)\eta_1(\tau,\lambda_n)]^2 w(\tau)\mathrm{d}\tau.$$

(2.71)

在得到第二个等式时用到了 (2.59) 和 (2.61) 式. (2.71) 式右边的积分小于零, 因为双重积分里的被积函数是正的.

(4) 可以类似地证明对于 $D(\lambda) + 2$ 的零点 μ_n 有和 (3) 相应的结果: 如果 (也并且仅当)

$$\eta_2(a,\mu_n) = p(a)\eta_1'(a,\mu_n) = 0$$

(2.72)

时有 $D'(\mu_n) = 0$. 如果 $D'(\mu_n) = 0$, 则有 $D''(\mu_n) > 0$. 这相应于 $D(\lambda)+2$ 在 $\lambda = \mu_n$ 处有双重零点.

(5) 因此除开 (3) 和 (4) 的情况以外, 只有在 $D(\lambda) < -2$ 或 $D(\lambda) > 2$ 的 λ 范围里可以有 $D'(\lambda) = 0$. $D(\lambda)$-λ 曲线只有在这两个区域里才可能改变方向.

(6) 根据这里 (1)—(5) 的结果, 我们看到方程 (2.2) 的判别式 $D(\lambda)$ ((2.54) 式) 随着 λ 由 $-\infty$ 增加至 $+\infty$ 而变化, $D(\lambda)$ 随着 λ 的变化如图 2.1 里的曲线所示.

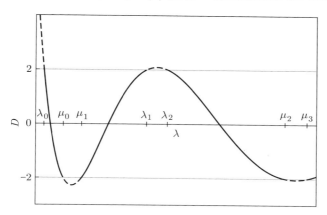

图 2.1 一条典型的 $D(\lambda)$-λ 曲线. 周期性 Sturm-Liouville 方程只有在 $-2 \leqslant D(\lambda) \leqslant 2$ 的 λ (实线部分) 范围里, 才有允许能带. 在 $D(\lambda) > 2$ 或 $D(\lambda) < -2$ 范围的 λ (虚线部分) 里, 周期性 Sturm-Liouville 方程的本征态是禁止的.

方程 (2.2) 的本征值的允许能带对应于 $-2 \leqslant D(\lambda) \leqslant 2$ 的 λ 范围 (实线部分). 在对应于 $D(\lambda) > 2$ 或 $D(\lambda) < -2$ 的 λ 范围 (虚线部分) 则不会存在方程 (2.2) 的本征模式.

§2.5　周期性 Sturm-Liouville 方程本征值的带结构

周期性 Sturm-Liouville 方程 (2.2) 在 $[\lambda_0, +\infty)$ 范围内的解可以分为五种情况:

A. λ 在 (λ_{2m}, μ_{2m}) 或 $(\mu_{2m+1}, \lambda_{2m+1})$ 的范围里, 这时 $-2 < D(\lambda) < 2$. 这相当于 λ 是在方程 (2.2) 的允许带内部. 方程(2.2)的两个线性独立解可以选取为

$$
\begin{aligned}
y_1(x, \lambda) &= \mathrm{e}^{ik(\lambda)x} p_1(x, \lambda), \\
y_2(x, \lambda) &= \mathrm{e}^{-ik(\lambda)x} p_2(x, \lambda),
\end{aligned}
\tag{2.73}
$$

这里 $0 < k(\lambda) < \pi/a$ 由 (2.44) 式决定:

$$
\cos ka = \frac{1}{2} D(\lambda),
\tag{2.74}
$$

并且 $p_i(x, \lambda)$ 是依赖于 λ 的周期函数. 相应的本征值可以写成 $\varepsilon_n(k)$ 和 $\varepsilon_n(-k)$, 并且 $\varepsilon_n(-k) = \varepsilon_n(k)$.

文献 [2] 中证明了在每个允许带的内部, $\varepsilon_n(k)$ 总是 k 的单调函数. 这里我们给出另一个简单证明.

假定在一个允许带的内部 $\varepsilon_n(k)$ 不是 k 的单调函数. 则在此允许带的内部一定至少存在着一个 λ, 在 $\left(0, \dfrac{\pi}{a}\right)$ 之间有两个不同的 k_1 和 k_2 使得 $\varepsilon_n(k_1) = \varepsilon_n(k_2) = \lambda$. 这样对于这个 λ, 方程 (2.2) 就有四个线性独立解: 两个相当于在 (2.73) 式里 $k = k_1$; 两个相当于在 (2.73) 式里 $k = k_2$. 这和周期性 Sturm-Liouville 方程 (2.2) 只能有两个线性独立解相矛盾.

B. 在 $\lambda = \lambda_n$ 处, $D(\lambda) = 2$.

B.1   在大多数情况下, λ_n 是 $D(\lambda) - 2$ 的一个简单零点. 方程 (2.2) 的两个线性独立解可以写成

$$
\begin{aligned}
y_1(x, \lambda) &= p_1(x, \lambda_n), \\
y_2(x, \lambda) &= x\, p_1(x, \lambda_n) + p_2(x, \lambda_n).
\end{aligned}
\tag{2.75}
$$

只有周期函数解 y_1 才是方程 (2.2) 的非发散的本征解. λ_n 相应于 $k = 0$ 处的带边本征值 $\varepsilon_n(0)$. 在 $n > 0$ 时这相应于在 $\varepsilon_{2m+1}(0)$ 和 $\varepsilon_{2m+2}(0)$ 之间存在着一个不为零的带隙.

B.2   在一些特殊情况下, λ_n $(n > 0)$ 是 $D(\lambda) - 2$ 的双重零点: $\lambda_{2m+1} = \lambda_{2m+2}$. 方程 (2.2) 有两个形如

$$
\begin{aligned}
y_1(x, \lambda) &= p_1(x, \lambda_{2m+1}), \\
y_2(x, \lambda) &= p_2(x, \lambda_{2m+1})
\end{aligned}
\tag{2.76}
$$

的线性独立解. 它们相应的本征值 $\varepsilon_{2m+1}(0) = \varepsilon_{2m+2}(0) = \lambda_{2m+1}$. 这相当于在 $\varepsilon_{2m+1}(0)$ 和 $\varepsilon_{2m+2}(0)$ 之间存在着一个为零的带隙.

C. λ 在 $(\lambda_{2m+1}, \lambda_{2m+2})$ 区间内, $D(\lambda) > 2$. 这相当于 λ 是在方程 (2.2) 的在 $k = 0$ 的一个禁带内部. 周期性 Sturm-Liouville 方程 (2.2) 的两个线性独立解可以写成

$$
\begin{aligned}
y_1(x, \lambda) &= \mathrm{e}^{\beta(\lambda)x} p_1(x, \lambda), \\
y_2(x, \lambda) &= \mathrm{e}^{-\beta(\lambda)x} p_2(x, \lambda).
\end{aligned}
\tag{2.77}
$$

这里 $\beta(\lambda) > 0$ 由 (2.48) 式决定:

$$
\cosh \beta a = \frac{1}{2} D(\lambda),
\tag{2.78}
$$

并且 $p_i(x, \lambda), i = 1, 2$ 是周期函数. 这些发散型的解在半无限和有限晶体有关物理问题的研究中可以起到重要作用.

D. 在 $\lambda = \mu_n$ 处, $D(\lambda) = -2$.

D.1 在大多数情况下, μ_n 是 $D(\lambda) + 2$ 的一个简单零点. 方程 (2.2) 有两个形如

$$y_1(x, \lambda) = s_1(x, \mu_n),$$
$$y_2(x, \lambda) = x\, s_1(x, \mu_n) + s_2(x, \mu_n) \tag{2.79}$$

的线性独立解. 只有半周期函数解 y_1 才是方程 (2.2) 的非发散的本征解. μ_n 相应于 $k = \dfrac{\pi}{a}$ 处的带边本征值 $\varepsilon_n\left(\dfrac{\pi}{a}\right)$. 这相应于在 $\varepsilon_{2m}\left(\dfrac{\pi}{a}\right)$ 和 $\varepsilon_{2m+1}\left(\dfrac{\pi}{a}\right)$ 之间存在着一个不为零的带隙.

D.2 在一些特殊情况下, μ_n 是 $D(\lambda) + 2$ 的双重零点: $\mu_{2m} = \mu_{2m+1}$. 方程 (2.2) 的两个线性独立解可选为

$$y_1(x, \lambda) = s_1(x, \mu_{2m}),$$
$$y_2(x, \lambda) = s_2(x, \mu_{2m}). \tag{2.80}$$

它们相应的本征值是 $\varepsilon_{2m}\left(\dfrac{\pi}{a}\right) = \varepsilon_{2m+1}\left(\dfrac{\pi}{a}\right) = \mu_{2m}$. 相当于在 $\varepsilon_{2m}\left(\dfrac{\pi}{a}\right)$ 和 $\varepsilon_{2m+1}\left(\dfrac{\pi}{a}\right)$ 之间存在着一个为零的带隙.

E. λ 在 (μ_{2m}, μ_{2m+1}) 区间内, $D(\lambda) < -2$. 这相当于 λ 是在方程 (2.2) 的在 $k = \pi/a$ 的一个禁带内部. 两个线性独立解可写成

$$y_1(x, \lambda) = \mathrm{e}^{\beta(\lambda)x} s_1(x, \lambda),$$
$$y_2(x, \lambda) = \mathrm{e}^{-\beta(\lambda)x} s_2(x, \lambda). \tag{2.81}$$

这里 $\beta(\lambda) > 0$ 由 (2.48) 式决定:

$$\cosh \beta a = -\frac{1}{2} D(\lambda), \tag{2.82}$$

$s_i(x, \lambda)$ 是半周期函数. 这些发散型的解在半无限和有限晶体有关物理问题的研究中可以起到重要作用.

所以在 **A, B** 和 **D** 的情况中可以存在着周期性 Sturm-Liouville 方程 (2.2) 非发散的本征解. 其本征值 $\varepsilon_n(k)$ 和本征函数 $\phi_n(k, x)$ 里的波矢 k 可以局限在 Brillouin 区内:

$$-\frac{\pi}{a} < k \leqslant \frac{\pi}{a}. \tag{2.83}$$

并且在 2.4.1 小节中定义的 λ_n, μ_n 和 $\zeta(x), \xi(x)$ 实际上就是带边处的能量和波函数:

$$\lambda_n = \varepsilon_n(0), \quad \zeta_n(x) = \phi_n(0, x) \tag{2.84}$$

和

$$\mu_n = \varepsilon_n \left(\frac{\pi}{a}\right), \quad \xi_n(x) = \phi_n \left(\frac{\pi}{a}, x\right).$$ (2.85)

带边的本征值是这样排序的: (2.57) 式可以写成

$$\varepsilon_0(0) < \varepsilon_0 \left(\frac{\pi}{a}\right) \leqslant \varepsilon_1 \left(\frac{\pi}{a}\right) < \varepsilon_1(0) \leqslant \varepsilon_2(0) < \varepsilon_2 \left(\frac{\pi}{a}\right) \leqslant \varepsilon_3 \left(\frac{\pi}{a}\right) < \varepsilon_3(0) \leqslant \varepsilon_4(0) < \cdots.$$
(2.86)

我们也可以知道周期性 Sturm-Liouville 方程 (2.2) 的允许带结构有一些非常简单的普遍性质:

(1) 每个带内 $\varepsilon_n(-k) = \varepsilon_n(k)$, 并且 $\varepsilon_n(k)$ $(k > 0)$ 是 k 的单调函数;

(2) 每个允许带的极大值和极小值总是位于 $k = 0$ 或 $k = \frac{\pi}{a}$ 处;

(3) 不存在不同允许带之间的交叉和重叠;

(4) 每个允许带和每个带隙是交替发生的;

(5) 带隙总是在 $\varepsilon_{2m} \left(\frac{\pi}{a}\right)$ 和 $\varepsilon_{2m+1} \left(\frac{\pi}{a}\right)$ 之间, 或在 $\varepsilon_{2m+1}(0)$ 和 $\varepsilon_{2m+2}(0)$ 之间.

类似地, 任何 (2.2) 式类型的方程的能带结构也可以由其判别式 $D(\lambda)$ ((2.54) 式) 完全地并解析地得到.

一个典型的周期性 Sturm-Liouville 方程 (2.2) 的本征值的允许带结构如图 2.2 所示.

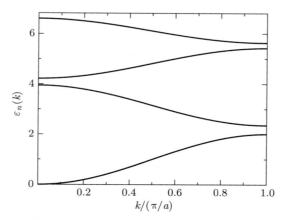

图 2.2 一个典型的周期性 Sturm-Liouville 方程 (2.2) 的允许带结构.

由一维 Schrödinger 方程 (2.1) 描述的晶体可以看做是在一维自由空间 —— 具有零势场的晶体 (空格子) —— 的基础上由晶体势场 $v(x)$ 的微扰而形成. 一维空格子的晶体的电子能谱是自由电子的能谱 $\lambda(k) = ck^2$ (c 是一个比例常数), 在扩展的 Brillouin 区中没有任何带隙. 在约化的 Brillouin 区中, 能谱 $\lambda\,(k) = ck^2$ 在 Brillouin 区的边界会折叠, 因而在 $k = 0$ 和 $k = \dfrac{\pi}{a}$ 处简单地连续且交接, 不会有能带交叉或能带重叠. 晶体势场 $v\,(x)$ 的任何有限的 Fourier 分量 —— 无论多么小 —— 都会在 $k = 0$ 或 $k = \dfrac{\pi}{a}$ 处将能带断开, 形成能隙, 且不会有能带的交叉或重叠, 参见例如文献 [2,15]. 这个图像将有助于我们在后面第五章讨论时, 认识多维情况和这里讨论的一维情况之间的根本差异.

到此为止, 我们所讨论的周期性 Sturm-Liouville 方程的谱理论提供了关于具有无限长度的一维平移不变性的允许带结构的一些普遍认识. 在接下来的两章, 我们将发展一个关于半无限长度的一维平移不变性和理想的有限长度的一维平移不变性的一般理论. 这些系统不再具有平移不变性. 下一节里关于方程 (2.36) 解的零点的几个定理在帮助我们认识这些系统中的本征态上起了关键的作用.

§2.6 关于解的零点的几个定理

我们进一步考虑周期性 Sturm-Liouville 方程 (2.2) 在边条件

$$y(a) = y(0) = 0 \tag{2.87}$$

下的解, 其本征值可以用 Λ_n 表示, 而相应的本征函数可以用 $\Psi_n(x)$ 表示.

有关一维半无限或有限声子晶体和光子晶体的物理问题, 我们也还需要研究周期性 Sturm-Liouville 方程 (2.2) 在边条件

$$p(a)y'(a) = p(0)y'(0) = 0 \tag{2.88}$$

下的解. 其本征值可以用 ν_n 表示, 而相应的本征函数可以用 $\Phi_n(x)$ 表示.

定理 2.6 (文献 [7] 里的定理 3.1.1 的推广, 文献 [8] 里的定理 13.10): 对于 $m = 0, 1, 2, \cdots$, 我们有

$$\varepsilon_{2m}\left(\frac{\pi}{a}\right) \leqslant \Lambda_{2m} \leqslant \varepsilon_{2m+1}\left(\frac{\pi}{a}\right); \quad \varepsilon_{2m+1}(0) \leqslant \Lambda_{2m+1} \leqslant \varepsilon_{2m+2}(0); \tag{2.89}$$

和

$$\varepsilon_{2m}\left(\frac{\pi}{a}\right) \leqslant \nu_{2m+1} \leqslant \varepsilon_{2m+1}\left(\frac{\pi}{a}\right); \quad \varepsilon_{2m+1}(0) \leqslant \nu_{2m+2} \leqslant \varepsilon_{2m+2}(0),$$
$$\nu_0 \leqslant \varepsilon_0(0). \tag{2.90}$$

证明

因为 $\Psi_n(x)$ 是方程 (2.2) 在条件 (2.87) 下相应于第 n 个本征值的本征函数, 它在开区间 $(0, a)$ 中有 n 个零点. 按照 (2.53) 式, $\eta_2(0, \lambda) = 0$, 因而 Λ_n 是方程

$$\eta_2(a, \Lambda_n) = 0 \qquad (2.91)$$

的解, 并且有相应的本征函数

$$\Psi_n(x) = \eta_2(x, \Lambda_n).$$

所以 $\eta_2(x, \Lambda_n)$ 在开区间 $(0, a)$ 中有 n 个零点. 按照 (2.53) 式, $p(0)\eta_2'(0, \Lambda_n) > 0$, 因而

$$p(a)\eta_2'(a, \Lambda_n) \begin{cases} < 0 \ (n = \text{偶数}); \\ > 0 \ (n = \text{奇数}). \end{cases} \qquad (2.92)$$

因为

$$\eta_1(a, \Lambda_n)p(a)\eta_2'(a, \Lambda_n) - p(a)\eta_1'(a, \Lambda_n)p(a)\eta_2(a, \Lambda_n) = 1,$$

从 (2.91) 式, 有

$$\eta_1(a, \Lambda_n)p(a)\eta_2'(a, \Lambda_n) = 1.$$

所以

$$D(\Lambda_n) = \eta_1(a, \Lambda_n) + p(a)\eta_2'(a, \Lambda_n) = [p(a)\eta_2'(a, \Lambda_n)]^{-1} + p(a)\eta_2'(a, \Lambda_n).$$

如果 n 是偶数, 由于 (2.92) 式, 有

$$-D(\Lambda_n) = [|p(a)\eta_2'(a, \Lambda_n)|^{-1/2} - |p(a)\eta_2'(a, \Lambda_n)|^{1/2}]^2 + 2 \geqslant 2,$$

即

$$D(\Lambda_{n=\text{偶数}}) \leqslant -2;$$

类似地有

$$D(\Lambda_{n=\text{奇数}}) \geqslant 2.$$

因此 Λ_n 和 Λ_{n+1} 总是处在不同的带隙里. 这里我们把 $\varepsilon_{2m}\left(\dfrac{\pi}{a}\right) = \varepsilon_{2m+1}\left(\dfrac{\pi}{a}\right)$ 或 $\varepsilon_{2m+1}(0) = \varepsilon_{2m+2}(0)$ 的特殊情况当作宽度为零的带隙.

现在我们考虑 $D(\lambda) - 2$ 的两个相邻的零点 $\varepsilon_{2m+1}(0)$ 和 $\varepsilon_{2m+2}(0)$, 或者在它们之间 $D(\lambda) > 2$, 或者是 $D'(\lambda) = 0$, 因而 $D(\lambda) - 2$ 在 $\lambda = \varepsilon_{2m+1}(0) = \varepsilon_{2m+2}(0)$ 处有一双重零点 (参看图 2.1).

在 $D'(\varepsilon_{2m+1}(0)) = 0$ 的特殊情况下, $D(\lambda) - 2$ 在 $\lambda = \varepsilon_{2m+1}(0) = \varepsilon_{2m+2}(0)$ 处有一双重零点, 根据 (2.65) 式我们总有 $\eta_2(a, \varepsilon_{2m+1}(0)) = 0$, 因而 (2.91) 式有一个解 $\Lambda_n = \varepsilon_{2m+1}(0)$.

在多数情况下, 在 $(\varepsilon_{2m+1}(0), \varepsilon_{2m+2}(0))$ 内 $D(\lambda) > 2$. 按照 (2.64) 式我们在 $\varepsilon_{2m+1}(0)$ 和 $\varepsilon_{2m+2}(0)$ 处都有 $\eta_2(a, \lambda)D'(\lambda) \leqslant 0$. 因为 $D'(\varepsilon_{2m+1}(0)) > 0$ 且 $D'(\varepsilon_{2m+2}(0)) < 0$, 我们有 $\eta_2(a, \varepsilon_{2m+1}(0)) \leqslant 0$ 且 $\eta_2(a, \varepsilon_{2m+2}(0)) \geqslant 0$. 所以 $\eta_2(a, \lambda)$ 在 $[\varepsilon_{2m+1}(0), \varepsilon_{2m+2}(0)]$ 内至少有一个零点. 又因为 Λ_n 和 Λ_{n+1} 必须在不同的带隙里, 在 $[\varepsilon_{2m+1}(0), \varepsilon_{2m+2}(0)]$ 里不可能有多于一个的 Λ_n. 所以在 $[\varepsilon_{2m+1}(0), \varepsilon_{2m+2}(0)]$ 里只有一个 Λ_n (n 为奇数).

对于 $D(\lambda) + 2$ 的两个相邻零点 $\varepsilon_{2m}\left(\dfrac{\pi}{a}\right)$ 和 $\varepsilon_{2m+1}\left(\dfrac{\pi}{a}\right)$, 我们可以非常类似地讨论. 从而会得到类似的结论: 在 $\left[\varepsilon_{2m}\left(\dfrac{\pi}{a}\right), \varepsilon_{2m+1}\left(\dfrac{\pi}{a}\right)\right]$ 内有且只有一个 Λ_n (n 为偶数).

所以, Λ_n 总是从 $\left[\varepsilon_0\left(\dfrac{\pi}{a}\right), \varepsilon_1\left(\dfrac{\pi}{a}\right)\right]$ 开始, 在 $\left[\varepsilon_{2m}\left(\dfrac{\pi}{a}\right), \varepsilon_{2m+1}\left(\dfrac{\pi}{a}\right)\right]$ 或 $[\varepsilon_{2m+1}(0), \varepsilon_{2m+2}(0)]$ 里交替出现.

(2.90) 式的证明也很相似. 每个 ν_n 是方程

$$p(a)\eta_1'(a, \nu_n) = 0 \tag{2.93}$$

的解. 并且

$$\Phi_n(x) = \eta_1(x, \nu_n).$$

所以 $\eta_1(x, \nu_n)$ 在区间 $[0, a)$ 里有正好 n 个零点, 因而在区间 $(0, a)$ 里有正好 n 个零点. 亦即 $\eta_1(a, \nu_0) > 0$ 并且 $\eta_1(a, \nu_{n=\text{偶数}}) > 0, \eta_1(a, \nu_{n=\text{奇数}}) < 0$.

我们有

$$D(\nu_n) = \eta_1(a, \nu_n) + p(a)\eta_2'(a, \nu_n) = \eta_1(a, \nu_n) + [\eta_1(a, \nu_n)]^{-1},$$

因为根据 (2.93) 式有 $\eta_1(a, \nu_n)p(a)\eta_2'(a, \nu_n) = 1$. 因此如果 n 是偶数, $\eta_1(a, \nu_n) > 0, D(\nu_n) > 2$; 如果 n 是奇数, $\eta_1(a, \nu_n) < 0, D(\nu_n) < -2$.

这样如果我们把 $\varepsilon_{2m}\left(\dfrac{\pi}{a}\right) = \varepsilon_{2m+1}\left(\dfrac{\pi}{a}\right)$ 或 $\varepsilon_{2m+1}(0) = \varepsilon_{2m+2}(0)$ 的特殊情况也当作是一个为零的带隙的话, ν_n 和 ν_{n+1} 就总是在不同的带隙里. ν_n 从 $(-\infty, \varepsilon_0(0)]$ 开始, 然后总是在 $\left[\varepsilon_{2m}\left(\dfrac{\pi}{a}\right), \varepsilon_{2m+1}\left(\dfrac{\pi}{a}\right)\right]$ 或 $[\varepsilon_{2m+1}(0), \varepsilon_{2m+2}(0)]$ 里交替出现.

定理 2.7 (文献 [7] 里定理 3.1.2 的推广, 文献 [10] 里的定理 2.5.1, 文献 [8] 里的定理 13.7 和 13.8):

作为周期性 Sturm-Liouville 方程 (2.2) 的解,

(i) $\phi_0(0, x)$ 在 $[0, a]$ 里没有零点;

(ii) $\phi_{2m+1}(0,x)$ 和 $\phi_{2m+2}(0,x)$ 在 $[0,a)$ 里正好有 $2m+2$ 个零点;

(iii) $\phi_{2m}\left(\dfrac{\pi}{a},x\right)$ 和 $\phi_{2m+1}\left(\dfrac{\pi}{a},x\right)$ 在 $[0,a)$ 里正好有 $2m+1$ 零点.

证明

这个定理可以在定理 2.6 的基础上通过定理 2.2 来证明.

(1) 因为 $\Psi_0(x)$ 即 $\eta_2(x,\Lambda_0)$ 在 $(0,a)$ 不为零, 由 (2.86) 式及 (2.89) 式有 $\varepsilon_0(0)<\varepsilon_0\left(\dfrac{\pi}{a}\right)\leqslant\Lambda_0$, 根据定理 2.2, $\phi_0(0,x)$ 和 $\phi_0\left(\dfrac{\pi}{a},x\right)$ 在 $[0,a)$ 中都不会有多于一个零点. 作为周期函数的 $\phi_0(0,x)$ 在 $[0,a)$ 里只能有偶数个的零点, 而 $\phi_0\left(\dfrac{\pi}{a},x\right)\phi$ 作为半周期函数在 $[0,a)$ 里只能有奇数个零点. 因此, $\phi_0(0,x)$ 在 $[0,a)$ 中一定没有零点, 因而在 $[0,a]$ 中一定没有零点; $\phi_0\left(\dfrac{\pi}{a},x\right)$ 在 $[0,a)$ 中一定只能有一个零点.

(2) 因为 (2.89) 和 (2.86) 式, 有 $\Lambda_{2m}\leqslant\varepsilon_{2m+1}\left(\dfrac{\pi}{a}\right)<\varepsilon_{2m+1}(0)\leqslant\Lambda_{2m+1}$, 根据定理 2.2, $\phi_{2m+1}\left(\dfrac{\pi}{a},x\right)$ 和 $\phi_{2m+1}(0,x)$ 在 $(0,a)$ 都里至少有 $2m+1$ 个的零点, 但不会有多于 $2m+2$ 个零点. $\phi_{2m+1}\left(\dfrac{\pi}{a},x\right)$ 作为半周期函数在 $[0,a)$ 里只能有奇数个零点, 而 $\phi_{2m+1}(0,x)$ 作为周期函数在 $[0,a)$ 里只能有偶数个的零点. 因此 $\phi_{2m+1}\left(\dfrac{\pi}{a},x\right)$ 在 $[0,a)$ 里一定正好有 $2m+1$ 个零点, $\phi_{2m+1}(0,x)$ 在 $[0,a)$ 里一定正好有 $2m+2$ 个零点.

(3) 因为 (2.89) 和 (2.86) 式, 有 $\Lambda_{2m+1}\leqslant\varepsilon_{2m+2}(0)<\varepsilon_{2m+2}\left(\dfrac{\pi}{a}\right)\leqslant\Lambda_{2m+2}$, 根据定理 2.2, $\phi_{2m+2}(0,x)$ 和 $\phi_{2m+2}\left(\dfrac{\pi}{a},x\right)$ 在 $[0,a)$ 都有至少 $2m+1$ 个零点, 但不会有多于 $2m+2$ 个零点. $\phi_{2m+2}(0,x)$ 作为周期函数在 $[0,a)$ 里只能有偶数个的零点; 而 $\phi_{2m+2}\left(\dfrac{\pi}{a},x\right)$ 作为半周期函数在 $[0,a)$ 里只能有奇数个零点. 因此, $\phi_{2m+2}(0,x)$ 在 $[0,a)$ 里一定有正好 $2m+2$ 零点, $\phi_{2m+2}\left(\dfrac{\pi}{a},x\right)$ 在 $[0,a)$ 里一定有正好 $2m+1$ 个零点. 总结以上 (1), (2), (3) 点, 就证明了定理 2.7.

我们现在考虑周期性 Sturm-Liouville 方程 (2.2) 在 $[\tau,\tau+a]$ 之间的满足条件

$$y(\tau+a)=y(\tau)=0 \tag{2.94}$$

的本征值问题, 这里 τ 是任意一个实数. 相应的本征值用 $\Lambda_{\tau,n}$ 表示.

有关一维半无限或有限声子晶体和光子晶体的物理问题, 现在我们也还需要研究周期性 Sturm-Liouville 方程 (2.2) 在 $[\tau,\tau+a]$ 之间的满足条件

$$p(\tau+a)y'(\tau+a)=p(\tau)y'(\tau)=0 \tag{2.95}$$

的本征值问题, 相应的本征值可以用 $\nu_{\tau,n}$ 表示.

定理 2.8 (文献 [7] 中定理 3.1.3 的推广):

作为 τ 的函数, $\Lambda_{\tau,2m}$ 的变化范围是 $\left[\varepsilon_{2m}\left(\dfrac{\pi}{a}\right), \varepsilon_{2m+1}\left(\dfrac{\pi}{a}\right)\right]$; $\Lambda_{\tau,2m+1}$ 的变化范围是 $[\varepsilon_{2m+1}(0), \varepsilon_{2m+2}(0)]$.

作为 τ 的函数, $\nu_{\tau,2m+1}$ 的变化范围是 $\left[\varepsilon_{2m}\left(\dfrac{\pi}{a}\right), \varepsilon_{2m+1}\left(\dfrac{\pi}{a}\right)\right]$; $\nu_{\tau,2m+2}$ 的变化范围是 $[\varepsilon_{2m+1}(0), \varepsilon_{2m+2}(0)]$.

证明

因为 $\varepsilon_n(0)$ 是方程 (2.2) 有周期函数解 $\phi_n(0,x)$ 时的本征值 λ, $\varepsilon_n\left(\dfrac{\pi}{a}\right)$ 是方程 (2.2) 有半周期函数解 $\phi_n\left(\dfrac{\pi}{a}, x\right)$ 时的本征值 λ, 所以如果 (2.55) 和 (2.56) 式中的基本区间由 $[0,a]$ 变到 $[\tau, \tau+a]$ 时, $\varepsilon_n(0)$ 和 $\varepsilon_n\left(\dfrac{\pi}{a}\right)$ 是不会改变的. 因而当基本区间由 $[0,a]$ 变到 $[\tau, \tau+a]$ 时, 定理 2.6 的结论是不会改变的. 因此由定理 2.6 有

$$\varepsilon_{2m}\left(\frac{\pi}{a}\right) \leqslant \Lambda_{\tau,2m} \leqslant \varepsilon_{2m+1}\left(\frac{\pi}{a}\right), \quad \varepsilon_{2m+1}(0) \leqslant \Lambda_{\tau,2m+1} \leqslant \varepsilon_{2m+2}(0). \quad (2.96)$$

根据定理 2.7 的第 (iii) 部分, $\phi_{2m}\left(\dfrac{\pi}{a}, x\right)$ 和 $\phi_{2m+1}\left(\dfrac{\pi}{a}, x\right)$ 在 $[0,a)$ 里都正好有 $2m+1$ 个零点. 按照定理 2.2, 它们的零点一定是交替分布的: 在 $\phi_{2m}\left(\dfrac{\pi}{a}, x\right)$ 的两个相邻零点之间一定有且只有 $\phi_{2m+1}\left(\dfrac{\pi}{a}, x\right)$ 的一个零点; 在 $\phi_{2m+1}\left(\dfrac{\pi}{a}, x\right)$ 的两个相邻零点之间一定有且只有 $\phi_{2m}\left(\dfrac{\pi}{a}, x\right)$ 的一个零点.

假定 x_0 是 $\phi_{2m}\left(\dfrac{\pi}{a}, x\right)$ 的任一个零点. 如果 $\tau = x_0$, 则 $\phi_{2m}\left(\dfrac{\pi}{a}, x\right)$ 满足 (2.94) 式:

$$\phi_{2m}\left(\frac{\pi}{a}, \tau\right) = \phi_{2m}\left(\frac{\pi}{a}, \tau+a\right) = 0.$$

同样根据定理 2.7 的第 (iii) 部分, $\phi_{2m}\left(\dfrac{\pi}{a}, x\right)$ 在开区间 (x_0, x_0+a) 内有 $2m$ 个零点. 因而 $\phi_{2m}\left(\dfrac{\pi}{a}, x\right)$ 是方程 (2.2) 在条件 (2.94) 式下相应于 $\tau = x_0$ 的一个本征函数, 相应的本征值是 $\Lambda_{x_0,2m}$: $\Lambda_{x_0,2m} = \varepsilon_{2m}\left(\dfrac{\pi}{a}\right)$. 类似地如果 x_1 是 $\phi_{2m+1}\left(\dfrac{\pi}{a}, x\right)$ 的任一个零点, 则 $\phi_{2m+1}\left(\dfrac{\pi}{a}, x\right)$ 是方程 (2.2) 在条件 (2.94) 式下相应于 $\tau = x_1$ 的一个本征函数, 相应的本征值是 $\Lambda_{x_1,2m}$: $\Lambda_{x_1,2m} = \varepsilon_{2m+1}\left(\dfrac{\pi}{a}\right)$. 所以当 τ 作为一个变量由 $\phi_{2m}\left(\dfrac{\pi}{a}, x\right)$ 的一个零点 x_0 变到 $\phi_{2m+1}\left(\dfrac{\pi}{a}, x\right)$ 与其相邻的一个零点 x_1 时, 作为 τ 的函数 $\Lambda_{\tau,2m}$ 也随着连续地从 $\varepsilon_{2m}\left(\dfrac{\pi}{a}\right)$ 变化到 $\varepsilon_{2m+1}\left(\dfrac{\pi}{a}\right)$. 类似地当 τ 作为一个变量由 $\tau = x_1$ 变到与其相邻的 $\phi_{2m}\left(\dfrac{\pi}{a}, x\right)$ 的另一个零点 x_2 时, 作为 τ 的函数 $\Lambda_{\tau,2m}$ 也随着连续地从 $\varepsilon_{2m+1}\left(\dfrac{\pi}{a}\right)$ 变化到 $\varepsilon_{2m}\left(\dfrac{\pi}{a}\right)$. 所以 $\Lambda_{\tau,2m}$ 作为 τ 的函

数, 是在 $\left[\varepsilon_{2m}\left(\dfrac{\pi}{a}\right), \varepsilon_{2m+1}\left(\dfrac{\pi}{a}\right)\right]$ 里变化的.

类似地, 我们可以得到, 作为 τ 的函数, $\varLambda_{\tau,2m+1}$ 是在 $[\varepsilon_{2m+1}(0), \varepsilon_{2m+2}(0)]$ 内变化的. 这样, 定理就得到了证明.

这个定理表明: **如果 $\varepsilon_{2m}\left(\dfrac{\pi}{a}\right) < \varepsilon_{2m+1}\left(\dfrac{\pi}{a}\right)$ 和 $\varepsilon_{2m+1}(0) < \varepsilon_{2m+2}(0)$, 在每个带隙 $\left[\varepsilon_{2m}\left(\dfrac{\pi}{a}\right), \varepsilon_{2m+1}\left(\dfrac{\pi}{a}\right)\right]$ 或 $[\varepsilon_{2m+1}(0), \varepsilon_{2m+2}(0)]$ 内总是有一个且只有一个方程 (2.2) 在条件 (2.94) 式下的本征值 $\varLambda_{\tau,2m}$ 或 $\varLambda_{\tau,2m+1}$. 在 $\varepsilon_{2m}\left(\dfrac{\pi}{a}\right) = \varepsilon_{2m+1}\left(\dfrac{\pi}{a}\right)$ 或 $\varepsilon_{2m+1}(0) = \varepsilon_{2m+2}(0)$ 的特殊情况下, 简单地有 $\varLambda_{\tau,2m} = \varepsilon_{2m}\left(\dfrac{\pi}{a}\right)$ 或 $\varLambda_{\tau,2m+1} = \varepsilon_{2m+1}(0)$.**

定理 2.8 的一个直接结论就是, 除 $k = 0$ 或 $k = \dfrac{\pi}{a}$ 外, 一维 Bloch 函数 $\phi_n(k,x)$ 一般是没有零点的. 因为如果 $\phi_n(k,x)$ 有一个零点 $x = x_0$, 即 $\phi_n(k,x_0) = 0$, 则我们一定有 $\phi_n(k,x_0 + a) = 0$. 按照定理 2.8, 相应的本征值 $\varLambda_{\tau,n}$ 一定在 $\left[\varepsilon_{2m}\left(\dfrac{\pi}{a}\right), \varepsilon_{2m+1}\left(\dfrac{\pi}{a}\right)\right]$ 或 $[\varepsilon_{2m+1}(0), \varepsilon_{2m+2}(0)]$ 内. 因为 $\left(\varepsilon_{2m}\left(\dfrac{\pi}{a}\right), \varepsilon_{2m+1}\left(\dfrac{\pi}{a}\right)\right)$ 和 $(\varepsilon_{2m+1}(0), \varepsilon_{2m+2}(0))$ 都是带隙, 所以仅有在带边处的 Bloch 函数 $\phi_{n\neq0}(0,x)$ 或 $\phi_n\left(\dfrac{\pi}{a}, x\right)$ 才可能有零点.

类似地, 我们有

$$\varepsilon_{2m}\left(\frac{\pi}{a}\right) \leqslant \nu_{\tau,2m+1} \leqslant \varepsilon_{2m+1}\left(\frac{\pi}{a}\right), \quad \varepsilon_{2m+1}(0) \leqslant \nu_{\tau,2m+2} \leqslant \varepsilon_{2m+2}(0),$$
$$\nu_{\tau,0} \leqslant \varepsilon_0(0). \tag{2.97}$$

如果 τ 不是 $p(x)$ 的一个孤立的不连续点, 则可以类似地得到关于 $\nu_{\tau,n}$ 的结果. 只需注意到当 $x = \tau$ 是周期或半周期函数 $\phi_n(k_{\mathrm{g}}, x)$ 的一个拐点时, 会有 $p(\tau)\phi_n'(k_{\mathrm{g}}, \tau) = 0$ 亦即 (2.95) 式成立.

如果 τ 是 $p(x)$ 的一个孤立的不连续点, 则对于一个可以任意小的实数 δ, $\tau - \delta$ 和 $\tau + \delta$ 都不是 $p(x)$ 的一个孤立的不连续点. 上面一段的论证对 $\tau - \delta$ 和 $\tau + \delta$ 都是成立的.

因为 $p(x)y'(x)$ 在 $p(x)$ 的任何一个孤立的不连续点都是连续的, $\nu_{\tau,n}$ 在 τ 处也是连续的[①].

定理 2.9 (文献 [7] 里的定理 3.2.2 的推广, 文献 [10] 里的定理 2.5.2):

方程 (2.2) 的任何 $\lambda \leqslant \varepsilon_0(0)$ 非平凡解最多只有一个零点.

证明

这个定理可以通过两个步骤证明. (1) 从定理 2.7 的 (i), 我们知道方程 (2.2) 的 $\lambda = \varepsilon_0(0)$ 的非平凡解 $\phi_0(0,x)$ 在 $[0,a]$ 中没有零点, 因此在 $(-\infty, +\infty)$ 没有零

[①]定理 2.6 和 2.8 可以由文献 [10] 里的定理 2.5.1 和 2.9.1 得到.

点. (2) 如果方程 (2.2) 的任何 $\lambda \leqslant \varepsilon_0(0)$ 的非平凡解 $y(x, \lambda)$ 在 $(-\infty, +\infty)$ 有多于一个零点, 根据定理 2.2, $\phi_0(0, x)$ 将在 $y(x, \lambda)$ 的两个零点之间至少有一个零点. 这与 (1) 相矛盾.

本章的理论可以在许多一维晶体包括无限晶体、半无限晶体和有限晶体的一般物理问题研究中发挥重要作用. 在接下来的两章中, 我们将研究在一维半无限晶体和有限晶体中的电子态. 定理 2.7—2.9, 特别是定理 2.8, 在有限长度理想一维晶体的电子态的理论中起着至关重要的作用. 在附录里我们还会根据本章的基本理论来研究其他一维晶体, 包括一维声子晶体和光子晶体.

参 考 文 献

[1] Seitz F. The modern theory of solids. New York: McGraw-Hill, 1940.

[2] Jones H. The theory of Brillouin zones and electronic states in crystals. Amsterdam: North-Holland, 1960.

[3] Kittel C. Introduction to solid state physics. 7th ed. New York: John Wiley & Sons, 1996.

[4] Kronig R L, Penney W G. Proc. Roy. Soc. London. Ser. A., 1931, 130: 499.

[5] Kramers H A. Physica, 1935, 2: 483.

[6] Tamm I. Physik. Z. Sowj., 1932, 1: 733.

[7] Eastham M S P. The spectral theory of periodic differential equations. Edinburgh: Scottish Academic Press, 1973 及其中的参考文献.

[8] Weidmann J. Spectral theory of ordinary differential operators. Berlin: Springer-Verlag, 1987.

[9] Zettl A. Sturm-Liouville theory. Providence: American Mathematical Society, 2005. 特别是 39 页.

[10] Brown B M, Eastham M S P, Schmidt K M. Periodic differential operators. (Operator Theory: Advances and Applications, Vol. 230.) Basel: Birkhauser, 2013 及其中的参考文献.

[11] Teschl G. Ordinary differential equations and dynamical systems. Providence: American Mathematical Society, 2012.

[12] Yakubovich V A, Starzhinskii V M. Linear differential equations with periodic coefficients: Vol. 1. New York: John Wiley & Sons, 1976: Chapter II.

[13] Magnus W, Winkler S. Hill's equation. New York: Interscience, 1966.

[14] Kohn W. Phys. Rev., 1959, 115: 809.

[15] Kuchment P A. An overview of periodic elliptic operators//Bulletin (New Series) of the American Mathematical Society, 2016, 53: 343.

第三章　一维半无限晶体的表面态

一维半无限晶体是最简单的有边界的周期系统. 利用一个 Kronig-Penney 模型, Tamm 最早认识到一维周期势场在边界处的截断可能在半无限晶体内部在势垒高度以下的禁带里引入一个局域在边界附近的表面态[1]. 经过 70 多年的发展, 现在关于表面态的性质及其相关物理和化学过程的研究已经成为固体物理和化学学科中的一个重要领域[2-6]. 在许多不同根源的表面态中, 由周期势场截断所引起的表面态是最简单的, 也是最基本的. 在本章中, 我们将给出有关一维半无限晶体里由周期势场截断所引起的表面态的一个普遍分析.

对于表面态的理论研究基本上有两种不同的方法: 势场方法和原子轨道或紧束缚方法[2,7]. 势场方法主要是由物理学家发展的. 一维半无限晶体表面态研究中用到过的晶体势场模型包括 Kronig-Penney 模型[1]、近自由电子模型[8-10]、方势场模型[10]、正弦势场模型[2,7,10,11] 等, 并且取得了显著的进展. 特别是, Levine[11] 用正弦势场模型系统地研究由不同高度和不同位置的常数势垒所引起的表面态, 得到了许多非常重要的结果. 在本章中, 我们并不采用一个特定的势场模型, 而是试图对一维半无限晶体中表面态的性质作一个普遍性的分析.

本章是这样安排的: 在 3.1 节中, 我们以一种普遍的方式提出问题; 3.2 节将给出一维半无限晶体中由周期势场截断所引起的表面态的两个有关定性关系; 在 3.3 节中, 我们将考虑当晶体边界处的势垒高度无穷大时的最简单的情况; 在 3.4 节中, 我们将考虑当晶体边界处的势垒高度是有限时的情况; 我们将在 3.5 节中发展一个定量研究一维半无限晶体中表面态的存在及其性质的普遍方法; 3.6 节将和前人工作的结果进行比较并简单讨论.

§3.1　基　本　考　虑

一维无限晶体中的电子态的 Schrödinger 方程可以写成

$$-y''(x) + [v(x) - \lambda]y(x) = 0, \quad -\infty < x < +\infty, \tag{3.1}$$

这里

$$v(x + a) = v(x)$$

是晶体中的周期势场. 我们假定方程 (3.1) 已经解出, 所有的解都已知; 本征值是能带关系 $\varepsilon_n(k)$, 相应的本征函数是 Bloch 函数 $\phi_n(k, x)$ (这里 $n = 0, 1, 2, \cdots$, 并且

$-\frac{\pi}{a} < k \leqslant \frac{\pi}{a}$). 我们主要是对两个相邻能带之间总是有一个禁带的情况有兴趣. 方程 (3.1) 的禁带总是位于 Brillouin 区的中心 $(k = 0)$ 或边界 $\left(k = \frac{\pi}{a} \right)$ 处, 并且可以排序: $n = 0$ 的禁带是位于 $k = \pi/a$ 处的最低禁带, $n = 1$ 的禁带是位于 $k = 0$ 处的最低禁带, 以此类推.

迄今为止, 大多数关于表面态的基本物理理论研究都是基于半无限晶体的模型. 通常假定半无限晶体内的周期势场和无限晶体中的周期势场是一样的. 在此假定的基础上, 半无限晶体中周期势场在边界处的截断只可能有两种不同: 截断位置 (用 τ 表示) 的不同以及半无限晶体外势场 $V_{\text{out}}(x)$ 的不同.

边界为 τ 的一维半无限晶体的势场可以写成

$$v(x, \tau) = \begin{cases} V_{\text{out}}(x), & \text{如果 } x \leqslant \tau, \\ v(x), & \text{如果 } x > \tau. \end{cases} \tag{3.2}$$

我们假定半无限晶体外的势场是一个势垒, 即 $V_{\text{out}}(x)$ 总是高于 $v(x)$ 和我们感兴趣的表面态能量 Λ. 我们把 (3.2) 式所给出的一维半无限晶体叫做右一维半无限晶体, 以区别于周期势场在 $(-\infty, \tau)$ 内的左一维半无限晶体. 右一维半无限晶体的本征值 Λ 和相应的本征函数 $\psi(x)$ 是满足在一维半无限晶体内的 Schrödinger 方程

$$-\psi''(x) + [v(x) - \Lambda]\psi(x) = 0, \qquad \tau < x < +\infty \tag{3.3}$$

以及一定边界条件的解, 这个边界条件由截断位置 τ 和外势场 $V_{\text{out}}(x)$ 确定. 如果晶体外势场 $V_{\text{out}}(x)$ 是有限的, 一小部分电子波可以溢出晶体, 因而边界条件是[12]

$$(\psi'/\psi)_{x=\tau} = \sigma, \tag{3.4}$$

对于右一维半无限晶体, 这里 σ 是一个由 V_{out} 决定的正实数, σ 随 V_{out} 的减小而减小. 虽然外势场 V_{out} 可以有不同的形式, 但在我们这里讨论的问题中不同的 V_{out} 的作用总是可以简化成 σ 的作用.

一般而言, 方程 (3.3) 和 (3.4) 可以有两种不同类型的解.

对于任何 τ 和 V_{out}, 在无限晶体的每个能带内部或者说对于任何在 $(\varepsilon_{2m}(0),$ $\varepsilon_{2m}(\pi/a))$ 或 $(\varepsilon_{2m+1}(\pi/a), \varepsilon_{2m+1}(0))$ 内的 Λ, 一维半无限晶体内总是存在一个方程 (3.3) 和 (3.4) 的非平凡解

$$\psi_{n,k}(x) = c_1 \phi_n(k, x) + c_2 \phi_n(-k, x), \tag{3.5}$$

这里 $0 < k < \pi/a$, 这个解的能量为 $\Lambda_n(k) = \varepsilon_n(k)$. 这是因为 $\phi_n(k, x)$ 和 $\phi_n(-k, x)$ 是方程 (3.3) 的两个具有相同能量的非发散的线性独立解, 它们的线性组合之一总可以满足边界条件 (3.4). 这种类型的解不是我们在本章中所感兴趣的.

对于在无限晶体的每一个禁带里, 或者说是在 $\left[\varepsilon_{2m}\left(\dfrac{\pi}{a}\right), \varepsilon_{2m+1}\left(\dfrac{\pi}{a}\right)\right]$ 或 $\left[\varepsilon_{2m+1}(0),\, \varepsilon_{2m+2}(0)\right]$ 内的一个 $\varLambda$, 方程 (3.3) 只有一个在一维半无限晶体内非发散的解. 一般来说, 这个解并不同时满足方程 (3.4). 只有当这个在一维半无限晶体内非发散的解也同时满足方程 (3.4) 时, 方程 (3.3) 和 (3.4) 才有一个共同的解. 这个解的能量既依赖于 τ, 又依赖于 V_{out}. 这种类型的解是否存在和它的性质是我们在本章中所感兴趣的主要问题.

一般而言, 一个能量 $\varLambda$ 处于禁带中或能带边的方程 (3.3) 和 (3.4) 的共同解如果存在, 它的形式和 (3.5) 式不同. 它的波函数在右半无限晶体内一般总是具有这样的形式[①]:

$$\psi(x, \varLambda) = \mathrm{e}^{-\beta(\varLambda)x} f(x, \varLambda), \tag{3.6}$$

这里 $f(x, \varLambda)$ 是一个周期函数 $p(x + a, \varLambda) = p(x, \varLambda)$ (如果相应的禁带在 Brillouin 区的中心 $k = 0$ 处), 或一个半周期函数 $s(x + a, \varLambda) = -s(x, \varLambda)$ (如果相应的禁带是在 Brillouin 区的边界 $k = \pi/a$ 处). 对于局域在半无限晶体的边界附近的表面态, 有 $\beta(\varLambda) > 0$. 但是对于某些特定的 τ 和 V_{out}, 方程 (3.3) 和 (3.4) 也可能有 $\beta(\varLambda) = 0$ 的解. 因为 $\psi^*(x, \varLambda)$ 也必是方程 (3.3) 和 (3.4) 的解, 容易见到 $\psi(x, \varLambda)$ 总是可以被取成实函数.

相应地, 在左半无限晶体里的解则应当有

$$\psi(x, \varLambda) = \mathrm{e}^{\beta(\varLambda)x} f(x, \varLambda) \tag{3.6a}$$

的形式.

[①] 方程 (3.3) 的任何解 $y(x)$ 总可以表示成方程 (3.1) 的两个线性独立解的线性组合:

$$y(x, \varLambda) = c_1\, y_1(x, \varLambda) + c_2\, y_2(x, \varLambda).$$

如果 $\varLambda$ 在 $k = 0$ 处的一个禁带内部, 两个线性独立解 y_1 和 y_2 可以选为

$$y_1(x, \varLambda) = \mathrm{e}^{\beta(\varLambda)x} p_1(x, \varLambda), \quad y_2(x, \varLambda) = \mathrm{e}^{-\beta(\varLambda)x} p_2(x, \varLambda),$$

这里 $p_i(x, \varLambda)$ $(i = 1, 2)$ 是周期函数, 而 $\beta(\varLambda)$ 是一正实数, 都与 $\varLambda$ 有关. 对于在右半无限晶体内不发散的解, 必须选取 $c_1 = 0$.

如果 $\varLambda$ 是在 $k = 0$ 处的一个带边, 两个线性独立解 y_1 和 y_2 可以选为

$$y_1(x, \varLambda) = p_1(x, \varLambda), \quad y_2(x, \varLambda) = x\, p_1(x, \varLambda) + p_2(x, \varLambda),$$

这里 $p_i(x, \varLambda)$ 是与 $\varLambda$ 有关的周期函数. 对于在右半无限晶体内不发散的解, 必须选取 $c_2 = 0$.

综合这两种情况, 在 $k = 0$ 处的一个禁带内部或带边的解应有 (3.6) 式的形式. 对于在 $k = \dfrac{\pi}{a}$ 处的一个禁带内部或带边的解, 可以类似地讨论.

§3.2 两个定性关系

如果一个特定的边界为 τ、外势场为 $V_{\text{out}}(x)$ 的右半无限晶体在某个特定的禁带 n 里存在一个能量为 $\Lambda_n(\tau)$ 的表面态, 可以借助于 Hellmann-Feynman 定理[13] 证明, 关于表面态的能量 $\Lambda_n(\tau)$ 与 τ 和 V_{out} 的关系, 有如下的两个定性关系:

I. 方程 (3.1) 里第 n 个禁带中的表面态的能量 Λ_n 随 σ 的增加而增加:

$$\frac{\partial}{\partial \sigma}\Lambda_n > 0. \tag{3.7}$$

这个方程可以分两步证明.

(1) 在最简单的情况下, $V_{\text{out}}(x) = V_{\text{out}}$ 是一个常数势垒. 定义

$$\tilde{V}(x,\eta) = (1-\eta)v_0(x,\tau) + \eta\, v_1(x,\tau),$$

这里

$$v_i(x,\tau) = \begin{cases} V_i, & \text{如果 } x \leqslant \tau, \\ v(x), & \text{如果 } x > \tau. \end{cases}$$

$V_1 = V_0 + \delta V$, 而 δV 是一无限小的正数. 按照 Hellmann-Feynman 定理[13], 对于 Hamilton 量 $\tilde{H} = T + \tilde{V}(x,\eta)$ (T 是动能算符) 的束缚态 $|\,\rangle_n$ 的本征值 $\tilde{\Lambda}_n(\eta)$, 我们有

$$\frac{\partial \tilde{\Lambda}_n(\eta)}{\partial \eta} = \left\langle \frac{\partial \tilde{H}(\eta)}{\partial \eta} \right\rangle_n = \left\langle \frac{\partial \tilde{V}(\eta)}{\partial \eta} \right\rangle_n = \langle v_1(x,\tau) - v_0(x,\tau)\rangle_n > 0,$$

因为 $V_1 > V_0$. 所以 $\tilde{\Lambda}_n(\eta)$ 是 η 的单调递增函数. 但是 $\tilde{V}(x,0) = v_0(x,\tau)$, 故有 $\tilde{\Lambda}_n(0) = \Lambda_n(\tau, V_{\text{out}} = V_0)$; $\tilde{V}(x,1) = v_1(x,\tau)$, 故有 $\tilde{\Lambda}_n(1) = \Lambda_n(\tau, V_{\text{out}} = V_1)$. 所以

$$\Lambda_n(\tau, V_{\text{out}} = V_1) > \Lambda_n(\tau, V_{\text{out}} = V_0),$$

即

$$\frac{\partial \Lambda_n}{\partial V_{\text{out}}} > 0.$$

显然, 对于右半无限晶体有 $\partial V_{\text{out}}/\partial \sigma > 0$, 因而对于势垒 $V_{\text{out}}(x) = V_{\text{out}}$ 是一个常数的简单情况我们有

$$\frac{\partial \Lambda_n}{\partial \sigma} = \frac{\partial \Lambda_n}{\partial V_{\text{out}}}\frac{\partial V_{\text{out}}}{\partial \sigma} > 0.$$

这是 (3.7) 式的一个特殊情形.

(2) 因为对于给定的 $v(x)$, Λ_n 只是 τ 和 σ 的函数, 所以 (3.7) 式应当对于一般的 $V_{\text{out}}(x)$ 也正确.

由对于左半无限晶体 $(-\infty, \tau)$ 的类似讨论可以得到, 如果一个能量为 Λ_n 的表面态存在于左半无限晶体 $(-\infty, \tau)$ 的第 n 个禁带中, 则有

$$\partial \Lambda_n / \partial \sigma < 0, \tag{3.7a}$$

和 (3.7) 式正好相反. 这是因为对于左半无限晶体, σ 是一依赖于 V_{out} 的负数, 因而 $\partial V_{\text{out}} / \partial \sigma < 0$.

II. 右半无限晶体的第 n 个禁带中的表面态的能量 Λ_n 随着 τ 的增加而增加:

$$\frac{\partial}{\partial \tau} \Lambda_n > 0. \tag{3.8}$$

假定对于某个确定的 $\tau = \tau_0$ 和 V_{out}, 在右半无限晶体的第 n 个禁带中存在一个能量为 $\Lambda_n(\tau_0, V_{\text{out}})$ 的表面态. 现在考虑 $\tau_1 = \tau_0 + \delta\tau$, 其中 $\delta\tau$ 是一无限小的正数. 定义

$$\tilde{V}(x, \eta) = (1 - \eta) v(x, \tau_0) + \eta\, v(x, \tau_1),$$

这里

$$v(x, \tau) = \begin{cases} V_{\text{out}}, & \text{如果 } x \leqslant \tau, \\ v(x), & \text{如果 } x > \tau. \end{cases}$$

按照 Hellmann-Feynman 定理[13], 对于 Hamilton 量 $\tilde{H}(\eta) = T + \tilde{V}(x, \eta)$ 的束缚态 $|\ \rangle_n$ 的本征值 $\tilde{\Lambda}_n(\eta)$, 我们有

$$\frac{\partial \tilde{\Lambda}(\eta)}{\partial \eta} = \left\langle \frac{\partial \tilde{H}(\eta)}{\partial \eta} \right\rangle_n = \left\langle \frac{\partial \tilde{V}(\eta)}{\partial \eta} \right\rangle_n = \langle v(x, \tau_1) - v(x, \tau_0) \rangle_n > 0.$$

因为 $V_{\text{out}} > v(x)$, 故有 $v(x, \tau_1) - v(x, \tau_0) > 0$. 因而 $\tilde{\Lambda}_n(\eta)$ 是 η 的单调递增函数. 但是 $\tilde{V}(x, 0) = v(x, \tau_0)$, 故有 $\tilde{\Lambda}_n(0) = \Lambda_n(\tau_0, V_{\text{out}})$; $\tilde{V}(x, 1) = v(x, \tau_1)$, 故有 $\tilde{\Lambda}_n(1) = \Lambda_n(\tau_1, V_{\text{out}})$. 所以

$$\Lambda_n(\tau_1, V_{\text{out}}) > \Lambda_n(\tau_0, V_{\text{out}}),$$

即

$$\partial \Lambda_n / \partial \tau > 0.$$

由对于左半无限晶体 $(-\infty, \tau)$ 的类似讨论可以得到, 如果一个能量为 Λ_n 的表面态存在于左半无限晶体中, 则有 $\partial \Lambda_n / \partial (-\tau) > 0$, 或

$$\frac{\partial}{\partial \tau} \Lambda_n < 0, \tag{3.8a}$$

和 (3.8) 式正好相反.

关于一维半无限晶体的表面态的性质的这两个定性关系, 对于任何的晶体势场 $v(x)$, 晶体边界 τ 和晶体外的势场 $V_{\text{out}}(x)$ 都应当是成立的[①].

§3.3 理想半无限晶体中的表面态

(3.8) 式的意义可以从理想半无限晶体中表面态的研究看得更清楚. 对于理想半无限晶体, 晶体外的势场 $V_{\text{out}}(x) = +\infty$, 因而 (3.4) 式成为

$$\psi(x, \Lambda)|_{x=\tau} = 0. \tag{3.9}$$

如果我们利用第二章有关周期势场中 Schrödinger 微分方程解的零点的数学结果, 求解方程 (3.3) 和 (3.9) 的问题就变得非常清楚和简单.

首先, 方程 (3.9) 和定理 2.8 的一个直接结论是, 在方程 (3.1) 的每一个禁带中, 方程 (3.3) 和 (3.9) 最多只有一个解[②].

现在我们考虑位于 $k = k_{\text{g}}$ 的一个特定的第 n 个禁带, 这里如果 $k_{\text{g}} = 0$, 则 $n = 1, 3, 5, \cdots$; 如果 $k_{\text{g}} = \pi/a$ 则是 $n = 0, 2, 4, \cdots$. 如果方程 (3.3) 和 (3.9) 在第 n 个禁带里的解存在, 它的本征值 Λ 将只是 τ 的函数, 可以记作 $\Lambda_n(\tau)$. 按照定理 2.7, 两个带边波函数 $\phi_n(k_{\text{g}}, x)$ 和 $\phi_{n+1}(k_{\text{g}}, x)$ 在一个晶格周期 $[0, a]$ 中都正好有 $n + 1$ 个零点. 这些零点的位置由晶体势场 $v(x)$ 决定. 按照定理 2.2, $\phi_n(k_{\text{g}}, x)$ 和 $\phi_{n+1}(k_{\text{g}}, x)$ 的这些零点一定是交替分布的: 在 $\phi_n(k_{\text{g}}, x)$ 的两个相邻零点之间一定有且只有一个 $\phi_{n+1}(k_{\text{g}}, x)$ 的零点; 在 $\phi_{n+1}(k_{\text{g}}, x)$ 的两个相邻零点之间一定有且只有一个 $\phi_n(k_{\text{g}}, x)$ 的一个零点.

如果 τ 正好是任何一个这样的零点, 则方程 (3.3) 和 (3.9) 的求解是很简单的: 相应的带边波函数 $\phi_n(k_{\text{g}}, x)$ 或 $\phi_{n+1}(k_{\text{g}}, x)$ 同时满足方程 (3.3) 和 (3.9), 因而就是方程 (3.3) 和 (3.9) 的一个解, 且相应的本征值 $\Lambda_n(\tau)$ 等于相应的带边能量 $\varepsilon_n(k_{\text{g}})$ 或 $\varepsilon_{n+1}(k_{\text{g}})$. 这样, 半无限晶体中的第 n 个禁带有一个带边态的解. 和表面态不同的是, 带边态不由表面向体内衰减, 因而不是局域在表面附近的. 我们可以用 $M(n)$ 来标记 $\phi_n(k_{\text{g}}, x)$ 和 $\phi_{n+1}(k_{\text{g}}, x)$ 的所有零点的集合. 在区间 $[0, a)$ 内 (这里 "0" 可以

[①]附录 D 中关于表面态研究表明半无限一维电子晶体、声子晶体或光子晶体的表面态或表面模式的性质是非常相似的: 半无限一维电子晶体、声子晶体或光子晶体的表面态或表面模式的能量随表面位置以及表面处的边界条件的变化等都可以用统一的理论公式解析地表达出来. 附录 D 中的理论可以看作是这里的两个表达式的定量化和推广.

[②]对于一个满足条件 (3.9) 的函数 $\psi(x, \Lambda)$(3.6), 必有 $\psi(\tau + a, \Lambda) = 0$. 按照定理 2.8, 对于任何实数 τ, 在方程 (3.1) 的每一个禁带中都有且只有一个解, 满足 $y(\tau, \lambda) = y(\tau + a, \lambda) = 0$. 但是这个解并不一定具有 (3.6) 式的形式, 它也可能形如 $y(x, \lambda) = e^{\beta(\lambda)x} f(x, \lambda)$. 仅当这个解具有 (3.6) 式的形式时, 它才是方程 (3.3) 和 (3.9) 的一个解.

选 $\phi_n(k_g, x)$ 的任一零点), 集合 $M(n)$ 包括 $\phi_n(k_g, x)$ 的 $n+1$ 个零点和 $\phi_{n+1}(k_g, x)$ 的 $n+1$ 个零点.

如果 τ 既不是 $\phi_n(k_g, x)$ 的也不是 $\phi_{n+1}(k_g, x)$ 的任何一个这样的零点, 它一定是在 $\phi_n(k_g, x)$ 的一个零点和 $\phi_{n+1}(k_g, x)$ 的一个零点之间: 先假定 $x_{l,n}$ 和 $x_{r,n}$ 是 $\phi_n(k_g, x)$ 的两个相邻零点, 分别在 τ 的左边和右边; 再假定 $x_{m,n+1}$ 是 $\phi_{n+1}(k_g, x)$ 的一个零点, 在 $x_{l,n}$ 和 $x_{r,n}$ 之间, 即 $(x_{l,n} < x_{m,n+1} < x_{r,n})$, 那么 τ 一定是在 $(x_{l,n}, x_{m,n+1})$ 或 $(x_{m,n+1}, x_{r,n})$ 内.

因为 $\Lambda_n(x_{l,n}) = \Lambda_n(x_{r,n}) = \varepsilon_n(k_g)$, 并且 $\Lambda_n(x_{m,n+1}) = \varepsilon_{n+1}(k_g)$, 随着 τ 由 $x_{l,n}$ 增加到 $x_{m,n+1}$, $\Lambda_n(\tau)$ 作为 τ 的连续函数, 也由 $\varepsilon_n(k_g)$ 增加到 $\varepsilon_{n+1}(k_g)$, 所以当 τ 在子开区间 $(x_{l,n}, x_{m,n+1})$ 里时, (3.8) 式是满足的, 右半无限晶体中的第 n 个禁带存在一个方程 (3.3) 和 (3.9) 的一个表面态的解.

我们可以用 $L(n)$ 来表示所有这样的子开区间的集合, 在区间 $[0, a)$ 内 $L(n)$ 一共包括 $n+1$ 个子开区间 $(x_{l,n}, x_{m,n+1})$, 因为从 $\phi_n(k_g, x)$ 的 $n+1$ 个零点中的任何一个我们都可以得到这样一个满足 (3.8) 式的子开区间. 作为一个例子, 图 3.1 表示右半无限晶体中 $\Lambda_1(k = 0$ 处的最低禁带里表面态的能量) 作为 τ 的函数在一个周期 a 里的变化.

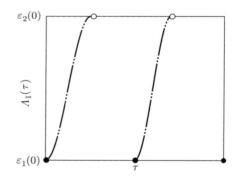

图 3.1   周期势在 $(\tau, +\infty)$ 的右半无限晶体中 $\Lambda_1(\tau)$ 作为 τ 的函数在区间 $[0, a)$ 里的变化. $\phi_1(0, x)$ 的零点用实心圆点表示, $\phi_2(0, x)$ 的零点用空心圆点表示. 双点锁线线表示如果 τ 在对应的范围, 右半无限晶体中存在着一个表面态的解.

我们可以用 $R(n)$ 来表示所有的 $n+1$ 个子开区间 $(x_{m,n+1}, x_{r,n})$ 的集合. 在区间 $[0, a)$ 里 $R(n)$ 也包括有 $n+1$ 个子开区间. 容易见到, 当 τ 在任何一个子开区间 $(x_{m,n+1}, x_{r,n})$ 里时, 右半无限晶体中的第 n 个禁带不存在方程 (3.3) 和 (3.9) 的一个解. 如果存在这么一个解, 那么随着 τ 由 $x_{m,n+1}$ 增加到 $x_{r,n}$, $\Lambda_n(\tau)$ 作为 τ 的连续函数, 会由 $\varepsilon_{n+1}(k_g)$ 减小到 $\varepsilon_n(k_g)$, 这是和 (3.8) 式矛盾的. 然而, 当 τ 在开区间 $(x_{m,n+1}, x_{r,n})$ 里时, (3.8a) 式是满足的, 相当于左半无限晶体 $(-\infty, \tau)$ 中的第

n 个禁带可以存在着一个表面态的解[①]. 图 3.2 表示左半无限晶体中 $\Lambda_1(k=0$ 处最低禁带里表面态的能量) 作为 τ 的函数在一个周期 $[0,a)$ 里的变化. 注意, 在图 3.1 和图 3.2 中都存在其中没有 Λ_1 与之对应的 τ 的范围. 这表示在相应的 τ 处, 右半无限晶体或左半无限晶体不存在一个表面态的解. 因为对于任何禁带 n, 在区间 $[0,a)$ 里的任何 τ 都一定是处在集合 $L(n)$, $M(n)$ 或 $R(n)$ 三者中的一个里面. 因此当 $V_{\text{out}} = +\infty$ 时, 并不是周期势场在区间 $[0,a)$ 里的任何 τ 处的截断都会在右半无限晶体的一个特定禁带里引入一个表面态. 类似地, 也并不是周期势场在区间 $[0,a)$ 内任何 τ 处的截断都会在左半无限晶体的一个特定禁带里引入一个表面态.

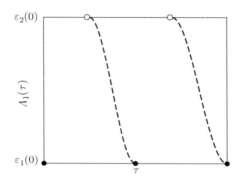

图 3.2　周期势在 $(-\infty,\tau)$ 的左半无限晶体中 $\Lambda_1(\tau)$ 作为 τ 的函数在区间 $[0,a)$ 里的变化. $\phi_1(0,x)$ 的零点用实心圆点表示, $\phi_2(0,x)$ 的零点用空心圆点表示. 虚线表示如果 τ 在对应的范围, 左半无限晶体中存在着一个表面态的解.

因此一般而言, 在一个半无限晶体的禁带内方程 (3.3) 和 (3.9) 可以有两种不同类型的解: 一个带边态或一个表面态[②]. 实际上, 它们并没有本质上的不同: 一个带边态也可以看做是一个表面态, 其能量等于带边的能量因而对应于 (3.6) 式中衰减因子 $\beta(\Lambda)=0$ 的特殊情况.

[①]因此

$$\partial \Lambda_n/\partial \tau \begin{cases} > 0, & \tau \in L(n), \\ = 0, & \tau \in M(n), \\ < 0, & \tau \in R(n). \end{cases}$$

[②]可以注意到, 因为有 (3.6) 式, 如果 τ 在 $L(n)$ 或 $M(n)$ 内, 对于任何一个正整数 N, 方程 (3.3) 和 (3.9) 的任一个解总满足

$$\psi(x,\Lambda)|_{x=\tau+Na} = 0.$$

这表明, 这样一个右半无限晶体的解同样也是长度为 Na 的有限晶体的解. 因为上式对于任何一个正整数 N 都满足, 因而这个态的能量 Λ 与有限晶体的长度无关. 完全类似地, 如果 τ 在 $R(n)$ 或 $M(n)$ 里, 一个左半无限晶体的解同样也是长度为 Na 的有限晶体的解, 其能量 Λ 也与有限晶体的长度无关.

§3.4　V_{out} 有限的情况

现在我们考虑 V_{out} 有限时的情况. 对于有限的 V_{out}, 我们应当用边界条件 (3.4) 式代替 (3.9) 式来处理右半无限一维晶体. 边条件 (3.9) 式相当于 $\sigma = +\infty$ 时的情况, 而 σ 是会随着 V_{out} 的减小而单调递减的.

因为 (3.6) 式是方程组 (3.3) 和 (3.4) 在禁带中的解的普遍形式, 所以由 (3.4) 和 (3.6) 式我们有

$$\frac{f'(x, \Lambda)}{f(x, \Lambda)}|_{x=\tau} - \beta(\Lambda) = \sigma. \tag{3.10}$$

和在 3.3 节中所讨论的最简单的情况不同, 可以在禁带中引入一个表面态的边界 τ, 其位置现在将和 $V_{out}(x)$ 有关. 相应地, 像图 3.1 那样的 $\Lambda_n(\tau)$-τ 曲线也会向右移.

仍考虑在 $k = 0$ 处的最低禁带作为例子. 对于方程组 (3.3) 和 (3.4) 在此禁带低带边 $\varepsilon_1(0)$ 的解, (3.10) 式成为

$$\frac{\phi_1'(0, x)}{\phi_1(0, x)}|_{x=\tau} = \sigma_{\varepsilon_1(0)}. \tag{3.11}$$

因为对于在带边处的态, (3.6) 式中的 $\beta(\Lambda) = 0$, 并且对于一个确定的 V_{out}, σ 是和有关态的能量相关的. $\frac{\phi_1'(0, x)}{\phi_1(0, x)}$ 由周期势场 $v(x)$ 决定. 图 3.3 是一幅典型的 $\frac{\phi_1'(0, x)}{\phi_1(0, x)}$ - x 的函数关系图. 对于任何一个确定的 V_{out}, 我们会有一个确定的 $\sigma_{\varepsilon_1(0)}$. 在低带边波函数 $\phi_1(0, x)$ 的任何一个零点 $x_{a,1}$(实心圆) 的右面, 都会有一个确定的点 $x_{a,1} + \delta_{a,1}$ (这里 $\delta_{a,1} > 0$), 它使得

$$\frac{\phi_1'(0, x_{a,1} + \delta_{a,1})}{\phi_1(0, x_{a,1} + \delta_{a,1})} = \sigma_{\varepsilon_1(0)}$$

成立, 像图中竖直短虚线所表示的那样. 如图 3.3 所示, V_{out} 越小, $\sigma(\varepsilon_1(0))$ 也越小, $\delta_{a,1}$ 就越大.

取决于晶体势场 $v(x)$ 的具体情况, 图 3.3 中的细节可能会有所不同, 诸如 $\frac{\phi_1'(0, x)}{\phi_1(0, x)}$ 的形状及其零点的位置. 但是在 $\phi_1(0, x)$ 的任何两个相邻的零点之间, 总是至少会有一个 $\phi_1'(0, x)$ 的零点, 即 $\frac{\phi_1'(0, x)}{\phi_1(0, x)}$ 的一个零点. 因此我们这里的分析应当对于任何 $v(x)$ 都是正确的: 对于一个有限的 V_{out} (因而是有限的 $\sigma_{\varepsilon_1(0)}$), 总是有一个 $x = x_{a,1} + \delta_{a,1}$ (这里 $\delta_{a,1} > 0$), 它使得 (3.11) 式成立. 因而在外势场为 V_{out} 时, 以 $\tau = x_{a,1} + \delta_{a,1}$ 为左端点的右半无限晶体会有一个方程组 (3.3) 和 (3.4) 在

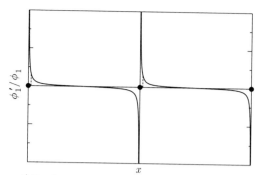

图 3.3 在区间 $[0, a]$ 里 $\dfrac{\phi_1'(0,x)}{\phi_1(0,x)}$ 作为 x 的函数. 低带边的波函数 $\phi_1(0,x)$ 的零点用实心圆表示. 两条竖直短虚线表明两个满足 $\dfrac{\phi_1'(0,\tau)}{\phi_1(0,\tau)} = \sigma$ 的 τ; 对于一个有限的正的 σ, 它们在实心圆点的右面.

此禁带的下带边的解, 其能量为 $\Lambda_1 = \varepsilon_1(0)$, 在右半无限晶体内部相应的波函数为 $\psi(x, \Lambda_1) = \phi_1(0, x)$.

对此禁带上带边的解可以完全类似地分析: 当 V_{out} 由 $+\infty$ 降到一个特定的有限值时, 存在有一个方程组 (3.3) 和 (3.4) 在此禁带的上带边的解 $\Lambda_1 = \varepsilon_2(0)$ 的右半无限晶体的左端点会由 $\tau = x_{a,2}$ ($\phi_2(0,x)$ 的一个零点) 向右移至一个特定的 $\tau = x_{a,2} + \delta_{a,2}$ (这里 $\delta_{a,2} > 0$). 对于禁带里的表面态, 也可以类似地进行分析. 因而相应于 $V_{\text{out}} = +\infty$ 时的图 3.1, 我们会有 $V_{\text{out}} \neq +\infty$ 时的图 3.4, 其中的 $\Lambda_1(\tau)$-τ 曲线在图 3.1 中 $\Lambda_1(\tau)$-τ 曲线的右面, 其距离由 V_{out} 决定 (也与晶体势场 $v(x)$ 有关).

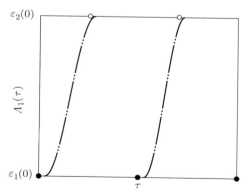

图 3.4 $V_{\text{out}}(x)$ 为有限时, 范围在 $(\tau, +\infty)$ 的右半无限晶体的 $\Lambda_1(\tau)$ 在区间 $[0, a]$ 里作为 τ 的函数. $\phi_1(0,x)$ 的零点用实心圆表示, $\phi_2(0,x)$ 的零点用空心圆表示. 双点锁线表明如果 τ 在相应的区域中时, 在右半无限晶体的左端存在着表面态. 注意当 τ 在实心圆附近时, 没有表面态存在.

相应于图 3.2, 图 3.5 中给出了 V_{out} 为有限时左半无限晶体 $(-\infty, \tau)$ 的 $\Lambda_1(\tau)$-τ 曲线, 这里的边界条件是 $\frac{\psi'}{\psi} = \sigma < 0$. 所以图 3.5 中的 $\Lambda_1(\tau)$-τ 曲线总是在图 3.2 中的 $\Lambda_1(\tau)$-τ 曲线的左面, 其距离由 V_{out} 决定.

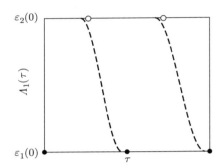

图 3.5 $V_{\text{out}}(x)$ 为有限时, 范围在 $(-\infty, \tau)$ 的左半无限晶体的 $\Lambda_1(\tau)$ 在区间 $[0, a)$ 里作为 τ 的函数. $\phi_1(0, x)$ 的零点用实心圆表示, $\phi_2(0, x)$ 的零点用空心圆表示. 虚线表明如果 τ 在相应的区域中时, 在左半无限晶体的左端存在表面态. 注意, 当 τ 在实心圆点附近时, 没有表面态存在.

因此, 有限的 V_{out} 的一个作用就是改变 $\Lambda_1(\tau)$-τ 曲线的位置 (和形状). 这一点也可以从 3.2 节中的两个定性关系来得到理解: 因为对于一个在第 n 个禁带中的表面态, 我们对于右半无限晶体总有 $\frac{\partial}{\partial \sigma} \Lambda_n > 0$ 和 $\frac{\partial}{\partial \tau} \Lambda_n > 0$ (左半无限晶体相应地有 $\frac{\partial}{\partial \sigma} \Lambda_n < 0$ 和 $\frac{\partial}{\partial \tau} \Lambda_n < 0$), 右半无限晶体必须有一个相应的 τ 的增加 (左半无限晶体必须有一个相应的 τ 的减少), 才能够补偿 V_{out} 由 $+\infty$ 降到一个特定数值的作用来保持一个固定的 Λ_1.

同样在图 3.4 和图 3.5 中都有一些 τ 的区域没有 Λ_1 与之对应, 表明对于这些 τ 的范围, 在右半无限晶体或左半无限晶体中没有表面态存在. 所以对于一个确定的有限的 V_{out}, 同样不是周期势场 $v(x)$ 在势场周期 $[0, a)$ 中任何地方 τ 的截断都会在右半无限晶体或左半无限晶体的一个特定禁带中引入一个表面态.

由有限的 V_{out} 引起的 $\Lambda_1(\tau)$-τ 曲线移动的一个直接的后果就是, 当 τ 位于某个特定禁带的下带边波函数 $\phi_1(0, x)$ 的零点附近时, 该禁带中不会存在表面态或带边态. 这可以从图 3.4 和图 3.5 清楚地看到.

这里关于在 $k = 0$ 处最低禁带的分析对任何晶体内部势场 $v(x)$ 和晶体外的势场 V_{out} 都应当是有效的. 对于其他的禁带可以作完全类似的分析, 也会得到类似于图 3.1—图 3.5 的结果.

(3.11) 式的左边由晶体的内部势场 $v(x)$ 和 τ 决定, 而右边由晶体外的势场 V_{out} 决定. 在 $v(x)$ 和 V_{out} 给定之后, 像图 3.4 和图 3.5 中的 $\Lambda_1(\tau)$-τ 曲线那样的表面态

能量 $\Lambda_n(\tau)$-τ 的函数关系就完全唯一地确定. 因此在一个半无限一维晶体的每个禁带中, 最多有一个 (3.6) 或 (3.6a) 式类型的电子态. 也就是说, 如果假定一维半无限晶体的内部势场和一维无限晶体的内部势场 $v(x)$ 完全一样, 它的每一个禁带中就最多只有一个表面态 ($\beta > 0$) 或带边态 ($\beta = 0$).

§3.5　一个普遍的定量形式

至此, 我们主要是普遍定性地研究了一维半无限晶体的表面态的性质. 根据 3.1 节的基本考虑和周期性微分方程的基本理论, 也可以发展出针对一个具体的一维半无限晶体, 用以研究作为 (3.3) 和 (3.4) 式的解的表面态的存在与否和表面态的性质的一个定量的理论形式.

因为对于方程 (3.3) 的任何一个局域在 τ 附近的表面态解, 它的本征值 Λ 都必须是在一个禁带里面, 这个局域解 $\psi(x, \Lambda)$ 一定有 (3.6) 式的形式. 因而

$$\psi(x + a, \Lambda) = \pm \mathrm{e}^{-\beta(\Lambda)a} \psi(x, \Lambda),$$

这里 $\beta(\Lambda) \geqslant 0$, 正负号的选取则决定于禁带是在 $k = 0$ 还是 $k = \dfrac{\pi}{a}$ 处. 因为边界条件 (3.4) 可以写成

$$\sigma \psi(\tau) - \psi'(\tau) = 0,$$

下面的式子是存在着这样一个表面态的**一个必要条件**:

$$\sigma \psi(\tau + a) - \psi'(\tau + a) = \sigma \psi(\tau) - \psi'(\tau) = 0. \tag{3.12}$$

在半无限晶体内部, 任何方程 (3.3) 的解 ψ 都可以表示成方程 (3.1) 的两个线性独立的归一化解 η_1 和 η_2 的线性组合:

$$\psi(x, \Lambda) = c_1 \eta_1(x, \Lambda) + c_2 \eta_2(x, \Lambda), \qquad x \geqslant \tau, \tag{3.13}$$

这里 $\eta_1(x, \Lambda)$ 和 $\eta_2(x, \Lambda)$ 是方程 (3.1) 的满足条件

$$\eta_1(\tau, \Lambda) = 1, \ \eta_1'(\tau, \Lambda) = 0; \quad \eta_2(\tau, \Lambda) = 0, \ \eta_2'(\tau, \Lambda) = 1 \tag{3.14}$$

的两个线性独立的归一化解. 这样方程 (3.12) 就成为

$$\sigma[c_1 \eta_1(\tau + a, \Lambda) + c_2 \eta_2(\tau + a, \Lambda)] - [c_1 \eta_1'(\tau + a, \Lambda) + c_2 \eta_2'(\tau + a, \Lambda)] = 0;$$
$$\sigma c_1 - c_2 = 0. \tag{3.15}$$

方程 (3.15) 里的 c_1 和 c_2 不都为零的条件是

$$\sigma^2 \eta_2(\tau + a, \Lambda) + \sigma[\eta_1(\tau + a, \Lambda) - \eta_2'(\tau + a, \Lambda)] - \eta_1'(\tau + a, \Lambda) = 0,$$

可以解出为

$$\sigma = \frac{-\eta_1(\tau+a,\Lambda)+\eta_2'(\tau+a,\Lambda) \pm \sqrt{D(\Lambda)^2-4}}{2\,\eta_2(\tau+a,\Lambda)}, \tag{3.16}$$

这里 $D(\Lambda)=\eta_1(\tau+a,\Lambda)+\eta_2'(\tau+a,\Lambda)$ 是方程 (3.1) 的判别式.

将 (3.16) 式用在 (3.15) 式里我们得到 c_2/c_1, 因而 $\psi(\tau+a,\Lambda)$ 对于 $\psi(\tau,\Lambda)$ 的比值 P 是

$$P = \frac{\psi(\tau+a,\Lambda)}{\psi(\tau,\Lambda)} = \frac{1}{2}[D(\Lambda) \pm \sqrt{D(\Lambda)^2-4}]. \tag{3.17}$$

这里我们用到了 (3.13) 和 (3.14) 式.[①] 结果有三种可能: (a) $0 < |P| < 1$; (b) $|P| = 1$; (c) $|P| > 1$. 这里 (a) 相应的是方程 (3.3) 和 (3.4) 的一个在 $+x$ 方向振荡衰减的解, 是一个表面局域态; (b) 相应的是 (3.13) 式里的 $\psi(x,\Lambda)$ 是方程的一个带边态; (c) 相应的是一个在 $+x$ 方向振荡增长的 $\psi(x,\Lambda)$.

要存在一个 (3.17) 式里 $0 < |P| < 1$ 的表面局域态, 如果 $D(\Lambda) > 2 \ (< -2)$, 我们就应该在 (3.17) 式选取负 (正) 号, 也就是在 (3.16) 式选取负 (正) 号. 因此在一个禁带里存在表面态的条件是

$$\sigma = \frac{-\eta_1(\tau+a,\Lambda)+\eta_2'(\tau+a,\Lambda)+\sqrt{D(\Lambda)^2-4}}{2\,\eta_2(\tau+a,\Lambda)}, \tag{3.18}$$

如果禁带是在 $k = \pi/a$; 或

$$\sigma = \frac{-\eta_1(\tau+a,\Lambda)+\eta_2'(\tau+a,\Lambda)-\sqrt{D(\Lambda)^2-4}}{2\,\eta_2(\tau+a,\Lambda)}, \tag{3.19}$$

如果禁带是在 $k = 0$.

在很多物理上感兴趣的问题里 $\eta_i(\tau+a)$ 和 $\eta_i'(\tau+a)$ 都可以容易得到. 在附录 A 里我们利用 (3.18) 和 (3.19) 式研究了一维半无限 Kronig-Penney 晶体中的表面态的存在与否和表面态的性质, 本章前面几节所谈到的一些定性结论在附录 A 里的定量计算的结果里都可以看得很清楚. 我们还讨论了我们得到的结果和 Tamm 的工作[1] 的比较以及和 Seitz 书[16] 里的有关讨论的比较. **实际上, 对于任何一维晶体, 无论其势场 $v(x)$ 为任何形式, 都可以用足够多层的层状结构晶体近似到要求的任何精度. 对于很多实际问题, $\eta_i(\tau+a)$ 和 $\eta_i'(\tau+a)$ 都可以利用附录 C 里的方法得到用计算机语言表达的任意精确度的形式.** 因此, (3.18) 和 (3.19) 式可以用来普遍地和定量地研究任何一维半无限晶体中的表面态的存在与否以及表面态的性质, 特别是它们对于 τ 和 σ 的依赖关系. 在附录 E 和 F 里则进一步将这里发展的方法用来处理一维半无限声子晶体和光子晶体中的表面模式的有关问题.

[①](3.17) 式也可以直接由 (3.6) 式得到.

在理想一维半无限晶体的简单情况下, 边界条件 (3.4) 式是 $\psi(\tau) = 0$. (3.18) 和 (3.19) 式就成为

$$\psi(\tau + a, \Lambda) = \psi(\tau, \Lambda) = 0, \tag{3.20}$$

根据 (3.13) 和 (3.14) 式, (3.20) 式可以等价地写成

$$\eta_2(\tau + a, \Lambda) = 0. \tag{3.21}$$

§3.6　与前人工作的比较和讨论

在本章中我们给出了在一维半无限晶体中由于周期势场 $v(x)$ 在 τ 处截断所引入的表面态和带边态的一些普遍结果. 虽然就作者所知, 3.2 节的两个关系式在此之前似乎还没有被如此明确地提出过和像在本章中这样普遍地证明过, 但我们这里给出的一些结果, 在过去许多基于特定势场模型的研究工作中也已经有不同程度的认识.

过去大多数关于一维半无限晶体中表面态存在的条件的研究工作多半是基于近自由电子模型且主要是针对在 $k = \pi/a$ 处的最低的禁带的[2]. 许多作者[8-10] 利用近自由电子模型发现, 周期势场的截断在势场的极小处才有可能在 $k = \pi/a$ 处的最低的禁带中引入一个表面态, 如果周期势场的截断发生在势场的极大处, 是不可能这个禁带中引入一个表面态的. 也就是说, 在这个禁带中只可能存在着 "Tamm" 类型的表面态而不可能存在着 "Shockley" 类型的表面态. 更一般的结果是 Goodwin[9] 发现, 如果采用近自由电子模型, 周期势场的截断只有发生在势场的某一个 Fourier 组分的极小处才有可能在该 Fourier 成分所相应的禁带中引入一个表面态. 如果周期势场的截断发生在势场的某一个 Fourier 组分的极大处, 是不可能在该 Fourier 成分所相应的禁带中引入一个表面态的. 这些结果都是和我们在 3.4 节中得到的更一般的结果, 即如果 τ 位于某一禁带的下带边的波函数的零点时, 该禁带中不会存在表面态这样一个结论一致的: 在近自由电子模型里任何一个禁带的下带边的波函数的零点总是位于晶体势场的相应的 Fourier 组分的极大处, 其上带边的波函数的零点则总是位于晶体势场的相应的 Fourier 组分的极小处. 我们的一般结果 (如图 3.4 和图 3.5) 表明, 当 τ 位于一个禁带的下带边的波函数的零点附近时, 在这个禁带中是不会存在表面态的. 对于在 $k = \pi/a$ 处的最低的禁带, 这表明当 τ 位于晶体势场的极大处的附近时, 是不会有表面态存在的, 因而在这个禁带中只可能存在着 "Tamm" 类型的表面态而不可能存在着 "Shockley" 类型的表面态.

特别应当提到的一件前人的工作是 Levine[11] 曾经系统地研究了周期势场是正弦形的情况下 (Mathieu 问题) 不同的禁带中和不同的边界位置的表面态存在的

问题. 通过利用一些进一步的近似, Levine 发现, 对于第 n 个禁带, 一个晶格周期 $[0, a)$ 可以被分成 $2(n+1)$ 个交替的子区间. 只有当边界位于其中的 $n+1$ 个特定的子区间之一时, 才可能在一维半无限晶体的那个禁带中存在表面态. 这 $n+1$ 个允许表面态存在的子区间和另外 $n+1$ 个不允许表面态存在的子区间是彼此交替的. 在每一个允许表面态存在的子区间里, 表面态的能量是随着晶体边界向半无限一维晶体内部进入而增加的. 我们这里得到的结果更为普遍, 并且和 Levine 的结果是一致的. 因为周期势场是正弦形的情况下的一个禁带的两个带边的波函数 $\phi_n(k_g, x)$ 和 $\phi_{n+1}(k_g, x)$ 的性质, 包括它们的零点, $\dfrac{\phi'_n(k_g, x)}{\phi_n(k_g, x)}$ 和 $\dfrac{\phi'_{n+1}(k_g, x)}{\phi_{n+1}(k_g, x)}$ 等, 是精确可知的[14], 文献 [11] 中的大多数结果可以从我们这里 3.2—3.4 节中的一般分析直接得到, 而无须用到那些进一步的近似.

不少人以为一维半无限晶体中周期势场的截断总是会在低于外势垒的每个禁带里都引入一个表面态. 从本章的分析我们看到, 这实际上是一种误解①: 一维半无限晶体中周期势场 $v(x)$ 的截断在一个特定的禁带里可以引入也可以不引入一个新的电子态. 如果它在一个特定的禁带里引入一个电子态, 这个电子态可能是一个表面态, 也可能是一个衰减因子 $\beta = 0$ 因而在半无限晶体里完全不衰减的带边态.

附录 D 里的研究表明半无限电子晶体、声子晶体或光子晶体里的表面态或表面模的性质是很相似的. 可以得到一个普遍公式来研究半无限电子晶体、声子晶体或光子晶体里的表面态或表面模的性质. 所以附录 D 的内容可以看做是 3.2 节里两个定性关系的定量化和推广.

参 考 文 献

[1]   Tamm I. Physik. Z. Sowj., 1932, 1: 733.

[2]   Davison S G, Stęślicka M. Basic theory of surface states. Oxford: Clarendon Press, 1992.

[3]   Desjonquères M C, Spanjaard D. Concepts in surface physics. Berlin: Springer, 1996.

[4]   Zangwill A. Physics at surfaces. Cambridge: Cambridge University Press, 1988.

[5]   Bechstedt F. Principles of surface physics. Berlin: Springer, 2003.

[6]   Groß A. Theoretical surface science: a microscopic perspecpective. Berlin: Springer, 2003.

[7]   Davison S G, Levine J D. Surface states//Ehrenreich H, Seitz F, Turnbull D. Solid state physics, Vol. 25. New York: Academic Press, 1970: 1-149.

---

① 这个误解可能与 Tamm 的原始工作 [1] 里的在带隙里存在有表面态的一个重要条件在 Seitz 的经典的书 [16] 里没有被充分注意到有关. 细节请参看附录里的 A.4 节.

[8] Maue A M. Physik Z., 1935, 94: 717;

Forstmann F. Physik Z., 1970, 235: 69;

Forstmann F//Feuerbacher B, Fitton B, Willis R F. Photoemission and the electronic properties of surfaces. Chichester Wiley, 1978: 193-226;

Jones R O//Scott C G, Reed C E. Surface physics of semiconductors and phosphors. London: Academic Press, 1975: 95-142;

Pendry J B, Gurman S J. Surf. Sci., 1975, 49: 87.

[9] Goodwin E T. Proc. Comb. Phil. Soc., 1939, 35: 205.

[10] Statz H. Naturforsch Z., 1950, 5a: 534.

[11] Levine J D. Phys. Rev., 1968, 171: 701.

[12] Shockley W. Phys. Rev., 1939, 56: 317.

[13] Hellmann H. Acta Physicochimica, URSS, I, 1935, 6: 913; IV, 1936, 2: 224;

Hellmann H. Einführung in die Quantenchemie. Leipzig: Deuticke, 1937;

Feynman R P. Phys. Rev., 1939, 56: 340

[14] Ren S Y, Chang Y C. Ann. Phys. (N. Y.), 2010, 325: 937.

[15] 例如, Mechel F P. Mathieu functions: formulas, generation, use. Stuttgart: S. Hirzel Verlag, 1997.

[16] Seitz F. The modern theory of solids. New York: McGraw-Hill, 1940.

第四章　理想一维有限晶体中的电子态

在本章中, 我们将给出一个长度为 $L = Na$ (这里 a 是势场周期, N 是一个正整数) 的理想一维有限晶体中的电子态一般性质的普遍分析[1]. 在第二章里的周期性 Sturm-Liouville 方程理论的基础上, 关于理想一维有限晶体中的电子态的严格和普遍的结果可以解析地得到. 我们将看到在得到本章结果的过程中, 对于周期性 Sturm-Liouville 方程 —— 周期性系数的一维 Schrödinger 微分方程是其一个特殊形式 —— 的解的零点的一些认识起到了基本的作用.

　　本章是这样安排的: 在 4.1 节中, 我们将提出对问题的基本考虑; 在 4.2 节中, 我们将证明本章的主要结果: 和一维无限晶体所有的电子态都是 Bloch 波不同, 在理想一维有限晶体中有两种不同类型的电子态; 在 4.3 节将着重讨论其中依赖于边界的电子态, 这种电子态的存在是 Bloch 波量子限域的一个基本特征; 在 4.4 节将简单讨论一维 Bloch 波驻波态; 在 4.5 节将研究一维对称有限晶体中的电子态, 它们的能量全部可以从相应的体能带结构得到; 4.6—4.8 节是几个有关问题的讨论; 4.9 节是一个简单的小结.

§4.1　基本考虑

　　一维晶体的 Schrödinger 微分方程的形式是

$$-y'' + [v(x) - \lambda]y = 0, \qquad -\infty < x < +\infty, \tag{4.1}$$

这里 $v(x + a) = v(x)$ 是晶体的周期势场. 方程 (4.1) 是周期性 Sturm-Liouville 方程 (2.2) 的一个特殊形式.

　　我们假定方程 (4.1) 已经解出, 所有的解都是已知的. 其本征值是能带关系 $\varepsilon_n(k)$, 相应的本征函数是 Bloch 函数 $\phi_n(k, x)$, $n = 0, 1, 2, \cdots$ 且 $-\dfrac{\pi}{a} < k \leqslant \dfrac{\pi}{a}$. 我们主要是对方程 (4.1) 在两个相邻能带之间总是有一个不为零的禁带或带隙的情况有兴趣. 对于这样的情况, 能带边 $\varepsilon_n(0)$ 和 $\varepsilon_n\left(\dfrac{\pi}{a}\right)$ 的顺序是

$$\varepsilon_0(0) < \varepsilon_0\left(\frac{\pi}{a}\right) < \varepsilon_1\left(\frac{\pi}{a}\right) < \varepsilon_1(0) < \varepsilon_2(0) < \varepsilon_2\left(\frac{\pi}{a}\right) < \cdots. \tag{4.2}$$

禁带则是处于 $\varepsilon_{2m}\left(\dfrac{\pi}{a}\right)$ 和 $\varepsilon_{2m+1}\left(\dfrac{\pi}{a}\right)$ 之间或处于 $\varepsilon_{2m+1}(0)$ 和 $\varepsilon_{2m+2}(0)$ 之间.

---

①本章的部分结果发表于文献 [1,2].

对于长度为 $L = Na$ 的理想一维有限晶体, 我们假定在有限晶体内的势场 $v(x)$ 和在方程 (4.1) 中的势场 $v(x)$ 是一样的. 有限晶体的两端分别记做 τ 和 $\tau + L$, 这里 τ 是一个实数.

一维有限晶体中的电子态的本征值 Λ 和相应的本征函数 $\psi(x, \Lambda)$ 是在晶体内的 Schrödinger 微分方程

$$-\psi''(x) + [v(x) - \Lambda]\psi(x) = 0, \qquad \tau < x < \tau + L \tag{4.3}$$

的解, 它在晶体的边界 τ 和 $\tau + L$ 处满足一定的边界条件. 理想一维有限晶体的边界条件是

$$\psi(x) = 0, \qquad\qquad x \leqslant \tau \text{ 或 } x \geqslant \tau + L. \tag{4.4}$$

我们的目的是要得到方程 (4.3) 在边界条件 (4.4) 式下的解.

假定 $y_1(x, \lambda)$ 和 $y_2(x, \lambda)$ 是方程 (4.1) 的两个线性独立解. 一般而言, 方程 (4.3) 和 (4.4) 的非平凡解如果存在, 总是可以表示成

$$\psi(x, \Lambda) = \begin{cases} y(x, \Lambda), & \text{如果 } \tau < x < \tau + L, \\ 0, & \text{如果 } x \leqslant \tau \text{ 或 } x \geqslant \tau + L. \end{cases}$$

这里

$$y(x, \lambda) = c_1 y_1(x, \lambda) + c_2 y_2(x, \lambda) \tag{4.5}$$

是方程 (4.1) 的非平凡解, 其中 c_1 和 c_2 不全为零, 并且满足

$$y(\tau, \Lambda) = y(\tau + L, \Lambda) = 0. \tag{4.6}$$

基于在 2.5 节中得到的不同本征值区间里方程 (4.1) 的线性独立解的普遍形式, 方程 (4.3) 和 (4.4) 的非平凡解可以由 (4.5) 和 (4.6) 式求得.

§4.2 两种不同类型的电子态

从第二章中我们已经知道, 方程 (4.5) 中线性独立解 $y_1(x, \lambda)$ 和 $y_2(x, \lambda)$ 的形式可以由方程 (4.1) 的判别式 $D(\lambda)$ 完全决定. 在此基础上可以直截了当地确定方程 (4.6) 的非平凡解 Λ 和 $y(x, \Lambda)$ 是否存在及其性质.

对于有限晶体, 无限晶体的允许能带和禁止能量范围都需要考虑. 原则上我们应当考虑 λ 在 $(-\infty, +\infty)$ 范围里方程 (4.6) 的解. 但是按照定理 2.9, 当 $\lambda \leqslant \varepsilon_0(0)$ 时, 方程 (4.1) 的任何非平凡解对于任何在 $(-\infty, +\infty)$ 中的 x 至多只能有一个零

点, 因而不可能满足方程 (4.6). 因而对于任何在 $(-\infty, \varepsilon_0(0)]$ 的 λ 不可能存在方程 (4.6) 的非平凡解, 我们仅需考虑在 $(\varepsilon_0(0), +\infty)$ 的 λ. 和 2.5 节的讨论相似, 根据 λ 的大小不同, 可能有五种不同的情况.

(1) $-2 < D(\lambda) < 2$.

这种情况相当于 λ 是在方程 (4.1) 的一个允许能带的内部. 按照 (2.73) 式, 方程 (4.1) 的两个线性独立解可以选为

$$y_1(x, \lambda) = e^{ik(\lambda)x} p_1(x, \lambda), \quad y_2(x, \lambda) = e^{-ik(\lambda)x} p_2(x, \lambda).$$

这里 $k(\lambda)$ 是一个依赖于 λ 的实数

$$0 < k(\lambda)a < \pi,$$

并且 $p_1(x, \lambda)$ 和 $p_2(x, \lambda)$ 是以 a 为周期的周期函数:

$$p_i(x + a, \lambda) = p_i(x, \lambda), \qquad i = 1, 2,$$

$k(\lambda)$ 和 $p_i(x, \lambda)$ 都是 λ 的函数.

简单数学运算给出方程 (4.6) 的非平凡解要求[①]

$$e^{ik(\Lambda)L} - e^{-ik(\Lambda)L} = 0 \tag{1a}$$

成立. 注意, (1a) 式中不包含 τ. 如果

$$k(\Lambda)L = j\pi, \qquad j = 1, 2, \cdots, N - 1,$$

就可以得到 (4.6) 式即方程 (4.3) 和 (4.4) 的非平凡解. 因而在每个允许能带 $\varepsilon_n(k)$ 的内部, 存在有 $N - 1$ 个 Λ_j, 满足

$$k(\Lambda_j) = j \, \pi/L, \qquad j = 1, 2, \cdots, N - 1.$$

相应地, 对于每个允许能带 $\varepsilon_n(k)$ 的内部, 存在着 $N - 1$ 个电子态, 其能量是

$$\Lambda_{n,j} = \varepsilon_n\left(\frac{j\pi}{L}\right), \qquad j = 1, 2, \cdots, N - 1. \tag{4.7}$$

[①] 否则有

$$c_1 p_1(\tau, \Lambda) = 0 \quad 和 \quad c_2 p_2(\tau, \Lambda) = 0. \tag{1b}$$

在 2.6 节 (48 页) 我们指出 "除 $k = 0$ 或 $k = \dfrac{\pi}{a}$ 外, 一维 Bloch 函数 $\phi_n(k, x)$ 一般是没有零点的." 因而 (1b) 式中的 $p_1(\tau, \Lambda)$ 和 $p_2(\tau, \Lambda)$ 都不可能为零, 所以我们从 (1b) 式只会有 $c_1 = c_2 = 0$. (1b) 式不可能给出 (4.6) 式的非平凡解.

在这种情况下每个电子态的能量是有限晶体的长度 L 的函数, 但是都与有限晶体的边界位置 τ 或 $\tau + L$ 无关; 相应地, 存在着 $N - 1$ 个本征函数 $y(x, \Lambda_j)$. 这些电子态是有限晶体里由波矢为 $k = j\pi/L$ 和 $-k = -j\pi/L$ 的 Bloch 波组成的驻波态, 它们是由 Bloch 波在有限晶体的边界位置 τ 和 $\tau + L$ 处多次反射而形成的. 为了简单起见, 我们称这些电子态为 L 有关态, 虽然只是这些电子态的本征值仅与 L 有关, 其本征函数与 τ 和 L 都有关.

(4.7) 式中的能量 $\Lambda_{n,j}$ 和无限晶体的能带结构 $\varepsilon_n(k)$ 是完全重合的. Pedersen 和 Hemmer 发现一个有限的 Kronig-Penney 模型晶体里的限域的 Bloch 波的能谱和相应晶体的能带结构完全重合[3]. 张绳百和 Zunger[4] 以及张绳百, Yeh, Zunger[5] 在他们关于硅 (001), (110) 的量子膜和砷化镓 (110) 量子膜的数值计算中观察到限域电子态的能谱和相应晶体的能带结构近似重合. 许多以前的研究工作也发现限域 Bloch 波的能谱和相应晶体的未限域 Bloch 波的色散关系近似重合[6]. 从 (4.7) 式我们看到, 对于理想一维有限晶体而言, 这种重合是严格的和普遍的, 并且这种严格的和普遍的重合还是与晶体的边界位置 τ 无关的. 这些电子态可以看做是一维有限晶体的类体态.

(2) $D(\lambda) = 2$.

这种情况下 λ 是处于 $k = 0$ 处的一个能带边: $\lambda = \varepsilon_{2m+1}(0)$ 或 $\lambda = \varepsilon_{2m+2}(0)$. 按照 (2.75) 式, 此时方程 (4.1) 的两个线性独立解可以选为

$$y_1(x, \lambda) = p_1(x, \lambda), \quad y_2(x, \lambda) = x\, p_1(x, \lambda) + p_2(x, \lambda).$$

这里 $p_1(x, \lambda)$ 和 $p_2(x, \lambda)$ 是以 a 为周期的周期函数.

按照定理 2.1, $p_1(x, \lambda)$ 的零点和 $p_2(x, \lambda)$ 的零点是分开的. 简单的数学运算给出方程 (4.6) 存在着非平凡解要求

$$p_1(\tau, \Lambda) = 0 \quad \text{和} \quad c_2 = 0. \tag{2a}$$

(2a) 式表明, 如果在 $k = 0$ 处的一个能带边存在着方程 (4.3) 和 (4.4) 式的非平凡解, 限域电子态的波函数 $y(x, \Lambda)$ 一定是一个周期函数, 它在晶体的边界位置 τ (和 $\tau + L$) 处有一零点.

(3) $D(\lambda) > 2$.

这种情况下, λ 处于 $k = 0$ 处的一个**禁带内部**: $\varepsilon_{2m+1}(0) < \lambda < \varepsilon_{2m+2}(0)$. 按照 (2.77) 式, 此时方程 (4.1) 的两个线性独立解可以选为

$$y_1(x, \lambda) = \mathrm{e}^{\beta(\lambda)x} p_1(x, \lambda), \quad y_2(x, \lambda) = \mathrm{e}^{-\beta(\lambda)x} p_2(x, \lambda).$$

这里 $\beta(\lambda)$ 是一个与 λ 有关的正实数, $p_1(x, \lambda)$ 和 $p_2(x, \lambda)$ 是以 a 为周期的周期函数.

同样由于定理 2.1, $p_1(x, \lambda)$ 的零点和 $p_2(x, \lambda)$ 的零点是分开的. 简单的数学运算给出方程 (4.6) 存在着非平凡解要求

$$p_1(\tau, \Lambda) = 0 \quad \text{和} \quad c_2 = 0; \tag{3a}$$

或者

$$p_2(\tau, \Lambda) = 0 \quad \text{和} \quad c_1 = 0. \tag{3b}$$

(3a) 和 (3b) 式表明如果在 $k = 0$ 处的一个**禁带内部** 存在着 (4.3) 和 (4.4) 式的非平凡解, 限域电子态的波函数 $y(x, \Lambda)$ 一定是一个指数函数和一个周期函数的乘积, 它在晶体的边界位置 τ (和 $\tau + L$) 处有一零点. 注意, (3a) 和 (3b) 式不可能同时成立.

从情况 (2) 和 (3) 的讨论中我们可以看到, 如果在 $k = 0$ 处的一个禁带处 $[\varepsilon_{2m+1}(0), \varepsilon_{2m+2}(0)]$ 存在着 (4.6) 式的非平凡解, (2a), (3a) 或 (3b) 三式中的一个一定要成立. 因为在这三式中所有的 $p_i(x, \lambda)$ 都是周期函数, 如果有 $y(\tau, \Lambda) = 0$ 则一定有 $y(\tau + a, \Lambda) = 0$, 所以以下的方程是方程 (4.6) 在 $k = 0$ 处的一个禁带处存在着非平凡解的必要条件:

$$y(\tau + a, \Lambda) \ = \ y(\tau, \Lambda) = 0. \tag{4.8}$$

容易看到, (4.8) 式也是方程 (4.6) 在 $k = 0$ 处的一个禁带处存在非平凡解的充分条件: 从 (4.8) 式可以得到 $y(\tau + \ell a, \Lambda) = 0, \ell = 0, \cdots, N$.

(4) $D(\lambda) = -2$.

在这种情况下, λ 是处于 $k = \dfrac{\pi}{a}$ 处的一个能带边: $\lambda = \varepsilon_{2m}\left(\dfrac{\pi}{a}\right)$ 或 $\lambda = \varepsilon_{2m+1}\left(\dfrac{\pi}{a}\right)$.

按照 (2.79) 式, 此时方程 (4.1) 的两个线性独立解可以选为

$$y_1(x, \lambda) = s_1(x, \lambda), \quad y_2(x, \lambda) = x\, s_1(x, \lambda) + s_2(x, \lambda),$$

这里 $s_1(x, \lambda)$ 和 $s_2(x, \lambda)$ 是以 a 为半周期的半周期函数.

按照定理 2.1, $s_1(x, \lambda)$ 的零点和 $s_2(x, \lambda)$ 的零点是分开的. 简单的数学运算给出方程 (4.6) 存在非平凡解要求

$$s_1(\tau, \Lambda) = 0 \quad \text{并且} \quad c_2 = 0. \tag{4a}$$

(4a) 式表明, 如果在 $k = \dfrac{\pi}{a}$ 处的一个禁带边存在着 (4.3) 和 (4.4) 式的非平凡解, 限域电子态的波函数 $y(x, \Lambda)$ 一定是一个以 a 为半周期的半周期函数, 它在晶体的边界位置 τ (和 $\tau + L$) 处有一零点.

(5) $D(\lambda) < -2$.

这种情况下, λ 是处于 $k = \dfrac{\pi}{a}$ 处的一个**禁带内部**: $\varepsilon_{2m}\left(\dfrac{\pi}{a}\right) < \lambda < \varepsilon_{2m+1}\left(\dfrac{\pi}{a}\right)$.
按照 (2.81) 式, 此时方程 (4.1) 的两个线性独立解可以选为

$$y_1(x, \lambda) = e^{\beta(\lambda)x} s_1(x, \lambda), \quad y_2(x, \lambda) = e^{-\beta(\lambda)x} s_2(x, \lambda),$$

这里 $\beta(\lambda)$ 是一个与 λ 有关的正实数, $s_1(x, \lambda)$ 和 $s_2(x, \lambda)$ 是以 a 为半周期的半周期函数.

同样由于定理 2.1, $s_1(x, \lambda)$ 的零点和 $s_2(x, \lambda)$ 的零点是分开的. 简单的数学运算给出方程 (4.6) 存在着非平凡解要求

$$s_1(\tau, \Lambda) = 0 \quad 和 \quad c_2 = 0, \tag{5a}$$

或者

$$s_2(\tau, \Lambda) = 0 \quad 和 \quad c_1 = 0 \tag{5b}$$

成立. (5a) 和 (5b) 式表明, 如果在 $k = \dfrac{\pi}{a}$ 处的一个**禁带内部**存在着 (4.3) 和 (4.4) 式的非平凡解, 限域电子态的波函数 $y(x, \Lambda)$ 一定是一个指数函数和一个半周期函数的乘积, 它在晶体的边界位置 τ (和 $\tau + L$) 处有一零点. 注意 (5a) 和 (5b) 式不可能同时成立.

从情况 (4) 和 (5) 的讨论我们可以看到, 如果在 $k = \dfrac{\pi}{a}$ 处的一个禁带 $\left[\varepsilon_{2m}\left(\dfrac{\pi}{a}\right),\right.$ $\left.\varepsilon_{2m+1}\left(\dfrac{\pi}{a}\right)\right]$ 里存在 (4.6) 式的非平凡解, (4a), (5a) 或 (5b) 三式之一一定要成立. 因为在这三式中所有的 $s_i(x, \lambda)$ 都是半周期函数, 如果我们有 $y(\tau, \Lambda) = 0$, 则一定有 $y(\tau + a, \Lambda) = 0$, 这样我们同样得到 (4.8) 式是方程 (4.6) 在 $k = \dfrac{\pi}{a}$ 处的一个禁带处存在非平凡解的充分必要条件. 所以 (4.8) 式是方程 (4.6) 在一个禁带处存在着非平凡解的充分必要条件.

定理 2.8 表明, 对于任何实数 τ, 在每个禁带 $\left[\varepsilon_{2m}\left(\dfrac{\pi}{a}\right), \varepsilon_{2m+1}\left(\dfrac{\pi}{a}\right)\right]$ 或 $[\varepsilon_{2m+1}(0),$ $\varepsilon_{2m+2}(0)]$ 里总是有且只有一个 Λ, 使得 (4.8) 式成立. 因为按照定理 2.1, 对于一个 Λ 方程 (4.1) 不可能存在具有同样的零点的两个线性独立解, 这样一个 Λ 只能对应于一个 $y(x, \Lambda)$. 也就是说, 在每个禁带里总是有且只有一个方程 (4.3) 和 (4.4) 的非平凡解 $\psi(x, \Lambda)$.

(4.8) 式中不包含 L, 因此方程 (4.3) 和 (4.4) 在禁带里的本征值 Λ 仅依赖于 τ, 但是与 L 无关.

因此对于任何实数 τ, 在每个禁带 $\left[\varepsilon_{2m}\left(\dfrac{\pi}{a}\right), \varepsilon_{2m+1}\left(\dfrac{\pi}{a}\right)\right]$ 或 $[\varepsilon_{2m+1}(0),$ $\varepsilon_{2m+2}(0)]$ 里总是存在一个而且只有一个方程 (4.3) 和 (4.4) 的解, 它的本征值

Λ **仅依赖于** τ, **但是与** L **无关.** 为了简单起见, 我们称这些解为 τ 有关的电子态, 虽然只是这些电子态的本征值 Λ 仅与 τ 有关, 它们的波函数 $\psi(x,\Lambda)$ 与 τ 和 L 都有关系.

这些 τ 有关的电子态的本征值 Λ 就是在 (2.94) 式定义的 $\Lambda_{\tau,2m}$ 或 $\Lambda_{\tau,2m+1}$. 按照定理 2.8, $\Lambda_{\tau,2m}$ 是在 $\left[\varepsilon_{2m}\left(\dfrac{\pi}{a}\right),\varepsilon_{2m+1}\left(\dfrac{\pi}{a}\right)\right]$ 里, 而 $\Lambda_{\tau,2m+1}$ 是在 $[\varepsilon_{2m+1}(0),$ $\varepsilon_{2m+2}(0)]$ 里. 也就是说, $\Lambda_{\tau,n}$ 是在第 n 个能带上面的第 n 个禁带里.

一个这样的 τ 有关的电子态在 $[\tau,\tau+L]$ 里面总是具有 $\psi_n(x;\Lambda)=\mathrm{e}^{\beta(\Lambda)x}f_n(x,\Lambda)$ 的形式, 这里 β 可以是正数、负数或零. $f_n(x,\Lambda)$ 可以是周期函数或半周期函数, 取决于禁带是在 Brillouin 区的中心还是在 Brillouin 区的边界. 一个这样的电子态可以局域在有限晶体两端中的一端, 也可以是一个局域在有限晶体里的带边态.

作为一个例子, 图 4.1 是一个长度为 $L=8a$ 的有限晶体的电子态的能量 (方程 (4.3) 和 (4.4) 的解) 和方程 (4.1) 的能带的比较.

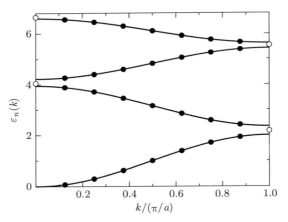

图 4.1　方程 (4.1) 的能带 $\varepsilon_n(k)$ (实线) 和一个长度为 $L=8a$ 的有限晶体的电子态的能量 (实心圆: L 有关的电子态; 空心圆: τ 有关的电子态) 的比较. 注意: L 有关的电子态的能量和能带严格重合并且满足 (4.7) 式; 满足 (4.8) 式的 τ 有关的电子态的能量在 (4.1) 式的禁带里或在禁带边. (取自 Ren S Y. Ann. Phys.(N. Y.), 2002, 301: 22. 版权为 Elsevier 所有)

因为在 (4.2) 式满足的条件下每个能带 n 和禁带 n ($n=1,2,\cdots$) 是交替地分布的, 本节得到的主要结果可以归结为以下定理:

定理 4.1: 在条件 (4.2) 成立的情况下, 相应于方程 (4.1) 的第 n 个能带, 方程 (4.3) 和 (4.4) 存在两种不同类型的解: 其中有 $N-1$ 个 Bloch 波的驻波态解, 其能量 $\Lambda_{n,j}$ 由 (4.7) 式给出, 因而依赖于晶体的长度 L 但是与晶体的边界位置 τ 无关,

并且和第 n 个能带严格重合; 在该能带上面的第 n 个禁带里总是有且只有一个解, 它的能量 $\Lambda_n(\tau)$ 依赖于 τ 但与 L 无关. 这个解或者是一个局域在有限晶体的边界 τ 处或 $\tau + L$ 处附近的表面态解, 或者是一个限域的带边态解.

也可能有所谓的零禁带的情况即 $\varepsilon_{2m}\left(\dfrac{\pi}{a}\right) = \varepsilon_{2m+1}\left(\dfrac{\pi}{a}\right)$ 或 $\varepsilon_{2m+1}(0) = \varepsilon_{2m+2}(0)$, 因而条件 (4.2) 式不一定成立的特殊情况. 假定在某一特定的情况 $\varepsilon_{2m}\left(\dfrac{\pi}{a}\right) = \varepsilon_{2m+1}\left(\dfrac{\pi}{a}\right)$, 则按照 (2.80) 式, 方程 (4.1) 的两个线性独立解可以选为

$$y_1\left[x, \varepsilon_{2m}\left(\frac{\pi}{a}\right)\right] = s_1\left[x, \varepsilon_{2m}\left(\frac{\pi}{a}\right)\right], \quad y_2\left[x, \varepsilon_{2m}\left(\frac{\pi}{a}\right)\right] = s_2\left[x, \varepsilon_{2m}\left(\frac{\pi}{a}\right)\right],$$

这里 $s_1\left[x, \varepsilon_{2m}\left(\dfrac{\pi}{a}\right)\right]$ 和 $s_2\left[x, \varepsilon_{2m}\left(\dfrac{\pi}{a}\right)\right]$ 是以 a 为半周期的半周期函数. 容易见到, 函数

$$y\left[x, \varepsilon_{2m}\left(\frac{\pi}{a}\right)\right] = s_2\left[\tau, \varepsilon_{2m}\left(\frac{\pi}{a}\right)\right] s_1\left[x, \varepsilon_{2m}\left(\frac{\pi}{a}\right)\right] - s_1\left[\tau, \varepsilon_{2m}\left(\frac{\pi}{a}\right)\right] s_2\left[x, \varepsilon_{2m}\left(\frac{\pi}{a}\right)\right]$$
$$\tag{4.9}$$

是方程 (4.6) 的一个解. 按照定理 2.1, $s_1\left[\tau, \varepsilon_{2m}\left(\dfrac{\pi}{a}\right)\right]$ 和 $s_2\left[\tau, \varepsilon_{2m}\left(\dfrac{\pi}{a}\right)\right]$ 不同时为 零, (4.9) 式定义的函数是方程 (4.3) 和 (4.4) 的一个非平凡解, 并且是一个半周期函 数, 其能量 $\Lambda = \varepsilon_{2m}\left(\dfrac{\pi}{a}\right)$ 既与 L 无关, 又与 τ 无关. 对于 $\varepsilon_{2m+1}(0) = \varepsilon_{2m+2}(0)$ 的 情形, 可以类似地讨论.

因此在这些特殊情况下, 总是有方程 (4.3) 和 (4.4) 的一个非平凡解, 其能量既 与 L 无关, 又与 τ 无关: $\Lambda = \varepsilon_{2m}\left(\dfrac{\pi}{a}\right)$ 或 $\Lambda = \varepsilon_{2m+1}(0)$; 其波函数 $y(x, \Lambda)$ 是一个半 周期函数 (当 $\varepsilon_{2m}\left(\dfrac{\pi}{a}\right) = \varepsilon_{2m+1}\left(\dfrac{\pi}{a}\right)$ 时) 或周期函数 (当 $\varepsilon_{2m+1}(0) = \varepsilon_{2m+2}(0)$ 时).

对于一个 $v(x + a) = v(x)$ 的周期势场显然有 $v(x + 2a) = v(x)$. 如果我们选 取 $\ell = 2a$ 作为新的势场周期, 则 "新的" Brillouin 区 (其边界为 $\pm \pi/\ell$) 是 "原来 的" Brillouin 区 (其边界为 $\pm\dfrac{\pi}{a}$) 的一半, 并且 "原来的" Brillouin 区的每个能带 在 "新的" Brillouin 区里都变成了两个 "新的" 能带 (能带折叠). 现在我们考虑 一个长度为 $L = M\ell$ 的有限晶体 (这里 M 是一个正整数). 按照 "新的" 说法, 这 个有限晶体的电子态应当是每个 "新的" 能带有 $(M-1)$ 个 L 有关电子态和一个 τ 有关电子态, 即每个 "原来的" 能带有 $2(M-1)$ 个 L 有关电子态和两个 τ 有关 电子态; 按照 "原来的" 说法, 这个有限晶体的电子态应当是每个 "原来的" 能带有 $2M - 1$ 个 L 有关电子态和一个 τ 有关电子态. 这个差别 (在 "新的" 说法里多一 个 τ 有关电子态和少一个 L 有关电子态) 的原因在于 "新的" 说法 (以 $\ell = 2a$ 作 为势场周期) 没有充分利用系统的全部对称性. 实际上, 在 "新的" 说法里我们总

会有 $\varepsilon_{2m}(\pi/\ell) = \varepsilon_{2m+1}(\pi/\ell)$, 也就是说, 在 "新的" Brillouin 区的边界 $\pm\pi/\ell$ 处每个禁带都是零禁带, 因而在长度为 $L = M\ell$ 的有限晶体里总是有一个电子态, 其能量 $\Lambda = \varepsilon_{2m}(\pi/\ell)$ 既与 L 无关, 又与 τ 无关. 在 "新的" 说法里多出的一个 τ 有关电子态实际上只不过是 "原来的" 说法里在一个长度为 $L = M\ell$ 的有限晶体的一个 $j = M$ 的 L 有关电子态. 它的能量与 τ 无关, 因为它是一个 L 有关电子态; 它的能量与 L 无关, 因为一个长度为 $L = 2Ma$ 的有限晶体里 $j = M$ 的 L 有关电子态总是存在的. 我们在此说到这些, 是因为在本书第三部分将会遇到一些有关情况.

§4.3 依赖于 τ 的电子态

众所周知, 如果一维平面波被完全限域在一有限长度里, 所有允许的电子态都是驻波态. 因此, 在理想一维有限晶体里, **这样一种 τ 有关电子态的存在是 Bloch 波的量子限域的一个基本特征.** 这种电子态的存在可能有三种不同的形式: 取决于晶体边界 τ 的数值, 它可能是一个局域在有限晶体左边界 τ 附近的表面态或右边界 $\tau + L$ 附近的表面态, 或者是一个周期性地分布在整个有限晶体里的带边态.

仍取 $k = 0$ 处的一个禁带 $[\varepsilon_{2m+1}(0), \varepsilon_{2m+2}(0)]$ 为例. 在 2.6 节中已经看到, 随着 τ 的变化, τ 有关的本征值 $\Lambda_{\tau,n}$ 是如何变化的: 当 τ 从 $\phi_{2m+1}(0, x)$ 的 (任意) 一个零点 $x_{1,2m+1}$ 变化到 $\phi_{2m+2}(0, x)$ 的一个与 $x_{1,2m+1}$ 相邻的零点 $x_{1,2m+2}$ 再变化到 $\phi_{2m+1}(0, x)$ 的下一个零点 $x_{2,2m+1}$ 时[①], 相应的 $\Lambda_{\tau,2m+1}$ 也将连续地从 $\varepsilon_{2m+1}(0)$ 上升到 $\varepsilon_{2m+2}(0)$ 再回到 $\varepsilon_{2m+1}(0)$. 我们可以把 $\Lambda_{\tau,2m+1}$ 的这样的一次升降叫做是一个基本起伏. 相应于在 $[x_{1,2m+1}, x_{2,2m+1})$ 里的一个基本起伏, 函数 $y(x, \Lambda)$ 可以有不同的形式. 因为对于方程 (4.3) 和 (4.4) 在禁带 $[\varepsilon_{2m+1}(0), \varepsilon_{2m+2}(0)]$ 里的任何非平凡解, 一定有 4.2 节中的 (2a), (3a) 或 (3b) 三式之一成立. 可能会有三种不同的情况:

(1) 当 $\tau = x_{1,2m+1}$ 时, 我们有 (2a) 式成立, 因而 $\Lambda_{\tau,2m+1} = \varepsilon_{2m+1}(0)$; 相应地, 在方程 (4.8) 里的 $y(x, \Lambda)$ 即

$$y[x, \varepsilon_{2m+1}(0)] = \phi_{2m+1}(0, x),$$

因而就是禁带 $[\varepsilon_{2m+1}(0), \varepsilon_{2m+2}(0)]$ 的低带边波函数. 类似地, 当 $\tau = x_{1,2m+2}$ 时, 也有 (2a) 式成立. 我们有 $\Lambda_{\tau,2m+1} = \varepsilon_{2m+2}(0)$; 相应地在方程 (4.8) 里的 $y(x, \Lambda)$, 即

$$y[x, \varepsilon_{2m+2}(0)] = \phi_{2m+2}(0, x)$$

是禁带 $[\varepsilon_{2m+1}(0), \varepsilon_{2m+2}(0)]$ 的高带边波函数. 这两种子情况都相当于一维有限晶体里存在这样一种电子态, 它的能量是相应带边的能量, 并且与晶体的长度 L 无

[①] $\phi_{2m+1}(0, x)$ 和 $\phi_{2m+2}(0, x)$ 的零点总是交替分布的.

关, 在有限晶体里它的波函数就是相应的带边波函数: τ 有关的电子态就是在有限晶体里的一个限域的带边态.

(2) 当 τ 在区间 $(x_{1,2m+1}, x_{1,2m+2})$ 里时, $\frac{\partial}{\partial \tau} \Lambda_{\tau,2m+1} > 0$. 按照在第三章的讨论, 在左边界为 τ 的右半无限晶体里可以存在一个形如 $c_2 e^{-\beta(\Lambda_{\tau,2m+1})x} p_2(x, \Lambda_{\tau,2m+1})$ 的表面态, 并且 $p_2(\tau, \Lambda_{\tau,2m+1}) = 0$, 即 (3b) 式成立. 因为指数函数中 $\beta(\Lambda_{\tau,2m+1}) > 0$, 这个函数主要分布在有限晶体的左端点 τ 附近. 这种情况下, 有限晶体里的 τ 有关的电子态是一个由于周期势场截断而引入的表面态.

(3) 当 τ 在区间 $(x_{1,2m+2}, x_{2,2m+1})$ 里时, $\frac{\partial}{\partial \tau} \Lambda_{\tau,2m+1} < 0$. 因而按照我们在第三章的讨论, 在右边界为 τ 的左半无限晶体里可以存在着一个形如 $c_1 e^{\beta(\Lambda_{\tau,2m+1})x}$ · $p_1(x, \Lambda_{\tau,2m+1})$ 的表面态, 并且 $p_1(\tau, \Lambda_{\tau,2m+1}) = 0$, 即 (3a) 式成立. 因为指数函数中 $\beta(\Lambda_{\tau,2m+1}) > 0$, 这个函数主要分布在有限晶体的右端点 $\tau + L$ 附近. 这种情况下, 有限晶体里的 τ 有关的电子态也是一个由于周期势场截断而引入的表面态.

因此这三种情况相当于在有限晶体里的一个形如 $e^{\beta x} p(x, \Lambda)$ 的波函数的三种不同的情况: $\beta = 0$, $\beta < 0$ 或 $\beta > 0$. 后两种情况相当于有限晶体里的一个在左端或在右端的表面态. **这样一个表面态是当晶体的边界 τ 不是一个带边 Bloch 函数的零点时引入禁带里的**. 作为一个例子, 图 4.2 中给出了在 $[x_{1,1}, x_{1,1} + a]$ 区间内 $\Lambda_{\tau,1}$ 作为 τ 的函数, 这里 $x_{1,1}$ 是带边 Bloch 函数 $\phi_1(0, x)$ 的任一零点. 图中一个基本起伏的两段分别用双点锁线 ((3b) 式成立) 或虚线 ((3a) 式成立) 表示, 表明表面态在有限晶体的左端或右端.

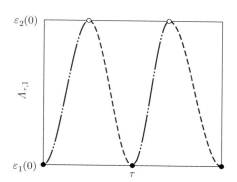

图 4.2 在 $[x_{1,1}, x_{1,1} + a]$ 区间内, $\Lambda_{\tau,1}$ 作为 τ 的函数. 带边 Bloch 函数 $\phi_1(0, x)$ 的零点用实心圆表示, 带边 Bloch 函数 $\phi_2(0, x)$ 的零点用空心圆表示. 双点锁线表明表面态是在有限晶体的左端, 虚线表明表面态是在有限晶体的右端. 注意, 在区间 $[x_{1,1}, x_{1,1} + a)$ 内 $\Lambda_{\tau,1}$ 完成了两个基本起伏.

按照定理 2.7, 两个带边 Bloch 函数 $\phi_{2m+1}(0, x)$ 和 $\phi_{2m+2}(0, x)$ 在区间 $[0, a)$ 里

都正好有 $2m+2$ 个零点, 因此在一个长度为 a 的区间里 $\Lambda_{\tau,2m+1}$ 作为 τ 的函数总是正好完成 $2m+2$ 个基本起伏.

类似地, 对于在 $k=\dfrac{\pi}{a}$ 处的禁带 $\left(\varepsilon_{2m}\left(\dfrac{\pi}{a}\right)<\Lambda_{\tau,2m}<\varepsilon_{2m+1}\left(\dfrac{\pi}{a}\right)\right)$, 表面态在有限晶体里的形式是 $c_1 e^{\beta(\Lambda_{\tau,2m})x}\, s_1(x,\Lambda_{\tau,2m})$ 或 $c_2 e^{-\beta(\Lambda_{\tau,2m})x}\, s_2(x,\Lambda_{\tau,2m})$, 这里 $s_1(x,\Lambda_{\tau,2m})$ 和 $s_2(x,\Lambda_{\tau,2m})$ 是半周期函数. $\Lambda_{\tau,2m}$ 作为 τ 的函数, 总是在一个长度为 a 的区间里正好完成 $2m+1$ 个基本起伏.

这些讨论和我们在 3.3 节的讨论是密切相关的. τ 有关电子态的三种可能形式 —— 在有限晶体左端 τ 附近的表面态, 在有限晶体右端 $\tau+L$ 附近的表面态, 或带边态 —— 实际上是由 τ 在 3.3 节中的三个集合 $L(n)$, $R(n)$ 或 $M(n)$ 中为哪一个决定的. 很自然, 带边态也可以被看做是一个能量处于带边且衰减因子 $\beta=0$ 的特殊的表面态.

多年以前, Tamm 利用一个 Kronig-Penney 模型最早认识到一维半无限晶体在边界处势垒所引起的周期势场截断可能在势垒高度以下的禁带里引入一个局域在边界附近的表面态[7]. 60 多年以后, 张绳百和 Zunger[4], 张绳百, Yeh 和 Zunger[5] 以及 Franceschetti 和 Zunger[8] 在他们的数值计算中观察到 "零限域" 电子态的存在. 现在我们知道, 在一维有限晶体中, "零限域" 的电子态 —— 一个限域的带边态, 其能量不随晶体的长度 L 的变化而变化, 只不过是一个衰减因子 $\beta=0$ 的特殊的 τ 有关电子态. 处在禁带里的表面态和处在禁带边的带边态是在有限晶体边界处周期势场截断的两种不同的结果, 其差别在于晶体边界 τ 是否是一个带边函数的零点.

晶体边界 τ 的一个很小的改变就很可能显著地改变有限晶体里 τ 有关电子态的性质: 它可能将一个 τ 有关电子态从一个局域在一个边界附近的表面态变成一个带边态或局域在另一个边界附近的表面态; 它也可能改变表面态的能量. 这些可以从图 4.2 中清楚看到: 如果 τ 在点线所对应的区域, 则 τ 有关电子态是一个在有限晶体左端的表面态, 如果 τ 在虚线所对应的区域, 则 τ 有关电子态是一个在有限晶体右端的表面态. 如果 τ 是某个带边 Bloch 函数的零点, 则 $\tau+L$ 也是同一个带边 Bloch 函数的零点, 因而 τ 有关电子态是一个限域的带边态. 我们可以将这些 τ 有关电子态叫做类表面态, 以区别于 Bloch 波驻波态的类体态. 类表面态的概念可以看做是我们熟知的表面态概念的推广.

§4.4　Bloch 波驻波态

平面波驻波态在物理学中很早就被认识得很清楚了, 而对于 Bloch 波驻波态人们的认识相比之下要少得多. 在周期系数微分方程的数学理论的基础上, 我们对于

Bloch 波驻波态可以有一些初步的普遍认识.

限域在 $(\tau, \tau + Na)$ 区间里的一维 Bloch 波驻波态可以普遍地写成

$$\psi_{n,j}(x) = C[\phi_n(k_j, x)\phi_n(-k_j, \tau) - \phi_n(-k_j, x)\phi_n(k_j, \tau)], \quad \tau \leqslant x \leqslant \tau + Na$$

$$(4.10)$$

的形式, 这里 $\phi_n(k, x)$ 是具有波矢 k 的第 n 个带的 Bloch 函数, 并且

$$k_j = j\frac{\pi}{Na}, \quad j = 1, 2, \cdots, N - 1. \tag{4.11}$$

其中 j 是驻波态指数, C 是归一化系数. 由于 (4.10) 式中的 $\psi_{n,j}(x)$ 在 $x_0 = \tau$ 处为零, 根据定理 2.1, $\psi_{n,j}(x)$ 和 $\psi_{n,j}^*(x)$ 是线性相关的, $\psi_{n,j}(x)$ 可以选为实函数. 因此, 一维 Bloch 波驻波态的流通量密度总是零:

$$\psi_{n,j}^*(x)\frac{\mathrm{d}}{\mathrm{d}x}\psi_{n,j}(x) - \psi_{n,j}(x)\frac{\mathrm{d}}{\mathrm{d}x}\psi_{n,j}^*(x) = 0.$$

此外, 根据振荡定理[8,9], $\psi_{n,j}(x)$ 在 $(\tau, \tau + Na)$ 中具有正好 $nN - 1 + j$ 个零点 (如果 n 为偶数) 或 $(n+1)N - 1 - j$ 个零点 (如果 n 为奇数). 作为比较, 依赖于 τ 的限域态 $\psi_{n,\tau}(x)$ 在 $(\tau, \tau + Na)$ 中总是具有 $(n+1)N - 1$ 个零点.

§4.5 一维对称有限晶体里的电子态

如果一个一维有限晶体是对称的, 则这时每个禁带里的 τ 有关电子态总是一个限域的带边态, 因而有限晶体里全部电子态的能量都可以从体能带结构 $\varepsilon_n(k)$ 中得到.

一维对称有限晶体要求: (1) 晶体势场 $v(x)$ 有一个反演对称中心, 因而就有无穷多个反演对称中心[①]. (2) 有限晶体的两端对于这些反演对称中心的其中一个也是反演对称的, 我们可以选取这个反演对称中心作为原点: $v(-x) = v(x)$. 现在晶体的两端是对称的: 一端为 $\tau = -L/2$ 而另一端为 $\tau + L = L/2$. 这样的有限晶体里电子态能量的形式就特别简单.

因为 $v(-x) = v(x)$, 我们就有 $v(-x - a/2) = v(x + a/2) = v(x - a/2)$ 因而 $x = a/2$ 也是晶体势场 $v(x)$ 一个反演对称中心. 因为晶体的长度 $L = Na$ (N 是一个正整数), 有限晶体的两端 $x = \tau = -L/2$ 和 $x = \tau + L = L/2$ 一定也都是晶体势场 $v(x)$ 的一个反演对称中心. 因而任一个带边 Bloch 波函数对于在 $x = L/2$ 处 (对于在 $x = -L/2$ 处也如此) 的一个反演一定有一个特定的宇称: 奇宇称或偶

[①]距离晶体势场的反演对称中心为 ℓa (这里 ℓ 是任一整数) 的任意一点也是晶体势场的一个反演对称中心.

宇称. 再者, 按照定理 2.7, 一个特定的禁带的两个带边 Bloch 波函数在区间 $[0, a)$
内有同样个数的零点, 因此它们一定有不同的宇称: 一个是奇宇称, 而另一个是偶
宇称. 对于在 $x = L/2$ 处 (同时也对于在 $x = -L/2$ 处) 的一个反演有奇宇称的那
个带边 Bloch 波函数在 $x = L/2$ 和 $x = -L/2$ 处有零点, 因而 $\tau = -L/2$ 是这个带
边 Bloch 波函数的零点. 这就相当于 4.2 节中 (2a) 或 (4a) 式成立的情况. 这个带
边 Bloch 波函数同时满足方程 (4.3) 和 (4.6). 因而, 这个限域带边态的能量不会随
着晶体长度 L 的变化而变化. 对于一个特定的禁带, 这个带边态究竟是上带边态或
是下带边态, 则是由晶体势场 $v(x)$ 决定的. 每个禁带都会有这样一个限域的带边
态, 它的能量不会随着有限晶体长度 L 的变化而变化. 在图 4.3 和图 4.4 分别给出
了在文献 [2] 中得到的在两个最低禁带 $\left[\varepsilon_0\left(\dfrac{\pi}{a}\right), \varepsilon_1\left(\dfrac{\pi}{a}\right)\right]$ 和 $[\varepsilon_1(0), \varepsilon_2(0)]$ 附近的各
两个限域的电子态的能量作为晶体长度 L 的函数.

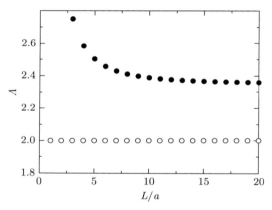

图 4.3　在最低的禁带附近的两个限域的电子态的能量作为晶体长度 L 的函数. 注意, 较低的限
域电子态的能量就是下带边态的能量, 并且是常数; 仅较高的限域电子态的能量随着晶体的长度
L 的变化而变化.

　　这样我们看到, 像在文献 [4,5,8] 中的数值结果那样, 能量不随着晶体的长度
L 而变化的带边态的存在, 在一维对称有限晶体里其实是很常见的. 虽然在文献
[4,5,8] 里这样的电子态被称做是 "zero-confinement state" (零限域态), 但它们却是
实实在在的限域的电子态. 尽管如此, 它们的能量却不随着晶体长度 L 的变化而
变化. 我们倾向于称它们为限域的带边电子态. 一维对称有限晶体里这样一些限域
带边电子态存在的根本原因是由于晶体势场的对称性, 在每个禁带都会有一个带边
态, 其波函数自然地会在有限晶体的两端处有零点. 对于一个特定的禁带, 这个带
边态究竟是上带边态或是下带边态, 则是由晶体势场 $v(x)$ 和禁带的位置决定的.
　　因为一维对称有限晶体里每个禁带的 τ 有关电子态的能量总是其一个能带边

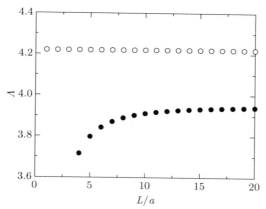

图 4.4 在次低禁带附近的两个限域的电子态的能量作为晶体长度 L 的函数. 注意, 较高的限域电子态的能量就是上带边态的能量, 并且是常数; 仅较低的限域电子态的能量随着晶体的长度 L 的变化而变化.

的能量, 这样一个有限晶体里全部电子态的能量都可以从相应的无限晶体能带的结构 $\varepsilon_n(k)$ 中得到. 图 4.5 是文献 [2] 中得到的一个长度为 $L = 8a$ 的对称有限晶体里的电子态能量 $\Lambda_{n,j}$, $\Lambda_{\tau,n}$ (方程 (4.3) 和 (4.4) 的解) 和方程 (4.1) 的能带 $\varepsilon_n(k)$ 的比较.

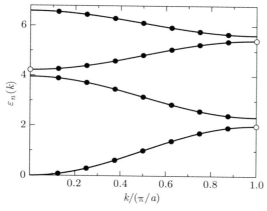

图 4.5 长度为 $L = 8a$ 的对称有限晶体里的电子态的能量 $\Lambda_{n,j}$(实心圆), $\Lambda_{\tau,n}$ (空心圆) 和能带 $\varepsilon_n(k)$ (实线) 的比较. 注意: (1) $\Lambda_{n,j}$ 和能带严格重合; (2) 在每个禁带里都存在一个限域的带边电子态.

§4.6　对于有效质量近似的评论

我们在第一章曾经说到, 有效质量近似被非常普遍地用于研究 Bloch 电子的量子限域效应. 在对于一维 Bloch 波的量子限域效应已经清楚认识的基础上, 我们现在能够对一维情况下有效质量近似的应用作一些评论.

(1) 我们已经认识到一维 Bloch 波的完全量子限域效应会产生两种不同的电子态, 而 τ 有关电子态的存在是 Bloch 波量子限域的一个基本特征. **有效质量近似完全忽略了 τ 有关电子态的存在, 因而完全忽略了 Bloch 波的量子限域的一个基本特征.**

(2) **有效质量近似对于 L 有关电子态可能是一个好的近似.**

从 (4.7) 式我们知道, L 有关电子态的能量可以写成

$$\Lambda_{n,j} = \varepsilon_n\left(\frac{j\pi}{L}\right), \qquad j = 1, 2, \cdots, N-1.$$

在能带边附近 $\varepsilon_n(k)$ 可以用近似表达式. 例如, 在 $k = 0$ 附近我们可以将 $\varepsilon_n(k)$ 写成

$$\varepsilon_n(k) \approx \varepsilon_n(0) + \frac{1}{2}\left.\frac{\mathrm{d}^2\varepsilon_n(k)}{\mathrm{d}k^2}\right|_{k=0} k^2. \tag{4.12}$$

因此对于在能带边附近的 L 有关电子态的能量, 我们有

$$\Lambda_{n,j} \approx \varepsilon_n(0) + \frac{1}{2}\left.\frac{\mathrm{d}^2\varepsilon_n(k)}{\mathrm{d}k^2}\right|_{k=0} \frac{j^2\pi^2}{L^2}. \tag{4.13}$$

这实际上就是一维 Bloch 波完全量子限域效应的有效质量近似结果. 因此对于 $k = 0$ 附近的 L 有关电子态, 只要 (4.12) 式是一个好的近似, 我们的严格结果 (4.7) 式就会给出和有效质量近似同样的近似结果 (4.13) 式. 对于 $k = \frac{\pi}{a}$ 附近的 L 有关电子态, 可以很容易地写出类似的表达式.

有效质量近似最初只是用来处理在存在着缓变的、弱的外场的情况下半导体中禁带边附近的电子态, 诸如半导体中的电子和空穴在外电场和 (或) 外磁场中的运动, 浅能级杂质态等[9]. 尽管如此, 我们这里却看到在处理一维有限晶体的 L **有关电子态**时, 只要在能带边附近的能带关系 $\varepsilon_n(k)$ 可以像 (4.12) 式那样用抛物线能带近似, 就可以使用有效质量近似①. 虽然在量子限域问题中, 外场在限域边界上既不弱又不缓变, 原来使用有效质量近似的条件是完全不成立的. 图 4.6 是在文献 [1] 中得到的有限晶体里在一个最低的禁带内或附近的三个电子态的能量作为晶体长度 L 的函数. 我们这里说到的两点从图中可以看得非常清楚.

---

①仅当能带边是在 Brillouin 区的中心或边界处时, 这个论断才正确. 在第三部分将讨论的低维系统或有限晶体中, 这个论断就不一定正确.

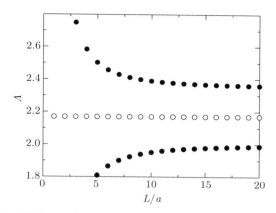

图 4.6 当 τ 固定时, 有限晶体里在 (4.1) 式的一个最低的禁带内或附近的三个电子态的能量作为晶体长度 L 的函数. 注意, 在禁带内的 τ 有关电子态的能量 (空心圆) 与 L 无关, 两个 L 有关电子态的能量 (实心圆) 随着晶体的长度 L 而变化. 有效质量近似完全忽略了 τ 有关电子态的存在, 但是它对于两个 L 有关电子态可能是一个相当好的近似 (见正文) (经允许引自文献 [1], 版权为 Elsevier 所有).

§4.7　关于表面态的评论

一维晶体的表面态是最简单的表面态. 其性质也比较容易分析和理解. 在已经对于一维有限晶体电子态有了清楚认识的基础上, 我们现在能够对于一维晶体表面态的一些有关问题作一些讨论.

虽然自从多年以前 Tamm 的最初的理论工作[7] 开始, 关于表面态的研究已经取得了很多很重要的进展, 但是有关表面态的一些相当基本的问题看起来还没有被认识得十分清楚. 其中之一就是一个最简单的一维有限晶体有多少表面态. Fowler[12] 是最先认为一维有限晶体的每个禁带内有两个表面态的人, 因为一维有限晶体有两个端点. 虽然他并没有给出一个严格的论证, 但这个想法看起来很自然, 因而很快就被接受了[13]. 在固体物理学界的一个相当普遍的看法是, 因为一维有限晶体有两个端点, 在每个禁带内就有两个表面态[14].

与此相反, 我们这里得到的理想一维有限晶体电子态的普遍结果表明, 理想一维有限晶体的每个禁带内总是有且只有一个电子态, 其能量与晶体的边界位置有关, 但与晶体的长度无关. 表面态是与边界有关态的两种可能性之一. 因此, 理想一维有限晶体的每个禁带内**最多**有一个表面态. 这个结果显然和固体物理学界很多人的长期看法是大不相同的. 我们先前在文献 [1] 中得到的这个结果已被数值计算[15,16] 完全证实.

为什么有两个端点的一维有限晶体的每个禁带内**最多**只能有一个表面态? 这是因为: (1) 如我们在第三章 (并进一步在附录 A) 里所分析的, 周期势场 $v(x)$ 在一维晶体端点处的截断并不一定会在某个特定禁带里引入一个表面态; (2) 一般而言, 一维有限晶体的两个端点并不是等价的.

只有在 4.4 节中处理的对称一维有限晶体里晶体的两个端点才是等价的. 我们已经看到, 这时有限晶体的每个禁带内有一个限域的带边态, 而不是一个表面态.

在大多数情况下, 一维有限晶体的两个端点一般是不等价的. 每个禁带里的 τ 有关电子态的性质取决于晶体的边界位置 τ 和两个带边波函数的零点之间的关系. 对于一个特定的禁带, 如果**在有限晶体里**带边波函数的零点离晶体的一个端点 τ 最近的是上带边波函数的零点, 则**在有限晶体里**的带边波函数的零点离晶体的另一个端点 $\tau + L$ 最近的就一定是下带边波函数的零点. 反之亦然. 因此, 晶体的两个端点是不等价的, 有可能只在晶体的一个端点附近有表面态. 从我们在第三章的分析可知, 正是离**在有限晶体里** 上带边波函数 $\phi_{2m+1}\left(\dfrac{\pi}{a}, x\right)$ 或 $\phi_{2m+2}(0, x)$ 的零点最近的那个端点附近会有一个表面态.

图 4.2 可以看做是图 3.1 和图 3.2 的结合: 如果 τ 在 Λ_1-τ 曲线的点线区域 (**有限晶体的左端点** τ 离一个空心圆最近), 则在有限晶体的左端点 τ 附近会有一个表面态; 如果 τ 在 Λ_1-τ 曲线的虚线区域 (**有限晶体的右端点** $\tau + L$ 离一个空心圆最近), 则在有限晶体的右端点 $\tau + L$ 附近会有一个表面态; 如果 τ 是正好在一个空心圆或实心圆处, 有限晶体在这个禁带里则有一个限域的带边态. 因此边界为 τ 和 $\tau + L$ 的理想一维有限晶体虽然总是有两个端点, 每个禁带内却最多只能有一个表面态.

用更数学化的语言来说, 这是因为边界为 τ 和 $\tau + L$ 的理想一维有限晶体的**两端** (左端点 τ 和右端点 $\tau + L$) 实际上总是属于 3.3 节中三个集合 $L(n)$, $M(n)$ 和 $R(n)$ 里面的**同一个**, 因而只有三种可能性: 在有限晶体的左端点附近有一个表面态, 一个限域的带边态, 在有限晶体的右端点附近有一个表面态.

在清楚地理解这里的分析后, 我们可以看到, 长期以来很多人一直认为, 因为一维有限晶体有两个端点, 在每个禁带内就有两个表面态的看法实际上只是一种误解[①].

在紧束缚近似中, 能带结构里可能有的能带的数目是由每个原胞里态的数目决定的. Hatsugai[17] 利用最近邻紧束缚近似方法证明了一条每个原胞里有 q 个态的有限长的线性链一共有 $q-1$ 个边缘态 (edge states), 在 $q-1$ 个禁带中的每一个禁带都有一个这样的态. 在文献 [17] 中的这些边缘态 (edge states) 的性质和本章

[①]这里的讨论都是针对由方程 (4.3) 和边界条件 (4.4) 定义的理想一维有限晶体的. 附录 B 是对于一维对称有限晶体的一个讨论, 那里的边界条件放松为 $(\psi'/\psi)_{x=\tau} = -(\psi'/\psi)_{x=L+\tau} = \sigma$, 其中 σ 是有限的.

里的 τ 有关的电子态的性质非常相似: 它们可以局域在有限长的线性链两端中的一端, 也可以是一个限域的带边态. 众所周知, 在紧束缚近似里一个每个原胞里只有一个态的有限长的线性链是没有表面态的[18]; 现在看来其道理是非常简单的: 这种线性链的能带结构里没有禁带 ($q = 1$), 因而也就不会有表面态.

按照通常的观点, 表面电子态是局域在晶体某个特定的表面附近的电子态. 现在我们可以有一个更为广泛的概念 —— 类表面态, 它是其性质和能量由表面位置所决定的电子态, 即本章中所讨论的 τ 有关态. 限域的带边态是在理想一维有限晶体里当表面位置是一个带边波函数的零点时类表面态的一种特殊情况, 其衰减因子 β 为零.

表面电子态的空间范围是由其衰减因子 $\beta(\Lambda)$ 决定的. $\beta(\lambda)$ 作为 λ 的函数, 可以由方程 (4.1) 的判别式 $D(\lambda)$ 得到. 特别是, 在 $k = 0$ 处的禁带里的表面态, 有[①]

$$\beta(\lambda)a = \ln \left[\frac{D(\lambda) + \sqrt{D^2(\lambda) - 4}}{2} \right]. \tag{4.14}$$

因此在 $k = 0$ 的禁带里, 能量 Λ 使得 $D(\lambda)$ 取极大值的表面态有最大的衰减因子 $\beta(\Lambda)$ 和最小的空间分布范围.

类似地, 在 $k = \dfrac{\pi}{a}$ 处的禁带里的表面态有

$$\beta(\lambda)a = \ln \left[\frac{-D(\lambda) + \sqrt{D^2(\lambda) - 4}}{2} \right]. \tag{4.14a}$$

因此在 $k = \dfrac{\pi}{a}$ 的禁带里, 能量 Λ 使得 $D(\lambda)$ 取极小值的表面态有最大的衰减因子 $\beta(\Lambda)$ 和最小的空间分布范围.

从图 2.1 我们可以看到, 大致上能量在禁带中部的表面态, 其衰减因子比较大, 而空间分布范围比较小; 能量在禁带边缘附近的表面态其衰减因子比较小, 而空间分布范围比较大. 再考虑像图 4.2 那样的表面态的能量 Λ 作为表面位置 τ 的函数关系, 我们可以得到如下的定性认识: 表面位置在下带边波函数 $\phi_{2m+1}(0, x)$ 的零点附近所产生的表面态, 其能量在下带边 $\varepsilon_{2m+1}(0)$ 附近, 衰减因子 β 比较小, 而空间分布范围比较大; 表面位置在上带边波函数 $\phi_{2m+2}(0, x)$ 的零点附近所产生的表面态, 其能量在上带边 $\varepsilon_{2m+2}(0)$ 附近, 衰减因子 β 也比较小, 而空间分布范围比较大; 表面位置在两个带边波函数的两个相邻零点中间附近所产生的表面态, 其能量在禁带中部, 衰减因子 β 比较大, 而空间分布范围比较小. 对于在 $k = \dfrac{\pi}{a}$ 的禁带里的表面态可以类似地分析.

[①] (4.14) 式可以由 (2.78) 式得到. (4.14a) 式可以由 (2.82) 式得到. 所以任何一维晶体的复能带结构都可以完全地和解析地由其 Schrödinger 微分方程 (4.1) 的判别式 $D(\lambda)$ 得到.

按照 (4.14) 或 (4.14a) 式, 表面态的衰减因子 β 是由 $D(\lambda)$ 所决定的. 因此, 不管是从宽允许能带窄禁带的极限情况, 还是从窄允许能带宽禁带的极限情况出发, 从图 2.1 我们都可以得到这样的定性结论: 对于一个特定禁带里的表面态, 两个相关的允许能带越窄, 禁带越宽, 此禁带里的表面态所可能有的最大的衰减因子 β_{max} 也越大[①].

但是这些有关一维晶体的表面态的一些认识对多维晶体的表面态很可能是并不适用的.

§4.8　对两个其他问题的讨论

4.8.1　关于能带形成的讨论

具有势场平移不变性的无限晶体中的电子态有能带结构, 在每个允许能带里电子态的能谱是个连续谱. 但是在有限系统里电子态的能谱总是分立的. 很自然的一个问题就是, 随着原子数目的增加, 能带结构是怎样形成的? 从 (4.7) 式我们可以看到在一维晶体的情况, 理想有限晶体里电子态的能谱是从 $N = 2$ 开始, 随着原子数目 N 的增加而逐渐地和线性地向能带里填充的: 一个长度为 $L = Na$ 的理想有限晶体中在每一个能带总是正好有 $N - 1$ 个 Bloch 波的驻波态.

4.8.2　关于边界位置的讨论

本章得到的结果的一个推论就是, 我们所讨论的理想有限一维晶体的边界位置 τ 和 $\tau + L$ 只由 τ 有关电子态所决定. 在我们的简单理论里, 电子之间的多体效应被忽略, 系统的总能量是所有填充电子态的能量的总和, 包括 L 有关电子态和 τ 有关电子态的填充电子态. 所以在我们的简单模型里, 一个固定长度 L 的有限晶体的边界位置 τ 和 $\tau + L$ 是由所有填充的 τ 有关电子态能量的总和取极小值的条件所决定的.

§4.9　小　　结

在本章中, 我们根据周期性 Sturm-Liouville 方程的理论, 特别是在有关方程解的零点的几个定理的基础上, 得到了有关最简单的有限晶体 —— 理想有限长度的一维晶体 —— 的全部电子态的性质的严格的和普遍性的结果, 即在介于 τ 和 $\tau + L$

[①]禁带宽越小, 在 (4.14) 或 (4.14a) 式的括号中分子的最大可能值就越小, 因而此禁带里表面态所可能有的最大衰减因子 β_{max} 也越小. 反之, 允许能带越窄, 带边处的 $|D'(\lambda)|$ 就越大, 在 (4.14) 或 (4.14a) 式的括号中分子的最大可能值就越大, 此禁带里表面态所可能有的最大的衰减因子 β_{max} 也越大.

$(L = Na)$ 之间的一维有限晶体中, 有两种不同类型的电子态. 对应于方程 (4.1) 的每一个能带, 在有限晶体中有 $N-1$ 个 Bloch 波的驻波态, 这些电子态的能量 $\Lambda_{n,j}$ 由 (4.7) 式给出, 因而是与晶体的长度 L 有关, 但与晶体的边界位置 τ 无关的, 并且与相应的能带严格重合. 这些 Bloch 波的驻波态可以看做是一维有限晶体里的类体态. 在该能带上面的禁带里, 在有限晶体中总是有且仅有一个电子态, 它的能量 $\Lambda_{n,\tau}$ 与有限晶体的边界位置 τ 有关, 而与晶体的长度 L 无关. 这样一个 τ 有关电子态是处于该禁带中的一个表面态 (如果 τ 不是方程 (4.1) 的一个带边波函数的零点) 或一个限域的带边态 (如果 τ 是方程 (4.1) 的一个带边波函数的零点). 晶体的边界位置 τ 的稍作改变, 就可能很显著地改变这些 τ 有关电子态的性质. 这些 τ 有关电子态可以看做是有限晶体里的类表面态. 限域的带边态是 τ 有关电子态在其衰减因子 $\beta = 0$ 的特殊情况.

这些 τ 有关类表面电子态的存在是 Bloch 波的量子限域的一个基本特征.

这里得到的严格的和普遍性的结果表明, 在一维有限晶体里不存在平移不变性的主要障碍或困难实际上是可以克服的.

这里得到普遍性的认识为以下几章中进一步理解三维 Bloch 波的量子限域效应以及低维系统和三维有限晶体中的电子态建立了良好的基础.

参考文献及其他

[1]   Ren S Y. Ann. Phys. (N. Y.), 2002, 301: 22.

[2]   Ren S Y. Phys. Rev., 2001, B64: 035322.

[3]   Pedersen F B, Hemmer P C. Phys. Rev.,1994, B50: 7724.

[4]   Zhang S B, Zunger A. Appl. Phys. Lett., 1993, 63: 1399.

[5]   Zhang S B. Yeh C Y, Zunger A. Phys. Rev., 1993, B48: 112040.

[6]   例如, Popovic Z V, Cardona M, Richter E, et al. Phys. Rev., 1989, B40: 1207;
      Popovic Z V, Cardona M, Richter E, et al. Phys. Rev., 1989, B40: 3040;
      Popovic Z V, Cardona M, Richter E, et al. Phys. Rev., 1990, B41: 5904.

[7]   Tamm I. Physik. Z. Sowj., 1932, 1: 733.

[8]   Eastham M S P. Theory of ordinary differential equations. London: Van Nostrand
      Reinhold, 1970.

[9]   Landau L D, Lifshitz E M. Quantum mechanics. Paris: Pergamon Press, 1962.

[10] Franceschetti A, Zunger A. Appl. Phys. Lett., 1996, 68: 3455.

[11] Luttinger J M, Kohn W. Phys. Rev., 1957, 97: 869;
      Kohn W//Seitz F, Turnbull D. Solid state physics: Vol. 5. New York: Academic
      Press, 1957: 257–320.

[12] Fowler R H. Proc. Roy. Soc., 1933, 141: 56.

[13] Seitz F. The modern theory of solids. New York: McGraw-Hill, 1940.

[14] Davison S G, Stęślicka M. Basic theory of surface states. Oxford: Clarendon Press, 1992.

[15] Zhang Y. 个人交流.

[16] Xuan Y L, Zhang P W. 个人交流.

[17] Hatsugai Y. Phys. Rev., 1993, B48: 11851.

[18] 例如, Harrison W A. Bull. Amer. Phys. Soc.,2002, 47: 367.

第三部分

低维系统和有限晶体

衣带渐宽终不悔，为伊消得人憔悴.

      —— 欧阳修《蝶恋花·独依危楼》

第五章　理想量子膜中的电子态

从本章开始, 我们将第二部分的研究进一步发展到三维晶体. 这一部分和第二部分处理的问题的主要差别在于, 三维晶体里的电子态的 Schrödinger 方程是偏微分方程, 因而问题要更为困难. 相对于常微分方程的解来说, 数学上对于偏微分方程的解的认识要差很多[1]. 三维晶体的晶体结构, 其形状的复杂性和多样性也使得问题变得更为复杂和困难.

尽管如此, 现在已经清楚地认识到多维晶体的能带结构与一维晶体的能带结构有着根本性的不同[2-4]. 不难看到, 多维晶体的能带结构的显著不同也自然地会导致三维 Bloch 波的量子限域会有显著不同.

多维晶体可以被看做是在多维自由空间 —— 具有零势场的晶体 (空格子) —— 的基础上被晶体电势场 $v(\boldsymbol{x})$ 的微扰而重新构造的结果, 参见例如文献 [5]. 电子在空格子晶体里具有自由电子的能谱 $\lambda(\boldsymbol{k}) = ck^2 = c\boldsymbol{k} \cdot \boldsymbol{k}$ (c 是比例常数), 在扩展的 Brillouin 区域中没有任何带隙. 在约化的 Brillouin 区里面, $\lambda(\boldsymbol{k}) = ck^2$ 的能谱会在 Brillouin 区边界发生能带折叠, 因为 $\lambda(\boldsymbol{k}) = ck^2$ 的能谱在多维 Brillouin 区边界面处不是等能的, Brillouin 区边界处的能带折叠会导致显著的能带交叉和重叠. 维度越高和 (或) $\lambda(\boldsymbol{k})$ 越高, 能带的交叉和重叠就会越显著. 晶体势场 $v(\boldsymbol{x})$ 的 Fourier 分量会在 $\boldsymbol{k}$ 空间中特定处 —— 如在 Brillouin 区中心和 Brillouin 区边界 (通常高度对称) 点的局部范围 —— 打开多维 Bloch 波的能隙, 从而将自由电子 $\lambda(\boldsymbol{k})$ 的带折叠能谱改变而形成晶体的能带结构 $\varepsilon_n(\boldsymbol{k})$. 如果晶体的维度越高或 $\lambda(\boldsymbol{k})$ 越高, 这些由晶体势场 $v(\boldsymbol{x})$ 的 Fourier 分量在 $\boldsymbol{k}$ 空间中打开的局部能隙就越难克服能带的交叉和重叠以显著改变能谱. 因此, 在 $\lambda(\boldsymbol{k})$ 足够高 (取决于维度) 和 (或) 晶体势场 $v(\boldsymbol{x})$ 不够大的情况下, 在 $\boldsymbol{k}$ 空间中局部的带隙就不能在整个 Brillouin 区形成真正的带隙. 这种情况与第 42 页中讨论的一维情况有显著的不同. Bethe 和 Sommerfeld[6] 最先猜想到, 多维晶体的能谱中带隙的数量总是有限的. 这个猜想后来由 Skriganov[7] (还有其他人[2-4]) 证明. 此外, 如果势场很小, 能谱可能根本就没有带隙. 因此, 不像一维晶体中每个允许能带和每个带隙总是交替存在的, 在多维晶体中, 随着能量增加允许能带彼此之间会有重叠, 并且带隙数量是有限的①. 多维晶体和一维晶体的能带结构之间的这一个显著差别很自然地会导致三维 Bloch

---

① 文献 [2] 指出, 如 42 页所总结的一维晶体的能谱结构的许多特有性质和周期性 Sturm-Liouville 方程 (2.2) 只能有两个线性独立解密切相关. 多维情况的椭圆型偏微分方程则完全没有这样的限制.

波的量子限域和一维 Bloch 波的量子限域之间的差别, 也就是被截断的三维晶体和被截断的一维晶体的能谱结构之间的差别.

理想量子膜中的电子态可以看做是三维 Bloch 波在一个特定方向受到限域. 这是三维 Bloch 波量子限域的最简单的情况. 本章的目的是试图认识三维空间中的 Bloch 波在一个特定方向受到限域与第四章所处理的一维空间中 Bloch 波量子限域有什么相似与不同之处. 在文献 [8] 中的一个数学定理的一个扩展形式的基础上, 我们将论证在许多简单而重要的情况下, 理想量子膜的电子态的性质是可以认识的, 可以预言这些电子态的能量是怎样依赖于量子膜的厚度, 并且其中许多电子态的能量可以从无限晶体的能带结构直接得到. 这些结果[①]再一次表明, 低维系统和有限晶体中缺乏平移对称性这一主要障碍或困难实际上是可以克服的. 我们也将会看到, 三维晶体的能带结构和一维晶体的能带结构的显著差别也会明显地反映在三维 Bloch 波的量子限域和一维 Bloch 波的量子限域的显著差别上.

本章是这样安排的: 在 5.1 节我们将证明一个基本定理, 它和一维情况下的定理 2.8 相当, 是本章理论的数学基础; 在 5.2 节中我们将简单讨论这个定理的一些推论; 在 5.3 至 5.6 节中, 我们将在这个定理的基础上通过研究三维 Bloch 波在一个特定的方向的量子限域, 得出几种 Bravais 格子晶体的理想量子膜中的电子态; 在 5.7 节中, 我们将解析理论的结果和他人已经发表的数值计算结果进行比较; 在 5.8 节是一些进一步的讨论.

§5.1 一个基本定理

三维晶体的电子态的 Schrödinger 方程可以写成

$$-\nabla^2 y(\boldsymbol{x}) + [v(\boldsymbol{x}) - \lambda]y(\boldsymbol{x}) = 0, \tag{5.1}$$

其中

$$v(\boldsymbol{x} + \boldsymbol{a}_1) = v(\boldsymbol{x} + \boldsymbol{a}_2) = v(\boldsymbol{x} + \boldsymbol{a}_3) = v(\boldsymbol{x}).$$

$\boldsymbol{a}_1$, $\boldsymbol{a}_2$ 和 $\boldsymbol{a}_3$ 是晶体的三个晶格基矢, 在 $\boldsymbol{k}$ 空间里的三个基矢可以写成 $\boldsymbol{b}_1$, $\boldsymbol{b}_2$ 和 $\boldsymbol{b}_3$, 并且有 $\boldsymbol{a}_i \cdot \boldsymbol{b}_j = \delta_{i,j}$ $(i, j = 1, 2, 3)$. 这里 $\delta_{i,j}$ 是 Kronecker 符号. 位置矢量 $\boldsymbol{x}$ 可以写成 $\boldsymbol{x} = x_1\boldsymbol{a}_1 + x_2\boldsymbol{a}_2 + x_3\boldsymbol{a}_3$; 波矢 $\boldsymbol{k}$ 可以写成 $\boldsymbol{k} = k_1\boldsymbol{b}_1 + k_2\boldsymbol{b}_2 + k_3\boldsymbol{b}_3$.

方程 (5.1) 满足条件

$$\phi(\boldsymbol{k}, \boldsymbol{x} + \boldsymbol{a}_i) = \mathrm{e}^{\mathrm{i}k_i}\phi(\boldsymbol{k}, \boldsymbol{x}), \quad -\pi < k_i \leqslant \pi, \quad i = 1, 2, 3 \tag{5.2}$$

的本征函数是三维 Bloch 函数, 用 $\phi_n(\boldsymbol{k}, \boldsymbol{x})$ 表示, 相应的本征值用 $\varepsilon_n(\boldsymbol{k})$ 表示, 并且 $\varepsilon_0(\boldsymbol{k}) \leqslant \varepsilon_1(\boldsymbol{k}) \leqslant \varepsilon_2(\boldsymbol{k}) \leqslant \cdots$. 在直角坐标系里的能带结构用 $\varepsilon_n(k_x, k_y, k_z)$ 表示.

[①]本章的部分结果曾发表 (文献 [9]).

对于在本章中研究的理想量子膜中的电子态, 我们选取晶体在膜平面里的两个晶格基矢为 $\boldsymbol{a}_1$ 和 $\boldsymbol{a}_2$, 并且用 $\hat{\boldsymbol{k}}$ 来表示在膜平面里的波矢: $\hat{\boldsymbol{k}} = k_1\hat{\boldsymbol{b}}_1 + k_2\hat{\boldsymbol{b}}_2$. $\hat{\boldsymbol{b}}_1$ 和 $\hat{\boldsymbol{b}}_2$ 在膜平面里, 并且 $\boldsymbol{a}_i \cdot \hat{\boldsymbol{b}}_j = \delta_{i,j}$. 这里 $i, j = 1, 2$.

理解一维有限晶体中的电子态的主要数学基础是定理 2.8. 相应地, 理解三维 Bloch 波在一个特定方向 $\boldsymbol{a}_3$ 上的量子限域是以下的本征值问题 (5.3) 式 (它相应于一维情况中由 (2.94) 式定义的问题) 和一个有关定理.

假定 A 是一个以 $\boldsymbol{a}_i$ ($i = 1, 2, 3$) 为边的平行六面体, 其底面用 $x_3 = \tau_3$ 表示, 顶面用 $x_3 = \tau_3 + 1$ 表示[①], 如图 5.1 所示.

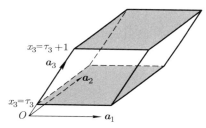

图 5.1 方程 (5.1) 在边界条件 (5.3) 式下的本征值问题的平行六面体 A. 两个灰色面 ∂A_3 是由 $x_3 = \tau_3$ 和 $x_3 = \tau_3 + 1$ 定义的, 函数 $\hat{\phi}(\hat{\boldsymbol{k}}, \boldsymbol{x}; \tau_3)$ 被要求在这两个面上为零.

定义函数集 $\hat{\phi}(\hat{\boldsymbol{k}}, \boldsymbol{x}; \tau_3)$

$$\begin{aligned}
\hat{\phi}(\hat{\boldsymbol{k}}, \boldsymbol{x} + \boldsymbol{a}_i; \tau_3) &= \mathrm{e}^{\mathrm{i}k_i}\hat{\phi}(\hat{\boldsymbol{k}}, \boldsymbol{x}; \tau_3), \quad -\pi < k_i \leqslant \pi, \quad i = 1, 2, \\
\hat{\phi}(\hat{\boldsymbol{k}}, \boldsymbol{x}; \tau_3) &= \quad 0, \qquad\qquad\quad \text{如果 } \boldsymbol{x} \in \partial A_3,
\end{aligned} \tag{5.3}$$

这里 ∂A_i 表示平行六面体 A 的边界 ∂A 上面由 $\boldsymbol{a}_i$ 的首端和尾端所决定的两个表面. 方程 (5.1) 在条件 (5.3) 式下的本征函数用 $\hat{\phi}_n(\hat{\boldsymbol{k}}, \boldsymbol{x}; \tau_3)$ 表示, 本征值用 $\hat{\lambda}_n(\hat{\boldsymbol{k}}; \tau_3)$ 表示, 这里 $\hat{\boldsymbol{k}}$ 是膜平面里的波矢. 并且 $\hat{\lambda}_0(\hat{\boldsymbol{k}}; \tau_3) \leqslant \hat{\lambda}_1(\hat{\boldsymbol{k}}; \tau_3) \leqslant \hat{\lambda}_2(\hat{\boldsymbol{k}}; \tau_3) \leqslant \cdots$.

对于方程 (5.1) 的由 (5.2) 或 (5.3) 式确定的这两个不同的本征值问题, 有如下的定理:

定理 5.1:

$$\hat{\lambda}_n(\hat{\boldsymbol{k}}; \tau_3) \geqslant \varepsilon_n(\boldsymbol{k}), \qquad \text{如果 } (\boldsymbol{k} - \hat{\boldsymbol{k}}) \cdot \boldsymbol{a}_i = 0, \quad i = 1, 2. \tag{5.4}$$

在 (5.2)—(5.4) 式中, $\boldsymbol{k}$ 是定义在整个 Brillouin 区的三维波矢, 而 $\hat{\boldsymbol{k}}$ 是在膜平面里的. 在 (5.4) 式中 $\boldsymbol{k}$ 和 $\hat{\boldsymbol{k}}$ 在膜平面里的分量是相等的. 在本书里, 如果

[①]对于自由边界为 $x_3 = \tau_3$ 的量子膜, 一般而言我们既没有理由要求 τ_3 是一个常数, 也没有一个合理的办法来事先给定 $\tau_3(x_1, x_2)$. 尽管如此, 因为我们主要是对量子限域效应感兴趣, 所以假定边界 τ_3 的存在不改变系统二维空间群的对称性, 包括但不仅限于 $\tau_3 = \tau_3(x_1, x_2)$ 一定是 x_1 和 x_2 的周期函数: $\tau_3 = \tau_3(x_1, x_2) = \tau_3(x_1 + 1, x_2) = \tau_3(x_1, x_2 + 1)$.

$(\boldsymbol{k} - \hat{\boldsymbol{k}}) \cdot \boldsymbol{a}_i = 0$,　$i = 1, 2$ 成立, 我们说三维波矢 $\boldsymbol{k}$ 是和二维波矢 $\hat{\boldsymbol{k}}$ 在由 $\boldsymbol{a}_1$, $\boldsymbol{a}_2$ 确定的二维平面里相关的, 或简单地说 $\boldsymbol{k}$ 是和 $\hat{\boldsymbol{k}}$ 相关的.

定理 5.1 可以看做是文献 [8] 中定理 6.3.1 的一个扩展形式. 其证明基本上是相似的, 虽然也有一些差别.

证明

我们选取 $\phi_n(\boldsymbol{k}, \boldsymbol{x})$ 是在 A 里归一化的:

$$\int_A \phi_n(\boldsymbol{k}; \boldsymbol{x})\ \phi_n^*(\boldsymbol{k}; \boldsymbol{x})\mathrm{d}\boldsymbol{x} = 1.$$

用 $\mathcal{F}$ 表示所有在 A 里连续、且在 A 里有分区连续的一阶偏微商的复函数 $f(\boldsymbol{x})$ 的集合. 对于 $\mathcal{F}$ 中的两个函数 $f(\boldsymbol{x})$ 和 $g(\boldsymbol{x})$ 可以定义三维 Dirichlet 积分

$$J(f, g) = \int_A \{\nabla f(\boldsymbol{x}) \cdot \nabla g^*(\boldsymbol{x}) + v(\boldsymbol{x})f(\boldsymbol{x})g^*(\boldsymbol{x})\}\mathrm{d}\boldsymbol{x}, \tag{5.5}$$

如果在 (5.5) 式中 $g(\boldsymbol{x})$ 在 A 里有分区连续的二阶偏微商, 则由 Gauss 散度定理可得

$$J(f, g) = \int_A f(\boldsymbol{x})\{-\nabla^2 g^*(\boldsymbol{x}) + v(\boldsymbol{x})g^*(\boldsymbol{x})\}\mathrm{d}\boldsymbol{x} + \int_{\partial A} f\frac{\partial g^*}{\partial n}\mathrm{d}S, \tag{5.6}$$

这里 ∂A 表示 A 的边界, $\partial/\partial n$ 表示沿 ∂A 外法线方向的微商, $\mathrm{d}S$ 表示 ∂A 上的一个面积元.

如果 $f(\boldsymbol{x})$ 和 $g(\boldsymbol{x})$ 都满足 (5.2) 式, 则 (5.6) 式中在 ∂A 上的积分等于零, 因为在 ∂A 的相对两个面上的积分正好相消. 特别是, 当 $g(\boldsymbol{x}) = \phi_n(\boldsymbol{k}, \boldsymbol{x})$ 时, (5.6) 式给出

$$J(f, g) = \varepsilon_n(\boldsymbol{k}) \int_A f(\boldsymbol{x})\phi_n^*(\boldsymbol{k}, \boldsymbol{x})\mathrm{d}\boldsymbol{x},$$

因而

$$J[\phi_m(\boldsymbol{k}, \boldsymbol{x}), \phi_n(\boldsymbol{k}, \boldsymbol{x})] = \begin{cases} \varepsilon_n(\boldsymbol{k}), & \text{如果 } m = n, \\ 0, & \text{如果 } m \neq n. \end{cases}$$

现在我们考虑满足 (5.3) 式的函数集 $\hat{\phi}(\hat{\boldsymbol{k}}, \boldsymbol{x}; \tau_3)$. 我们也选取 $\hat{\phi}(\hat{\boldsymbol{k}}, \boldsymbol{x}; \tau_3)$ 是在 A 里归一化的:

$$\int_A \hat{\phi}(\hat{\boldsymbol{k}}; \boldsymbol{x}; \tau_3)\hat{\phi}^*(\hat{\boldsymbol{k}}, \boldsymbol{x}; \tau_3)\mathrm{d}\boldsymbol{x} = 1.$$

注意, 如果 $f(\boldsymbol{x}) = \hat{\phi}(\hat{\boldsymbol{k}}, \boldsymbol{x}; \tau_3)$, 而 $g(\boldsymbol{x}) = \phi_n(\boldsymbol{k}, \boldsymbol{x})$, 则 (5.6) 式中在 ∂A 上的积分也等于零: 因为 $(\boldsymbol{k} - \hat{\boldsymbol{k}}) \cdot \boldsymbol{a}_i = 0$ $(i = 1, 2)$, (5.6) 式中在 ∂A_1 和 ∂A_2 的相对的两个面上的积分正好相消; 当 $\boldsymbol{x} \in \partial A_3$ 时, $f(\boldsymbol{x}) = 0$.

因此

$$J[\hat{\phi}(\hat{\boldsymbol{k}}, \boldsymbol{x}; \tau_3), \phi_n(\boldsymbol{k}, \boldsymbol{x})] = \varepsilon_n(\boldsymbol{k})f_n(\boldsymbol{k}),$$

这里

$$f_n(\boldsymbol{k}) = \int_A \hat{\phi}(\hat{\boldsymbol{k}}, \boldsymbol{x}; \tau_3)\phi_n^*(\boldsymbol{k}, \boldsymbol{x})\mathrm{d}\boldsymbol{x},$$

并且根据 Parseval 公式[8,10,11]

$$\sum_{n=0}^{\infty} |f_n(\boldsymbol{k})|^2 = 1.$$

由 (5.3) 式定义的函数 $\hat{\phi}(\hat{\boldsymbol{k}}, \boldsymbol{x}; \tau_3)$ 的一个重要性质是

$$J[\hat{\phi}(\hat{\boldsymbol{k}}, \boldsymbol{x}; \tau_3), \hat{\phi}(\hat{\boldsymbol{k}}, \boldsymbol{x}; \tau_3)] \geqslant \sum_{n=0}^{\infty} \varepsilon_n(\boldsymbol{k})|f_n(\boldsymbol{k})|^2. \tag{5.7}$$

要证明 (5.7) 式, 我们先假定 $v(\boldsymbol{x}) \geqslant 0$. 这样对于任何 $\mathcal{F}$ 中的函数 f, 由 (5.5) 式我们都有 $J(f, f) \geqslant 0$. 因此对于任何正整数 N 我们都有

$$J[\hat{\phi}(\hat{\boldsymbol{k}}, \boldsymbol{x}; \tau_3) - \sum_{n=0}^{N} f_n(\boldsymbol{k})\phi_n(\boldsymbol{k}, \boldsymbol{x}), \hat{\phi}(\hat{\boldsymbol{k}}, \boldsymbol{x}; \tau_3) - \sum_{n=0}^{N} f_n(\boldsymbol{k})\phi_n(\boldsymbol{k}, \boldsymbol{x})] \geqslant 0.$$

即

$$J[\hat{\phi}(\hat{\boldsymbol{k}}, \boldsymbol{x}; \tau_3), \hat{\phi}(\hat{\boldsymbol{k}}, \boldsymbol{x}; \tau_3)] \geqslant \sum_{n=0}^{N} \varepsilon_n(\boldsymbol{k})|f_n(\boldsymbol{k})|^2.$$

N 可以任意大, 因而

$$J[\hat{\phi}(\hat{\boldsymbol{k}}, \boldsymbol{x}; \tau_3), \hat{\phi}(\hat{\boldsymbol{k}}, \boldsymbol{x}; \tau_3)] \geqslant \sum_{n=0}^{\infty} \varepsilon_n(\boldsymbol{k})|f_n(\boldsymbol{k})|^2, \quad \text{如果 } v(\boldsymbol{x}) \geqslant 0. \tag{5.8}$$

要在没有 $v(\boldsymbol{x}) \geqslant 0$ 的假定下证明 (5.7) 式, 令 v_0 是一个足够大的常数, 使得在 A 中 $v(\boldsymbol{x}) + v_0 \geqslant 0$. 这样方程 (5.1) 可以写成

$$-\nabla^2 y(\boldsymbol{x}) + [V(\boldsymbol{x}) - \Lambda]y(\boldsymbol{x}) = 0, \tag{5.9}$$

这里 $V(\boldsymbol{x}) = v(\boldsymbol{x}) + v_0$, 并且 $\Lambda = \lambda + v_0$. 因为在方程 (5.9) 里 $V(\boldsymbol{x}) \geqslant 0$, 根据 (5.8) 式我们有

$$\int_A \{\nabla\hat{\phi}(\hat{\boldsymbol{k}}, \boldsymbol{x}; \tau_3) \cdot \nabla\hat{\phi}^*(\hat{\boldsymbol{k}}, \boldsymbol{x}; \tau_3) + [v(\boldsymbol{x}) + v_0]\hat{\phi}(\hat{\boldsymbol{k}}, \boldsymbol{x}; \tau_3)\hat{\phi}^*(\hat{\boldsymbol{k}}, \boldsymbol{x}; \tau_3)\}\mathrm{d}\boldsymbol{x}$$

$$\geqslant \sum_{n=0}^{\infty} [\varepsilon_n(\boldsymbol{k}) + v_0]|f_n(\boldsymbol{k})|^2,$$

即

$$\int_A [\nabla\hat{\phi}(\hat{\boldsymbol{k}}, \boldsymbol{x}; \tau_3) \cdot \nabla\hat{\phi}^*(\hat{\boldsymbol{k}}, \boldsymbol{x}; \tau_3) + v(\boldsymbol{x})\hat{\phi}(\hat{\boldsymbol{k}}, \boldsymbol{x}; \tau_3)\hat{\phi}^*(\hat{\boldsymbol{k}}, \boldsymbol{x}; \tau_3)]\mathrm{d}\boldsymbol{x}$$

$$\geqslant \sum_{n=0}^{\infty} \varepsilon_n(\boldsymbol{k})|f_n(\boldsymbol{k})|^2.$$

这就是 (5.7) 式. 在 (5.7) 式的基础上我们可以证明 (5.4) 式.

我们考虑一个函数

$$\hat{\phi}(\hat{\boldsymbol{k}}, \boldsymbol{x}; \tau_3) = c_0 \hat{\phi}_0(\hat{\boldsymbol{k}}, \boldsymbol{x}; \tau_3) + c_1 \hat{\phi}_1(\hat{\boldsymbol{k}}, \boldsymbol{x}; \tau_3) + \cdots + c_n \hat{\phi}_n(\hat{\boldsymbol{k}}, \boldsymbol{x}; \tau_3),$$

这里, 选取 $n+1$ 个常数 $c_i(i = 0, 1, \cdots, n)$, 使得

$$\sum_{i=0}^{n} |c_i|^2 = 1,$$

并且

$$f_i(\boldsymbol{k}) = \int_A \hat{\phi}(\hat{\boldsymbol{k}}, \boldsymbol{x}; \tau_3) \phi_i^*(\boldsymbol{k}, \boldsymbol{x}) \mathrm{d}\boldsymbol{x} = 0, \quad i = 0, 1, \cdots n-1. \tag{5.10}$$

(5.10) 式是相应于 $n+1$ 个常数 $c_0, c_1, \cdots, c_n$ 的 n 个齐次代数方程, 这样选取 c_i 总是可能的. 因此

$$\hat{\lambda}_n(\hat{\boldsymbol{k}}; \tau_3) \geqslant \sum_{i=0}^{n} |c_i|^2 \hat{\lambda}_i(\hat{\boldsymbol{k}}; \tau_3) = J[\hat{\phi}(\hat{\boldsymbol{k}}, \boldsymbol{x}; \tau_3), \hat{\phi}(\hat{\boldsymbol{k}}, \boldsymbol{x}; \tau_3)]$$

$$\geqslant \sum_{i=0}^{\infty} |f_i(\boldsymbol{k})|^2 \varepsilon_i(\boldsymbol{k}) = \sum_{i=n}^{\infty} |f_i(\boldsymbol{k})|^2 \varepsilon_i(\boldsymbol{k}) \geqslant \varepsilon_n(\boldsymbol{k}) \sum_{i=n}^{\infty} |f_i(\boldsymbol{k})|^2 = \varepsilon_n(\boldsymbol{k}).$$

这就是 (5.4) 式.

§5.2 定理的推论

定理 5.1 表明, 对于每一个体能带 n 和每一个 $\hat{\boldsymbol{k}}$, 对于任何一个特定的 τ_3, 总是有一个而且只有一个 $\hat{\lambda}_n(\hat{\boldsymbol{k}}; \tau_3)$ 和一个 $\hat{\phi}_n(\hat{\boldsymbol{k}}, \boldsymbol{x}; \tau_3)$.

定理 5.1 给出的是两组本征值 $\varepsilon_n(\boldsymbol{k})$ 和 $\hat{\lambda}_n(\hat{\boldsymbol{k}}; \tau_3)$ 之间的关系. 实际上, 关于两组本征函数 $\phi_n(\boldsymbol{k}, \boldsymbol{x})$ 和 $\hat{\phi}_n(\hat{\boldsymbol{k}}, \boldsymbol{x}; \tau_3)$ 之间关系的许多推论也可以由此定理得到.

定理 5.1 给出了本征值 $\hat{\lambda}_n(\hat{\boldsymbol{k}}; \tau_3)$ 的下限. 作为这一点的一个直接推论, 只有当 $\varepsilon_n(\boldsymbol{k})$ 是其波矢 $\boldsymbol{k}$ 与 $\hat{\boldsymbol{k}}$ 相关的能量极大值时的**单个** Bloch 函数 $\phi_n(\boldsymbol{k}, \boldsymbol{x})$ **才有可能是** $\hat{\phi}_n(\hat{\boldsymbol{k}}, \boldsymbol{x}; \tau_3)$, 而使得 (5.4) 式里的等式成立. 如果 (5.4) 式里的等式成立, 这个 Bloch 函数 $\phi_n(\boldsymbol{k}, \boldsymbol{x})$ 在 $x_3 = \tau_3$ 处有一个节面 (Bloch 函数在其上处处为零的曲面).

定理 5.1 没有给出 $\hat{\lambda}_n(\hat{\boldsymbol{k}}; \tau_3)$ 的上限. 即使 $\varepsilon_{n'}(\boldsymbol{k})$ 并不是其波矢 $\boldsymbol{k}$ 与 $\hat{\boldsymbol{k}}$ 相关的能量极大值, Bloch 函数 $\phi_{n'}(\boldsymbol{k}, \boldsymbol{x})$ 在 $x_3 = \tau_3$ 处一个节面因而是一个 $\hat{\phi}_n(\hat{\boldsymbol{k}}, \boldsymbol{x}; \tau_3)(n < n')$ 的可能性也不能排除.

在本章中, 我们主要对其能带结构具有对称性 $\varepsilon_n(\hat{\boldsymbol{k}} + k_3 \boldsymbol{b}_3) = \varepsilon_n(\hat{\boldsymbol{k}} - k_3 \boldsymbol{b}_3)$ 的晶体的量子膜有兴趣. 在 $\hat{\phi}_n(\hat{\boldsymbol{k}}, \boldsymbol{x}; \tau_3)$ 是一个 Bloch 函数 $\phi_{n'}(\boldsymbol{k}, \boldsymbol{x})$ 的情况下 $(n \leqslant n')$,

相应的波矢 $\boldsymbol{k}$ 一定有 $\boldsymbol{k} = \hat{\boldsymbol{k}}$ 或 $\boldsymbol{k} = \hat{\boldsymbol{k}} + \pi\boldsymbol{b}_3$[①]. 所以, 仅当对应于这样的波矢 $\boldsymbol{k}$ 的 Bloch 函数 $\phi_{n'}(\boldsymbol{k}, \boldsymbol{x})$ 才可能在 $x_3 = \tau_3$ 处有一个节面.[②] 特别是在 $\hat{\boldsymbol{k}} = 0$ 的情况下, 只有 Bloch 函数 $\phi_{n'}(\boldsymbol{k} = 0, \boldsymbol{x})$ 或 $\phi_{n'}(\boldsymbol{k} = \pi\boldsymbol{b}_3, \boldsymbol{x})$ 才可能在 $x_3 = \tau_3$ 处有一个节面.

这些在第二部分第四章所讨论的一维情况中都可以找到与之相对应的内容.

但是, 即使波矢 $\boldsymbol{k} = \hat{\boldsymbol{k}}$ 或 $\boldsymbol{k} = \hat{\boldsymbol{k}} + \pi\boldsymbol{b}_3$, 并且相应的 $\varepsilon_n(\boldsymbol{k})$ 是其波矢 $\boldsymbol{k}$ 与 $\hat{\boldsymbol{k}}$ 相关的能量极大值, 相应的 Bloch 函数 $\phi_n(\boldsymbol{k}, \boldsymbol{x})$ 也可能有或没有一个节面,[③] 更不用说在 $x_3 = \tau_3$ 处的一个特定节面了. 仅当特定的 $\varepsilon_n(\boldsymbol{k})$ 是其波矢 $\boldsymbol{k}$ 与 $\hat{\boldsymbol{k}}$ 相关的能量极大值, 并且相应的 Bloch 函数 $\phi_n(\boldsymbol{k}, \boldsymbol{x})$ 在 $x_3 = \tau_3$ 处有一个节面时, 定理 5.1 中的等式才能成立, Bloch 函数 $\phi_n(\boldsymbol{k}, \boldsymbol{x})$ 才可能是那个特定的 τ_3 的 $\hat{\phi}_n(\hat{\boldsymbol{k}}, \boldsymbol{x}; \tau_3)$.

定理 5.1 不像定理 2.8 那样强. 除 $\hat{\lambda}_n(\hat{\boldsymbol{k}}; \tau_3) \leqslant \hat{\lambda}_{n+1}(\hat{\boldsymbol{k}}; \tau_3)$ 以外, 它没有给出 $\hat{\lambda}_n(\hat{\boldsymbol{k}}; \tau_3)$ 的上限. 正是这一点导致了一维有限晶体中的类表面态和理想量子膜中的类表面态的一个十分显著的差别[④].

在本章的后面几节中还会有涉及这些问题和定理 5.1 的其他推论的更多内容. 正是定理 5.1 及其推论导致了三维空间中 Bloch 波在一个特定方向上受到完全量子限域时的效应和第四章中得到的结果有其相似和不同之处. 从数学上根源来说, 这又根源于一个二阶常微分方程不可能有多于两个的线性独立解[2], 但对二阶偏微分方程来说, 则完全没有这个限制.

因为 $v(\boldsymbol{x} + \boldsymbol{a}_3) = v(\boldsymbol{x})$, 函数 $\hat{\phi}_n(\hat{\boldsymbol{k}}, \boldsymbol{x}; \tau_3)$ 有如下的形式:

$$\hat{\phi}_n(\hat{\boldsymbol{k}}, \boldsymbol{x} + \boldsymbol{a}_3; \tau_3) = \mathrm{e}^{\mathrm{i}k_3}\hat{\phi}_n(\hat{\boldsymbol{k}}, \boldsymbol{x}; \tau_3), \tag{5.11}$$

与 n, $\hat{\boldsymbol{k}}$ 和 τ_3 有关, 在 (5.11) 式里的 k_3 可以是复数或是实数. 如果在 (5.11) 式里 k_3 是实数, 则 $\hat{\phi}_n(\hat{\boldsymbol{k}}, \boldsymbol{x}; \tau_3)$ 是一个 Bloch 函数. 虽然这样的可能性是存在的, 但是在更多可能的情况 $\hat{\phi}_n(\hat{\boldsymbol{k}}, \boldsymbol{x}; \tau_3)$ 不是一个 Bloch 函数: 即使某个 Bloch 函数 $\phi_{n'}(\boldsymbol{k}, \boldsymbol{x})$ 在某个特定的 $x_3 = \tau_3$ 处有一个节面, 因而是一个 $\hat{\phi}_n(\hat{\boldsymbol{k}}, \boldsymbol{x}; \tau_3)$ 的情况下, 其他的 Bloch 函数 (不同的 n' 或 $\hat{\boldsymbol{k}}$) 看起来不大可能也会在这个特定的 $x_3 = \tau_3$ 处有一个节面 (见本章的后面部分). 在 (5.11) 式中 k_3 是实数仅当 $\hat{\phi}_n(\hat{\boldsymbol{k}}, \boldsymbol{x}; \tau_3)$ 对一个特定的 $x_3 = \tau_3$ 是一个 Bloch 函数的情况才可能出现, 在大多数的情况下, (5.11) 式里的 k_3 是复数, 有一个不为零的虚部.

[①]这样的情况下 $\hat{\lambda}_n(\hat{\boldsymbol{k}}; \tau_3) = \varepsilon_{n'}(\hat{\boldsymbol{k}} + k_3\boldsymbol{b}_3) = \varepsilon_{n'}(\hat{\boldsymbol{k}} - k_3\boldsymbol{b}_3)$ 成立. 只有 $k_3 = 0$ 或 $k_3 = \pi$ 时, $\phi_{n'}(\hat{\boldsymbol{k}} \pm k_3\boldsymbol{b}_3, \boldsymbol{x})$ 才是**同一个** Bloch 函数且 $\varepsilon_{n'}(\hat{\boldsymbol{k}} \pm k_3\boldsymbol{b}_3)$ 是**同一个**本征值.

[②]作为定理 2.8 的推论, 在 2.6 节 (48 页) 里我们对于一维 Bloch 函数 $\phi_n(k, x)$ 的零点也有相应的说法.

[③]在一维情况下, 是定理 2.7 保证了在 $k = 0$ 或 $k = \dfrac{\pi}{a}$ 处的带边 Bloch 函数总是有零点.

[④]从数学上讲, 正是定理 2.8 中的上限和下限导致了一维有限晶体中的类表面态总是在禁带. 这与一维晶体中允许能带和禁带总是交替存在有密切关系. 其根源在于一个二阶常微分方程不可能有多于两个线性独立解[2].

取决于 n, $\hat{\boldsymbol{k}}$ 和 τ_3, (5.11) 式中 k_3 的虚部可能是正数或负数, 相应于 $\hat{\phi}_n(\hat{\boldsymbol{k}}, \boldsymbol{x}; \tau_3)$ 在 $\boldsymbol{a}_3$ 的正方向或负方向衰减. 这样的 k_3 具有非零虚部的 $\hat{\phi}_n(\hat{\boldsymbol{k}}, \boldsymbol{x}; \tau_3)$ 是不可能在具有三维平移不变性的晶体里存在的, 因为它们在 $\boldsymbol{a}_3$ 的负方向或正方向是发散的. 但是, 在厚度为有限的量子膜里它们可能起着重要作用.

§5.3　理想量子膜里电子态的基本考虑

对于像这一部分中所研究的在理想量子膜、量子线、量子点这样的理想低维系统或有限晶体中的电子态, 我们假定:

(i) 在低维系统里的势场 $v(\boldsymbol{x})$ 和在方程 (5.1) 里的势场 $v(\boldsymbol{x})$ 是一样的;

(ii) 这些电子态都完全局域在低维系统或有限晶体里.

在 $\boldsymbol{a}_3$ 方向厚度为 N_3 层的理想量子膜中的电子态是以下两个方程的解:

$$
\begin{cases}
-\nabla^2 \hat{\psi}(\hat{\boldsymbol{k}}, \boldsymbol{x}) + [v(\boldsymbol{x}) - \Lambda]\hat{\psi}(\hat{\boldsymbol{k}}, \boldsymbol{x}) = 0, & \text{如果 } \tau_3 < x_3 < \tau_3 + N_3, \\
\hat{\psi}(\hat{\boldsymbol{k}}, \boldsymbol{x}) = 0, & \text{如果 } x_3 \leqslant \tau_3 \text{ 或 } x_3 \geqslant \tau_3 + N_3.
\end{cases}
\tag{5.12}
$$

这里 $x_3 = \tau_3$ 确定膜的底部, 而 N_3 则是一个确定膜的厚度的正整数[①]. 这些电子态 $\hat{\psi}(\hat{\boldsymbol{k}}, \boldsymbol{x})$ 是在膜平面里的二维 Bloch 波, 并有指标表明其在 $\boldsymbol{a}_3$ 方向的局域.

下面我们试图寻找在某些简单情况下方程 (5.12) 的解. 我们的主要目的在于试图理解一些简单情况下的低维系统里的电子态的基本物理原理, 而并不是在于探索更多的能够处理的理想量子膜.

§5.4　依赖于 τ_3 的电子态

方程 (5.12) 的一个非平凡解总是可以从 (5.11) 式得到:

$$
\hat{\psi}_n(\hat{\boldsymbol{k}}, \boldsymbol{x}; \tau_3) =
\begin{cases}
c_{N_3}\, \hat{\phi}_n(\hat{\boldsymbol{k}}, \boldsymbol{x}; \tau_3), & \text{如果 } \tau_3 < x_3 < \tau_3 + N_3, \\
0, & \text{如果 } x_3 \leqslant \tau_3 \text{ 或 } x_3 \geqslant \tau_3 + N_3,
\end{cases}
\tag{5.13}
$$

这里 c_{N_3} 是归一化常数; 相应地, 这样一个电子态的能量是

$$
\hat{\Lambda}_n(\hat{\boldsymbol{k}}; \tau_3) = \hat{\lambda}_n(\hat{\boldsymbol{k}}; \tau_3).
\tag{5.14}
$$

对于每个能带 n 和每个 $\hat{\boldsymbol{k}}$, 方程 (5.12) 有一个形如 (5.13) 式的非平凡解. 量子膜里每个由 (5.13) 式定义的电子态 $\hat{\psi}_n(\hat{\boldsymbol{k}}, \boldsymbol{x}; \tau_3)$ 的能量 $\hat{\Lambda}_n(\hat{\boldsymbol{k}}; \tau_3)$ ((5.14) 式) 依赖于膜

―――――――――

[①]在本书中, 这样一个膜称做在 $\boldsymbol{a}_3$ 方向为 N_3 层的量子膜, 虽然它实际上可能包含有更多的单原子层.

的边界 τ_3, 但与膜的厚度 N_3 无关. 按照定理 5.1, $\hat{\Lambda}_n(\hat{\boldsymbol{k}}; \tau_3)$ 一般高于 (或者在偶然情况下也可能等于) 其 $\boldsymbol{k}$ 与 $\hat{\boldsymbol{k}}$ 相关的能带 $\varepsilon_n(\boldsymbol{k})$ 的极大值.

在某些特殊情况下, (5.13) 式里的 $\hat{\phi}_n(\hat{\boldsymbol{k}}, \boldsymbol{x}; \tau_3)$ 是一个 Bloch 函数:

$$\hat{\phi}_n(\hat{\boldsymbol{k}}, \boldsymbol{x}; \tau_3) = \phi_{n'}(\boldsymbol{k}, \boldsymbol{x}), \qquad\qquad n \leqslant n', \qquad\qquad (5.15)$$

这时相应的 Bloch 函数 $\phi_{n'}(\boldsymbol{k}, \boldsymbol{x})$ 在 $x_3 = \tau_3$ 处有一节面, 因而在 $x_3 = \tau_3 + \ell$ 处也有一节面 ($\ell = 1, 2, \cdots, N_3$). 如我们在 5.2 节所指出的, 这时的波矢必须满足 $\boldsymbol{k} = \hat{\boldsymbol{k}}$ 或 $\boldsymbol{k} = \hat{\boldsymbol{k}} + \pi\boldsymbol{b}_3$. 如果有 $n = n'$, $\varepsilon_n(\boldsymbol{k})$ 还必须是其波矢 $\boldsymbol{k}$ 与 $\hat{\boldsymbol{k}}$ 相关的能量极大值.

在大多数情况下, (5.13) 式里的 $\hat{\phi}_n(\hat{\boldsymbol{k}}, \boldsymbol{x}; \tau_3)$ 并不是一个 Bloch 函数. 这时 (5.11) 式里的 k_3 会有一个不为零的虚部, 表明 $\hat{\psi}_n(\hat{\boldsymbol{k}}, \boldsymbol{x}; \tau_3)$ 现在是一个表面态, 局域在量子膜的上表面或下表面. 相应地, 根据定理 5.1, 这个电子态的能量满足

$$\hat{\Lambda}_n(\hat{\boldsymbol{k}}; \tau_3) > \varepsilon_n(\boldsymbol{k}), \qquad\qquad \text{如果 } (\boldsymbol{k} - \hat{\boldsymbol{k}}) \cdot \boldsymbol{a}_i = 0, \ i = 1, 2. \qquad (5.16)$$

但是不像一维情况中定理 2.8 所要求 $\Lambda_{\tau,n}$ 的那样, 在这里并没有理由认为 $\hat{\Lambda}_n(\hat{\boldsymbol{k}}; \tau_3)$ 一定要在禁带里.

每个 $\hat{\psi}_n(\hat{\boldsymbol{k}}, \boldsymbol{x}; \tau_3)$ 可以看做是量子膜里的类表面态. 所以在一个边界面为 $x_3 = \tau_3$ 和 $x_3 = (\tau_3 + N_3)$ 的理想量子膜里, 相应于每个体能带 n, 这样一个类表面的子能带 $\hat{\Lambda}_n(\hat{\boldsymbol{k}}; \tau_3)$ ((5.14) 式) 总是存在的. 这样一个子能带里的每个电子态都是在膜平面里的二维 Bloch 波.

§5.5 Bloch 波驻波态

我们可以期待在理想量子膜里会存在着 Bloch 波驻波态. 和一维情况相比较, 我们对理想量子膜里 Bloch 波驻波态的理解要差很多. 我们现在还只能根据物理直觉作一些看起来是合理的推测.

我们可以期待方程 (5.12) 可能存在由三维 Bloch 波的线性组合构成的电子态: 在膜内它们是 Bloch 波的驻波态, 由三维 Bloch 波 $\phi_n(\boldsymbol{k}, \boldsymbol{x})$ 在膜的两个边界面之间多次反射而形成, 在膜平面里的则是二维 Bloch 波.[①]

[①]不像在一维情况下, 对于**任何** τ, 方程 (4.3) 和 (4.4) 的如 (4.10) 式那样的 Bloch 波驻波态解**总是存在的**; 对于多维 Bloch 波驻波态, 作者缺乏深入和全面的数学上的认识来确定地断言其存在和性质. 本节的推理很大程度上是基于物理直觉, 而并非是建立在严格的数学基础上. 本书里许多后续有关多维 Bloch 波驻波态的讨论也都基本如此. 在此基础上的进一步数学推理得到的结果也只能算是推测或猜想, 并不是有严格的数学基础.

5.5.1 最简单的情况

最简单的情况是晶体的能带结构有如下的对称性

$$\varepsilon_n(k_1\boldsymbol{b}_1 + k_2\boldsymbol{b}_2 + k_3\boldsymbol{b}_3) = \varepsilon_n(k_1\boldsymbol{b}_1 + k_2\boldsymbol{b}_2 - k_3\boldsymbol{b}_3). \tag{5.17}$$

如果 (5.17) 式满足, 我们可以期待在一些简单情况下, 理想量子膜中的 Bloch 波的驻波态可以由 $\phi_n(k_1\boldsymbol{b}_1 + k_2\boldsymbol{b}_2 + k_3\boldsymbol{b}_3, \boldsymbol{x})$ 和 $\phi_n(k_1\boldsymbol{b}_1 + k_2\boldsymbol{b}_2 - k_3\boldsymbol{b}_3, \boldsymbol{x})$ 的线性组合构成, 因为根据 (5.17) 式,

$$\begin{aligned}
f_{n,k_1,k_2,k_3}(\boldsymbol{x}) &= c_+\phi_n(k_1\boldsymbol{b}_1 + k_2\boldsymbol{b}_2 + k_3\boldsymbol{b}_3, \boldsymbol{x}) \\
&\quad + c_-\phi_n(k_1\boldsymbol{b}_1 + k_2\boldsymbol{b}_2 - k_3\boldsymbol{b}_3, \boldsymbol{x}), \qquad 0 < k_3 < \pi
\end{aligned}$$

一般是方程 (5.1) 的非平凡解, 这里 $c_\pm$ 是不为零的系数. 要成为方程 (5.12) 的解, 函数 $f_{n,k_1,k_2,k_3}(\boldsymbol{x};\tau_3)$ 应当在膜的底面 $x_3 = \tau_3$ 和顶面 $x_3 = \tau_3 + N_3$ 处都为零. 将位置矢量写成 $\boldsymbol{x} = \hat{\boldsymbol{x}} + x_3\boldsymbol{a}_3$, 这里 $\hat{\boldsymbol{x}} = x_1\boldsymbol{a}_1 + x_2\boldsymbol{a}_2$, 我们应当有

$$\begin{aligned}
&c_+\phi_n(k_1\boldsymbol{b}_1 + k_2\boldsymbol{b}_2 + k_3\boldsymbol{b}_3, \hat{\boldsymbol{x}} + \tau_3\boldsymbol{a}_3) \\
&\quad + c_-\phi_n(k_1\boldsymbol{b}_1 + k_2\boldsymbol{b}_2 - k_3\boldsymbol{b}_3, \hat{\boldsymbol{x}} + \tau_3\boldsymbol{a}_3) = 0, \\
&c_+\phi_n[k_1\boldsymbol{b}_1 + k_2\boldsymbol{b}_2 + k_3\boldsymbol{b}_3, \hat{\boldsymbol{x}} + (\tau_3 + N_3)\boldsymbol{a}_3] \\
&\quad + c_-\phi_n[k_1\boldsymbol{b}_1 + k_2\boldsymbol{b}_2 - k_3\boldsymbol{b}_3, \hat{\boldsymbol{x}} + (\tau_3 + N_3)\boldsymbol{a}_3] = 0.
\end{aligned} \tag{5.18}$$

但是我们有

$$\begin{aligned}
&\phi_n[k_1\boldsymbol{b}_1 + k_2\boldsymbol{b}_2 + k_3\boldsymbol{b}_3, \hat{\boldsymbol{x}} + (\tau_3 + N_3)\boldsymbol{a}_3] = \\
&\quad \mathrm{e}^{\mathrm{i}k_3N_3}\phi_n(k_1\boldsymbol{b}_1 + k_2\boldsymbol{b}_2 + k_3\boldsymbol{b}_3, \hat{\boldsymbol{x}} + \tau_3\boldsymbol{a}_3), \\
&\phi_n[k_1\boldsymbol{b}_1 + k_2\boldsymbol{b}_2 - k_3\boldsymbol{b}_3, \hat{\boldsymbol{x}} + (\tau_3 + N_3)\boldsymbol{a}_3] = \\
&\quad \mathrm{e}^{-\mathrm{i}k_3N_3}\phi_n(k_1\boldsymbol{b}_1 + k_2\boldsymbol{b}_2 - k_3\boldsymbol{b}_3, \hat{\boldsymbol{x}} + \tau_3\boldsymbol{a}_3).
\end{aligned}$$

所以如果 (5.18) 式的 $c_\pm$ 不都为零, 对于这些 Bloch 波的驻波态应当满足 $\mathrm{e}^{\mathrm{i}k_3N_3} - \mathrm{e}^{-\mathrm{i}k_3N_3} = 0$.

这样方程 (5.12) 的每个 Bloch 波的驻波态解应当有这样的形式:

$$\hat{\psi}_{n,j_3}(\hat{\boldsymbol{k}}, \boldsymbol{x}; \tau_3) = \begin{cases} f_{n,k_1,k_2,\kappa_3}(\boldsymbol{x};\tau_3), & \text{如果 } \tau_3 < x_3 < \tau_3 + N_3, \\ 0, & \text{如果 } x_3 \leqslant \tau_3 \text{ 或 } x_3 \geqslant \tau_3 + N_3, \end{cases} \tag{5.19}$$

这里

$$\begin{aligned}
f_{n,k_1,k_2,k_3}(\boldsymbol{x};\tau_3) &= c_{n,k_1,k_2,k_3;\tau_3}\phi_n(k_1\boldsymbol{b}_1 + k_2\boldsymbol{b}_2 + k_3\boldsymbol{b}_3, \boldsymbol{x}) \\
&\quad + c_{n,k_1,k_2,-k_3;\tau_3}\phi_n(k_1\boldsymbol{b}_1 + k_2\boldsymbol{b}_2 - k_3\boldsymbol{b}_3, \boldsymbol{x}),
\end{aligned} \tag{5.20}$$

$c_{n,k_1,k_2,\pm k_3;\tau_3}$ 与 τ_3 及 $\hat{\boldsymbol{k}} = k_1\hat{\boldsymbol{b}}_1 + k_2\hat{\boldsymbol{b}}_2$ 有关, 而

$$\kappa_3 = j_3\,\pi/N_3, \qquad j_3 = 1,\ 2,\ 3,\cdots, N_3 - 1 \tag{5.21}$$

与 τ_3 无关, 这里 j_3 是子能带指标. 容易看到, 在 (5.20) 式里的 $f_{n,k_1,k_2,k_3}(\boldsymbol{x};\tau_3)$ 是波矢为 $\hat{\boldsymbol{k}} = k_1\hat{\boldsymbol{b}}_1 + k_2\hat{\boldsymbol{b}}_2$ 的在膜平面里的二维 Bloch 波:

$$f_{n,k_1,k_2,k_3}(\boldsymbol{x} + \boldsymbol{a}_i;\tau_3) = e^{\mathrm{i}k_i} f_{n,k_1,k_2,k_3}(\boldsymbol{x};\tau_3), \quad -\pi < k_i \leqslant \pi, \quad i = 1, 2. \tag{5.22}$$

Bloch 波的驻波态 $\hat{\psi}_{n,j_3}(\hat{\boldsymbol{k}}, \boldsymbol{x};\tau_3)$ 的能量是

$$\hat{\Lambda}_{n,j_3}(\hat{\boldsymbol{k}}) = \varepsilon_n(k_1\boldsymbol{b}_1 + k_2\boldsymbol{b}_2 + \kappa_3\boldsymbol{b}_3). \tag{5.23}$$

每个态的能量 $\hat{\Lambda}_{n,j_3}(\hat{\boldsymbol{k}})$ 是膜的厚度 N_3 的函数.

具有简单立方、四角或正交 Bravais 格子的晶体的 (001) 量子膜有 $\hat{\boldsymbol{b}}_1 = \boldsymbol{b}_1$ 和 $\hat{\boldsymbol{b}}_2 = \boldsymbol{b}_2$. 如果晶体的能带结构具有如 (5.17) 式的对称性, 本小节的理论就可以应用: 对于每个 n 和每个 $\hat{\boldsymbol{k}}$, 一个 N_3 层的量子膜有 $N_3 - 1$ 个 Bloch 波的驻波态. 它们在膜平面里是波矢为 $\hat{\boldsymbol{k}}$ 的二维 Bloch 波, 其能量 $\hat{\Lambda}_{n,j_3}(\hat{\boldsymbol{k}})$ 与膜的厚度 N_3 有关, 并且与晶体的能带结构 $\varepsilon_n(\boldsymbol{k})$ 完全重合. 这些电子态可以看做是量子膜里的类体态.

5.5.2 更为普遍的情况

对于许多晶体, (5.17) 式一般并不满足, 5.5.1 小节的论证对于一般的量子膜并不成立. 尽管如此, 我们可以看到, 如果晶体的能带结构具有如下的对称性:

$$\varepsilon_n(k_1\hat{\boldsymbol{b}}_1 + k_2\hat{\boldsymbol{b}}_2 + k_3\boldsymbol{b}_3) = \varepsilon_n(k_1\hat{\boldsymbol{b}}_1 + k_2\hat{\boldsymbol{b}}_2 - k_3\boldsymbol{b}_3), \tag{5.24}$$

对于每个 n 和每个 $\hat{\boldsymbol{k}} = k_1\hat{\boldsymbol{b}}_1 + k_2\hat{\boldsymbol{b}}_2$, 一个 N_3 层的量子膜就也有 $N_3 - 1$ 个 Bloch 波的驻波态, 和 5.5.1 小节的情况相似. 这些 Bloch 波的驻波态也可以类似地得到.

如 (5.24) 式成立, 我们可以从三维 Bloch 波 $\phi_n(k_1\hat{\boldsymbol{b}}_1 + k_2\hat{\boldsymbol{b}}_2 + k_3\boldsymbol{b}_3, \boldsymbol{x})$ 和 $\phi_n(k_1\hat{\boldsymbol{b}}_1 + \hat{k}_2\boldsymbol{b}_2 - k_3\boldsymbol{b}_3, \boldsymbol{x})$ 的线性组合中得到在这类量子膜里的驻波态. 因为一般情况下, 如果有 (5.24) 式成立,

$$\begin{aligned} f_{n,k_1,k_2,k_3}(\boldsymbol{x}) &= c_+\,\phi_n(k_1\hat{\boldsymbol{b}}_1 + k_2\hat{\boldsymbol{b}}_2 + k_3\boldsymbol{b}_3, \boldsymbol{x}) \\ &\quad + c_-\,\phi_n(k_1\hat{\boldsymbol{b}}_1 + k_2\hat{\boldsymbol{b}}_2 - k_3\boldsymbol{b}_3, \boldsymbol{x}), \quad 0 < k_3 < \pi \end{aligned} \tag{5.25}$$

(这里, $c_\pm$ 为非零常系数) 是方程 (5.1) 的非平凡解. (5.25) 式中的 $f_{n,k_1,k_2,k_3}(\boldsymbol{x})$ 为波矢在膜面表示为 $\hat{\boldsymbol{k}} = k_1\hat{\boldsymbol{b}}_1 + k_2\hat{\boldsymbol{b}}_2$ 的二维 Bloch 波:

$$f_{n,k_1,k_2,k_3}(\boldsymbol{x} + \boldsymbol{a}_i) = e^{\mathrm{i}k_i} f_{n,k_1,k_2,k_3}(\boldsymbol{x}), \quad -\pi < k_i \leqslant \pi, \quad i = 1, 2. \tag{5.26}$$

作为方程 (5.12) 的解, 要求函数 $f_{n,k_1,k_2,k_3}(\boldsymbol{x};\tau_3)$ 在膜底面 $x_3=\tau_3$ 及膜顶面 $x_3=\tau_3+N_3$ 处均为零. 将 $\boldsymbol{x}$ 写成 $\hat{\boldsymbol{x}}+x_3\boldsymbol{a}_3$, 其中 $\hat{\boldsymbol{x}}=x_1\boldsymbol{a}_1+x_2\boldsymbol{a}_2$, 我们应有

$$
\begin{aligned}
&c_+\phi_n(k_1\hat{\boldsymbol{b}}_1+k_2\hat{\boldsymbol{b}}_2+k_3\boldsymbol{b}_3,\hat{\boldsymbol{x}}+\tau_3\boldsymbol{a}_3) \\
&\qquad + c_-\phi_n(k_1\hat{\boldsymbol{b}}_1+k_2\hat{\boldsymbol{b}}_2-k_3\boldsymbol{b}_3,\hat{\boldsymbol{x}}+\tau_3\boldsymbol{a}_3) = 0, \\
&c_+\phi_n[k_1\hat{\boldsymbol{b}}_1+k_2\hat{\boldsymbol{b}}_2+k_3\boldsymbol{b}_3,\hat{\boldsymbol{x}}+(\tau_3+N_3)\boldsymbol{a}_3] \\
&\qquad + c_-\phi_n[k_1\hat{\boldsymbol{b}}_1+k_2\hat{\boldsymbol{b}}_2-k_3\boldsymbol{b}_3,\hat{\boldsymbol{x}}+(\tau_3+N_3)\boldsymbol{a}_3] = 0.
\end{aligned}
\tag{5.27}
$$

将 $\hat{\boldsymbol{b}}_i$ 写成 $\boldsymbol{b}_i+\alpha_i\boldsymbol{b}_3$ $(i=1,2)$, 即

$$
k_1\hat{\boldsymbol{b}}_1+k_2\hat{\boldsymbol{b}}_2+k_3\boldsymbol{b}_3 = k_1\boldsymbol{b}_1+k_2\boldsymbol{b}_2+(\alpha_1k_1+\alpha_2k_2+k_3)\boldsymbol{b}_3,
$$

可以得到

$$
\phi_n(k_1\hat{\boldsymbol{b}}_1+k_2\hat{\boldsymbol{b}}_2+k_3\boldsymbol{b}_3,\boldsymbol{x}+\boldsymbol{a}_3) = \mathrm{e}^{\mathrm{i}(\alpha_1k_1+\alpha_1k_2+k_3)}\phi_n(k_1\hat{\boldsymbol{b}}_1+k_2\hat{\boldsymbol{b}}_2+k_3\boldsymbol{b}_3,\boldsymbol{x}),
$$

和

$$
\phi_n(k_1\hat{\boldsymbol{b}}_1+k_2\hat{\boldsymbol{b}}_2-k_3\boldsymbol{b}_3,\boldsymbol{x}+\boldsymbol{a}_3) = \mathrm{e}^{\mathrm{i}(\alpha_1k_1+\alpha_1k_2-k_3)}\phi_n(k_1\hat{\boldsymbol{b}}_1+k_2\hat{\boldsymbol{b}}_2-k_3\boldsymbol{b}_3,\boldsymbol{x}).
$$

因此, 如果在 (5.27) 式中 $c_\pm$ 不都为零, 则 $\mathrm{e}^{\mathrm{i}k_3N_3}-\mathrm{e}^{-\mathrm{i}k_3N_3}=0$ 对于这些 Bloch 波驻波态必须成立.

方程 (5.12) 的 Bloch 波驻波态解 $\hat{\psi}_{n,j_3}(\hat{\boldsymbol{k}},\boldsymbol{x};\tau_3)$ 的形式如下

$$
\hat{\psi}_{n,j_3}(\hat{\boldsymbol{k}},\boldsymbol{x};\tau_3) = \begin{cases} f_{n,k_1,k_2,\kappa_3}(\boldsymbol{x};\tau_3), & \tau_3<x_3<\tau_3+N_3, \\ 0, & x_3\leqslant\tau_3 \text{ 或 } x_3\geqslant\tau_3+N_3, \end{cases}
\tag{5.28}
$$

这里

$$
\begin{aligned}
f_{n,k_1,k_2,k_3}(\boldsymbol{x};\tau_3) &= c_{n,k_1,k_2,k_3;\tau_3}\phi_n(k_1\hat{\boldsymbol{b}}_1+k_2\hat{\boldsymbol{b}}_2+k_3\boldsymbol{b}_3,\boldsymbol{x}) \\
&\quad + c_{n,k_1,k_2,-k_3;\tau_3}\phi_n(k_1\hat{\boldsymbol{b}}_1+k_2\hat{\boldsymbol{b}}_2-k_3\boldsymbol{b}_3,\boldsymbol{x}),
\end{aligned}
\tag{5.29}
$$

$c_{n,k_1,k_2,\pm k_3;\tau_3}$ 与 τ_3 及 $\hat{\boldsymbol{k}}=k_1\hat{\boldsymbol{b}}_1+k_2\hat{\boldsymbol{b}}_2$ 有关, 并且

$$
\kappa_3 = j_3\pi/N_3, \quad j_3=1,2,\cdots,N_3-1.
\tag{5.30}
$$

如同 (5.21) 式, j_3 是驻波态指标.

因此, 对应于每个体能带在一个 N_3 层膜中都有 (5.12) 式的 N_3-1 个形式如 (5.28) 式的解. (5.28)—(5.30) 式里表示的每个解 $\hat{\psi}_{n,j_3}(\hat{\boldsymbol{k}},\boldsymbol{x};\tau_3)$ 在膜的法线方向 ($\boldsymbol{b}_3$ 方向) 是 Bloch 波的驻波态, 但是在膜平面里是波矢为 $\hat{\boldsymbol{k}}=k_1\hat{\boldsymbol{b}}_1+k_2\hat{\boldsymbol{b}}_2$ 的二维 Bloch 波:

$$
\hat{\psi}_{n,j_3}(\hat{\boldsymbol{k}},\boldsymbol{x}+\boldsymbol{a}_i;\tau_3) = \mathrm{e}^{\mathrm{i}k_i}\hat{\psi}_{n,j_3}(\hat{\boldsymbol{k}},\boldsymbol{x};\tau_3), \quad -\pi<k_i\leqslant\pi, \quad i=1,2,
\tag{5.31}
$$

因为有式 (5.26). 这种态的能量是

$$\hat{\Lambda}_{n,j_3}(\hat{\boldsymbol{k}}) = \varepsilon_n(\hat{\boldsymbol{k}} + \kappa_3 \boldsymbol{b}_3).\qquad(5.32)$$

其晶体能带结构具有如 (5.17) 式对称性的具有简单立方、四角或正交 Bravais 格子的晶体的 (001) 量子膜, 也可以看做是本节所讨论的更为普遍的情况中的一种简单的情况: 对于这样的量子膜, 上面 $\hat{b}_i$ 表达式中的 $\alpha_1 = \alpha_2 = 0$.

在我们的讨论里, 只须 (5.18) 或 (5.27) 式对于那个特定的 τ_3 能够满足就可以了. (5.28)—(5.32) 式 类似于 (4.7) 式所表明的长度为 $L = Na$ 的一维有限晶体每个能带里有 $N-1$ 个类体态. $\hat{\psi}_{n,j_3}(\hat{\boldsymbol{k}}, \boldsymbol{x}; \tau_3)$ 可以看做是量子膜里的类体态, 而 $\hat{\Lambda}_{n,j_3}(\hat{\boldsymbol{k}})$ 可以看做是量子膜里的类体子能带: 根据 (5.32) 式, $\hat{\Lambda}_{n,j_3}(\hat{\boldsymbol{k}})$ 与晶体的能带结构 $\varepsilon_n(\boldsymbol{k})$ 完全重合, 它们与膜的厚度 N_3 有关.

我们可以期待, 一个 N_3 层的量子膜的电子态的方程 (5.12) 对于每个 $\hat{\boldsymbol{k}}$, 每个能带指标 n 应当有 N_3 个电子态的解. 其中一个是由 (5.13) 式定义的非平凡解[①]. 另外 $N_3 - 1$ 个就是由 (5.28)—(5.30) 式给出的解. 这是两种完全不同类型的电子态. 所以, 一个边界面为 $x_3 = \tau_3$ 和 $x_3 = (\tau_3 + N_3)$ 且满足 (5.24) 式的理想量子膜中, 相应于每个体能带 n, 会有一个类表面的子能带 $\hat{\Lambda}_n(\hat{\boldsymbol{k}}; \tau_3)$ ((5.14) 式) 和 $N_3 - 1$ 个类体的子能带 $\hat{\Lambda}_{n,j_3}(\hat{\boldsymbol{k}})$ ((5.32) 式).

按照 (5.4), (5.32), (5.14) 式, 在我们这里讨论的理想量子膜里, 对应于每个体能带 n, 类表面的子能带 $\hat{\Lambda}_n(\hat{\boldsymbol{k}}; \tau_3)$ 总是高于 类体的子能带 $\hat{\Lambda}_{n,j_3}(\hat{\boldsymbol{k}})$[②]:

$$\hat{\Lambda}_n(\hat{\boldsymbol{k}}; \tau_3) > \hat{\Lambda}_{n,j_3}(\hat{\boldsymbol{k}}).\qquad(5.33)$$

在每个子能带里的电子态都是在膜平面里的二维 Bloch 波.

对于其晶体的能带结构具有如 (5.17) 式称性的具有简单立方、四角或正交的 Bravais 格子的晶体的 (001) 量子膜, 这些结果应当是正确的. 对于更普遍一些的具有如 (5.24) 式对称性的量子膜这些结果也应当是正确的. 特别是, 我们会看到, 对于具有面心立方或体心立方 Bravais 格子的晶体在 (001) 或 (110) 方向的理想量子膜, 如果其能带有 (5.24) 式的对称性, 它们也应当是正确的.

§5.6 几种更有实际意义的量子膜

所有的立方半导体和许多金属都有面心立方的 Bravais 格子, 全部碱金属 (Li,

[①]可以注意到, 量子膜里的由方程 (5.13) 给出的电子态总是存在的. 只是由 (5.28)—(5.30) 式给出的电子态才需要有 (5.24) 式满足作为存在的条件.

[②]$\hat{\Lambda}_{n,j_3}(\hat{\boldsymbol{k}})$ 不可能等于 $\hat{\Lambda}_n(\hat{\boldsymbol{k}}; \tau_3)$: $\hat{\boldsymbol{k}} + \kappa_3 \boldsymbol{b}_3$ 既不会是 $\hat{\boldsymbol{k}}$, 也不会是 $\hat{\boldsymbol{k}} + \pi \boldsymbol{b}_3$. (5.4) 式里的等号在 (5.33) 式里可以去掉.

Na, K, Rb, Cs, Fr) 和许多其他金属都有体心立方的 Bravais 格子. 因此, 晶体结构具有面心立方或体心立方 Bravais 格子的量子膜通常是更有实际意义的.

5.6.1　面心立方晶体的理想 (001) 量子膜

对于面心立方晶体的理想 (001) 量子膜, 晶格基矢可以选为

$$
\begin{cases}
\boldsymbol{a}_1 = a/2\ (1, -1, 0), \\
\boldsymbol{a}_2 = a/2\ (1, 1, 0), \\
\boldsymbol{a}_3 = a/2\ (1, 0, 1),
\end{cases}
\tag{5.34}
$$

这样

$$
\begin{cases}
\boldsymbol{b}_1 = 1/a\ (1, -1, -1), \\
\boldsymbol{b}_2 = 1/a\ (1, 1, -1), \\
\boldsymbol{b}_3 = 1/a\ (0, 0, 2);
\end{cases}
$$

相应地,

$$
\hat{\boldsymbol{b}}_1 = 1/a(1, -1, 0), \quad \hat{\boldsymbol{b}}_2 = 1/a(1, 1, 0).
$$

这里 a 是晶格常数. 这相当于在 5.5.2 小节中的 $\alpha_1 = \alpha_2 = 1/2$.

一般而言立方半导体和面心立方金属的能带结构都有这样的对称性:

$$
\varepsilon_n(k_x, k_y, k_z) = \varepsilon_n(k_x, k_y, -k_z).
$$

因此, 对于这样一个 (001) 量子膜 (5.24) 式是满足的. 5.4 节和 5.5.2 小节的结果可以用到这里: 对于每个体能带, 一个 N_3 层的量子膜有一个类表面子能带和 $N_3 - 1$ 个类体子能带. 对于理想的 (001) 量子膜, (5.32) 式可以写成

$$
\varLambda_{n, j_3}(\hat{\boldsymbol{k}}) = \varepsilon_n[k_1\hat{\boldsymbol{b}}_1 + k_2\hat{\boldsymbol{b}}_2 + \frac{j_3\pi}{N_3 a}(0, 0, 2)],
\tag{5.35}
$$

这里 $\hat{\boldsymbol{k}} = k_1\hat{\boldsymbol{b}}_1 + k_2\hat{\boldsymbol{b}}_2$, 而 $j_3 = 1, 2, \cdots, N_3 - 1$, 如 (5.30) 式所示.

现在 τ_3 可以写成 τ_{001}. 根据 (5.33) 式, 每个类表面子能带 $\varLambda_n(\hat{\boldsymbol{k}}; \tau_{001})$ 总是高于每个相关的类体子能带 $\varLambda_{n, j_3}(\hat{\boldsymbol{k}})$. 如果在量子膜内 $\hat{\psi}_n(\hat{\boldsymbol{k}} = 0, \boldsymbol{x}; \tau_{001})$ 是一个 Bloch 函数 $\phi_n(\boldsymbol{k}, \boldsymbol{x})$, 则 $\boldsymbol{k} = 0$ 或 $\boldsymbol{k} = \dfrac{2\pi}{a}(0, 0, 1)$ 必须满足, 并且相应的能量必须是 $\varepsilon_n(0, 0, k_3\boldsymbol{b}_3)$ 的极大值. 因为我们假定量子膜的边界面的存在不改变系统的二维空间群的对称性 (91 页注 ①), 对于每个类表面子能带 $\varLambda_n(\hat{\boldsymbol{k}}; \tau_{001})$, 我们也应当有 $\varLambda_n(k_1\hat{\boldsymbol{b}}_1 + k_2\hat{\boldsymbol{b}}_2; \tau_{001}) = \varLambda_n(k_1\hat{\boldsymbol{b}}_1 - k_2\hat{\boldsymbol{b}}_2; \tau_{001})$.

选取晶格基矢的一个"新"的方案是

$$
\begin{cases}
\boldsymbol{a}_1 = a/2\,(1,-1,0), \\
\boldsymbol{a}_2 = a/2\,(1,1,0), \\
\boldsymbol{a}_3 = a/2\,(0,0,1),
\end{cases}
\tag{5.34a}
$$

这样

$$
\begin{cases}
\boldsymbol{b}_1 = \hat{\boldsymbol{b}}_1 = 1/a\,(1,-1,0), \\
\boldsymbol{b}_2 = \hat{\boldsymbol{b}}_2 = 1/a\,(1,1,0), \\
\boldsymbol{b}_3 = 1/a\,(0,0,1).
\end{cases}
$$

在这个"新的"方案里, 其边界在 $(0,0,\pm1)\dfrac{\pi}{a}$ 处的"新的" Brillouin 区是边界在 $(0,0,\pm2)\dfrac{\pi}{a}$ 处的"原来的" Brillouin 区的一半, 每个"原来的"能带现在变成了"新的" Brillouin 区里的两个"新的"能带 (能带折叠). 对于一个厚度为 $N_{001}a$ 的 (001) 量子膜 (这里 N_{001} 是一个正整数), 按照"新"说法, 对于每个"新的"能带这个量子膜应当有一个类表面子能带和 $N_{001}-1$ 个类体子能带. 也就是说, 对于每个"原来的"体能带, 这个量子膜应当有两个类表面子能带和 $2(N_{001}-1)$ 个类体子能带; 按照"原来的"说法则是, 对于每个"原来的"体能带这个量子膜应当有一个类表面子能带和 $2N_{001}-1$ 个类体子能带. 这个差别 ("新的"说法里多一个类表面子能带, 少一个类体子能带) 来自"新的"说法 (5.34a) 式里只用到了量子膜在 [001] 方向的对称性的一半. "新的"说法里多的一个类表面子能带实际上只是充分利用了量子膜在 [001] 方向的对称性的"原来的"说法 (5.34) 式里的一个类体子能带. 我们此处说到这些, 是因为后面会遇到与此相关的情况.

5.6.2　面心立方晶体的理想 (110) 量子膜

对于面心立方晶体的理想 (110) 量子膜, 晶格基矢可以选

$$
\begin{cases}
\boldsymbol{a}_1 = a/2\,(1,-1,0), \\
\boldsymbol{a}_2 = a\,(0,0,-1), \\
\boldsymbol{a}_3 = a/2\,(0,1,1),
\end{cases}
\tag{5.36}
$$

这样

$$
\begin{cases}
\boldsymbol{b}_1 = 1/a\,(2,0,0), \\
\boldsymbol{b}_2 = 1/a\,(1,1,-1), \\
\boldsymbol{b}_3 = 1/a\,(2,2,0).
\end{cases}
$$

相应地,

$$
\hat{\boldsymbol{b}}_1 = 1/a(1,-1,0),\ \hat{\boldsymbol{b}}_2 = 1/a(0,0,-1).
$$

这相应于在 5.5.2 小节中的 $\alpha_1 = \alpha_2 = -1/2$.

一般而言, 立方半导体和面心立方金属的能带结构都有这样的对称性:

$$\varepsilon_n(k_x, k_y, k_z) = \varepsilon_n(k_y, k_x, k_z)$$

因此对于这样的一个 (110) 量子膜 (5.24) 式是满足的. 5.4 节和 5.5.2 小节的结果可以用到这里: 对于每个体能带, 一个 N_3 层的量子膜有一个类表面子能带和 $N_3 - 1$ 个类体子能带. 对于理想的 (110) 量子膜, (5.32) 式可以写成

$$\hat{\Lambda}_{n,j_3}(\hat{\boldsymbol{k}}) = \varepsilon_n[k_1\hat{\boldsymbol{b}}_1 + k_2\hat{\boldsymbol{b}}_2 + \frac{j_3\pi}{N_3 a}(2,2,0)], \tag{5.37}$$

这里 $\hat{\boldsymbol{k}} = k_1\hat{\boldsymbol{b}}_1 + k_2\hat{\boldsymbol{b}}_2$, 而 $j_3 = 1, 2, \cdots, N_3 - 1$, 如同 (5.30) 式所示.

现在 τ_3 可以写成 τ_{110}. 根据 (5.33) 式, 每个类表面子能带 $\hat{\Lambda}_n(\hat{\boldsymbol{k}}; \tau_{110})$ 总是高于每个相关的类体子能带 $\hat{\Lambda}_{n,j_3}(\hat{\boldsymbol{k}})$. 如果在量子膜内 $\hat{\psi}_n(\hat{\boldsymbol{k}} = 0, \boldsymbol{x}; \tau_{110})$ 是一个 Bloch 函数 $\phi_n(\boldsymbol{k}, \boldsymbol{x})$, 则 $\boldsymbol{k} = 0$ 或 $\boldsymbol{k} = \frac{\pi}{a}(2,2,0)$ 必须满足, 并且相应的能量必须是 $\varepsilon_n(k\boldsymbol{b}_3)$ 的极大值, 因为 $\boldsymbol{k} = k\boldsymbol{b}_3$ 是和 $\hat{\boldsymbol{k}} = 0$ 相关的. 因为我们假定量子膜边界面的存在不改变系统的二维空间群的对称性 (91 页注 ①), 对于每个类表面子能带 $\hat{\Lambda}_n(\hat{\boldsymbol{k}}; \tau_{110})$, 我们也应当有 $\hat{\Lambda}_n(k_1\hat{\boldsymbol{b}}_1 + k_2\hat{\boldsymbol{b}}_2; \tau_{110}) = \hat{\Lambda}_n(k_1\hat{\boldsymbol{b}}_1 - k_2\hat{\boldsymbol{b}}_2; \tau_{110})$.

和 5.6.1 小节相似, 选取晶格基矢的一个 "新的" 方案是

$$\begin{cases} \boldsymbol{a}_1 = a/2 \, (1, -1, 0), \\ \boldsymbol{a}_2 = a \, (0, 0, -1), \\ \boldsymbol{a}_3 = a/2 \, (1, 1, 0), \end{cases} \tag{5.36a}$$

这样

$$\begin{cases} \boldsymbol{b}_1 = \hat{\boldsymbol{b}}_1 = 1/a(1, -1, 0), \\ \boldsymbol{b}_2 = \hat{\boldsymbol{b}}_2 = 1/a(0, 0, -1), \\ \boldsymbol{b}_3 = 1/a \, (1, 1, 0). \end{cases}$$

在这个 "新的" 方案里, 其边界在 $\pm(1,1,0)\frac{\pi}{a}$ 处的 "新" 的 Brillouin 区是边界在 $\pm(2,2,0)\frac{\pi}{a}$ 处的 "原来的" Brillouin 区的一半, 每个 "原来的" 能带现在变成了 "新的" Brillouin 区里的两个 "新的" 能带 (能带折叠). 对于一个厚度为 $N_{110}\sqrt{2}a/2$ 的 (110) 量子膜 —— 这里 N_{110} 是一个正整数, 按照 "新的" 说法, 对于每个 "新的" 能带, 这个量子膜应当有一个类表面子能带和 $N_{110} - 1$ 个类体子能带. 也就是说, 对于每个 "原来的" 体能带, 这个量子膜应当有两个类表面子能带和 $2(N_{110}-1)$ 个类体子能带; 按照 "原来的" 说法则是, 对于每个原来的体能带, 这个量子膜应当有一个类表面子能带和 $2N_{110} - 1$ 个类体子能带. 这个差别 ("新的" 说法里多一个

类表面的子能带, 少一个类体的子能带) 来自 "新的" 说法 (5.36a) 式里只用到了量子膜在 [110] 方向的对称性的一半. "新的" 说法里多的一个类表面子能带实际上只是充分利用了量子膜在 [110] 方向具有的对称性的 "原来的" 说法 (5.36) 式里的一个类体子能带. 我们此处说到这些, 也是因为后面会遇到与此相关的情况.

5.6.3 体心立方晶体的理想 (001) 量子膜

对于体心立方晶体的理想 (001) 量子膜, 晶格基矢可以选

$$\begin{cases} \boldsymbol{a}_1 = a(1,0,0), \\ \boldsymbol{a}_2 = a(0,1,0), \\ \boldsymbol{a}_3 = a/2\,(1,1,1), \end{cases}$$

这样

$$\begin{cases} \boldsymbol{b}_1 = 1/a\,(1,0,-1), \\ \boldsymbol{b}_2 = 1/a\,(0,1,-1), \\ \boldsymbol{b}_3 = 1/a\,(0,0,2); \end{cases}$$

相应地

$$\hat{\boldsymbol{b}}_1 = 1/a(1,0,0), \quad \hat{\boldsymbol{b}}_2 = 1/a(0,1,0).$$

这相应于 5.5.2 小节里的 $\alpha_1 = \alpha_2 = 1/2$.

一般而言, 体心立方金属的能带结构都有这样的对称性: $\varepsilon_n(k_x, k_y, k_z) = \varepsilon_n(k_x, k_y, -k_z)$, 因此对于这样一个 (001) 量子膜 (5.24) 式是满足的. 5.4 节和 5.5.2 小节的结果可以用到这里: 对于每个体能带, 一个 N_3 层的量子膜有一个类表面子能带和 $N_3 - 1$ 个类体子能带. 对于理想的 (001) 量子膜, (5.32) 式可以写成

$$\hat{\varLambda}_{n,j_3}(k_x, k_y) = \varepsilon_n(k_x, k_y, 2\kappa_3/a), \tag{5.38}$$

这里 κ_3 由 (5.30) 式给出.

根据 (5.33) 式, 每个类表面子能带 $\hat{\varLambda}_n(\hat{\boldsymbol{k}}; \tau_3)$ 总是高于每个相关的类体子能带 $\hat{\varLambda}_{n,j_3}(\hat{\boldsymbol{k}})$.

5.6.4 体心立方晶体的理想 (110) 量子膜

对于体心立方晶体的理想 (110) 量子膜, 晶格基矢可以选

$$\begin{cases} \boldsymbol{a}_1 = a/2\,(1,-1,1), \\ \boldsymbol{a}_2 = a/2\,(1,-1,-1), \\ \boldsymbol{a}_3 = a/2\,(1,1,1), \end{cases}$$

这样

$$\begin{cases} \boldsymbol{b}_1 = 1/a\,(0,-1,1), \\ \boldsymbol{b}_2 = 1/a\,(1,0,-1), \\ \boldsymbol{b}_3 = 1/a\,(1,1,0); \end{cases}$$

相应地,

$$\hat{\boldsymbol{b}}_1 = 1/a(1/2,-1/2,1),\ \hat{\boldsymbol{b}}_2 = 1/a(1/2,-1/2,-1).$$

这相应于 5.5.2 小节里的 $\alpha_1 = -\alpha_2 = 1/2$.

　　一般而言, 体心立方金属的能带结构都有这样的对称性: $\varepsilon_n(k_x, k_y, k_z) = \varepsilon_n(k_y, k_x, k_z)$, 因此对于这样的一个 (110) 量子膜 (5.24) 式是满足的. 5.4 节和 5.5.2 小节的结果可以用到这里: 对于每个体能带, 一个 N_3 层的量子膜有一个类表面子能带和 $N_3 - 1$ 个类体子能带. 对于理想的 (110) 量子膜, (5.32) 式可以写成:

$$\hat{\Lambda}_{n,j_3}(k_1\hat{\boldsymbol{b}}_1 + k_2\hat{\boldsymbol{b}}_2) = \varepsilon_n[(\kappa_3 + k_1/2 + k_2/2)/a, (\kappa_3 - k_1/2 - k_2/2)/a, (k_1 - k_2)/a],$$

$$(5.39)$$

这里 κ_3 由 (5.30) 式给出.

　　根据 (5.33) 式, 每个类表面子能带 $\hat{\Lambda}_n(\hat{\boldsymbol{k}}; \tau_3)$ 总是高于每个相关的类体子能带 $\hat{\Lambda}_{n,j_3}(\hat{\boldsymbol{k}})$.

§5.7　　与现有数值计算结果的比较

　　我们在本章里得到的理论结果可以和一些以前发表的数值计算结果 [11-14] 进行比较.

5.7.1　硅 (001) 量子膜

　　(5.32) 和 (5.35) 式可以用在硅 (001) 量子膜上. 张绳百和 Zunger[12] 以及张绳百, Yeh 和 Zunger[13] 利用赝势方法计算了硅 (001) 量子膜的电子结构. 他们关于偶数 N_f 个单原子层量子膜的数值计算结果可以直接和 (5.35) 式比较: (5.35) 式里的 N_3 等于他们计算中的 $N_f/2$. 他们在文献 [11] 里的 "central observation" (中心观察) 是硅 (001) 量子膜 ($N_f = 12$) 的能谱与硅的能带结构近似重合, 如图 1.4 和图 5.2 所示. 张绳百和 Zunger 由数值计算所得到的文献 [12] 里的方程 (9) 是 (5.35) 式在 $k_1 = k_2 = 0$ 时的一个特殊情况. 因此 (5.35) 式是一个更为普遍的预言.

　　三重简并的价带顶的一个态和两重简并的 X_{1v} 的一个态可以有一个 (001) 的节面, 因而对于这些态而言, (5.15) 式可能满足. 这点可以从文献 [12,13] 中关于硅 (001) 量子膜的数值计算结果 (如图 1.3, 图 1.4 和图 5.2 所示) 看到. 可以注意到,

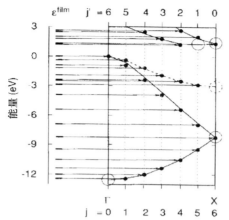

图 5.2 张绳百, Yeh 和 Zunger[13] 直接计算的 12 个单原子层厚的硅 (001) 量子膜在二维 Brillouin 区中心处的能级和硅的能带结构的比较. 实 (虚) 线圆圈表示量子膜里有一 (两) 个态不存在. (经允许引自文献 [13], 版权为 The American Physical Society 所有)

这些 Bloch 态 (X_{1v} 或价带顶) 具有能带 ($n = 0$ 或 $n = 1$) 和 $\hat{k} = 0$ 的能量最大值. 这些数值计算结果相当于 (5.15) 式在以下两种情况下是近似满足的: 对于两重简并的价带 X_{1v} 的一个态 $n = n' = 0$; 对于三重简并的价带顶的一个态 $n = n' = 1$.

虽然硅的价带顶 (Γ'_{25}) 是三重简并的, 但对于三重简并的价带顶, 只有其中一个态才可能有一个 (001) 节面, 使得 (5.15) 式对这个态成立. 因此, 在硅 (001) 量子膜里只可能有一个价带顶态, 其能量不随量子膜厚度的变化而变化, 参看图 1.3, 图 1.4 和图 5.2.

三重简并价带顶的另外两个态中的每一个也是能带 $n = 2$ 或 $n = 3$ 和 $\hat{k} = 0$ 的能量最大值, 并且也都有一个节面, 但不再是在 (001) 平面. 因而在 $\hat{k} = 0$ 的情况下对于任何 k_3, (5.16) 式是满足的: $\hat{\Lambda}_{n=2,3}(\hat{k} = 0; \tau_3) > \varepsilon_n(k_3 b_3)$. 因此在硅 (001) 量子膜里, 一定有两个填满的类表面态, 其能量高于硅的价带顶, 并且不随量子膜厚度的变化而变化. 这就是张绳百和 Zunger[12] 以及张绳百, Yeh 和 Zunger[13] 在 12 层单原子层硅 (001) 量子膜 (相当于我们的 $N_3 = 6$) 的数值计算里观察到两个填满的表面能带的原因.① 所以, 在图 1.3, 图 1.4 和图 5.2 里的价带顶态**实际上并不是量子膜里的最高的填满态**.

虽然我们的理论是一个理想量子膜的理论, 而在文献 [12,13] 的数值计算里用到的是一个更为现实的量子膜外的势场, 然而这两者的结果符合得相当好. 这一事实表明, 我们所用的简单模型还是抓住了量子膜中电子态的一些最核心的物理内容.

---

①因此, 存在两个填满的高于硅的价带顶的表面能带的原因在于, (5.16) 式对于两个价带是满足的, 而并不在于量子膜有两个表面.

Gavrilenko 和 Koch[14] 用紧束缚方法对硅 (001) 量子膜的一个数值计算发现量子膜里有三种不同的电子态:

(i) 与体有关的电子态, 其能量与膜的厚度有密切关系;

(ii) 与表面有关的电子态, 其能量与膜的厚度有关系但不大;

(iii) 还有一种电子态, 其能量与膜的厚度有关系但不大, 但是其波函数并不局域在量子膜的边界面附近.

这也和我们在本章里得到的结果是一致的: 类体态的能量 $\hat{\Lambda}_{n,j_3}(\hat{\boldsymbol{k}})$ 与膜的厚度 N_3 有关, 而类表面态的能量 $\hat{\Lambda}_n(\hat{\boldsymbol{k}}; \tau_3)$ 与膜的厚度 N_3 无关, 其相应的波函数 $\hat{\psi}_n(\hat{\boldsymbol{k}}, \boldsymbol{x}; \tau_3)$ 可以局域在量子膜的边界面附近 ((5.11) 式里 k_3 的虚部不为零) 也可以不局域在量子膜的边界面附近 ((5.11) 式里 k_3 的虚部为零).

5.7.2　硅 (110) 量子膜和砷化镓 (110) 量子膜

当 $k_1 = k_2 = 0$ 时, (5.37) 式给出

$$\hat{\Lambda}_{n,j_3}(0) = \varepsilon_n \left(\frac{2j_3\pi}{N_3 a}, \frac{2j_3\pi}{N_3 a}, 0 \right).$$

这就是由文献 [12] 里 6 层硅 (110) 量子膜的数值计算以及如图 5.3 所示的文献 [13] 里的 6 层的硅 (110) 量子膜和 6 层砷化镓 (110) 量子膜的数值计算得到的结果. 因此 (5.37) 式对于面心立方 (110) 量子膜而言, 也是一个更为普遍的预言.

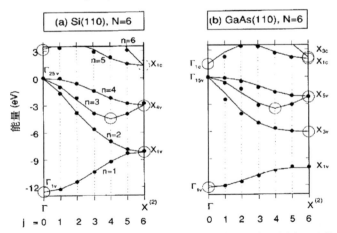

图 5.3　直接计算的量子膜里的在二维 Brillouin 区中心的能级 (实心圆点) 和体能带的比较[13]. (a) 为 6 层硅 (110) 量子膜; (b) 为 6 层砷化镓量子膜 (空心圆圈的含意如同图 5.2). (经允许引自文献 [13], 版权为 American Physical Society 所有)

硅或砷化镓的三重简并的价带顶态 (Γ'_{25} 或 Γ_{15}) 的一个态可以有一个 (110) 平面上的节面, 因此自由边界的硅 (110) 或砷化镓 (110) 量子膜可以有一个价带顶态,

它的能量不随量子膜厚度的变化而变化, 如在文献 [13,15] 中所观察到的.

三重简并价带顶态的另外两个态也都有一个节面, 但不是在 (110) 平面上. 相应地, $\hat{\Lambda}_{n=2,3}(\hat{\boldsymbol{k}} = 0; \tau_3) > \varepsilon_n(k_3\boldsymbol{b}_3)$ ($\hat{\boldsymbol{k}} = 0$ 时的 (5.16) 式) 对于任何 k_3 都是满足的. 因而在自由边界的硅 (110) 或砷化镓 (110) 量子膜里也总会有两个填满的类表面态, 其能量 $\hat{\Lambda}_n(\hat{\boldsymbol{k}} = 0; \tau_3)$ 高于体能带的价带顶, 并且不随量子膜的厚度的变化而变化, 因此, 图 5.3 里 (图 5.4(a) 里也是这样) 的价带顶实际上并不是这些量子膜里的最高的填满电子态.

Franceschetti 和 Zunger[15] 研究了嵌入砷化铝里和自由边界两种情况的砷化镓的量子膜、量子线和量子点的带边的能量, 如图 5.4 所示.

注意, 在图 5.4(a) 所示的嵌入砷化铝里的和自由边界的砷化镓量子膜电子态的计算中, 自由边界的砷化镓量子膜的价带边的能量几乎不变; 随着量子膜的厚度的减小, 嵌入砷化铝里的砷化镓量子膜的价带边的能量总是低于同样厚度的自由边界的砷化镓量子膜的价带边的能量. 如果我们从有效质量近似的角度来看这个问题, 这幅图表示的是嵌入砷化铝里的砷化镓量子膜的价带边的能量比自由边界的砷化镓量子膜的价带边能量有更强的量子限域效应, 因为价带顶的有效质量是负的. 但是自由边界的砷化镓量子膜显然有一个强得多的限域势, 对于有效质量近似来说, 这一点难以解释: 一个较弱的限域势会导致一个较强的量子限域效应. 这是有效质量近似有时在定性上也可能出错的另一个例子. 但是在我们的理论里, 这是一个自然的结果: 自由边界的砷化镓量子膜的更强的限域势使得这些量子膜里的相应能级更高.

§5.8　进一步的讨论

我们已经看到, 在文献 [12, 13, 15] 里研究过的立方半导体的 (001) 或 (110) 量子膜里, 存在一个如图 1.3, 图 1.4, 图 5.2—图 5.4 所示的价带顶态, 其能量不随量子膜厚度的变化而变化的原因简单在于, 总是可以有**一个**价带顶态在 (001) 或 (110) 平面有一个节面. 但是, 对于三维 Bloch 波的量子限域, 实际上更有意思的一点是存在另外两个能量更高的类表面能带 —— 简单地由于三重简并价带顶态的另外两个态不会再在 (001) 或 (110) 平面有一个节面. 和如图 1.2 所示的有效质量近似图像相反, 立方半导体的理想 (001) 或 (110) 量子膜里的最高填满电子态 —— 类表面能带 $\hat{\Lambda}_{n=2,3}(\hat{\boldsymbol{k}}; \tau_3)$ 的极大值 —— 实际上是**高于**没有量子限域效应时最高填满电子态 (即体能带的价带顶) 的.

只有最高填满的类体的电子态的能级才会总是低于价带顶能量, 并且随着量子膜厚度的减小而降低. 固体物理学界的普遍看法 —— 随着量子膜厚度的减小禁带宽增加 —— 实际上只对于半导体量子膜的类体电子态才有可能是正确的. 如果类

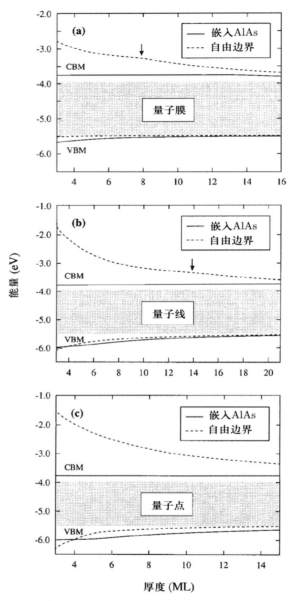

图 5.4　文献 [15] 中数值计算的嵌入砷化铝里的砷化镓的 (实线) 和自由边界的砷化镓的 (虚线) 量子膜 (a), 量子线 (b) 和量子点 (c) 的带边能量. 阴影部分是砷化镓晶体的禁带; 箭头表示的是自由边界的砷化镓量子膜和量子线里发生直接/间接转变的临界尺寸. (经允许引自文献 [15], 版权为 American Institute of Physics 所有)

表面子能带 $\hat{\Lambda}_{n=2,3}(\hat{\boldsymbol{k}};\tau_3)$ 也考虑进来, 半导体量子膜的禁带宽实际上可能小于体能带的禁带宽. 甚至还可能对于某些 $\hat{\boldsymbol{k}}$

$$\hat{\Lambda}_{n=2,3}(\hat{\boldsymbol{k}};\tau_3) > \hat{\Lambda}_{4,j_3}(\hat{\boldsymbol{k}}) \tag{5.40}$$

可以满足, 也就是说, 对于某些 $\hat{\boldsymbol{k}}$, 源自两个价带 ($n=2,3$) 的类表面子能带可能会高于源自最低导带 ($n=4$) 的一些类体子能带. 如果这种情况发生, 一个半导体晶体的量子膜实际上可能成为一个具有金属导电性的量子膜: 量子膜里统一的 Fermi 能级将会迫使类表面子能带 $\hat{\Lambda}_{n=2,3}(\hat{\boldsymbol{k}};\tau_3)$ 里的一些电子流入类体子能带 $\hat{\Lambda}_{4,j_3}(\hat{\boldsymbol{k}})$, 使量子膜可能成为一个导体. 这个预言是基于定理 5.1 和立方半导体价带顶的性质的. 量子膜越薄, 这些类表面子能带对量子膜的物理性质的贡献就会越显著. 在文献 [13] 里关于硅 (001) 量子膜的数值计算中, 发现类表面态是在价带顶上面 $1.2 \sim 1.6$ eV 的范围内. 因此, 条件 (5.40) 是现实的.

通过仔细设计的实验研究来探索这些可能的物理现象将会非常有意思.

虽然我们对于面心立方晶体的理想 (001) 和 (110) 量子膜的预言是普遍的, 许多也和文献 [12,13,15] 里的有关硅 (001) 量子膜, 硅 (110) 量子膜和砷化镓 (110) 量子膜的数值计算结果相一致, 但是有些地方也还是有显著差别.

根据本章理论的预言, 应当只有一个价带顶态, 其能量不随 (001) 或 (110) 膜的厚度的改变而改变, 因为只有一个价带顶态可能会有一个在 (001) 或 (110) 平面的节面. 但是在文献 [13] 中所研究的硅 (001) 量子膜, 硅 (110) 量子膜和砷化镓 (110) 量子膜中, 因为没有用虚线的空心圆来标示文献 [13] 中图 6(a) (即本书的图 5.2) 和图 7(即本书的图 5.3) 里面有两个价带顶态的不存在, 好像是这些量子膜中存在有三个这样的价带顶态. 在本章理论处理的理想量子膜中, 如果有两个多出的这样的价带顶态, 是和定理 5.1 矛盾的, 也是和文献 [13] 里关于硅 (001) 量子膜的数值计算中存在着两个填充的表面子能带矛盾的.

因为立方半导体的价带顶是三重简并的, 并且在这上面三个价带下只有一个价带 (最低的价带 $n=0$), 作为定理 5.1 的推论, 在这些量子膜里, 我们有

$$\hat{\Lambda}_1(\hat{\boldsymbol{k}}=0;\tau_3) \geqslant \text{价带顶}.$$

也就是说, 只可能有一个 $\hat{\Lambda}_{n=0}(\hat{\boldsymbol{k}}=0;\tau_3)$ 低于价带顶. 特别是对于在文献 [12,13] 里研究的情况, 在这些量子膜里只可能有一个 $\hat{\Lambda}_{n=0}(\hat{\boldsymbol{k}}=0;\tau_3)$, 其能量低于价带顶, 在 Brillouin 区的边界. 这正是在文献 [12,13] 里有关硅 (001) 量子膜的数值计算结果: 在硅 (001) 量子膜里, 只有二重简并的 X_{1v} 中的一个态存在, 如图 1.4 和图 5.2 所示. 但是在文献 [13] 所报道的有关 6 层硅 (110) 量子膜和 6 层砷化镓 (110) 量子膜的数值计算结果里, 有两个这样的态: 在硅 (110) 量子膜里有 X_{1v} 和 X_{4v}, 而

在砷化镓 (110) 量子膜里有 X_{1v} 和 X_{5v}，如图 5.3 (a) 和 (b) 所示．在我们的理论所处理的理想量子膜里，如果存在着两个这样的态，是和定理 5.1 矛盾的．[①]

另一个显著的差别是，按照我们的理论，在一个 N_3 层的理想量子膜里，对于每个能带 n 和每个 $\hat{\boldsymbol{k}}$，有 $N_3 - 1$ 个类体的 Bloch 波的驻波态 $\hat{\psi}_{n,j_3}(\hat{\boldsymbol{k}}, \boldsymbol{x}; \tau_3)$，这里 $j_3 = 1, 2, \cdots, N_3 - 1$．在文献 [12,13] 的数值计算里，结果有些不同：图 1.4 和图 5.2 里的 $n = 5, j = 5$ (相当于我们的 $n = 4, j_3 = 5$) 态和图 5.3 的 (a) 和 (b) 里的 $n = 3, j = 4$ (相当于我们的 $n = 2, j_3 = 4$) 态不存在．[②]

能清楚地认识到这些差别的根源也将会是很有意思的．

虽然在理想量子膜里，对于每个确定的 n 和每个确定的 $\hat{\boldsymbol{k}}$，表面态是局域在膜的上表面或下表面，但是因为缺乏对于有关周期系数二阶偏微分方程的解的性质的普遍性认识，我们并没有理由认为同一个类表面子能带里的所有表面态都一定要局域在膜的同一个边界面附近．取决于 $\tau_3, \hat{\boldsymbol{k}}$，其中的一些表面态可能局域在膜的上表面附近，而其他一些表面态可能局域在膜的下表面附近，虽然它们都是属于同一个类表面子能带．[③] 这一点和理想有限长一维晶体里的类表面态不同：在那里，一个特定禁带里的表面态总是只能局域在有限晶体的某一端附近．

如我们在 5.2 节和 5.5 节里所提到的，和一维情况的另一个显著差别是，表面态不一定要在禁带里面．其根本原因在于，不像一维情况里的定理 2.8 那样，定理 5.1 并没有给出 $\hat{\lambda}_n(\hat{\boldsymbol{k}}; \tau_3)$ 的上限．因此一个表面态完全可以具有在允许能带范围里的能量，但仍然是在 $\boldsymbol{a}_3$ 的正方向或负方向衰减：只是在一维情况里，这样一个衰减态才必须在禁带里[④]．因此，一个普遍概念的表面态并不一定必须要在禁带里[⑤]．

因为在这里所讨论的理想量子膜里，对于每个体能带 $\varepsilon_n(\boldsymbol{k})$，一个 N_3 层的理想量子膜里有一个类表面子能带 $\hat{\Lambda}_n(\hat{\boldsymbol{k}}; \tau_3)$ 和 $N_3 - 1$ 个类体子能带 $\hat{\Lambda}_{n,j_3}(\hat{\boldsymbol{k}})$．这个普遍结果表明，类表面子能带的物理根源是和体能带联系在一起的，而不是和体禁带联系在一起的．这样一个认识是不容易从一维分析或者是普通的半无限晶体的分

[①]无论是硅里二重简并的 X_{1v} 之中的任一个态或砷化镓的 X_{1v} 态，都不可能在 (110) 平面有一节面，这样理想硅 (110) 量子膜的 X_{1v} 态和理想砷化镓 (110) 量子膜的 X_{1v} 态就都不可能存在．因此在理想硅 (110) 量子膜里只可能有 $\hat{\Lambda}_0(\hat{\boldsymbol{k}} = 0; \tau_3) = X_{4v}$ 而在理想砷化镓 (110) 量子膜里只可能有 $\hat{\Lambda}_0(\hat{\boldsymbol{k}} = 0; \tau_3) = X_{5v}$．这两种情况相当于第 95 页和第 97 页里 $n = 0$ 和 $n' = 2$．

[②]注意，我们的最低能带 $n = 0$．

[③]因此我们没有理由认为一个量子膜的表面态只从它的一个表面就能够钝化．

[④]从数学上讲，这是因为只有对周期系数的二阶常微分方程，才可以证明具有衰减因子 $e^{\beta x}$ 或 $e^{-\beta x}$ —— 这里 β 是一非零的实数 —— 的解只有在禁带里才能存在．这又和二阶常微分方程里有两个线性独立解密切相关．能量在允许能带范围里的表面态常被称为表面共振态．

[⑤]能量在允许能带范围里的表面态有时被称作连续谱里的束缚态 (bound states in the continuum(BIC))，以区别于被称作连续谱外的束缚态 (bound states outside the continuum(BOC)) 的能量在禁带范围里的表面态．参看例如文献 [17,18]．这里我们已经看到，在多维晶体里，BIC 的存在可能是非常普遍的，并不只是在特别的情况下才有．

析里得到的: 许多过去关于表面电子态的理论分析, 包括作者本人的一个工作[16], 都主要是从和禁带有关的角度来考虑表面电子态的. 在此新认识的基础上, 在正方向或负方向衰减的量子膜中的类表面态能量范围可以是在允许体能带范围里这一事实看起来就是三维晶体能带结构的性质 —— 允许能带是重叠的; 能谱内的禁带数总是有限, 当势场较小时, 甚至不存在禁带 —— 的一个自然结论: 我们记得在一维晶体的情况下表面态总是存在于禁带里是因为第 n 个禁带总是高于第 n 个允许带并低于第 $n+1$ 个允许带.

我们在 4.6 节里提到过紧束缚近似方法有这样一个问题, 它导致了在紧束缚近似的框架下每个原胞中只有一个单电子态的有限长线性链没有表面态. 按照我们这里得到的认识, 任何理想的有限长度的一维晶体对于每个体能带一定有一个类表面态. 而对于一维晶体, 这个类表面态一定是在禁带里面. 只不过是紧束缚近似使得每个原胞有一个单电子态的线性链没有禁带, 才使得这样一个有限长的线性链在此近似下没有表面态.

类表面子能带 $\hat{\Lambda}_n(\hat{k}; \tau_3)$ 和类体子能带 $\hat{\Lambda}_{n,j_3}(\hat{k})$ 之间的普遍关系 (5.33) 式将会导致一些很有意思的结果.

例如, 因为每个体能带 $\varepsilon_n(\boldsymbol{k})$ 有一个类表面子能带, 作为定理 5.1 的推论, 一个化合物立方半导体的理想 (001) 或 (110) 量子膜在最低价带 $n=0$ 和上面三个价带之间的小能隙里, 最多可以有一个类表面子能带, 虽然一个量子膜总是有两个边界面.

因为在理想半导体量子膜里, 禁带附近的类表面子能带 $\hat{\Lambda}_n(\hat{k}; \tau_3)$ 是源于价带的, 在一个处处是电中性的量子膜里这些子能带应当是填满的. 如果在这些类表面子能带里有未填满的电子态, 量子膜的表面就会带正电.

类似的效应在碱金属的 (001) 和 (110) 量子膜里可能更为明显, 因为碱金属的导带是未填满的, 它的 Fermi 能级通常在导带里. 碱金属 (Li, Na, K, Rb, Cs, Fr) 都有一个体心立方的 Bravais 格子. 在碱金属的 (001) 和 (110) 量子膜里, 相应于其中电子并未填满的导带, 有一个类表面子能带. 按照 (5.33) 式, 量子膜里的这个类表面子能带其能量总是高于与其相应的类体子能带. 在一个处处是电中性的量子膜里, 电子在类表面子能带和与其相应的类体子能带应当是按照同样的比例填充的. 但是量子膜里 Fermi 能级的同一性一定会迫使一些电子由类表面子能带流向类体子能带, 结果使得碱金属的 (001) 和 (110) 量子膜的表面带正电.

这个预言看起来是得到 Riffe, Wertheim, Buchanan, Citrin (RWBC)[19] 所报道的碱金属 (110) 量子膜的表面原子的芯能级的正向移动的支持的. 虽然大多数其他金属 (过渡金属和贵金属) 的表面原子的芯能级的移动都可以解释为源于金属的表面和内部之间的一个小的电荷流动[20], 但是对于碱金属, 过去并不知道有什么原因会造成这样一个表面和内部之间的电荷流动. 文献 [19] 的作者用导电电子向真空的溢出来解释这些碱金属 (110) 量子膜表面原子的芯能级的正向移动. 但是本章的理论说明了为什么碱金属 (110) 量子膜里的电子可能会由表面向膜的内部流动, 因而使得膜的表面带正电, 这样就对碱金属 (110) 量子膜表面原子的芯能级的正向移动提出了一种和文献 [19] 不同的理论解释. 如果这里的解释是正确的, 那么金属的表面原子的芯能级的移动就都可以在同样的基础上得到解释: 它是源于在金属表面和内部之间的一个小的电荷流动.

在 RWBC 模型里, 导电电子是 (向外) 溢向真空的; 而在本章里的理论里, 导电电子是 (向内) 流向膜的内部的. 因此如果 RWBC 的模型的机制是主要的, 碱金属量子膜的表面层弛豫[21,22] 就很可能是向外延伸的; 与此相反, 如果导电电子向膜内部的流动是主要的, 则碱金属量子膜的表面层弛豫就很可能是向内收缩的. 也许可能用实验研究来检验这一点.

在半导体量子膜里, 也会存在对应于体能带的导带的类表面子能带. 这些类表面子能带通常在能量上更高于体能带的导带, 因而一般不会被填充. 目前还看不出这些类表面子能带对半导体量子膜的性质会有什么影响.

类似于我们在 4.5 节所讨论过的, 在有效质量近似里, 量子膜中存在与边界有关的电子态这一点是完全被忽略的. 如果有关的能带极值 (像硅或锗的导带极小值那样) 不是在 Brillouin 区的中心或 Brillouin 区的边界处, 即使对理想量子膜里的类体态而言, 有效质量近似的应用也是成问题的.[①]

总之, 通过考虑三维 Bloch 波在一个特定方向上受到限域的量子限域效应, 我们可以认识在一些简单且重要的量子膜里电子态的性质. 在某一个确定方向上截断晶体的平移不变周期性对于每一个体能带 $\varepsilon_n(\boldsymbol{k})$ 总是可以产生一个类表面的子能带 $\hat{\Lambda}_n(\hat{\boldsymbol{k}}; \tau_3)$.[②] 在此基础上进一步, 对于某些量子膜 —— 诸如具有简单立方、四角或者正交 Bravais 格子的晶体并满足 (5.17) 式的 (001) 量子膜, 或者具有面心立方或体心立方 Bravais 格子的晶体并满足 (5.24) 式的 (001) 或 (110) 量子膜 —— 我们还可以得到这些量子膜里的电子态的普遍性质, 即一个介于 $x_3 = \tau_3$ 和 $x_3 = \tau_3 + N_3$ 之间的理想量子膜有两种不同类型的电子态: 对应于每一个体能带 n 和量子膜平面中每一个波矢 $\hat{\boldsymbol{k}}$, 存在一个类表面的电子态 $\hat{\psi}_n(\hat{\boldsymbol{k}}, \boldsymbol{x}; \tau_3)$ ((5.13) 式), 其能量 $\hat{\Lambda}_n(\hat{\boldsymbol{k}}; \tau_3)$ ((5.14) 式) 依赖于 τ_3; 以及 $N_3 - 1$ 个类体的 Bloch 波驻波态 $\hat{\psi}_{n,j_3}(\hat{\boldsymbol{k}}, \boldsymbol{x}; \tau_3)$ ((5.28) 式), 其能量 $\hat{\Lambda}_{n,j_3}(\hat{\boldsymbol{k}})$ ((5.32) 式) 依赖于量子膜的厚度 N_3. 按照 (5.33) 式, 类表面态的能量总是高于类体的 Bloch 波驻波态的能量; 这些类体的 Bloch 波驻波的能量 $\hat{\Lambda}_{n,j_3}(\hat{\boldsymbol{k}})$ 与体材料的能带 $\varepsilon_n(\boldsymbol{k})$ 完全重合. 这些都和一维有

[①]锗的导带极小值是在其 Brillouin 区 [111] 方向的边界处. 有效质量近似对我们这里处理的 (001) 或 (110) 量子膜的应用是成问题的.

[②]即使对于 (5.17) 式或者 (5.24) 式都不满足的量子膜, (5.13) 式里的 $\hat{\psi}_n(\hat{\boldsymbol{k}}, \boldsymbol{x}; \tau_3)$ 和 (5.14) 式里的 $\hat{\Lambda}_n(\hat{\boldsymbol{k}}; \tau_3)$ 也是方程 (5.12) 的一个解.

限晶体电子态的性质很相似. 但是, 因为定理 5.1 和定理 2.8 的不同, 在理想量子膜里的表面态性质有所不同. 进一步, 定理 5.1 和定理 2.8 的不同又源于周期性系数二阶齐次线性偏微分方程的解并不具有我们在第二章所讨论过的周期性 Sturm-Liouville 方程 (2.2) 的解的一些简单性质, 特别是后者只有两个线性无关独立解这一点.

因此我们在本章里所讨论的理想量子膜即无限晶体在一个方向上受到量子限域得到的结果是, 总是对于每个体能带引入一个而且只有一个与边界有关的类表面子能带, 其他类体子能带的能量 $\hat{\Lambda}_{n,j_3}(\hat{\boldsymbol{k}})$ 可以根据 (5.32) 式从相应的晶体的体能带结构 $\varepsilon_n(\boldsymbol{k})$ 直接得到. [①]

本章采用的方法自然也可以用来研究二维 Bloch 波 $\hat{\psi}_n(\hat{\boldsymbol{k}}, \boldsymbol{x}; \tau_3)$ 和 $\hat{\psi}_{n,j_3}(\hat{\boldsymbol{k}}, \boldsymbol{x}; \tau_3)$ 在一个特定方向上受到限域的量子限域效应, 从而得到一些简单而重要的理想量子线里的电子态.

参 考 文 献

[1] Gilbarg D, Trudinger N S. Elliptic partial differential equations of second order. 3rd ed. Berlin: Springer, 2001.
Edmunds D E, Evans W D. Elliptic differential operator and spectral analysis. Cham: Springer, 2018.

[2] 关于周期性椭圆算符谱理论目前认识以及和一维情况的比较的讨论, 可参看 Kuchment P A. An overview of periodic elliptic operators//Bulletin (New Series) of the American Mathematical Society, 2016, 53: 343;
更早期的认识可参看, 例如 Kuchment P A. Floquet theory for partial differential equations. (Operator Theory Advances and Applications, 60.) Basel: Birkhauser Verlag, 1993.

[3] Karpeshina Y E. Perturbation theory for the Schrödinger operator with a periodic potential. (Lecture Notes in Mathematics, Vol. 1663.) Berlin: Springer Verlag, 1997.

[4] Veliev O. Multidimensional periodic Schrödinger operator: perturbation theory and applications. (Springer Tracts in Modern Physics, 263.) Cham: Springer Verlag, 2015.

[5] Yu P Y, Cardona M. Fundamentals of semiconductors. 2nd ed. Berlin: Springer, 1999.

[①] Ajoy 和 Karmalkar 发表了他们对一种假想的二维石墨烯结构带的子能带和其体能带的关系的仔细数值计算, 用来检验本书的解析理论[23]. 他们的结论是在他们研究的问题里解析理论 "predicts all the important subbands in these ribbons and provides additional insight into the nature of their wavefunctions." (预言了所有重要的子能带, 并提供了对其波函数性质的更多洞见) 也可参看文献 [24].

[6] Sommerfeld A, Bethe H. Elektronentheorie der Metalle. Berlin: Springer Verlag, 1967.

[7] Skriganov M M. Soviet Math. Dokl., 1979, 20: 956;
     Skriganov M M. Invent. Math., 1985, 80: 107.

[8] Eastham M S P. The spectral theory of periodic differential equations. Edinburgh: Scottish Academic Press, 1973 及其中的参考文献.

[9] Ren S Y. Europhys. Lett., 2003, 64: 783.

[10] Titchmarsh E C. Eigenfunction expansions associated with second-order differential equations. Oxford: Oxford University Press, 1958: Part II.

[11] Odeh F, Keller J B. Journal of Math. Phys., 1964, 5: 1499.

[12] Zhang S B, Zunger A. Appl. Phys. Lett., 1993, 63: 1399.

[13] Zhang S B. Yeh C Y, Zunger A. Phys. Rev., 1993, B48: 11204.

[14] Gavrilenko V I, Koch F. J. Appl. Phys., 1995, 77: 3288.

[15] Franceschetti A, Zunger A. Appl. Phys. Lett., 1996, 68: 3455.

[16] Ren S Y. Ann. Phys. (NY), 2002, 301: 22.

[17] Longhi S, Valle G D. J. Phys. Condens matter, 2013, 25: 235601.

[18] Longhi S, Valle G D. Scientific Reports, 2013, 3: 2219.

[19] Riffe D M, Wertheim G K, Buchanan D N E, et al. Phys. Rev., 1992, B45: 6216 及其中的参考文献.

[20] Citrin P H, Wertheim G K, Baer Y. Phys. Rev., 1983, B27: 3160;
     Citrin P H, Wertheim G K. Phys. Rev., 1983, B27: 3176.

[21] Bechstedt F. Principles of surface physics. Berlin: Springer, 2003.

[22] Groß A. Theoretical surface science: a microscopic perspective. Berlin: Springer, 2003.

[23] Ajoy A, Karmalkar S. Phys J. Condens. Matter, 2010, 22: 435502.

[24] Ajoy A. Ph. D thesis. Madras: Indian Institute of Technology, 2013.

第六章　理想量子线中的电子态

本章研究理想量子线中的电子态. 我们将只对矩形截面的量子线感兴趣. 可以将这些量子线作为第五章中讨论过的量子膜中的电子态进一步在另一个方向上受限来考虑. 我们这里感兴趣的是量子膜平面中的两个基矢 a_1 和 a_2 互相垂直的简单情况. 通过和第五章相似的方法, 我们试图理解在第五章量子膜的二维 Bloch 波 $\hat{\psi}_n(\hat{k}, x; \tau_3)$ ((5.13) 式) 和二维 Bloch 波 $\hat{\psi}_{n,j_3}(\hat{k}, x; \tau_3)$ ((5.28) 式) 在量子线中进一步受到限域的效应. 每一种类型的二维 Bloch 波在量子线中都会产生两种不同类型的一维 Bloch 波.

一个矩形截面的量子线总是有四个边界面, 其中两个面在 $(h_2 k_2 l_2)$ 平面, 两个面在 $(h_3 k_3 l_3)$ 平面. 这样一个量子线中的电子态可以被看做是具有 $(h_3 k_3 l_3)$ 边界面的量子膜的电子态进一步被两个 $(h_2 k_2 l_2)$ 平面限域, 或者也可以等价地看做具有 $(h_2 k_2 l_2)$ 边界面的量子膜的电子态进一步被两个 $(h_3 k_3 l_3)$ 平面限域. 由这两种不同限域顺序得到的结果是等价的和互补的. 结合这两种结果, 我们可以获得对量子线中电子态的比较全面的认识.

最简单的情况是晶体结构具有简单立方、四角或正交 Bravais 格子的矩形截面的理想量子线中的电子态. 在这些晶体中, 三个晶格基矢 a_1, a_2, a_3 是互相垂直和等价的. 一个这样的晶体具有 (010) 或 (001) 表面的量子线中的电子态普遍解可以通过具有 (001) 边界面的量子膜进一步被两个 (010) 平面限域而获得, 或者等价地通过具有 (010) 边界面的量子膜进一步被两个 (001) 平面限域而获得.

通过对二维 Bloch 波 $\hat{\psi}_n(\hat{k}, x; \tau_3)$ 和 $\hat{\psi}_{n,j_3}(\hat{k}, x; \tau_3)$ 进一步受到量子限域的认识, 并且考虑两种不同限域顺序的结果, 我们也可以预言某些更有实际意义的, 晶体结构具有面心立方或体心立方 Bravais 格子的矩形截面的理想量子线中的电子态. 这样的量子线里的电子态可以当做 5.6 节中讨论的量子膜中二维 Bloch 波在另一个方向被限域.

本章是这样组织的: 在 6.1 节我们将提出对这一问题的基本考虑; 6.2 和 6.3 节中将讨论第五章得到的两类二维 Bloch 波进一步在另一方向上限域的效应; 在 6.4—6.7 节中, 我们讨论把 6.1—6.3 节的结果用到具有几种不同 Bravais 格子的晶体结构, 并考虑由两种不同限域顺序得到的理想量子线的电子态; 6.8 节是本章的小结和对得到结果的讨论.

§6.1　基　本　考　虑

在一个第五章讨论的理想量子膜中, 存在两种不同类型的电子态: (5.13) 式中的类表面态 $\hat{\psi}_n(\hat{\boldsymbol{k}}, \boldsymbol{x}; \tau_3)$ 以及 (5.28) 式中的类体态 $\hat{\psi}_{n,j_3}(\hat{\boldsymbol{k}}, \boldsymbol{x}; \tau_3)$. 这两者都是量子膜平面中的二维 Bloch 波. 与第五章中处理的问题类似, 在量子线中, 这些二维 Bloch 波会在另一个方向上进一步限域.

我们选择晶格基矢 $\boldsymbol{a}_1$ 沿着量子线的方向. 这样一个矩形截面的量子线可以这样确定: 底表面是 $x_3 = \tau_3$, 顶表面是 $x_3 = \tau_3 + N_3$, 前表面与 $\boldsymbol{a}_2$ 轴垂直相交于 $\tau_2 \boldsymbol{a}_2$, 后表面与 $\boldsymbol{a}_2$ 轴垂直相交于 $(\tau_2 + N_2)\boldsymbol{a}_2$, 其中 τ_2 和 τ_3 确定量子线边界面所在的位置, 而 N_2 和 N_3 是确定量子线的大小和形状的两个整数. 我们用 $\bar{\boldsymbol{k}}$ 表示在量子线方向的波矢: $\bar{\boldsymbol{k}} = k_1 \bar{\boldsymbol{b}}_1$, 这里 $\bar{\boldsymbol{b}}_1 \cdot \boldsymbol{a}_1 = 1$. 因为这一章中我们仅对 $\boldsymbol{a}_1 \cdot \boldsymbol{a}_2 = 0$ 的情况有兴趣, 所以, $\bar{\boldsymbol{b}}_1 = \hat{\boldsymbol{b}}_1$.

对于二维 Bloch 波 $\hat{\psi}_n(\hat{\boldsymbol{k}}, \boldsymbol{x}; \tau_3)$ 和 $\hat{\psi}_{n,j_3}(\hat{\boldsymbol{k}}, \boldsymbol{x}; \tau_3)$ 的进一步量子限域, 我们求解以下方程及边界条件的本征值 $\bar{\Lambda}$ 以及本征函数 $\bar{\psi}(\bar{\boldsymbol{k}}, \boldsymbol{x})$:

$$\begin{cases} -\nabla^2 \bar{\psi}(\bar{\boldsymbol{k}}, \boldsymbol{x}) + [v(\boldsymbol{x}) - \bar{\Lambda}]\bar{\psi}(\bar{\boldsymbol{k}}, \boldsymbol{x}) = 0, & \boldsymbol{x} \text{ 在量子线里}, \\ \bar{\psi}(\bar{\boldsymbol{k}}, \boldsymbol{x}) = 0, & \boldsymbol{x} \text{ 不在量子线里}, \end{cases} \tag{6.1}$$

这里 $v(\boldsymbol{x})$ 是周期势:

$$v(\boldsymbol{x} + \boldsymbol{a}_1) = v(\boldsymbol{x} + \boldsymbol{a}_2) = v(\boldsymbol{x} + \boldsymbol{a}_3) = v(\boldsymbol{x}).$$

方程 (6.1) 的解 $\bar{\psi}(\bar{\boldsymbol{k}}, \boldsymbol{x})$ 是波矢 $\bar{\boldsymbol{k}}$ 在量子线方向 ($\boldsymbol{a}_1$ 方向) 的一维 Bloch 波.

每个二维 Bloch 波 $\hat{\psi}_n(\hat{\boldsymbol{k}}, \boldsymbol{x}; \tau_3)$ 或 $\hat{\psi}_{n,j_3}(\hat{\boldsymbol{k}}, \boldsymbol{x}; \tau_3)$ 的进一步量子限域都有一个新的本征值问题, 并且对应一个新的定理或推论, 给出量子线中两种不同类型的电子态[①]. 相应地, 我们应该能得到量子线里四组不同的一维 Bloch 波.

§6.2　　$\hat{\psi}_n(\hat{\boldsymbol{k}}, \boldsymbol{x}; \tau_3)$ 的进一步量子限域

对于二维 Bloch 波 $\hat{\psi}_n(\hat{\boldsymbol{k}}, \boldsymbol{x}; \tau_3)$ 的量子限域, 我们可以考虑如图 6.1 所示的表面在 $\boldsymbol{a}_1$, $\boldsymbol{a}_2$ 或者是量子膜表面的方向[②] 的一个长方体形的平行六面体 B, 其底表面是一个位于 $x_3 = \tau_3$ 的矩形, 顶表面是一个位于 $x_3 = \tau_3 + 1$ 的矩形, 前表面与 $\boldsymbol{a}_2$

[①]5.4 节量子膜里的驻波态 $\hat{\psi}_{n,j_3}(\hat{\boldsymbol{k}}, \boldsymbol{x}; \tau_3)$ 存在的推理很大程度上是基于物理直觉, 而并非是建立在严格的数学基础上. 因此, 关于量子膜里的波的进一步量子限域的结果也只能是推论.

[②]也就是说在 $\hat{\boldsymbol{b}}_1, \hat{\boldsymbol{b}}_2$ 或 $\boldsymbol{b}_3$ 方向.

轴垂直相交于 $\tau_2 \boldsymbol{a}_2$,[①] 后表面与 $\boldsymbol{a}_2$ 轴垂直相交于 $(\tau_2 + 1)\boldsymbol{a}_2$, 左表面和右表面之间的间隔是 $|\boldsymbol{a}_1|$, 且垂直于 $\boldsymbol{a}_1$ 轴. 因为每一个 $\hat{\psi}_n(\hat{\boldsymbol{k}}, \boldsymbol{x}; \tau_3)$ 在量子膜底表面 $x_3 = \tau_3$ 和顶表面 $x_3 = \tau_3 + 1$ 都为零, 并且在量子膜平面中是一个二维 Bloch 波, 所以现在我们考虑由下面条件确定的函数组 $\bar{\phi}(\bar{\boldsymbol{k}}, \boldsymbol{x}; \tau_2, \tau_3)$:

$$\begin{cases} \bar{\phi}(\bar{\boldsymbol{k}}, \boldsymbol{x} + \boldsymbol{a}_1; \tau_2, \tau_3) = \mathrm{e}^{\mathrm{i}k_1} \bar{\phi}(\bar{\boldsymbol{k}}, \boldsymbol{x}; \tau_2, \tau_3), & -\pi < k_1 \leqslant \pi, \\ \bar{\phi}(\bar{\boldsymbol{k}}, \boldsymbol{x}; \tau_2, \tau_3) = 0, & \boldsymbol{x} \in \partial B_2 \text{ 或 } \boldsymbol{x} \in \partial B_3. \end{cases} \quad (6.2)$$

B 的边界用 ∂B 表示; 这里 ∂B_3 表示由 $x_3 = \tau_3$ 和 $x_3 = \tau_3 + 1$ 确定的 ∂B 的两个相对的边界面, ∂B_2 表示在 $\boldsymbol{a}_2$ 方向上的 ∂B 的两个相对的边界面. 满足方程 (5.1) 并且在边界条件 (6.2) 式下的本征值和本征矢可以表示成 $\bar{\lambda}_n(\bar{\boldsymbol{k}}; \tau_2, \tau_3)$ 和 $\bar{\phi}_n(\bar{\boldsymbol{k}}, \boldsymbol{x}; \tau_2, \tau_3)$, $n = 0, 1, 2, \cdots$.

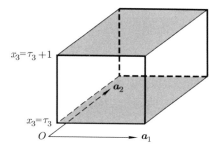

图 6.1 方程 (5.1) 在边界条件 (6.2) 式下的本征值问题的正交平行六面体 B. 两个带阴影的表面 ∂B_3 是 $\hat{\psi}_n(\hat{\boldsymbol{k}}, \boldsymbol{x}; \tau_3)$ 为零的两个面 (因而 $\boldsymbol{a}_3$ 的取向不再重要. 两个粗线框出的表面 (前、后表面) ∂B_2 是进一步要求每个函数 $\bar{\phi}(\bar{\boldsymbol{k}}, \boldsymbol{x}; \tau_2, \tau_3)$ 在其上为零的两个表面.

对于每一个满足方程 (5.1) 在 (6.2) 式边界条件下的本征值 $\bar{\lambda}_n(\bar{\boldsymbol{k}}; \tau_2, \tau_3)$, 我们有以下的定理将其与由 (5.14) 式确定 $\hat{\psi}_n(\hat{\boldsymbol{k}}, \boldsymbol{x}; \tau_3)$ 的本征值 $\hat{\Lambda}_n(\hat{\boldsymbol{k}}; \tau_3)$ 联系:

定理 6.1

$$\bar{\lambda}_n(\bar{\boldsymbol{k}}; \tau_2, \tau_3) \geqslant \hat{\Lambda}_n(\hat{\boldsymbol{k}}; \tau_3), \qquad (\bar{\boldsymbol{k}} - \hat{\boldsymbol{k}}) \cdot \boldsymbol{a}_1 = 0. \quad (6.3)$$

注意在 (6.2) 和 (6.3) 式里, $\bar{\boldsymbol{k}}$ 是一个在量子线方向的波矢而 $\hat{\boldsymbol{k}}$ 是在量子膜平面内的波矢. 在 (6.3) 式中, $\bar{\boldsymbol{k}}$ 和 $\hat{\boldsymbol{k}}$ 在量子线的方向 $\boldsymbol{a}_1$ 具有同样的分量. 在本书里, 如果 $(\hat{\boldsymbol{k}} - \bar{\boldsymbol{k}}) \cdot \boldsymbol{a}_1 = 0$ 成立, 我们说二维波矢 $\hat{\boldsymbol{k}}$ 是和一维波矢 $\bar{\boldsymbol{k}}$ 在 $\boldsymbol{a}_1$ 方向相关的, 或简单地说 $\hat{\boldsymbol{k}}$ 是和 $\bar{\boldsymbol{k}}$ 相关的.

---

①对于这些二维 Bloch 波的量子限域, 我们假定在 6.2 和 6.3 节中, 边界 τ_2 的存在不改变系统在 $\boldsymbol{a}_1$ 方向的平移对称性.

因为二维 Bloch 波 $\hat{\psi}_n(\hat{\boldsymbol{k}}, \boldsymbol{x}; \tau_3)$ 满足

$$\begin{cases} \hat{\psi}(\hat{\boldsymbol{k}}, \boldsymbol{x} + \boldsymbol{a}_i; \tau_3) = \mathrm{e}^{\mathrm{i}k_i}\hat{\psi}(\hat{\boldsymbol{k}}, \boldsymbol{x}; \tau_3), & -\pi < k_i \leqslant \pi, \quad i = 1, 2, \\ \hat{\psi}(\hat{\boldsymbol{k}}, \boldsymbol{x}; \tau_3) = 0, & \boldsymbol{x} \text{ 在 } \partial B_3, \end{cases} \tag{6.4}$$

定理 6.1 可以用与定理 5.1 类似的办法来证明, 其主要差别是在 Dirichlet 积分

$$J(f, g) = \int_B \{\nabla f(\boldsymbol{x}) \cdot \nabla g^*(\boldsymbol{x}) + v(\boldsymbol{x})f(\boldsymbol{x})g^*(\boldsymbol{x})\} \, \mathrm{d}\boldsymbol{x}$$

$$= \int_B f(\boldsymbol{x})\{-\nabla^2 g^*(\boldsymbol{x}) + v(\boldsymbol{x})g^*(\boldsymbol{x})\} \, \mathrm{d}\boldsymbol{x} + \int_{\partial B} f(\boldsymbol{x})\frac{\partial g^*(\boldsymbol{x})}{\partial n} \, \mathrm{d}S \tag{6.5}$$

里. 如果 $f(\boldsymbol{x})$ 和 $g(\boldsymbol{x})$ 都满足条件 (6.4), 则 (6.5) 式中在整个 ∂B 上的积分就会是零, 因为在 ∂B_1 和 ∂B_2 的两个相对表面上的积分结果分别相互抵消, 并且当 $\boldsymbol{x} \in \partial B_3$ 时 $\hat{\psi}(\hat{\boldsymbol{k}}, \boldsymbol{x}; \tau_3) = 0$. 如果 $f(\boldsymbol{x}) = \bar{\phi}(\bar{\boldsymbol{k}}, \boldsymbol{x}; \tau_2, \tau_3)$ 而 $g(\boldsymbol{x}) = \hat{\psi}(\hat{\boldsymbol{k}}, \boldsymbol{x}; \tau_3)$, (6.5) 式里在 ∂B 上的积分也是 0, 因为在 ∂B_1 的两个相对表面上的积分由于 $(\bar{\boldsymbol{k}} - \hat{\boldsymbol{k}}) \cdot \boldsymbol{a}_1 = 0$ 而相互抵消, 在 ∂B_2 和 ∂B_3 的每个面上的积分也是零, 因为当 $\boldsymbol{x} \in \partial B_2$ 或 $\boldsymbol{x} \in \partial B_3$ 时 $f(\boldsymbol{x}) = 0$.

定理 6.1 与定理 5.1 类似; 因此由定理 5.1 得到的三维 Bloch 波 $\phi_n(\boldsymbol{k}, \boldsymbol{x})$ 在 $\boldsymbol{a}_3$ 方向上的量子限域结果可以类似地用于二维 Bloch 波 $\hat{\psi}_n(\hat{\boldsymbol{k}}, \boldsymbol{x}; \tau_3)$ 在 $\boldsymbol{a}_2$ 方向上的量子限域.

对于每一个体能带 n 和每一个波矢 $\bar{\boldsymbol{k}}$, 都存在一个 $\bar{\phi}_n(\bar{\boldsymbol{k}}, \boldsymbol{x}; \tau_2, \tau_3)$.

因为 $v(\boldsymbol{x} + \boldsymbol{a}_2) = v(\boldsymbol{x})$, 函数 $\bar{\phi}_n(\bar{\boldsymbol{k}}, \boldsymbol{x}; \tau_2, \tau_3)$ 有以下形式

$$\bar{\phi}_n(\bar{\boldsymbol{k}}, \boldsymbol{x} + \boldsymbol{a}_2; \tau_2, \tau_3) = \mathrm{e}^{\mathrm{i}k_2}\bar{\phi}_n(\bar{\boldsymbol{k}}, \boldsymbol{x}; \tau_2, \tau_3). \tag{6.6}$$

这里 k_2 可以是实数或虚部不为零的复数. 如果在 (6.6) 式里 k_2 是实数, 则 $\bar{\phi}_n(\bar{\boldsymbol{k}}, \boldsymbol{x}; \tau_2, \tau_3)$ 是一个 $\hat{\psi}_{n'}(\hat{\boldsymbol{k}}, \boldsymbol{x}; \tau_3)$. 按照定理 6.1, 一个函数 $\hat{\psi}_{n'}(\hat{\boldsymbol{k}}, \boldsymbol{x}; \tau_3)$ 不可能是一个 $\bar{\phi}_n(\bar{\boldsymbol{k}}, \boldsymbol{x}; \tau_2, \tau_3)$, 除非在某些特殊情况下当 $\hat{\psi}_{n'}(\hat{\boldsymbol{k}}, \boldsymbol{x}; \tau_3)$ 有一个垂直 $\boldsymbol{a}_2$ 轴且与其相交于 $\tau_2\boldsymbol{a}_2$ 的节面. 因此 (6.6) 式中的 k_2 只有在这样的情况下才是实数; 而在大多数情况下, (6.6) 式中的 k_2 是一个具有非零虚部的复数.

取决于 τ_2 (也包括 τ_3), n 和 $\bar{\boldsymbol{k}}$, (6.6) 式里的 k_2 的虚部可能为正, 也可能为负, 对应于 $\bar{\phi}_n(\bar{\boldsymbol{k}}, \boldsymbol{x}; \tau_2, \tau_3)$ 是在 $\boldsymbol{a}_2$ 的正或负方向上衰减. 这样的在 (6.6) 式中 k_2 具有非零虚部的态 $\bar{\phi}_n(\bar{\boldsymbol{k}}, \boldsymbol{x}; \tau_2, \tau_3)$ 不可能存在于具有二维平移不变性的量子膜中, 因为它们会在 $\boldsymbol{a}_2$ 的正方向或负方向上发散. 但是, 它们可以在 $\boldsymbol{a}_2$ 方向上只有有限尺度的量子线中起着重要的作用.

二维 Bloch 波 $\hat{\psi}_n(\hat{\boldsymbol{k}}, \boldsymbol{x}; \tau_3)$ 在 $\boldsymbol{a}_2$ 方向上的进一步量子限域将在量子线里产生两种不同的电子态.

由 $\hat{\psi}_n(\hat{\boldsymbol{k}}, \boldsymbol{x}; \tau_3)$ 进一步的量子限域所产生的 (6.1) 式的一种非平凡解可以从 (6.6) 式得到:

$$\bar{\psi}_n(\bar{\boldsymbol{k}}, \boldsymbol{x}; \tau_2, \tau_3) = \begin{cases} c_{N_2, N_3} \bar{\phi}_n(\bar{\boldsymbol{k}}, \boldsymbol{x}; \tau_2, \tau_3), & \boldsymbol{x} \text{ 在量子线内}, \\ 0, & \boldsymbol{x} \text{ 不在量子线内}. \end{cases} \tag{6.7}$$

这里 c_{N_2, N_3} 是归一化常数; 相应的本征值

$$\bar{\Lambda}_n(\bar{\boldsymbol{k}}; \tau_2, \tau_3) = \bar{\lambda}_n(\bar{\boldsymbol{k}}; \tau_2, \tau_3) \tag{6.8}$$

依赖于 τ_2 和 τ_3.

因此对于每一个体能带 n 和每一个波矢 $\bar{\boldsymbol{k}}$, 都存在一个电子态 $\bar{\psi}_n(\bar{\boldsymbol{k}}, \boldsymbol{x}; \tau_2, \tau_3)$, 它在量子线内是 $\bar{\phi}_n(\bar{\boldsymbol{k}}, \boldsymbol{x}; \tau_2, \tau_3)$, 在其他地方是零; 其能量 $\bar{\Lambda}_n(\bar{\boldsymbol{k}}; \tau_2, \tau_3)$ 依赖于 τ_2 和 τ_3. 这是一个类棱态, 因为 $\bar{\phi}_n(\bar{\boldsymbol{k}}, \boldsymbol{x}; \tau_2, \tau_3)$ 在大多数情况下会在 $\boldsymbol{a}_2$ 和 $\boldsymbol{a}_3$ 的正方向或负方向衰减.

现在我们再试图寻找由 $\hat{\psi}_n(\hat{\boldsymbol{k}}, \boldsymbol{x}; \tau_3)$ 的量子限域而产生的方程 (6.1) 的其他解. 我们可以期待存在着由于 $\hat{\psi}_n(\hat{\boldsymbol{k}}, \boldsymbol{x}; \tau_3)$ 在垂直相交 $\boldsymbol{a}_2$ 轴的两个位于 τ_2 和 $(\tau_2 + N_2)$ 处的边界面上多次反射而形成的 $\boldsymbol{a}_2$ 方向上的 Bloch 波驻波态.

因为我们假定在 τ_3 处边界面的存在并不改变系统的二维空间群对称性, 在第五章讨论过的许多量子膜里, (5.14) 式中

$$\hat{\Lambda}_n(k_1 \bar{\boldsymbol{b}}_1 + k_2 \hat{\boldsymbol{b}}_2; \tau_3) = \hat{\Lambda}_n(k_1 \bar{\boldsymbol{b}}_1 - k_2 \hat{\boldsymbol{b}}_2; \tau_3) \tag{6.9}$$

是满足的, 因此一般说来在这些量子膜里,

$$\begin{aligned} f_{n, k_1, k_2}(\boldsymbol{x}; \tau_3) = {} & c_+ \hat{\psi}_n(k_1 \bar{\boldsymbol{b}}_1 + k_2 \hat{\boldsymbol{b}}_2, \boldsymbol{x}; \tau_3) \\ & + c_- \hat{\psi}_n(k_1 \bar{\boldsymbol{b}}_1 - k_2 \hat{\boldsymbol{b}}_2, \boldsymbol{x}; \tau_3), \quad 0 < k_2 < \pi \end{aligned}$$

是方程 (6.1) 的非平凡解, 这里 $c_\pm$ 不为零. 因为有 (6.4) 式, 容易看到 $f_{n, k_1, k_2}(\boldsymbol{x}; \tau_3)$ 是一个在量子线方向上波矢为 $\bar{\boldsymbol{k}} = k_1 \bar{\boldsymbol{b}}_1$ 的一维 Bloch 波:

$$f_{n, k_1, k_2}(\boldsymbol{x} + \boldsymbol{a}_1; \tau_3) = \mathrm{e}^{\mathrm{i}k_1} f_{n, k_1, k_2}(\boldsymbol{x}; \tau_3), \quad -\pi < k_1 \leqslant \pi.$$

要成为方程 (6.1) 的解, 函数 $f_{n, k_1, k_2}(\boldsymbol{x}; \tau_3)$ 在量子线的前、后表面上必须为零. 把量子线前表面的方程写成 $x_2 = x_{2,\mathrm{f}}(x_1, x_3)$, 后表面的方程写成 $x_2 = x_{2,\mathrm{r}}(x_1, x_3)$, 我们应该有

$$\begin{aligned} & c_+ \hat{\psi}_n[k_1 \bar{\boldsymbol{b}}_1 + k_2 \hat{\boldsymbol{b}}_2, \boldsymbol{x} \in x_{2,\mathrm{f}}(x_1, x_3); \tau_3] \\ & \qquad + c_- \hat{\psi}_n[k_1 \bar{\boldsymbol{b}}_1 - k_2 \hat{\boldsymbol{b}}_2, \boldsymbol{x} \in x_{2,\mathrm{f}}(x_1, x_3); \tau_3] = 0, \\ & c_+ \hat{\psi}_n[k_1 \bar{\boldsymbol{b}}_1 + k_2 \hat{\boldsymbol{b}}_2, \boldsymbol{x} \in x_{2,\mathrm{r}}(x_1, x_3); \tau_3] \\ & \qquad + c_- \hat{\psi}_n[k_1 \bar{\boldsymbol{b}}_1 - k_2 \hat{\boldsymbol{b}}_2, \boldsymbol{x} \in x_{2,\mathrm{r}}(x_1, x_3); \tau_3] = 0. \end{aligned} \tag{6.10}$$

因为 $x_{2,\mathrm{r}}(x_1, x_3) = x_{2,\mathrm{f}}(x_1, x_3) + N_2$, 根据 (6.4) 式, 我们有

$$
\begin{aligned}
\hat{\psi}_n[k_1 \bar{\boldsymbol{b}}_1 + k_2 \hat{\boldsymbol{b}}_2, &\boldsymbol{x} \in x_{2,\mathrm{r}}(x_1, x_3); \tau_3] \\
&= \mathrm{e}^{\mathrm{i} k_2 N_2} \hat{\psi}_n[k_1 \bar{\boldsymbol{b}}_1 + k_2 \hat{\boldsymbol{b}}_2, \boldsymbol{x} \in x_{2,\mathrm{f}}(x_1, x_3); \tau_3],
\end{aligned}
$$

和

$$
\begin{aligned}
\hat{\psi}_n[k_1 \bar{\boldsymbol{b}}_1 - k_2 \hat{\boldsymbol{b}}_2, &\boldsymbol{x} \in x_{2,\mathrm{r}}(x_1, x_3); \tau_3] \\
&= \mathrm{e}^{-\mathrm{i} k_2 N_2} \hat{\psi}_n[k_1 \bar{\boldsymbol{b}}_1 - k_2 \hat{\boldsymbol{b}}_2, \boldsymbol{x} \in x_{2,\mathrm{f}}(x_1, x_3); \tau_3].
\end{aligned}
$$

要使得方程 (6.10) 里的 $c_\pm$ 不同时为 0, 对于这些 Bloch 波驻波态, 必须满足 $\mathrm{e}^{\mathrm{i} k_2 N_2} - \mathrm{e}^{-\mathrm{i} k_2 N_2} = 0$.

这些由 $\hat{\psi}_n(\hat{\boldsymbol{k}}, \boldsymbol{x}; \tau_3)$ 进一步量子限域得到的方程 (6.1) 的 Bloch 波驻波态的解应当具有以下形式

$$
\bar{\psi}_{n,j_2}(\bar{\boldsymbol{k}}, \boldsymbol{x}; \tau_2, \tau_3) = \begin{cases} f_{n,k_1,k_2}(\boldsymbol{x}; \tau_2, \tau_3), & \boldsymbol{x} \text{ 在量子线里,} \\ 0, & \boldsymbol{x} \text{ 不在量子线里,} \end{cases} \tag{6.11}
$$

这里 $\bar{\boldsymbol{k}} = k_1 \bar{\boldsymbol{b}}_1$,

$$
\begin{aligned}
f_{n,k_1,k_2}(\boldsymbol{x}; \tau_2, \tau_3) = {}& c_{n,k_1,k_2;\tau_2} \hat{\psi}_n(k_1 \bar{\boldsymbol{b}}_1 + k_2 \hat{\boldsymbol{b}}_2, \boldsymbol{x}; \tau_3) \\
& + c_{n,k_1,-k_2;\tau_2} \hat{\psi}_n(k_1 \bar{\boldsymbol{b}}_1 - k_2 \hat{\boldsymbol{b}}_2, \boldsymbol{x}; \tau_3),
\end{aligned}
$$

$c_{n,k_1,\pm k_2;\tau_2}$ 依赖于 τ_2, 并且

$$
\kappa_2 = j_2\, \pi/N_2, \quad j_2 = 1, 2, \cdots, N_2 - 1, \tag{6.12}
$$

这里 j_2 是一个子能带指标. 这些 Bloch 波驻波态的能量由下式给出:

$$
\bar{\Lambda}_{n,j_2}(\bar{\boldsymbol{k}}; \tau_3) = \hat{\Lambda}_n(\bar{\boldsymbol{k}} + \kappa_2 \hat{\boldsymbol{b}}_2; \tau_3). \tag{6.13}
$$

每一个本征值 $\bar{\Lambda}_{n,j_2}(\bar{\boldsymbol{k}}; \tau_3)$ 依赖于 N_2 和 τ_3. 这些态是类表面态, 因为 $\hat{\psi}_n(\hat{\boldsymbol{k}}, \boldsymbol{x}; \tau_3)$ 在量子膜中是类表面态.

类似于 (5.33) 式, 由于有 (6.3), (6.8) 和 (6.13) 式, 一般说来, 在一个理想量子线中, 类棱态的能量总会高于一个相应类表面态的能量:

$$
\bar{\Lambda}_n(\bar{\boldsymbol{k}}; \tau_2, \tau_3) > \bar{\Lambda}_{n,j_2}(\bar{\boldsymbol{k}}; \tau_3). \tag{6.14}
$$

§6.3 $\hat{\psi}_{n,j_3}(\hat{\boldsymbol{k}}, \boldsymbol{x}; \tau_3)$ 的进一步量子限域

对于二维 Bloch 波 $\hat{\psi}_{n,j_3}(\hat{\boldsymbol{k}}, \boldsymbol{x}; \tau_3)$ 在 $\boldsymbol{a}_2$ 方向上的进一步量子限域效应, 可以类似地讨论. 每一个具有不同 j_3 的 $\hat{\psi}_{n,j_3}(\hat{\boldsymbol{k}}, \boldsymbol{x}; \tau_3)$ 会在 $\boldsymbol{a}_2$ 方向上独立地受到限域.[1]

假定 B' 是一个长方体形的平行六面体, 其表面在 $\boldsymbol{a}_1$, $\boldsymbol{a}_2$ 或量子膜表面方向[2] 并具有在 $x_3 = \tau_3$ 的矩形底表面和在 $x_3 = \tau_3 + N_3$ 的矩形顶表面, 前表面与 $\boldsymbol{a}_2$ 轴垂直相交于 $\tau_2\boldsymbol{a}_2$, 后表面与 $\boldsymbol{a}_2$ 轴垂直相交于 $(\tau_2+1)\boldsymbol{a}_2$, 左表面和右表面距离为 $|\boldsymbol{a}_1|$, 且垂直与 $\boldsymbol{a}_1$ 轴相交, 如图 6.2 所示. 函数组 $\bar{\phi}_{j_3}(\bar{\boldsymbol{k}}, \boldsymbol{x}; \tau_2, \tau_3)$ 的定义为: 其中的每一个函数在 B' 的底表面和顶表面为零, 且其行为在 $\boldsymbol{b}_3$ 方向如同 $\hat{\psi}_{j_3}(\hat{\boldsymbol{k}}, \boldsymbol{x}; \tau_3)$ 那样, 是波数为 $j_3/N_3 \, \pi|\boldsymbol{b}_3|$ 的 Bloch 波驻波态[3], 在 B' 的前表面和后表面为 0, 并且满足

$$\begin{cases} \bar{\phi}_{j_3}(\bar{\boldsymbol{k}}, \boldsymbol{x} + \boldsymbol{a}_1; \tau_2, \tau_3) = \mathrm{e}^{\mathrm{i}k_1}\bar{\phi}_{j_3}(\bar{\boldsymbol{k}}, \boldsymbol{x}; \tau_2, \tau_3), & -\pi < k_1 \leqslant \pi, \\ \bar{\phi}_{j_3}(\bar{\boldsymbol{k}}, \boldsymbol{x}; \tau_2, \tau_3) = 0, & \boldsymbol{x} \in \partial B_2' \cup \partial B_3'. \end{cases} \tag{6.15}$$

方程 (5.1) 在这样边条件下的本征值和本征函数可以表示成 $\bar{\lambda}_{n,j_3}(\bar{\boldsymbol{k}}; \tau_2)$ 和 $\bar{\phi}_{n,j_3}(\bar{\boldsymbol{k}}, \boldsymbol{x}; \tau_2, \tau_3)$ $(n = 0, \ 1, \ 2, \cdots)$.

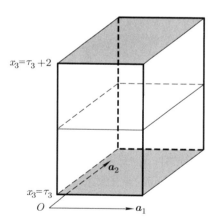

图 6.2 考虑 $\hat{\psi}_{n,j_3}(\hat{\boldsymbol{k}}, \boldsymbol{x}; \tau_3)$ 的量子限域的长方体形平行六面体 B'. 由 $x_3 = \tau_3$ 和 $x_3 = \tau_3 + N_3$ 所决定的 (此图中是 $N_3 = 2$ 的情况) 的两个阴影面 $\partial B_3'$ 是函数 $\hat{\psi}_{n,j_3}(\hat{\boldsymbol{k}}, \boldsymbol{x}; \tau_3)$ 在其上为零的两个面 (因此, $\boldsymbol{a}_3$ 的特定方向不再重要). 垂直相交 $\boldsymbol{a}_2$ 轴于 $\tau_2\boldsymbol{a}_2$ 和 $(\tau_2+1)\boldsymbol{a}_2$ 的 $\partial B_2'$ 的两个粗线框出的表面 (前表面和后表面) 是其上 $\bar{\phi}_{j_3}(\bar{\boldsymbol{k}}, \boldsymbol{x}; \tau_2, \tau_3)$ 被要求为零的两个边界面.

---

[1] 如在第五章所说, $\hat{\psi}_{n,j_3}(\hat{\boldsymbol{k}}, \boldsymbol{x}; \tau_3)$ 的存在的推理很大程度上是基于物理直觉, 而并非是建立在严格的数学基础上. 本节的结果只能看做是 5.4 节的推论, 而非严格的数学定理.

[2] 也就是说, 在 $\hat{\boldsymbol{b}}_1$, $\hat{\boldsymbol{b}}_2$ 或 $\boldsymbol{b}_3$ 方向.

[3] $\hat{\psi}_{j_3}(\hat{\boldsymbol{k}}, \boldsymbol{x}; \tau_3)$ 可以是不同 n 的 $\hat{\psi}_{n,j_3}(\hat{\boldsymbol{k}}, \boldsymbol{x}; \tau_3)$ 的线性组合.

对于每一个满足方程 (5.1) 由这一条件定义的本征值 $\bar{\lambda}_{n,j_3}(\bar{\boldsymbol{k}};\tau_2)$, 与定理 6.1 类似, 我们有以下的推论将其与 $\hat{\psi}_{n,j_3}(\hat{\boldsymbol{k}},\boldsymbol{x};\tau_3)$ 的本征值 $\hat{\Lambda}_{n,j_3}(\hat{\boldsymbol{k}})$ ((5.32)式) 相联系:

推论 6.2:

$$\bar{\lambda}_{n,j_3}(\bar{\boldsymbol{k}};\tau_2) \geqslant \hat{\Lambda}_{n,j_3}(\hat{\boldsymbol{k}}), \qquad (\bar{\boldsymbol{k}} - \hat{\boldsymbol{k}}) \cdot \boldsymbol{a}_1 = 0. \tag{6.16}$$

如同 (6.3) 式, 在 (6.16) 式里 $\hat{\boldsymbol{k}}$ 是在量子膜平面的波矢, 而 $\bar{\boldsymbol{k}}$ 是在量子线方向的波矢. 在 (6.16) 式里, $\hat{\boldsymbol{k}}$ 和 $\bar{\boldsymbol{k}}$ 在量子线的方向 ($\boldsymbol{a}_1$ 方向) 上有相同的分量, 即二维波矢 $\hat{\boldsymbol{k}}$ 是和一维波矢 $\bar{\boldsymbol{k}}$ 相关的.

在 $\hat{\psi}_{n,j_3}(\hat{\boldsymbol{k}},\boldsymbol{x};\tau_3)$ 确实存在的基础上, 推论 6.2 可用与定理 6.1 类似的办法证明, 因为具有不同 j_3 的 $\hat{\psi}_{n,j_3}(\hat{\boldsymbol{k}},\boldsymbol{x};\tau_3)$ 是互相正交的, 每个 $\hat{\psi}_{n,j_3}(\hat{\boldsymbol{k}},\boldsymbol{x};\tau_3)$ 在 $\boldsymbol{a}_2$ 方向上是独立受限的.

推论 6.2 与定理 6.1 类似; 源于定理 6.1 的二维 Bloch 波 $\hat{\psi}_n(\hat{\boldsymbol{k}},\boldsymbol{x};\tau_3)$ 在 $\boldsymbol{a}_2$ 方向限域的结果可以类似地用于二维 Bloch 波 $\hat{\psi}_{n,j_3}(\hat{\boldsymbol{k}},\boldsymbol{x};\tau_3)$ 在 $\boldsymbol{a}_2$ 方向的限域.

因为 $v(\boldsymbol{x} + \boldsymbol{a}_2) = v(\boldsymbol{x})$, 函数 $\bar{\phi}_{n,j_3}(\bar{\boldsymbol{k}},\boldsymbol{x};\tau_2,\tau_3)$ 有如下形式

$$\bar{\phi}_{n,j_3}(\bar{\boldsymbol{k}},\boldsymbol{x}+\boldsymbol{a}_2;\tau_2,\tau_3) = \mathrm{e}^{\mathrm{i}k_2}\bar{\phi}_{n,j_3}(\bar{\boldsymbol{k}},\boldsymbol{x};\tau_2,\tau_3), \tag{6.17}$$

其中 k_2 是一个实数或有一个非零虚部的复数.

如果在 (6.17) 式里 k_2 是实数, 则 $\bar{\phi}_{n,j_3}(\bar{\boldsymbol{k}},\boldsymbol{x};\tau_2,\tau_3)$ 是一个 $\hat{\psi}_{n',j_3}(\hat{\boldsymbol{k}},\boldsymbol{x};\tau_3)$. 按照推论 6.2, 一个 $\hat{\psi}_{n',j_3}(\hat{\boldsymbol{k}},\boldsymbol{x};\tau_3)$ 不可能是一个 $\bar{\phi}_{n,j_3}(\bar{\boldsymbol{k}},\boldsymbol{x};\tau_2,\tau_3)$, 除非在某些特殊情况下当 $\hat{\psi}_{n',j_3}(\hat{\boldsymbol{k}},\boldsymbol{x};\tau_3)$ 有一个节面与 $\boldsymbol{a}_2$ 轴相交于 $\tau_2\boldsymbol{a}_2$. 因此, (6.17) 式中的 k_2 只有在这样的情况下才是实数, 在大部分情况下是具有非零虚部的复数.

在 (6.17) 式里的 k_2 的虚部可正可负, 对应于 $\bar{\phi}_{n,j_3}(\bar{\boldsymbol{k}},\boldsymbol{x};\tau_2,\tau_3)$ 在 $\boldsymbol{a}_2$ 的正方向或负方向上衰减. 这样一些 k_2 具有非零虚部的态 $\bar{\phi}_{n,j_3}(\bar{\boldsymbol{k}},\boldsymbol{x};\tau_2,\tau_3)$ 不可能存在于具有二维平移不变性的量子膜中, 因为它们在 $\boldsymbol{a}_2$ 的负方向或正方向上发散, 但是它们可以在 $\boldsymbol{a}_2$ 方向只有有限尺度的量子线中起着重要的作用.

二维 Bloch 波 $\hat{\psi}_{n,j_3}(\hat{\boldsymbol{k}},\boldsymbol{x};\tau_3)$ 在 $\boldsymbol{a}_2$ 方向的量子限域将在量子线中产生方程 (6.1) 的两种不同类型的解.

一种类型的非平凡解可以由 (6.17) 式得到, 是

$$\bar{\psi}_{n,j_3}(\bar{\boldsymbol{k}},\boldsymbol{x};\tau_2,\tau_3) = \begin{cases} c_{N_2,N_3}\bar{\phi}_{n,j_3}(\bar{\boldsymbol{k}},\boldsymbol{x};\tau_2,\tau_3), & \boldsymbol{x} \text{ 在量子线内}, \\ 0, & \boldsymbol{x} \text{ 不在量子线内}. \end{cases} \tag{6.18}$$

这里 c_{N_2,N_3} 是归一化常数; 相应的本征值

$$\bar{\Lambda}_{n,j_3}(\bar{\boldsymbol{k}};\tau_2) = \bar{\lambda}_{n,j_3}(\bar{\boldsymbol{k}};\tau_2) \tag{6.19}$$

依赖于 τ_2 和 N_3. 推论 6.2 的一个结果就是对于每一个体能带 n, 每一个 j_3 和每一个波矢 $\bar{\boldsymbol{k}}$, 总有一个方程 (6.1) 的解 (6.18). 这是一个类表面态, 因为在大部分情况下 $\bar{\phi}_{n,j_3}(\bar{\boldsymbol{k}}, \boldsymbol{x}; \tau_2, \tau_3)$ 在 $\boldsymbol{a}_2$ 的正方向或负方向上衰减.

下面我们再来求由 $\hat{\psi}_{n,j_3}(\hat{\boldsymbol{k}}, \boldsymbol{x}; \tau_3)$ 的进一步量子限域所产生的方程 (6.1) 的其他解. 我们可以期待在 $\boldsymbol{a}_2$ 方向存在着由于 $\hat{\psi}_{n,j_3}(\hat{\boldsymbol{k}}, \boldsymbol{x}; \tau_3)$ 在垂直于相交于 $\boldsymbol{a}_2$ 轴的两个边界面之间多次反射而形成的 Bloch 波驻波态.

在第五章中我们讨论的许多量子膜中,

$$\hat{\Lambda}_{n,j_3}(k_1\bar{\boldsymbol{b}}_1 + k_2\hat{\boldsymbol{b}}_2) = \hat{\Lambda}_{n,j_3}(k_1\bar{\boldsymbol{b}}_1 - k_2\hat{\boldsymbol{b}}_2) \tag{6.20}$$

成立, 因此一般说来, 当 $c_\pm$ 不为零时,

$$\begin{aligned} f_{n,k_1,k_2,j_3}(\boldsymbol{x}; \tau_3) &= c_+\hat{\psi}_{n,j_3}(k_1\bar{\boldsymbol{b}}_1 + k_2\hat{\boldsymbol{b}}_2, \boldsymbol{x}; \tau_3) \\ &\quad + c_-\hat{\psi}_{n,j_3}(k_1\bar{\boldsymbol{b}}_1 - k_2\hat{\boldsymbol{b}}_2, \boldsymbol{x}; \tau_3), \quad 0 < k_2 < \pi \end{aligned}$$

是方程 (5.1) 的非平凡解. 由 (5.31) 式容易看到, $f_{n,k_1,k_2,j_3}(\boldsymbol{x}; \tau_3)$ 是一个在量子线方向波矢为 $\bar{\boldsymbol{k}} = k_1\bar{\boldsymbol{b}}_1$ 的一维 Bloch 波:

$$f_{n,k_1,k_2,j_3}(\boldsymbol{x} + \boldsymbol{a}_1; \tau_3) = e^{ik_1} f_{n,k_1,k_2,j_3}(\boldsymbol{x}; \tau_3), \quad -\pi < k_1 \leqslant \pi,$$

要成为方程 (6.1) 的一个解, 函数 $f_{n,k_1,k_2,j_3}(\boldsymbol{x}; \tau_3)$ 必须在量子线的前后表面为零. 把量子线的前表面方程写成 $x_2 = x_{2,\mathrm{f}}(x_1, x_3)$, 后表面的方程写成 $x_2 = x_{2,\mathrm{r}}(x_1, x_3)$, 我们应该得到

$$\begin{aligned} &c_+\hat{\psi}_{n,j_3}[k_1\bar{\boldsymbol{b}}_1 + k_2\hat{\boldsymbol{b}}_2, \boldsymbol{x} \in x_{2,\mathrm{f}}(x_1, x_3); \tau_3] \\ &\quad + c_-\hat{\psi}_{n,j_3}[k_1\bar{\boldsymbol{b}}_1 - k_2\hat{\boldsymbol{b}}_2, \boldsymbol{x} \in x_{2,\mathrm{f}}(x_1, x_3); \tau_3] = 0, \\ &c_+\hat{\psi}_{n,j_3}[k_1\bar{\boldsymbol{b}}_1 + k_2\hat{\boldsymbol{b}}_2, \boldsymbol{x} \in x_{2,\mathrm{r}}(x_1, x_3); \tau_3] \\ &\quad + c_-\hat{\psi}_{n,j_3}[k_1\bar{\boldsymbol{b}}_1 - k_2\hat{\boldsymbol{b}}_2, \boldsymbol{x} \in x_{2,\mathrm{r}}(x_1, x_3); \tau_3] = 0. \end{aligned}$$

因为 $x_{2,\mathrm{r}}(x_1, x_3) = x_{2,\mathrm{f}}(x_1, x_3) + N_2$, 根据 (5.31) 式我们有

$$\begin{aligned} &\hat{\psi}_{n,j_3}[k_1\bar{\boldsymbol{b}}_1 + k_2\hat{\boldsymbol{b}}_2, \boldsymbol{x} \in x_{2,\mathrm{r}}(x_1, x_3); \tau_3] \\ &\qquad = e^{ik_2 N_2}\hat{\psi}_{n,j_3}[k_1\bar{\boldsymbol{b}}_1 + k_2\hat{\boldsymbol{b}}_2, \boldsymbol{x} \in x_{2,\mathrm{f}}(x_1, x_3); \tau_3] \end{aligned}$$

和

$$\begin{aligned} &\hat{\psi}_{n,j_3}[k_1\bar{\boldsymbol{b}}_1 - k_2\hat{\boldsymbol{b}}_2, \boldsymbol{x} \in x_{2,\mathrm{r}}(x_1, x_3); \tau_3] \\ &\qquad = e^{-ik_2 N_2}\hat{\psi}_{n,j_3}[k_1\bar{\boldsymbol{b}}_1 - k_2\hat{\boldsymbol{b}}_2, \boldsymbol{x} \in x_{2,\mathrm{f}}(x_1, x_3); \tau_3], \end{aligned}$$

所以要使得 $c_\pm$ 不同时为零, 这些 Bloch 波驻波态必须满足 $e^{ik_2N_2} - e^{-ik_2N_2} = 0$.

因此, 这些由 $\hat{\psi}_{n,j_3}(\hat{\boldsymbol{k}}, \boldsymbol{x}; \tau_3)$ 的量子限域得到的方程 (6.1) 的 Bloch 波驻波态解应该有以下的形式:

$$\bar{\psi}_{n,j_2,j_3}(\bar{\boldsymbol{k}}, \boldsymbol{x}; \tau_2, \tau_3) = \begin{cases} f_{n,k_1,\kappa_2,j_3}(\boldsymbol{x}; \tau_2, \tau_3), & \boldsymbol{x} \text{ 在量子线内}, \\ 0, & \boldsymbol{x} \text{ 不在量子线内}. \end{cases} \quad (6.21)$$

这里

$$\begin{aligned} f_{n,k_1,k_2,j_3}(\boldsymbol{x}; \tau_2, \tau_3) = {} & c_{n,k_1,k_2,j_3;\tau_2} \hat{\psi}_{n,j_3}(k_1\bar{\boldsymbol{b}}_1 + k_2\hat{\boldsymbol{b}}_2, \boldsymbol{x}; \tau_3) \\ & + c_{n,k_1,-k_2,j_3;\tau_2} \hat{\psi}_{n,j_3}(k_1\bar{\boldsymbol{b}}_1 - k_2\hat{\boldsymbol{b}}_2, \boldsymbol{x}; \tau_3), \end{aligned}$$

$c_{n,k_1,\pm k_2,j_3;\tau_2}$ 依赖于 τ_2, 并且

$$\kappa_2 = j_2\,\pi/N_2, \quad j_2 = 1, 2, \cdots, N_2 - 1,$$

j_2 是一个子能带指标, 和 (6.12) 式里一样. 这些满足方程 (6.1) 的 Bloch 波驻波态解 $\bar{\psi}_{n,j_2,j_3}(\bar{\boldsymbol{k}}, \boldsymbol{x}; \tau_2, \tau_3)$ 的能量是

$$\bar{\varLambda}_{n,j_2,j_3}(\bar{\boldsymbol{k}}) = \hat{\varLambda}_{n,j_3}(\bar{\boldsymbol{k}} + \kappa_2\hat{\boldsymbol{b}}_2). \quad (6.22)$$

在这种情况下, 每一个态的能量 $\bar{\varLambda}_{n,j_2,j_3}(\bar{\boldsymbol{k}})$ 依赖于 N_2 和 N_3, 也就是量子线的尺度. 对于每一个 n 和 $\bar{\boldsymbol{k}}$, 在量子线里存在 $(N_2-1)(N_3-1)$ 个这样的 Bloch 波驻波态. 它们的能量与 $\hat{\varLambda}_{n,j_3}(\bar{\boldsymbol{k}})$ 完全重合, 因而也由 (5.32) 式与相应的体能带 $\varepsilon_n(\boldsymbol{k})$ 完全重合: $\bar{\varLambda}_{n,j_2,j_3}(\bar{\boldsymbol{k}}) = \hat{\varLambda}_{n,j_3}(\bar{\boldsymbol{k}} + \kappa_2\hat{\boldsymbol{b}}_2) = \varepsilon_n(\bar{\boldsymbol{k}} + \kappa_2\hat{\boldsymbol{b}}_2 + \kappa_3\boldsymbol{b}_3)$. 因此, $\bar{\psi}_{n,j_2,j_3}(\bar{\boldsymbol{k}}, \boldsymbol{x}; \tau_2, \tau_3)$ 可以被认为是量子线中的类体态.

类似于 (6.14) 式, 因为 (6.16), (6.19) 和 (6.22) 式, 一般说来, 由于 $\hat{\psi}_{n,j_3}(\hat{\boldsymbol{k}}, \boldsymbol{x}; \tau_3)$ 的量子限域效应, 在一个理想量子线中, 类表面态的能量和相应的类体态的能量之间存在如下关系

$$\bar{\varLambda}_{n,j_3}(\bar{\boldsymbol{k}}; \tau_2) > \bar{\varLambda}_{n,j_2,j_3}(\bar{\boldsymbol{k}}). \quad (6.23)$$

因此, 由于二维 Bloch 波 $\hat{\psi}_n(\hat{\boldsymbol{k}}, \boldsymbol{x}; \tau_3)$ 和 $\hat{\psi}_{n,j_3}(\hat{\boldsymbol{k}}, \boldsymbol{x}; \tau_3)$ 的进一步量子限域效应, 每一种类型的二维 Bloch 波都会在理想量子线中产生两种不同类型的一维 Bloch 波. 一个在 $\boldsymbol{a}_3$ 方向上的厚度为 N_3 层, 底面为 $\tau_3\boldsymbol{a}_3$ 的量子膜进一步在 $\boldsymbol{a}_2$ 方向被两个由 $x_2 = \tau_2$ 和 $x_2 = (\tau_2 + N_2)$ 确定的边界面所限域而形成的矩形截面的量子线中存在以下四种电子态:

(1) 每个 (6.7) 式里的电子态 $\bar{\psi}_n(\bar{\boldsymbol{k}}, \boldsymbol{x}; \tau_2, \tau_3)$ 的能量 $\bar{\varLambda}_n(\bar{\boldsymbol{k}}; \tau_2, \tau_3)$ ((6.8) 式) 依赖于 τ_2 和 τ_3. 这些态是类棱态. 尽管一个矩形截面的量子线总是有四条棱, 对应于每一个体能带 n 和每一个 $\bar{\boldsymbol{k}}$, 在量子线中只有一个这样的类棱态.

(2) 每个 (6.11) 式里的电子态 $\bar{\psi}_{n,j_2}(\bar{\boldsymbol{k}}, \boldsymbol{x}; \tau_2, \tau_3)$ 的能量 $\bar{\Lambda}_{n,j_2}(\bar{\boldsymbol{k}}; \tau_3)$ ((6.13) 式) 依赖于 N_2 和 τ_3. 这些态的能量与量子膜中类表面态的子能带 $\hat{\Lambda}_n(\hat{\boldsymbol{k}}; \tau_3)$ 完全相符. 这些态是类表面态; 对应于每一个体能带 n 和每一个 $\bar{\boldsymbol{k}}$, 在量子线中存在 $N_2 - 1$ 个这样的态.

(3) 每个 (6.18) 式里的电子态 $\bar{\psi}_{n,j_3}(\bar{\boldsymbol{k}}, \boldsymbol{x}; \tau_2, \tau_3)$ 的能量 $\bar{\Lambda}_{n,j_3}(\bar{\boldsymbol{k}}; \tau_2)$ ((6.19) 式) 依赖于 N_3 和 τ_2. 这些态也是类表面态; 对应于每一个体能带 n 和每一个 $\bar{\boldsymbol{k}}$, 在量子线中存在着 $N_3 - 1$ 个这样的态.

(4) 每个 (6.21) 式里的电子态 $\bar{\psi}_{n,j_2,j_3}(\bar{\boldsymbol{k}}, \boldsymbol{x}; \tau_2, \tau_3)$ 的能量 $\bar{\Lambda}_{n,j_2,j_3}(\bar{\boldsymbol{k}})$ ((6.22) 式) 依赖于 N_2 和 N_3. 这些态的能量与体能带 $\varepsilon_n(\boldsymbol{k})$ 完全相符. 这些态是类体态; 对应于每一个体能带 n 和每一个 $\bar{\boldsymbol{k}}$, 在量子线中存在 $(N_2 - 1)(N_3 - 1)$ 个这样的态.

我们又一次看到, 在一个新的方向上进一步受到量子限域的结果实际上是对应于每一个由第五章中得到的量子膜电子态的每一个子能带**总是产生一个并且只有一个**依赖于边界的亚子能带; 而所有其他态的能量可以或者由量子膜的类表面能带结构 $\hat{\Lambda}_n(\hat{\boldsymbol{k}}; \tau_3)$ ((6.13) 式) 确定, 或者由 $\hat{\Lambda}_{n,j_3}(\hat{\boldsymbol{k}})$ ((6.22) 式) (它又源于晶体能带结构 $\varepsilon_n(\boldsymbol{k})$ 即 (5.32) 式) 确定. 一般说来, 依赖于边界的电子态, 其能量总是高于相应的依赖于尺寸的电子态的能量.

在 6.2 和 6.3 节中的结果是通过一个特定的量子限域顺序得到的. 为了获得对理想量子线中电子态的更全面的认识, 我们还必须考虑两种不同限域顺序的结果.

§6.4　具有简单立方、四角或正交 Bravais 格子的晶体的量子线

我们预期本章的理论能够应用的最简单的情况应该是具有简单立方、四角或正交的 Bravais 格子的晶体的矩形截面量子线, 其中 (5.17), (6.9) 和 (6.20) 式都满足. 在这些晶体中, 三个晶格基矢 $\boldsymbol{a}_1$, $\boldsymbol{a}_2$ 和 $\boldsymbol{a}_3$ 相互垂直并且等价, 因此在 k 空间里的三个基矢 $\boldsymbol{b}_1$, $\boldsymbol{b}_2$ 和 $\boldsymbol{b}_3$ 也相互垂直并且等价. 这样一个在 $\boldsymbol{a}_1$ 方向的量子线可以看做是由 $\boldsymbol{a}_1$ 和 $\boldsymbol{a}_2$ 确定膜平面的量子膜进一步在 $\boldsymbol{a}_2$ 方向受限, 如我们前面所讨论的; 等价地, 它也可以被看做是一个由 $\boldsymbol{a}_1$ 和 $\boldsymbol{a}_3$ 确定膜平面的量子膜进一步在 $\boldsymbol{a}_3$ 方向受限. 如果我们用后一种办法考虑量子线中的电子态, 就会得到

$$\bar{\psi}_{n,j_3}(\bar{\boldsymbol{k}}, \boldsymbol{x}; \tau_2, \tau_3) = \begin{cases} f_{n,k_1,\kappa_3}(\boldsymbol{x}; \tau_2, \tau_3), & \boldsymbol{x} \text{ 在量子线内,} \\ 0, & \boldsymbol{x} \text{ 不在量子线内} \end{cases} \tag{6.24}$$

以取代 (6.18) 式, 这里 $\bar{\boldsymbol{k}} = k_1\bar{\boldsymbol{b}}_1$ 并且

$$f_{n,k_1,k_3}(\boldsymbol{x}; \tau_2, \tau_3) = c_{n,k_1,k_3;\tau_3}\hat{\psi}_n(k_1\bar{\boldsymbol{b}}_1 + k_3\boldsymbol{b}_3, \boldsymbol{x}; \tau_2)$$
$$+ c_{n,k_1,-k_3;\tau_3}\hat{\psi}_n(k_1\bar{\boldsymbol{b}}_1 - k_3\boldsymbol{b}_3, \boldsymbol{x}; \tau_2),$$

$c_{n,k_1,\pm k_3;\tau_3}$ 依赖于 τ_3 和 κ_3, 而 j_3 由 (5.21) 式给出. 方程 (6.24) 给出了量子线中的类表面态 $\bar{\psi}_{n,j_3}(\bar{\boldsymbol{k}}, \boldsymbol{x}; \tau_2, \tau_3)$ 与由 $\boldsymbol{a}_1$ 和 $\boldsymbol{a}_3$ 确定膜平面的量子膜里的类表面态 $\hat{\psi}_n(\hat{\boldsymbol{k}}, \boldsymbol{x}; \tau_2)$ 之间更为明确的关系. 相应地, 可以得到

$$\bar{\Lambda}_{n,j_3}(\bar{\boldsymbol{k}}; \tau_2) = \hat{\Lambda}_n(\bar{\boldsymbol{k}} + \kappa_3 \boldsymbol{b}_3; \tau_2) \tag{6.25}$$

以取代 (6.19) 式. 方程 (6.25) 给出了量子线中的类表面子能带 $\bar{\Lambda}_{n,j_3}(\bar{\boldsymbol{k}}; \tau_2)$ 与由 $\boldsymbol{a}_1$ 和 $\boldsymbol{a}_3$ 确定的膜平面的量子膜里的类表面子能带 $\hat{\Lambda}_n(\hat{\boldsymbol{k}}; \tau_2)$ 之间更为明确的关系.

类似于 (6.14) 和 (6.23) 式, 我们可以得到

$$\bar{\Lambda}_n(\bar{\boldsymbol{k}}; \tau_2, \tau_3) > \bar{\Lambda}_{n,j_3}(\bar{\boldsymbol{k}}; \tau_2) \tag{6.26}$$

和

$$\bar{\Lambda}_{n,j_2}(\bar{\boldsymbol{k}}; \tau_3) > \bar{\Lambda}_{n,j_2,j_3}(\bar{\boldsymbol{k}}). \tag{6.27}$$

因此, 对于一个具有简单立方、四角或正交 Bravais 格子的晶体的理想量子线, 如果在 $\boldsymbol{a}_2$ 方向上的两个边界面由 τ_2 确定且相隔 $N_2 \boldsymbol{a}_2$, 在 $\boldsymbol{a}_3$ 方向上两个边界面由 τ_3 确定且相隔 $N_3 \boldsymbol{a}_3$, 则对应于每一个体能带 n, 有如下的子能带:

(1) 存在一个类棱子能带, 其能量为

$$\bar{\Lambda}_n(\bar{\boldsymbol{k}}; \tau_2, \tau_3) = \bar{\lambda}_n(\bar{\boldsymbol{k}}; \tau_2, \tau_3), \tag{6.28}$$

由 (6.8) 式得到;

(2) $(N_3 - 1)$ 个类表面子能带, 其能量为

$$\bar{\Lambda}_{n,j_3}(\bar{\boldsymbol{k}}; \tau_2) = \hat{\Lambda}_n\left(\bar{\boldsymbol{k}} + \frac{j_3 \pi}{N_3} \boldsymbol{b}_3; \tau_2\right), \tag{6.29}$$

由 (6.25) 和 (5.32) 式得到;

(3) $(N_2 - 1)$ 个表面子能带, 其能量为

$$\bar{\Lambda}_{n,j_2}(\bar{\boldsymbol{k}}; \tau_3) = \hat{\Lambda}_n\left(\bar{\boldsymbol{k}} + \frac{j_2 \pi}{N_2} \boldsymbol{b}_2; \tau_3\right), \tag{6.30}$$

由 (6.13) 和 (6.12) 式得到;

(4) $(N_2 - 1)(N_3 - 1)$ 个类体子能带, 其能量为

$$\bar{\Lambda}_{n,j_2,j_3}(\bar{\boldsymbol{k}}) = \varepsilon_n\left(\bar{\boldsymbol{k}} + \frac{j_2 \pi}{N_2} \boldsymbol{b}_2 + \frac{j_3 \pi}{N_3} \boldsymbol{b}_3\right), \tag{6.31}$$

由 (6.22) 和 (5.32) 式得到. 这里 $j_2 = 1, 2, \cdots, N_2 - 1$ 而 $j_3 = 1, 2, \cdots, N_3 - 1$. $\bar{\boldsymbol{k}}$ 是量子线方向的波矢; 而 $\hat{\Lambda}_n(\hat{\boldsymbol{k}}; \tau_3)$ 是平面由 $\boldsymbol{a}_1$ 和 $\boldsymbol{a}_2$ 确定, 平面内波矢为 $\hat{\boldsymbol{k}}$ 的量子

膜的类表面能带结构, $\hat{\Lambda}_n(\hat{\boldsymbol{k}}; \tau_2)$ 是平面由 $\boldsymbol{a}_1$ 和 $\boldsymbol{a}_3$ 确定, 平面内波矢为 $\hat{\boldsymbol{k}}$ 的量子膜的类表面能带结构.

对于同一个量子线中的具有相同体能带指标 n 和波矢 $\bar{\boldsymbol{k}}$ 的电子态能量, 分别由 (6.14), (6.26), (6.23), (6.27) 式可以得到以下的关系:

$$\bar{\Lambda}_n(\bar{\boldsymbol{k}}; \tau_2, \tau_3) > \bar{\Lambda}_{n,j_2}(\bar{\boldsymbol{k}}; \tau_3),$$

$$\bar{\Lambda}_n(\bar{\boldsymbol{k}}; \tau_2, \tau_3) > \bar{\Lambda}_{n,j_3}(\bar{\boldsymbol{k}}; \tau_2),$$

$$\bar{\Lambda}_{n,j_3}(\bar{\boldsymbol{k}}; \tau_2) > \bar{\Lambda}_{n,j_2,j_3}(\bar{\boldsymbol{k}}),$$

$$\bar{\Lambda}_{n,j_2}(\bar{\boldsymbol{k}}; \tau_3) > \bar{\Lambda}_{n,j_2,j_3}(\bar{\boldsymbol{k}}).$$

然而, 在实际上更有意义的情况可能是具有面心立方或体心立方 Bravais 格子的晶体的量子线, 其中 (5.24), (6.9) 和 (6.20) 式是满足的. 对于这些晶体而言, 如在 5.6 节我们所看到过的, 晶格基矢的选择取决于量子膜的方向. 下面我们将根据我们已经得到的结果试图来预言这样的量子线中的电子态的行为.

§6.5 具有面心立方 Bravais 格子的晶体, 表面为 (110) 和 (001) 面的量子线

对于一个具有面心立方 Bravais 格子的晶体, 表面为 (110) 和 (001) 面的 $[1\bar{1}0]$ 方向的量子线, 其截面是 $N_{110}a/\sqrt{2} \times N_{001}a$ 的矩形 (这里 N_{110} 和 N_{001} 是两个正整数). 这样一个量子线中的电子态可以看做是 5.6.1 小节中讨论过的厚度为 $N_{001}a$ 的 (001) 面心立方晶体的量子膜进一步被两个 (110) 边界面限域所得到的电子态; 它们也可以等价地被看做是一个 5.6.2 小节中讨论过的厚度为 $N_{110}a/\sqrt{2}$ 的面心立方晶体的 (110) 量子膜进一步被两个 (001) 边界面所限域而得到的电子态.

6.5.1 由面心立方晶体的 (001) 量子膜被两个 (110) 边界面限域而得到的量子线

对于一个由面心立方晶体的 (001) 量子膜进一步被两个 (110) 面限域而得到的量子线, 我们从一个厚度为 $N_{001}a$ 的 (001) 面心立方晶体的量子膜开始, 按 (5.34) 式取晶格基矢为:

$$\begin{cases} \boldsymbol{a}_1 = a/2\,(1, -1, 0), \\ \boldsymbol{a}_2 = a/2\,(1, 1, 0), \\ \boldsymbol{a}_3 = a/2\,(1, 0, 1), \end{cases}$$

这样

$$
\begin{cases}
\boldsymbol{b}_1 = 1/a\,(1, -1, -1), \\
\boldsymbol{b}_2 = 1/a\,(1, 1, -1), \\
\boldsymbol{b}_3 = 1/a\,(0, 0, 2).
\end{cases}
$$

相应地，

$$
\hat{\boldsymbol{b}}_1 = 1/a(1, -1, 0), \quad \hat{\boldsymbol{b}}_2 = 1/a(1, 1, 0).
$$

这里 a 是晶格常数.

现在我们有一个 $N_3 = 2N_{001}$ 的 (001) 量子膜. 从 5.6.1 小节中的结果, 我们知道在这样一个量子膜中, 对应每一个体能带, 存在一个类表面子能带, 其能量为

$$
\hat{\Lambda}_n(k_1\hat{\boldsymbol{b}}_1 + k_2\hat{\boldsymbol{b}}_2; \tau_{001}) = \hat{\lambda}_n(k_1\hat{\boldsymbol{b}}_1 + k_2\hat{\boldsymbol{b}}_2; \tau_{001}),
$$

由 (5.14) 式得到 (因为现在 $\tau_3 = \tau_{001}$)；以及 $2N_{001} - 1$ 个类体子能带, 其能量为

$$
\hat{\Lambda}_{n,j_3}(k_1\hat{\boldsymbol{b}}_1 + k_2\hat{\boldsymbol{b}}_2) = \varepsilon_n\left[k_1\hat{\boldsymbol{b}}_1 + k_2\hat{\boldsymbol{b}}_2 + \frac{j_3\pi}{N_{001}a}(0, 0, 1) \right],
$$

这里

$$
j_3 = 1, 2, \cdots, 2N_{001} - 1,
$$

由 (5.35) 式得到. $\hat{\boldsymbol{k}} = k_1\hat{\boldsymbol{b}}_1 + k_2\hat{\boldsymbol{b}}_2$ 是在 (001) 平面内的一个波矢.

然后我们再考虑面心立方晶体的 (001) 量子膜进一步被两个相距为 $N_{110}a/\sqrt{2}$ 的 (110) 界面限域, 成为一个在 [1, –1, 0] 方向的量子线. 这时 $k_1\bar{\boldsymbol{k}} = k_1\hat{\boldsymbol{b}}_1$ 在 [1, –1, 0] 方向.

面心立方晶体的 (001) 量子膜中的类体态 $\hat{\psi}_{n,j_3}(\hat{\boldsymbol{k}}, \boldsymbol{x}; \tau_3)$ 的能量 $\hat{\Lambda}_{n,j_3}(\hat{\boldsymbol{k}})$ 满足 (6.20) 式: $\hat{\Lambda}_{n,j_3}(k_1\bar{\boldsymbol{b}}_1 + k_2\hat{\boldsymbol{b}}_2) = \hat{\Lambda}_{n,j_3}(k_1\bar{\boldsymbol{b}}_1 - k_2\hat{\boldsymbol{b}}_2)$. 我们也预期在面心立方晶体 (001) 量子膜中的类表面态 $\hat{\psi}_n(\hat{\boldsymbol{k}}, \boldsymbol{x}; \tau_{001})$ 的能量 $\hat{\Lambda}_n(\hat{\boldsymbol{k}}; \tau_{001})$ 满足 (6.9) 式: $\hat{\Lambda}_n(k_1\bar{\boldsymbol{b}}_1 + k_2\hat{\boldsymbol{b}}_2; \tau_{001}) = \hat{\Lambda}_n(k_1\bar{\boldsymbol{b}}_1 - k_2\hat{\boldsymbol{b}}_2; \tau_{001})$[1]. 所以 6.2 节和 6.3 节的结果可用. 现在我们有 $N_2 = N_{110}$ 和 $\tau_2 = \tau_{110}$. 因此, 对应于每一个体能带, 在量子线中存在四组不同的一维 Bloch 波.

根据 (6.8) 式, 对应于每一个体能带 n, 在量子线中存在一个类棱子能带 (用上角标 eg 表示), 其能量为

$$
\bar{\Lambda}_n^{\mathrm{eg}}(\bar{\boldsymbol{k}}; \tau_{110}, \tau_{001}) = \bar{\lambda}_n(\bar{\boldsymbol{k}}; \tau_{110}, \tau_{001}). \tag{6.32}
$$

---

[1] 见 5.6.1 小节.

这里 $\bar{k}$ 是一个在量子线方向 (a_1 方向) 的波矢.

根据 (6.13) 式, 由于 (001) 边界面的存在, 对应于每一个体能带 n, 在量子线中存在 $N_{110} - 1$ 个类表面子能带 (用上角标 sf,a 表示), 其能量为

$$\bar{\Lambda}_{n,j_{110}}^{\mathrm{sf,a}}(\bar{k}; \tau_{001}) = \hat{\Lambda}_n \left[\bar{k} + \frac{j_{110}\pi}{N_{110}a} (1,1,0); \tau_{001} \right]. \tag{6.33}$$

这里

$$j_{110} = 1, 2, \cdots, N_{110} - 1. \tag{6.34}$$

由于 (6.19) 式, 对应于每一个体能带 n, 由于 (110) 界面的存在, 在量子线中会有 $2N_{001} - 1$ 个类表面子能带, 其能量为

$$\bar{\Lambda}_{n,j_3}(\bar{k}; \tau_{110}) = \bar{\lambda}_{n,j_3}(\bar{k}; \tau_{110}). \tag{6.35}$$

而

$$j_3 = 1, 2, \cdots, 2N_{001} - 1,$$

定义

$$j_{001} = \begin{cases} j_3, & \text{如果 } j_3 < N_{001}, \\ 2N_{001} - j_3, & \text{如果 } j_3 > N_{001}, \end{cases} \tag{6.36}$$

这里

$$j_{001} = 1, 2, \cdots, N_{001} - 1. \tag{6.37}$$

按照 (6.36) 式, 这 $2N_{001} - 1$ 个类表面子能带 (用上角标 sf 表示) 又可以分成三组, 它们是:

(1) 量子线中的 $N_{001} - 1$ 个类表面子能带, 其能量为

$$\bar{\Lambda}_{n,j_{001}}^{\mathrm{sf,1}}(\bar{k}; \tau_{110}) = \bar{\lambda}_{n,j_{001}}(\bar{k}; \tau_{110}); \tag{6.35a}$$

(2) 量子线中的一个类表面子能带, 其能量为

$$\bar{\Lambda}_{n,N_{001}}^{\mathrm{sf,2}}(\bar{k}; \tau_{110}) = \bar{\lambda}_{n,N_{001}}(\bar{k}; \tau_{110}); \tag{6.35b}$$

(3) 量子线中的 $N_{001} - 1$ 个类表面子能带, 其能量为

$$\bar{\Lambda}_{n,j_{001}}^{\mathrm{sf,3}}(\bar{k}; \tau_{110}) = \bar{\lambda}_{n,2N_{001} - j_{001}}(\bar{k}; \tau_{110}). \tag{6.35c}$$

由 (6.22) 式, 对于每一个体能带 n, 在量子线中存在着 $(N_{110} - 1)(2N_{001} - 1)$ 个类体子能带, 其能量为

$$\bar{\Lambda}_{n,j_{110},j_3}(\bar{\boldsymbol{k}}) = \varepsilon_n\left[\bar{\boldsymbol{k}} + \frac{j_{110}\pi}{N_{110}a}\,(1,1,0) + \frac{j_3\pi}{N_{001}a}\,(0,0,1)\right], \tag{6.38}$$

这些量子线在 (6.38) 式里的 $(N_{110} - 1)(2N_{001} - 1)$ 个类体子能带可以按 (6.36) 式分成如下的三组:

(1) 量子线中的 $(N_{110} - 1)(N_{001} - 1)$ 个类体子能带, 用上角标 bk,a 表示, 其能量是

$$\bar{\Lambda}_{n,j_{110},j_{001}}^{\mathrm{bk,a}}(\bar{\boldsymbol{k}}) = \varepsilon_n\left[\bar{\boldsymbol{k}} + \frac{j_{110}\pi}{N_{110}a}\,(1,1,0) + \frac{j_{001}\pi}{N_{001}a}\,(0,0,1)\right]; \tag{6.38a}$$

(2) 量子线中的 $(N_{110} - 1)$ 个类体子能带, 用上角标 bk,b 表示, 其能量是

$$\bar{\Lambda}_{n,j_{110}}^{\mathrm{bk,b}}(\bar{\boldsymbol{k}}) = \varepsilon_n\left[\bar{\boldsymbol{k}} + \frac{j_{110}\pi}{N_{110}a}\,(1,1,0) + \frac{\pi}{a}\,(0,0,1)\right]; \tag{6.38b}$$

(3) 量子线中的 $(N_{110} - 1)(N_{001} - 1)$ 个类体子能带, 用上角标 bk,c 表示, 其能量是[①]

$$\begin{aligned}\bar{\Lambda}_{n,j_{110},j_{001}}^{\mathrm{bk,c}}(\bar{\boldsymbol{k}}) &= \varepsilon_n\left[\bar{\boldsymbol{k}} + \frac{j_{110}\pi}{N_{110}a}\,(1,1,0) - \frac{j_{001}\pi}{N_{001}a}\,(0,0,1) + \frac{2\pi}{a}\,(0,0,1)\right] \\ &= \varepsilon_n\left[\bar{\boldsymbol{k}} + \frac{j_{110}\pi}{N_{110}a}\,(1,1,0) + \frac{j_{001}\pi}{N_{001}a}\,(0,0,1) + \frac{2\pi}{a}\,(0,0,1)\right].\end{aligned}$$

$$\tag{6.38c}$$

6.5.2　由面心立方晶体的 (110) 量子膜被两个 (001) 边界面限域得到的量子线

对于一个由面心立方晶体的 (110) 量子膜进一步被两个 (001) 面限域得到的量子线, 我们从 (110) 面心立方晶体的量子膜开始, 按 (5.36) 式选择晶格基矢:

$$\begin{cases}\boldsymbol{a}_1 = a/2\,(1,-1,0), \\ \boldsymbol{a}_2 = a\,(0,0,-1), \\ \boldsymbol{a}_3 = a/2\,(0,1,1),\end{cases}$$

这样

$$\begin{cases}\boldsymbol{b}_1 = 1/a\,(2,0,0), \\ \boldsymbol{b}_2 = 1/a\,(1,1,-1), \\ \boldsymbol{b}_3 = 1/a\,(2,2,0);\end{cases}$$

[①]因为对于立方半导体和金属, $\varepsilon_n(k_x, k_y, k_z) = \varepsilon_n(k_x, k_y, -k_z)$ 是满足的, 并且对于面心 Bravais 格子的晶体, $1/a(0,0,2)$ 是一个倒格矢。

相应地,

$$\hat{\boldsymbol{b}}_1 = 1/a(1, -1, 0), \hat{\boldsymbol{b}}_2 = 1/a(0, 0, -1).$$

对于一个具有矩形截面 $N_{110}a/\sqrt{2} \times N_{001}a$ 的面心立方晶体的量子线, 我们有 $N_3 = 2N_{110}$, $\tau_3 = \tau_{110}$ 和 $N_2 = N_{001}, \tau_2 = \tau_{001}$. 在面心立方晶体的 (110) 量子膜中类体态 $\hat{\psi}_{n,j_3}(\hat{\boldsymbol{k}}, \boldsymbol{x}; \tau_{110})$ 的能量 $\hat{\Lambda}_{n,j_3}(\hat{\boldsymbol{k}})$ 满足 (6.20) 式 $\hat{\Lambda}_{n,j_3}(k_1\bar{\boldsymbol{b}}_1 + k_2\hat{\boldsymbol{b}}_2) = \hat{\Lambda}_{n,j_3}(k_1\bar{\boldsymbol{b}}_1 - k_2\hat{\boldsymbol{b}}_2)$. 我们也期待面心立方晶体的 (110) 量子膜中类表面态 $\hat{\psi}_n(\hat{\boldsymbol{k}}, \boldsymbol{x}; \tau_{110})$ 的能量 $\hat{\Lambda}_n(\hat{\boldsymbol{k}}; \tau_{110})$ 满足 (6.9) 式: $\hat{\Lambda}_n(k_1\bar{\boldsymbol{b}}_1 + k_2\hat{\boldsymbol{b}}_2; \tau_{110}) = \hat{\Lambda}_n(k_1\bar{\boldsymbol{b}}_1 - k_2\hat{\boldsymbol{b}}_2; \tau_{110})$ (见 5.6.2 小节). 因此, 6.2 和 6.3 节的结果可以用在这里. 类似于 6.5.1 小节的结果, 对应于每一个体能带 n, 在量子线里存在四组不同的一维 Bloch 波.

根据 (6.8) 式, 对应于每一个体能带 n, 在量子线中存在一个类棱子能带, 其能量为

$$\bar{\Lambda}_n^{\text{eg}}(\bar{\boldsymbol{k}}; \tau_{001}, \tau_{110}) = \bar{\lambda}_n(\bar{\boldsymbol{k}}; \tau_{001}, \tau_{110}). \tag{6.39}$$

这里 $\bar{\boldsymbol{k}}$ 是量子线方向 ($\boldsymbol{a}_1$ 方向) 上的波矢.

根据 (6.13) 式, 由于 (110) 边界面的存在, 对应于每一个体能带 n, 在量子线中存在 $N_{001} - 1$ 个类表面子能带, 其能量为

$$\bar{\Lambda}_{n,j_{001}}^{\text{sf,a}}(\bar{\boldsymbol{k}}; \tau_{110}) = \hat{\Lambda}_n \left[\bar{\boldsymbol{k}} + \frac{j_{001}\pi}{N_{001}a} (0, 0, 1); \tau_{110} \right], \tag{6.40}$$

这里

$$j_{001} = 1, 2, \cdots, N_{001} - 1. \tag{6.41}$$

由于 (6.19) 式, 对应于每一个体能带 n, 因为存在两个 (001) 边界面, 在量子线中存在 $2N_{110} - 1$ 个类表面子能带, 其能量为

$$\bar{\Lambda}_{n,j_3}(\bar{\boldsymbol{k}}; \tau_{001}) = \bar{\lambda}_{n,j_3}(\bar{\boldsymbol{k}}; \tau_{001}), \tag{6.42}$$

这里

$$j_3 = 1, 2, \cdots, 2N_{110} - 1.$$

定义

$$j_{110} = \begin{cases} j_3, & \text{如果 } j_3 < N_{110}, \\ 2N_{110} - j_3, & \text{如果 } j_3 > N_{110}, \end{cases} \tag{6.43}$$

这里

$$j_{110} = 1, 2, \cdots, N_{110} - 1. \tag{6.44}$$

按照 (6.43) 式, 这 $2N_{110} - 1$ 个类表面子能带又可以分成三组. 它们是:

(1) 量子线中的 $N_{110} - 1$ 个类表面子能带, 其能量为

$$\bar{\Lambda}_{n,j_{110}}^{\mathrm{sf},1}(\bar{\boldsymbol{k}}; \tau_{001}) = \bar{\lambda}_{n,j_{110}}(\bar{\boldsymbol{k}}; \tau_{001}); \tag{6.42a}$$

(2) 量子线中的一个类表面子能带, 其能量为

$$\bar{\Lambda}_{n}^{\mathrm{sf},2}(\bar{\boldsymbol{k}}; \tau_{001}) = \bar{\lambda}_{n,N_{110}}(\bar{\boldsymbol{k}}; \tau_{001}); \tag{6.42b}$$

(3) 量子线中的 $N_{110} - 1$ 个类表面态子能带, 其能量为

$$\bar{\Lambda}_{n,j_{110}}^{\mathrm{sf},3}(\bar{\boldsymbol{k}}; \tau_{001}) = \bar{\lambda}_{n,2N_{110}-j_{110}}(\bar{\boldsymbol{k}}; \tau_{001}). \tag{6.42c}$$

由 (6.22) 式, 对应每一个体能带 n, 在量子线中存在 $(N_{001} - 1)(2N_{110} - 1)$ 个类体子能带, 其能量为

$$\bar{\Lambda}_{n,j_{001},j_3}(\bar{\boldsymbol{k}}) = \varepsilon_n \left[\bar{\boldsymbol{k}} + \frac{j_{001}\pi}{N_{001}a} (0,0,1) + \frac{j_3\pi}{N_{110}a} (1,1,0) \right], \tag{6.45}$$

量子线中的这些 $(N_{001} - 1)(2N_{110} - 1)$ 个类体子能带 ((6.45) 式) 可以按 (6.43) 和 (6.44) 式分成如下的三组:

(1) 量子线中的 $(N_{001} - 1)(N_{110} - 1)$ 个类体子能带, 其能量为

$$\bar{\Lambda}_{n,j_{001},j_{110}}^{\mathrm{bk},a}(\bar{\boldsymbol{k}}) = \varepsilon_n \left[\bar{\boldsymbol{k}} + \frac{j_{001}\pi}{N_{001}a} (0,0,1) + \frac{j_{110}\pi}{N_{110}a} (1,1,0) \right]; \tag{6.45a}$$

(2) 量子线中的 $(N_{001} - 1)$ 个类体子能带, 其能量为

$$\bar{\Lambda}_{n,j_{001}}^{\mathrm{bk},b}(\bar{\boldsymbol{k}}) = \varepsilon_n \left[\bar{\boldsymbol{k}} + \frac{j_{001}\pi}{N_{001}a} (0,0,1) + \frac{\pi}{a} (1,1,0) \right]; \tag{6.45b}$$

(3) 量子线中 $(N_{001} - 1)(N_{110} - 1)$ 个类体子能带, 其能量为[1]

$$\begin{aligned}
\bar{\Lambda}_{n,j_{001},j_{110}}^{\mathrm{bk},c}(\bar{\boldsymbol{k}}) &= \varepsilon_n \left[\bar{\boldsymbol{k}} + \frac{j_{001}\pi}{N_{001}a} (0,0,1) - \frac{j_{110}\pi}{N_{110}a} (1,1,0) + \frac{2\pi}{a} (1,1,0) \right] \\
&= \varepsilon_n \left[\bar{\boldsymbol{k}} + \frac{j_{001}\pi}{N_{001}a} (0,0,1) + \frac{j_{110}\pi}{N_{110}a} (1,1,0) + \frac{2\pi}{a} (1,1,0) \right].
\end{aligned} \tag{6.45c}$$

---

[1] 因为对于立方半导体和面心立方金属 $\varepsilon_n(k_x, k_y, k_z) = \varepsilon_n(k_y, k_x, k_z)$, 并且对于有面心立方 Bravais 格子的晶体, $1/a(2,2,0)$ 是一个倒格矢.

6.5.3 将 6.5.1 和 6.5.2 两小节结合得到的结果

对一个具有 (001) 和 (110) 表面且矩形截面为 $N_{110}a/\sqrt{2} \times N_{001}a$ 的面心立方晶体的量子线, 其电子态是波矢 $\bar{k}$ 在 $[1\bar{1}0]$ 方向的一维 Bloch 波. 我们既可以按 6.5.1 小节的方法, 也可以按 6.5.2 小节的方法来考虑. 但是, 这两种方法里的每一种方法都有不足之处, 因为每一种晶格基矢的选择都没有充分用到系统的完全对称性: 在 6.5.1 小节中, 没有完全考虑到系统在 (110) 方向的对称性, 在 $\frac{\pi}{a}(1,1,0)$ 处存在能带的折叠; 而在 6.5.2 小节中, 则没有完全考虑到系统在 (001) 方向的对称性, 在 $\frac{\pi}{a}(0,0,-1)$ 处存在能带的折叠. 然而, 如果把这两小节的结果结合在一起, 我们可以获得对量子线中的电子态更完整的认识.

容易看到, 6.5.1 和 6.5.2 小节有些关于量子线中电子态能量的表达式是一样的, 比如说 (6.38a) 和 (6.45a) 式; 有些实际上是一样的, 如 (6.38c) 和 (6.45c) 式[①]. 有些似乎不完全一样: 在 6.5.1 小节中, 有 $2N_{001}$ 个子能带的能量依赖于 τ_{110} ((6.35) 式中的 $2N_{001} - 1$ 个子能带和 (6.32) 式中一个子能带); 但是在 6.5.2 小节中, 有 N_{001} 个子能带的能量依赖于 τ_{110} ((6.40) 式中的 $N_{001} - 1$ 个子能带和 (6.39) 式中的一个子能带). 由 5.6.2 小节的讨论我们看到, 这是因为在 6.5.1 小节中, 系统在 (110) 方向的对称性没有完全用到: 在 $\frac{\pi}{a}(1,1,0)$ 处有能带的折叠. 在 6.5.2 小节中有 $2N_{110}$ 个子能带的能量依赖于 τ_{001} ((6.42) 式中的 $2N_{110} - 1$ 个子能带和 (6.39) 式中的一个子能带); 但是在 6.5.1 小节里, 有 N_{110} 个子能带的能量依赖于 τ_{001} ((6.33) 式中的 $N_{110} - 1$ 个子能带和 (6.32) 式中的一个子能带). 由 5.6.1 小节的讨论我们看到, 这是由于在 6.5.2 小节中系统在 (001) 方向的对称性没有完全考虑到: 在 $\frac{\pi}{a}(0,0,-1)$ 处有一个能带折叠.

考虑到这些, 我们预言在这样一个理想量子线中应该有如下的电子态:

对应于每一个体能带 n, 量子线中存在一个类棱子能带, 其能量由 (6.32) 式 (即 (6.39) 式) 给定.

对应于每一个体能带 n, 存在着 $(N_{001} - 1) + (N_{110} - 1)$ 个类表面子能带. 它们是:

(1) $(N_{001} - 1)$ 个子能带能量为

$$\bar{\Lambda}_{n,j_{001}}^{\mathrm{sf},\mathrm{a}_1}(\bar{k};\tau_{110}) = \hat{\Lambda}_n\left[\bar{k} + \frac{j_{001}\pi}{N_{001}a}(0,0,1);\tau_{110}\right], \tag{6.46}$$

由 (6.40) 式得到; j_{001} 的范围由 (6.37) 式给出.

[①] 因为对于有面心立方 Bravais 格子的晶体, $1/a(1,1,-1)$ 是一个倒格矢.

(2) $(N_{110} - 1)$ 个子能带能量为

$$\bar{\Lambda}^{\mathrm{sf,a_2}}_{n,j_{110}}(\bar{\boldsymbol{k}}; \tau_{001}) = \hat{\Lambda}_n \left[\bar{\boldsymbol{k}} + \frac{j_{110}\pi}{N_{110}a}(1,1,0); \tau_{001} \right], \tag{6.47}$$

由 (6.33) 式得到, 这里 j_{110} 的范围由 (6.34) 式给出.

对应于每一个体能带 n, 一共有 $2(N_{001} - 1)(N_{110} - 1) + (N_{001} - 1) + (N_{110} - 1) + 1$ 个类体子能带, 它们是:

(1) $(N_{001} - 1)(N_{110} - 1)$ 个子能带, 其能量为

$$\bar{\Lambda}^{\mathrm{bk,a}}_{n,j_{001},j_{110}}(\bar{\boldsymbol{k}}) = \varepsilon_n \left[\bar{\boldsymbol{k}} + \frac{j_{001}\pi}{N_{001}a}(0,0,1) + \frac{j_{110}\pi}{N_{110}a}(1,1,0) \right], \tag{6.48}$$

由 (6.38a) 或 (6.45a) 式得到;

(2) $(N_{001} - 1)(N_{110} - 1)$ 个子能带, 其能量为

$$\bar{\Lambda}^{\mathrm{bk,c}}_{n,j_{001},j_{110}}(\bar{\boldsymbol{k}}) = \varepsilon_n \left[\bar{\boldsymbol{k}} + \frac{j_{001}\pi}{N_{001}a}(0,0,1) + \frac{j_{110}\pi}{N_{110}a}(1,1,0) + \frac{2\pi}{a}(1,1,0) \right], \tag{6.49}$$

由 (6.38c) 或 (6.45c) 式得到;

(3) $(N_{001} - 1)$ 个子能带, 其能量为

$$\bar{\Lambda}^{\mathrm{bk,b_1}}_{n,j_{001}}(\bar{\boldsymbol{k}}) = \varepsilon_n \left[\bar{\boldsymbol{k}} + \frac{j_{001}\pi}{N_{001}a}(0,0,1) + \frac{\pi}{a}(1,1,0) \right], \tag{6.50}$$

由 (6.45b) 式得到.

(4) $(N_{110} - 1)$ 个子能带, 其能量为

$$\bar{\Lambda}^{\mathrm{bk,b_2}}_{n,j_{110}}(\bar{\boldsymbol{k}}) = \varepsilon_n \left[\bar{\boldsymbol{k}} + \frac{j_{110}\pi}{N_{110}a}(1,1,0) + \frac{\pi}{a}(0,0,1) \right], \tag{6.51}$$

由 (6.38b) 式得到.

除了这些类体子能带以外, 对应于每一个体能带 n, 在量子线中还存在一个类体子能带, 其能量为

$$\bar{\Lambda}^{\mathrm{bk,d}}_n(\bar{\boldsymbol{k}}) = \varepsilon_n \left[\bar{\boldsymbol{k}} + \frac{\pi}{a}(0,0,1) + \frac{\pi}{a}(1,1,0) \right]. \tag{6.52}$$

这是由 (6.35b) 和 (6.42b) 式得到的: 由 (6.35b) 式, 这个子能带中的每一个态都是在 [001] 方向的 $\kappa_{001} = \pi/2$ 的 Bloch 波驻波, 因而其能量不依赖于 τ_{001}; 由 (6.42b) 式, 这个子能带中的每一个态都是在 [110] 方向的 $\kappa_{110} = \pi/2$ 的 Bloch 波驻波, 因而其能量不依赖于 τ_{110}.

因此, 在 6.5.1 小节 (6.35) 式的 $2N_{001} - 1$ 个子能带 $\bar{\Lambda}_{n,j_3}(\bar{\boldsymbol{k}}; \tau_{110})$ 中, 实际上有 $N_{001} - 1$ 个类体子能带 $\bar{\Lambda}^{\mathrm{bk,b_1}}_{n,j_{001}}(\bar{\boldsymbol{k}})$ ((6.50) 式), 一个类体子能带 $\bar{\Lambda}^{\mathrm{bk,d}}_n(\bar{\boldsymbol{k}})$ ((6.52) 式),

以及 $N_{001} - 1$ 个类表面子能带 $\bar{\Lambda}^{\mathrm{sf,a_1}}_{n,j_{001}}(\bar{\boldsymbol{k}}; \tau_{110})$ ((6.46) 式). 因此, 在量子线中总共有 N_{001} 个子能带, 其能量是依赖于 τ_{110}: $N_{001} - 1$ 个类表面子能带 $\bar{\Lambda}^{\mathrm{sf,a_1}}_{n,j_{001}}(\bar{\boldsymbol{k}}; \tau_{110})$ ((6.46) 式), 和一个类棱子能带 $\bar{\Lambda}^{\mathrm{eg}}_{n}(\bar{\boldsymbol{k}}; \tau_{110}, \tau_{001})$ ((6.32) 式). 我们还应该有

$$\bar{\Lambda}^{\mathrm{sf,a_1}}_{n,j_{001}}(\bar{\boldsymbol{k}}; \tau_{110}) > \bar{\Lambda}^{\mathrm{bk,b_1}}_{n,j_{001}}(\bar{\boldsymbol{k}}) \tag{6.53}$$

和

$$\bar{\Lambda}^{\mathrm{eg}}_{n}(\bar{\boldsymbol{k}}; \tau_{110}, \tau_{001}) > \bar{\Lambda}^{\mathrm{bk,d}}_{n}(\bar{\boldsymbol{k}}), \tag{6.54}$$

因为按照在 5.6.2 小节我们关于用两种不同方法选择晶格基矢的讨论, 由 (5.33) 式, 真正的类表面子能带有较高的能量.

类似地, 在 6.5.2 小节中 $2N_{110} - 1$ 个子能带 $\bar{\Lambda}_{n,j_3}(\bar{\boldsymbol{k}}; \tau_{001})$ ((6.42) 式) 中, 实际上存在 $N_{110} - 1$ 个类体子能带 $\bar{\Lambda}^{\mathrm{bk,b_2}}_{n,j_{110}}(\bar{\boldsymbol{k}})$ ((6.51) 式), 一个类体子能带, $\bar{\Lambda}^{\mathrm{bk,d}}_{n}(\bar{\boldsymbol{k}})$ ((6.52) 式), 以及 $N_{110} - 1$ 个类表面子态 $\bar{\Lambda}^{\mathrm{sf,a_2}}_{n,j_{110}}(\bar{\boldsymbol{k}}; \tau_{001})$ ((6.47) 式). 在量子线中, 总共有 N_{110} 个子能带的能量依赖于 τ_{001}: $N_{110} - 1$ 个类表面子能带 $\bar{\Lambda}^{\mathrm{sf,a_2}}_{n,j_{110}}(\bar{\boldsymbol{k}}; \tau_{001})$ ((6.47) 式) 和一个类棱子能带 $\bar{\Lambda}^{\mathrm{eg}}_{n}(\bar{\boldsymbol{k}}; \tau_{110}, \tau_{001})$ ((6.39) 式). 我们还应该有

$$\bar{\Lambda}^{\mathrm{sf,a_2}}_{n,j_{110}}(\bar{\boldsymbol{k}}; \tau_{001}) > \bar{\Lambda}^{\mathrm{bk,b_2}}_{n,j_{110}}(\bar{\boldsymbol{k}}) \tag{6.55}$$

和 $\bar{\Lambda}^{\mathrm{eg}}_{n}(\bar{\boldsymbol{k}}; \tau_{110}, \tau_{001}) > \bar{\Lambda}^{\mathrm{bk,d}}_{n}(\bar{\boldsymbol{k}})$, 如同 (6.54) 式.

因为在立方半导体的三重简并价带顶有可能有一个态在 (001) 或 (110) 平面存在一个节面, 所以在硅的 (001) 和 (110) 量子膜以及砷化镓的 (110) 量子膜中可能存在这样的态, 其能量等于价带顶的能量, 并且不随量子膜的厚度而改变, 如在文献 [1,2,3] 中所观察到的. 但是在硅或砷化镓中的任何一个价带顶态都不可能在 (001) 平面和 (110) 平面同时存在两个节面, 因此, 在这里所讨论的立方半导体的理想矩形截面量子线中不可能存在一个这样的态, 其能量等于价带顶的能量, 并且不随量子线的大小或形状而改变. 我们可以预言, 在这样表面取向为 (110) 或者 (001) 的量子线中, 一定**至少存在三个类棱态**, 其能量 $\bar{\Lambda}^{\mathrm{eg}}_{n=1,2,3}(\bar{\boldsymbol{k}} = 0; \tau_{001}, \tau_{110})$ 是**高于价带顶**并且不随着量子线的大小和形状而改变.

§6.6 具有面心立方 Bravais 格子的晶体, 表面为 (110) 和 (1$\bar{1}$0) 面的量子线

一个具有面心立方 Bravais 格子的晶体, 表面为 (110) 和 (1$\bar{1}$0) 面的量子线中的电子态是波矢 $\bar{\boldsymbol{k}}$ 沿 [001] 方向的一维 Bloch 波. 这样的量子线的截面是 $N_{110}a/\sqrt{2} \times N_{1\bar{1}0}a/\sqrt{2}$, (这里 N_{110} 和 $N_{1\bar{1}0}$ 是正整数). 用类似于 6.5 节的方法, 可以预言在一个这样的量子线中电子态的性质.

对于每一个体能带 n, 在量子线中存在一个类棱子能带, 其能量为

$$\bar{\Lambda}_n^{\text{eg}}(\bar{\boldsymbol{k}}; \tau_{110}, \tau_{1\bar{1}0}) = \bar{\lambda}_n(\bar{\boldsymbol{k}}; \tau_{110}, \tau_{1\bar{1}0}). \tag{6.56}$$

这里 τ_{110} 和 $\tau_{1\bar{1}0}$ 确定量子线在 [110] 和 [1$\bar{1}$0] 方向的边界面.

对于每一个体能带 n, 在量子线中存在 $(N_{1\bar{1}0} - 1) + (N_{110} - 1)$ 个类表面子能带. 这包括 $N_{1\bar{1}0} - 1$ 个子能带, 其能量为

$$\bar{\Lambda}_{n,j_{1\bar{1}0}}^{\text{sf,a}_1}(\bar{\boldsymbol{k}}; \tau_{110}) = \hat{\Lambda}_n \left[\bar{\boldsymbol{k}} + \frac{j_{1\bar{1}0}\pi}{N_{1\bar{1}0}a}(1, -1, 0); \tau_{110} \right], \tag{6.57}$$

以及 $N_{110} - 1$ 个子能带, 其能量为

$$\bar{\Lambda}_{n,j_{110}}^{\text{sf,a}_2}(\bar{\boldsymbol{k}}; \tau_{1\bar{1}0}) = \hat{\Lambda}_n \left[\bar{\boldsymbol{k}} + \frac{j_{110}\pi}{N_{110}a}(1, 1, 0); \tau_{1\bar{1}0} \right]. \tag{6.58}$$

这里 $j_{1\bar{1}0} = 1, 2, \cdots, N_{1\bar{1}0} - 1$, $j_{110} = 1, 2, \cdots, N_{110} - 1$.

对于每一个体能带 n, 在量子线中存在 $2(N_{1\bar{1}0} - 1)(N_{110} - 1) + (N_{1\bar{1}0} - 1) + (N_{110} - 1) + 1$ 个类体子能带. 它们是:

(1) $(N_{1\bar{1}0} - 1)(N_{110} - 1)$ 个子能带, 其能量为

$$\bar{\Lambda}_{n,j_{1\bar{1}0},j_{110}}^{\text{bk,a}}(\bar{\boldsymbol{k}}) = \varepsilon_n \left[\bar{\boldsymbol{k}} + \frac{j_{1\bar{1}0}\pi}{N_{1\bar{1}0}a}(1, -1, 0) + \frac{j_{110}\pi}{N_{110}a}(1, 1, 0) \right]; \tag{6.59}$$

(2) $(N_{1\bar{1}0} - 1)(N_{110} - 1)$ 个子能带, 其能量为

$$\bar{\Lambda}_{n,j_{1\bar{1}0},j_{110}}^{\text{bk,c}}(\bar{\boldsymbol{k}}) = \varepsilon_n \left[\bar{\boldsymbol{k}} + \frac{j_{1\bar{1}0}\pi}{N_{1\bar{1}0}a}(1, -1, 0) + \frac{j_{110}\pi}{N_{110}a}(1, 1, 0) + \frac{2\pi}{a}(1, 1, 0) \right]; \tag{6.60}$$

(3) $N_{1\bar{1}0} - 1$ 个子能带, 其能量为

$$\bar{\Lambda}_{n,j_{1\bar{1}0}}^{\text{bk,b}_1}(\bar{\boldsymbol{k}}) = \varepsilon_n \left[\bar{\boldsymbol{k}} + \frac{j_{1\bar{1}0}\pi}{N_{1\bar{1}0}a}(1, -1, 0) + \frac{\pi}{a}(1, 1, 0) \right]; \tag{6.61}$$

(4) $N_{110} - 1$ 个子能带, 其能量为

$$\bar{\Lambda}_{n,j_{110}}^{\text{bk,b}_2}(\bar{\boldsymbol{k}}) = \varepsilon_n \left[\bar{\boldsymbol{k}} + \frac{j_{110}\pi}{N_{110}a}(1, 1, 0) + \frac{\pi}{a}(1, -1, 0) \right]. \tag{6.62}$$

对于每一个体能带 n, 在量子线中存在一个类体子能带, 其能量为

$$\bar{\Lambda}_n^{\text{bk,d}}(\bar{\boldsymbol{k}}) = \varepsilon_n \left[\bar{\boldsymbol{k}} + \frac{\pi}{a}(1, 1, 0) + \frac{\pi}{a}(1, -1, 0) \right]. \tag{6.63}$$

因为立方半导体三重简并价带顶的电子态中没有一个电子态能同时在 (110) 平面和 (1$\bar{1}$0) 平面具有两个节面, 所以这种表面在 (110) 或 (1$\bar{1}$0) 方向的理想量子

线中不可能存在这样的电子态, 其能量等于价带顶的能量, 并且不随量子线的大小和形状而改变. 这是在 Franceschetti 和 Zunger[3] 对自由表面砷化镓量子线的数值计算中观察到的一个事实, 如图 5.4(b) 所示. 一个自然的推论是, 可以预言在这样的矩形截面量子线中至少存在**三个类棱态**, 其能量 $\bar{\Lambda}^{eg}_{n=1,2,3}(\bar{\boldsymbol{k}} = 0; \tau_{110}, \tau_{1\bar{1}0})$ **高于价带顶并且不依赖于量子线的大小和形状**.

§6.7　具有体心立方 Bravais 格子的晶体, 表面为 (001) 和 (010) 面的量子线

对应于一个具有体心立方 Bravais 格子的晶体, 表面为 (010) 和 (001) 面的量子线, 其截面为 $N_{010}a \times N_{001}a$ (这里 N_{010} 和 N_{001} 是正整数), 其电子态是波矢 $\bar{\boldsymbol{k}}$ 在 [100] 方向的一维 Bloch 波. 它们也可以用类似于 6.5 节的方法而得到.

对于每一个体能带 n, 在量子线中存在一个类棱子能带其能量为

$$\bar{\Lambda}^{eg}_n(\bar{\boldsymbol{k}}; \tau_{001}, \tau_{010}) = \bar{\lambda}_n(\bar{\boldsymbol{k}}; \tau_{001}, \tau_{010}). \tag{6.64}$$

这里 τ_{010} 和 τ_{001} 确定量子线在 [010] 及 [001] 方向的边界面的位置.

对于每一个体能带 n, 在量子线中存在 $(N_{001} - 1) + (N_{010} - 1)$ 个类表面子能带. 这包括 $N_{001} - 1$ 个子能带, 其能量为

$$\bar{\Lambda}^{sf,a_1}_{n,j_{001}}(\bar{\boldsymbol{k}}; \tau_{010}) = \hat{\Lambda}_n\left[\bar{\boldsymbol{k}} + \frac{j_{001}\pi}{N_{001}a}(0,0,1); \tau_{010}\right]; \tag{6.65}$$

以及 $N_{010} - 1$ 个子能带, 其能量为

$$\bar{\Lambda}^{sf,a_2}_{n,j_{010}}(\bar{\boldsymbol{k}}; \tau_{001}) = \hat{\Lambda}_n\left[\bar{\boldsymbol{k}} + \frac{j_{010}\pi}{N_{010}a}(0,1,0); \tau_{001}\right]. \tag{6.66}$$

这里 $j_{001} = 1, 2, \cdots, N_{001} - 1$, $j_{010} = 1, 2, \cdots, N_{010} - 1$.

对应每一个体能带 n, 在量子线中存在 $2(N_{010} - 1)(N_{001} - 1) + (N_{010} - 1) + (N_{001} - 1) + 1$ 个类体子能带. 它们是

(1) $(N_{010} - 1)(N_{001} - 1)$ 个子能带, 其能量为

$$\bar{\Lambda}^{bk,a}_{n,j_{010},j_{001}}(\bar{\boldsymbol{k}}) = \varepsilon_n\left[\bar{\boldsymbol{k}} + \frac{j_{010}\pi}{N_{010}a}(0,1,0) + \frac{j_{001}\pi}{N_{001}a}(0,0,1)\right]; \tag{6.67}$$

(2) $(N_{001} - 1)(N_{010} - 1)$ 个子能带, 其能量为

$$\bar{\Lambda}^{bk,c}_{n,j_{010},j_{001}}(\bar{\boldsymbol{k}}) = \varepsilon_n\left[\bar{\boldsymbol{k}} + \frac{j_{010}\pi}{N_{010}a}(0,1,0) + \frac{j_{001}\pi}{N_{001}a}(0,0,1) + \frac{2\pi}{a}(0,1,0)\right]; \tag{6.68}$$

(3) $N_{001} - 1$ 个子能带, 其能量为

$$\bar{\Lambda}_{n,j_{001}}^{\mathrm{bk,b_1}}(\bar{\boldsymbol{k}}) = \varepsilon_n \left[\bar{\boldsymbol{k}} + \frac{j_{001}\boldsymbol{\pi}}{N_{001}a}(0,0,1) + \frac{\boldsymbol{\pi}}{a}(0,1,0) \right]; \tag{6.69}$$

(4) $N_{010} - 1$ 个子能带, 其能量为

$$\bar{\Lambda}_{n,j_{010}}^{\mathrm{bk,b_2}}(\bar{\boldsymbol{k}}) = \varepsilon_n \left[\bar{\boldsymbol{k}} + \frac{j_{010}\boldsymbol{\pi}}{N_{010}a}(0,1,0) + \frac{\boldsymbol{\pi}}{a}(0,0,1) \right]. \tag{6.70}$$

对于每一个体能带 n, 在量子线中存在一个类体子能带, 其能量为

$$\bar{\Lambda}_{n}^{\mathrm{bk,d}}(\bar{\boldsymbol{k}}) = \varepsilon_n \left[\bar{\boldsymbol{k}} + \frac{\boldsymbol{\pi}}{a}(0,1,0) + \frac{\boldsymbol{\pi}}{a}(0,0,1) \right]. \tag{6.71}$$

§6.8　小结和讨论

因此, 通过如在 6.1—6.3 节中所讨论的来理解二维 Bloch 波 $\hat{\psi}_n(\hat{\boldsymbol{k}},\boldsymbol{x};\tau_3)$ 和 $\hat{\psi}_{n,j_3}(\hat{\boldsymbol{k}},\boldsymbol{x};\tau_3)$ 在另一个方向进一步受限的结果, 并且考虑两种不同的受限顺序, 我们可以解析地和普遍地预言在 6.4—6.7 节中所讨论的那样一些理想量子线的电子态的性质. 在这些理想量子线中存在着三种不同的电子态: 类体态, 类表面态以及类棱态.

类似于类表面子能带, 类棱子能带的物理根源也是与体能带有关的. 正如类表面态可以更好地理解为一个性质和能量由表面位置决定的电子态, 类棱态也可以理解为一个性质和能量由棱的位置决定的电子态, 而不是一个位于某一个特定棱上的电子态. 仅仅在一个体 Bloch 函数具有两个节面, 并且它们就是量子线表面的情况下, 这样的类棱态才可能是体 Bloch 态. 这样的情况看起来在一般我们有兴趣的大多数立方半导体中很难出现.

由于具有面心立方和体心立方 Bravais 格子的晶体在结构上的差别, 在 6.5—6.7 节中讨论的量子线中每一种电子态的数目, 与 6.4 节讨论的具有简单立方、四角或正交 Bravais 格子的量子线的电子态的数目多少有些差别.

然而, 因为 6.5—6.7 节的结果也可以理解为如 6.1—6.3 节所讨论的 $\hat{\psi}_n(\hat{\boldsymbol{k}},\boldsymbol{x};\tau_3)$ 和 $\hat{\psi}_{n,j_3}(\hat{\boldsymbol{k}},\boldsymbol{x};\tau_3)$ 的进一步限域, 所以在这三种不同类型电子态中也存在类似的关系. 例如, 对于一个晶体结构具有面心立方的 Bravais 格子, 表面为 (110) 和 (001) 面的理想量子线, 在类棱态能量 ((6.32) 或 (6.39) 式) 和相关的类表面态能量 ((6.46) 和 (6.47) 式) 之间, 我们应该有

$$\bar{\Lambda}_{n}^{\mathrm{eg}}(\bar{\boldsymbol{k}};\tau_{001},\tau_{110}) > \bar{\Lambda}_{n,j_{001}}^{\mathrm{sf,a_1}}(\bar{\boldsymbol{k}};\tau_{110}) \tag{6.72}$$

和

$$\bar{\Lambda}_{n}^{\mathrm{eg}}(\bar{\boldsymbol{k}};\tau_{001},\tau_{110}) > \bar{\Lambda}_{n,j_{110}}^{\mathrm{sf,a_2}}(\bar{\boldsymbol{k}};\tau_{001}). \tag{6.73}$$

以上两式可以从 (6.32) 和 (6.33) 式 ((6.33) 式即 (6.47) 式) 之间的关系 ((6.14) 式), 或者从 (6.39) 和 (6.40) 式 ((6.40) 式即 (6.46) 式) 之间的关系 ((6.14) 式) 得到. 在一个类棱态的能量 ((6.32) 或 (6.39) 式) 和一个相应的类体态的能量 ((6.52) 式) 之间, 我们有

$$\bar{\Lambda}_n^{\mathrm{eg}}(\bar{\boldsymbol{k}}; \tau_{001}, \tau_{110}) > \bar{\Lambda}_n^{\mathrm{bk,d}}(\bar{\boldsymbol{k}}), \tag{6.74}$$

上式可以从 (6.32) 式和 (6.52) 式之间的关系 (6.54) 式得到.

在类表面态的能量 ((6.46) 式) 和相应的类体态的能量 ((6.50), (6.48) 和 (6.49) 式) 之间, 我们有

$$\bar{\Lambda}_{n,j_{001}}^{\mathrm{sf,a_1}}(\bar{\boldsymbol{k}}; \tau_{110}) > \bar{\Lambda}_{n,j_{001}}^{\mathrm{bk,b_1}}(\bar{\boldsymbol{k}}), \tag{6.75}$$

$$\bar{\Lambda}_{n,j_{001}}^{\mathrm{sf,a_1}}(\bar{\boldsymbol{k}}; \tau_{110}) > \bar{\Lambda}_{n,j_{001},j_{110}}^{\mathrm{bk,a}}(\bar{\boldsymbol{k}}), \tag{6.76}$$

和

$$\bar{\Lambda}_{n,j_{001}}^{\mathrm{sf,a_1}}(\bar{\boldsymbol{k}}; \tau_{110}) > \bar{\Lambda}_{n,j_{001},j_{110}}^{\mathrm{bk,c}}(\bar{\boldsymbol{k}}). \tag{6.77}$$

以上三式可以从 (6.35) 和 (6.38) 式之间的关系 ((6.23) 或 (6.53) 式) 得到. 类似地, 类表面态的能量 ((6.47) 式) 和相应的类体态的能量 ((6.51), (6.48) 和 (6.49) 式) 之间我们有

$$\bar{\Lambda}_{n,j_{110}}^{\mathrm{sf,a_2}}(\bar{\boldsymbol{k}}; \tau_{001}) > \bar{\Lambda}_{n,j_{110}}^{\mathrm{bk,b_2}}(\bar{\boldsymbol{k}}), \tag{6.78}$$

$$\bar{\Lambda}_{n,j_{110}}^{\mathrm{sf,a_2}}(\bar{\boldsymbol{k}}; \tau_{001}) > \bar{\Lambda}_{n,j_{001},j_{110}}^{\mathrm{bk,a}}(\bar{\boldsymbol{k}}), \tag{6.79}$$

和

$$\bar{\Lambda}_{n,j_{110}}^{\mathrm{sf,a_2}}(\bar{\boldsymbol{k}}; \tau_{001}) > \bar{\Lambda}_{n,j_{001},j_{110}}^{\mathrm{bk,c}}(\bar{\boldsymbol{k}}). \tag{6.80}$$

这可以从 (6.42) 和 (6.45) 式之间的关系 ((6.23) 和 (6.55) 式) 得到.

在晶体结构具有面心立方的 Bravais 格子, 表面为 (110) 和 (1$\bar{1}$0) 面的理想量子线或晶体结构具有体心立方的 Bravais 格子, 表面为 (001) 和 (010) 面的理想量子线中的相应的关系也可以类似地得到.

因此, 在 6.5—6.7 节讨论过的理想量子线中, 由 (6.72)—(6.80) 式或类似表达式, 我们可以认识到, 在量子线中, 具有同样体能带 n 和同样波矢 $\bar{\boldsymbol{k}}$ 的电子态的能级之间, 存在着以下普遍关系:

类棱态的能量

> 每个类表面态的能量

> 每个有关的类体态的能量.

在一个处在电中性的半导体量子线中, 类棱子能带和类体子能带里的电子的填充状态应该是一样的. 这些类棱子能带的能量应当比相应的类表面子能带的能量还要更高一些. 因此在立方半导体的量子线中, 源于价带的类棱子能带在能量上甚至更可能部分地高于某些源于导带的类体子能带. 如果这样的情况发生, 量子线中统一的 Fermi 能级就会迫使电子从这些源于价带的类棱子能带流入源于导带的类体子能带, 使得半导体晶体的量子线具有金属的导电性. 因此, 半导体晶体的量子线有可能比半导体晶体的量子膜更容易具有金属的导电性.

基于类似的推理, 碱金属量子线的棱也可能会比表面具有更强的正电性.

在半导体量子线中, 也会存在源于导带的类棱子能带. 这些类棱子能带的能量会更高于源于导带的类表面态的能量, 所以通常不会被电子填充. 目前还看不出来这些类棱子能带可能会对半导体量子线的性质有多大的影响.

虽然在量子线中对每一个体能带只存在一个类棱子能带, 但是这并不意味着这个类棱子能带中的电子态都会处于量子线的同一条棱上. 对量子线中类棱电子态更清楚的认识需要有对偏微分方程 (5.1) 的解有更清楚的认识, 包括带隙中的解以及允许能带范围里的非 Bloch 解.

虽然这里所讨论的理想量子线中的电子态都是在 a_1 方向的一维 Bloch 波, 但是它们都是偏微分方程 (5.1) 在边界条件

$$\bar{\psi}(\bar{k}, x) = 0, \qquad\qquad 如果\ x\ 不在量子线里$$

下的解, 这与第四章中处理的情况有根本的不同, 那里所讨论的电子态是常微分方程 (4.1) 在边界条件 (4.4) 下的解. 因此, 对于处理量子线中的一维 Bloch 波在理想有限晶体或量子点里的进一步限域, 我们应该采取第五章和本章的途径, 而不是采用第四章的结果.

参 考 文 献

[1]   Zhang S B, Zunger A. Appl. Phys. Lett., 1993, 63: 1399.

[2]   Zhang S B, Yeh C Y, Zunger A. Phys. Rev., 1993, B48: 11204.

[3]   Franceschetti A, Zunger A. Appl. Phys. Lett., 1996, 68: 3455.

第七章 理想有限晶体或量子点中的电子态

在一个理想的有限晶体或量子点中的电子态可以被看做是理想量子线中的电子态进一步在第三个方向上限域. 在本章中我们将只讨论长方体形有限晶体或量子点中的电子态, 它们可以被看做是第六章中讨论过的矩形截面的量子线中的一维 Bloch 波进一步被限域在与 a_1 轴垂直相交于 $\tau_1 a_1$ 和 $(\tau_1 + N_1)a_1$ 的两个边界面之间 (这里 N_1 是一个正整数). 用与前两章类似的方法可以看到, 对于一个理想量子线中每一种类型一维 Bloch 波的进一步限域都将会在理想有限晶体或者是量子点中产生两种不同类型的电子态.

一个长方体形的有限晶体或量子点总有六个边界面: 两个 $(h_1 k_1 l_1)$ 面, 两个 $(h_2 k_2 l_2)$ 面, 两个 $(h_3 k_3 l_3)$ 面. 这样一个有限晶体或量子点的电子态可以被看做是具有两个 $(h_3 k_3 l_3)$ 面的量子膜中的电子态被进一步限域于两个 $(h_2 k_2 l_2)$ 面之间, 最后又进一步限域于两个 $(h_1 k_1 l_1)$ 面之间; 它们也可以看做是三维 Bloch 波 $\phi_n(\boldsymbol{k}, \boldsymbol{x})$ 按一定的顺序在这三个方向上限域. 一共可能有六种不同的限域顺序. 这六个不同限域顺序得到的结果都是等价的和互补的. 把这六种限域顺序得到的结果结合起来, 我们就可以获得对于有限晶体或量子点中的电子态更加全面的认识.

本章中的结果可以应用的最简单情况是具有简单立方、四角或正交 Bravais 格子的长方体形有限晶体或量子点中的电子态, 其中 (5.17), (6.9) 和 (6.20) 式是满足的. 在这样的晶体中, 三个晶格基矢 a_1, a_2 和 a_3 相互垂直, 并且原则上是等价的. 我们可以普遍地和解析地预言一个这样的理想有限晶体或量子点中的电子态的性质.

因为立方半导体和很多金属具有面心立方或体心立方 Bravais 格子, 具有面心立方或体心立方 Bravais 格子的有限晶体或量子点中的电子态往往更有实际意义. 在本章得到的一般理论的基础上, 我们也可以预言一些具有面心立方或体心立方 Bravais 格子 —— (5.24), (6.9) 和 (6.20) 式 —— 的有限晶体或量子点中电子态的性质.

这一章是这样安排的: 7.1—7.5 节中将讨论 6.1—6.3 节得到的理想量子线的四种类型一维 Bloch 波进一步在另一个方向上限域, 也就是说, 三维 Bloch 波在三个方向上按一种特定顺序限域的结果. 在 7.6—7.8 节中, 我们将用 7.1—7.5 节的结果, 并考虑不同量子限域顺序来预言几种有限晶体或量子点中的电子态性质. 7.9 节是小结和讨论.

§7.1　基 本 考 虑

在本章中, 我们讨论第六章得到的一维 Bloch 波 $\bar{\psi}(\bar{k}, \boldsymbol{x})$ 在 $\boldsymbol{a}_1$ 方向上进一步限域. 这样一个长方体形的有限晶体或量子点可以由其底表面 $x_3 = \tau_3$、顶表面 $x_3 = \tau_3 + N_3$; 前、后表面分别与 $\boldsymbol{a}_2$ 轴垂直相交于 $\tau_2 \boldsymbol{a}_2$ 和 $(\tau_2 + N_2)\boldsymbol{a}_2$; 以及左、右表面分别与 $\boldsymbol{a}_1$ 轴垂直相交于 $\tau_1 \boldsymbol{a}_1$ 和 $(\tau_1 + N_1)\boldsymbol{a}_1$ 来确定. 这里 τ_1, τ_2 和 τ_3 确定有限晶体或量子点的边界面位置; 而 N_1, N_2 和 N_3 是标志有限晶体或量子点尺度的三个正整数. 我们要求的是以下两个方程的本征值 Λ 和本征函数 $\psi(\boldsymbol{x})$:

$$\begin{cases} -\nabla^2 \psi(\boldsymbol{x}) + [v(\boldsymbol{x}) - \Lambda]\psi(\boldsymbol{x}) = 0, & \boldsymbol{x} \text{ 在有限晶体内}, \\ \psi(\boldsymbol{x}) = 0, & \boldsymbol{x} \text{ 不在有限晶体内}. \end{cases} \tag{7.1}$$

这里, $v(\boldsymbol{x})$ 是周期势场:

$$v(\boldsymbol{x} + \boldsymbol{a}_1) = v(\boldsymbol{x} + \boldsymbol{a}_2) = v(\boldsymbol{x} + \boldsymbol{a}_3) = v(\boldsymbol{x}).$$

对应于量子线的四种类型一维 Bloch 波

$$\bar{\psi}_n(\bar{k}, \boldsymbol{x}; \tau_2, \tau_3), \bar{\psi}_{n,j_3}(\bar{k}, \boldsymbol{x}; \tau_2, \tau_3), \bar{\psi}_{n,j_2}(\bar{k}, \boldsymbol{x}; \tau_2, \tau_3), \bar{\psi}_{n,j_2,j_3}(\bar{k}, \boldsymbol{x}; \tau_2, \tau_3),$$

对以上每一种类型一维 Bloch 波的进一步限域, 我们可以有一个新的本征值问题并得到一个新的有关定理或推论, 和关于量子线中电子态的定理 6.1 或推论 6.2 相类似. 每一种类型的量子限域又会在有限晶体或电子态中产生两种类型的电子态.

§7.2　$\bar{\psi}_n(\bar{k}, \boldsymbol{x}; \tau_2, \tau_3)$ 的进一步量子限域

对于量子线中类棱态 $\bar{\psi}_n(\bar{k}, \boldsymbol{x}; \tau_2, \tau_3)$ 的量子限域, 我们考虑具有底表面 $x_3 = \tau_3$, 顶表面 $x_3 = \tau_3 + 1$, 前表面垂直相交 $\boldsymbol{a}_2$ 轴于 $\tau_2 \boldsymbol{a}_2$, 后表面垂直相交 $\boldsymbol{a}_2$ 轴于 $(\tau_2 + 1)\boldsymbol{a}_2$, 左表面垂直相交 $\boldsymbol{a}_1$ 轴于 $\tau_1 \boldsymbol{a}_1$, 右表面垂直相交于 $\boldsymbol{a}_1$ 轴于 $(\tau_1 + 1)\boldsymbol{a}_1$ 的一个长方体形的平行六面体 C, 如图 7.1 所示. 函数组 $\phi(\boldsymbol{x}; \tau_1, \tau_2, \tau_3)$ 由方程 (5.1) 及边界条件

$$\phi(\boldsymbol{x}; \tau_1, \tau_2, \tau_3) = 0, \ \boldsymbol{x} \in \partial C \tag{7.2}$$

定义, 这里 ∂C 是 C 的边界. 方程 (5.1) 在条件 (7.2) 下的本征值和本征函数可以分别表示成 $\lambda_n(\tau_1, \tau_2, \tau_3)$ 和 $\phi_n(\boldsymbol{x}; \tau_1, \tau_2, \tau_3)$.

在由方程 (5.1) 和条件 (7.2) 确定的每一个本征值 $\lambda_n(\tau_1, \tau_2, \tau_3)$ 和 $\bar{\psi}_n(\bar{k}, \boldsymbol{x}; \tau_2, \tau_3)$ 的本征值 $\bar{\Lambda}_n(\bar{k}; \tau_2, \tau_3)$ ((6.8) 式) 之间有以下定理:

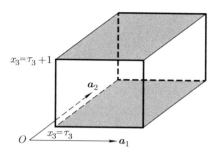

图 7.1　方程 (5.1) 在边界条件 (7.2) 下的本征值问题中的平行六面体 C. 两个灰色表面 ∂C_3 和两个粗线框出的表面 ∂C_2 (图中的前后表面) 是每一组 $\bar{\psi}_n(\bar{\boldsymbol{k}}, \boldsymbol{x}; \tau_2, \tau_3)$ 都为零的四个表面; 左表面和右表面是每一组函数 $\phi(\boldsymbol{x}; \tau_1, \tau_2, \tau_3)$ 被进一步要求为零的两个表面.

定理 7.1

$$\lambda_n(\tau_1, \tau_2, \tau_3) \geqslant \bar{\Lambda}_n(\bar{\boldsymbol{k}}; \tau_2, \tau_3). \tag{7.3}$$

因为每一个函数 $\bar{\psi}_n(\bar{\boldsymbol{k}}, \boldsymbol{x}; \tau_2, \tau_3)$ 都满足

$$\begin{cases} \bar{\psi}(\bar{\boldsymbol{k}}, \boldsymbol{x} + \boldsymbol{a}_1; \tau_2, \tau_3) = \mathrm{e}^{\mathrm{i}k_1}\bar{\psi}(\bar{\boldsymbol{k}}, \boldsymbol{x}; \tau_2, \tau_3), & -\pi < k_1 \leqslant \pi, \\ \bar{\psi}(\bar{\boldsymbol{k}}, \boldsymbol{x}; \tau_2, \tau_3) = 0, & \boldsymbol{x} \in \partial C_2 \text{ 或 } \boldsymbol{x} \in \partial C_3. \end{cases} \tag{7.4}$$

定理 7.1 可以用与定理 5.1 类似的办法证明, 其主要的差别是在 Dirichlet 积分

$$\begin{aligned} J(f, g) &= \int_C \{\nabla f(\boldsymbol{x}) \cdot \nabla g^*(\boldsymbol{x}) + v(\boldsymbol{x})f(\boldsymbol{x})g^*(\boldsymbol{x})\}\mathrm{d}\boldsymbol{x} \\ &= \int_C f(\boldsymbol{x})\{-\nabla^2 g^*(\boldsymbol{x}) + v(\boldsymbol{x})g^*(\boldsymbol{x})\}\,\mathrm{d}\boldsymbol{x} + \int_{\partial C} f(\boldsymbol{x})\frac{\partial g^*(\boldsymbol{x})}{\partial n}\mathrm{d}S \end{aligned} \tag{7.5}$$

里, 如果 $f(\boldsymbol{x})$ 和 $g(\boldsymbol{x})$ 同时满足条件 (7.4), 则 (7.5) 式中在整个 ∂C 上的积分为零, 因为在 ∂C_1 的两个相对面上的积分相互抵消, 并且当 $\boldsymbol{x} \in \partial C_2$ 或 $\boldsymbol{x} \in \partial C_3$ 时 $f(\boldsymbol{x}) = 0$. 如果 $f(\boldsymbol{x}) = \phi_n(\boldsymbol{x}; \tau_1, \tau_2, \tau_3)$, 而 $g(\boldsymbol{x}) = \bar{\psi}(\bar{\boldsymbol{k}}, \boldsymbol{x}; \tau_2, \tau_3)$, 在 (7.5) 式里整个 ∂C 上的积分也为零, 因为当 $\boldsymbol{x} \in \partial C$ 时有 $f(\boldsymbol{x}) = 0$.

定理 7.1 与定理 6.1 相似, 因而由于定理 6.1 导致的二维 Bloch 波 $\hat{\psi}_n(\hat{\boldsymbol{k}}, \boldsymbol{x}; \tau_3)$ 在 $\boldsymbol{a}_2$ 方向上进一步限域的结果可以类似地用到 $\bar{\psi}_n(\bar{\boldsymbol{k}}, \boldsymbol{x}; \tau_2, \tau_3)$ 在 $\boldsymbol{a}_1$ 方向上的量子限域.

对应于每一个体能带 n, 存在一个 $\phi_n(\boldsymbol{x}; \tau_1, \tau_2, \tau_3)$.

因为 $v(\boldsymbol{x} + \boldsymbol{a}_1) = v(\boldsymbol{x})$, 函数 $\phi_n(\boldsymbol{x}; \tau_1, \tau_2, \tau_3)$ 有如下形式:

$$\phi_n(\boldsymbol{x} + \boldsymbol{a}_1; \tau_1, \tau_2, \tau_3) = \mathrm{e}^{\mathrm{i}k_1}\phi_n(\boldsymbol{x}; \tau_1, \tau_2, \tau_3), \tag{7.6}$$

这里 k_1 是一个有非零虚部的复数或一个实数.

如果 (7.6) 式里 k_1 是实数, 则 $\phi_n(\boldsymbol{x}; \tau_1, \tau_2, \tau_3)$ 是一个 $\bar{\psi}_{n'}(\bar{\boldsymbol{k}}, \boldsymbol{x}; \tau_2, \tau_3)$. 按照定理 7.1, 一个函数 $\bar{\psi}_{n'}(\bar{\boldsymbol{k}}, \boldsymbol{x}; \tau_2, \tau_3)$ 不可能是一个 $\phi_n(\boldsymbol{x}; \tau_1, \tau_2, \tau_3)$, 除非在某些特殊情况下当 $\bar{\psi}_{n'}(\bar{\boldsymbol{k}}, \boldsymbol{x}; \tau_2, \tau_3)$ 具有一个与 $\boldsymbol{a}_1$ 轴垂直相交于 $\tau_1 \boldsymbol{a}_1$ 的节面. 因此 (7.6) 式里的 k_1 只能在这样的特殊情况下才能是实数; 在大部分情况下, 是一个具有非零虚部的复数.

(7.6) 式里的 k_1 的虚部可正可负, 相应于 $\phi_n(\boldsymbol{x}; \tau_1, \tau_2, \tau_3)$ 是在 $\boldsymbol{a}_1$ 的正方向或负方向衰减. 这样一些 (7.6) 式中的 k_1 具有非零虚部的态 $\phi_n(\boldsymbol{x}; \tau_1, \tau_2, \tau_3)$ 不可能存在于在 $\boldsymbol{a}_1$ 方向上具有平移不变性的量子线中, 因为它们会在 $\boldsymbol{a}_1$ 的负方向或正方向发散. 但是, 在不具有平移对称性的有限晶体或量子点的电子态中它们可能起着重要的作用.

一维 Bloch 波 $\bar{\psi}_n(\bar{\boldsymbol{k}}, \boldsymbol{x}; \tau_2, \tau_3)$ 在 $\boldsymbol{a}_1$ 方向上的进一步量子限域将在有限晶体或量子点里产生两种不同类型的电子态.

方程 (7.1) 的一种非平凡解可以由 (7.6) 式得到, 是

$$
\psi_n(\boldsymbol{x}; \tau_1, \tau_2, \tau_3) = \begin{cases} c_{N_1, N_2, N_3} \phi_n(\boldsymbol{x}; \tau_1, \tau_2, \tau_3), & \boldsymbol{x} \text{ 在有限晶体内}, \\ 0, & \boldsymbol{x} \text{ 不在有限晶体内}, \end{cases} \tag{7.7}
$$

这里 c_{N_1, N_2, N_3} 是一个归一化常数; 其相应的本征值

$$
\Lambda_n(\tau_1, \tau_2, \tau_3) = \lambda_n(\tau_1, \tau_2, \tau_3) \tag{7.8}
$$

依赖于 τ_1, τ_2 和 τ_3. 定理 7.1 的一个结果是: 对应于每一个能带指数 n, 仅存在着一个方程 (7.1) 的形如 (7.7) 式的解. 这是一个有限晶体或者量子点中的类顶角态, 因为在大多数情况下 $\phi_n(\boldsymbol{x}; \tau_1, \tau_2, \tau_3)$ 会在 $\boldsymbol{a}_1, \boldsymbol{a}_2$ 和 $\boldsymbol{a}_3$ 的正方向或负方向衰减.

现在我们再来求由 $\bar{\psi}_n(\bar{\boldsymbol{k}}, \boldsymbol{x}; \tau_2, \tau_3)$ 进一步量子限域所得到的方程 (7.1) 的其他解. 我们可以期待存在由于 $\bar{\psi}_n(\bar{\boldsymbol{k}}, \boldsymbol{x}; \tau_2, \tau_3)$ 在垂直相交于 $\boldsymbol{a}_1$ 轴的两个边界面 $\tau_1 \boldsymbol{a}_1$ 和 $(\tau_1 + N_1) \boldsymbol{a}_1$ 多次反射而形成的在 $\boldsymbol{a}_1$ 方向的 Bloch 驻波态.[①]

因为[②]

$$
\bar{\Lambda}_n(\bar{\boldsymbol{k}}; \tau_2, \tau_3) = \bar{\Lambda}_n(-\bar{\boldsymbol{k}}; \tau_2, \tau_3),
$$

一般说来, 当 $c_\pm$ 不同时为零时,

$$
f_{n,k_1}(\boldsymbol{x}; \tau_2, \tau_3) = c_+ \bar{\psi}_n(k_1 \bar{\boldsymbol{b}}_1, \boldsymbol{x}; \tau_2, \tau_3) + c_- \bar{\psi}_n(-k_1 \bar{\boldsymbol{b}}_1, \boldsymbol{x}; \tau_2, \tau_3), \quad 0 < k_1 < \pi
$$

[①]对于周期性偏微分方程的解作者缺乏足够的认识以断定对于方程 (7.1), 在 $\boldsymbol{a}_1$ 方向什么样的 τ_1 使得 Bloch 波驻波态解能够存在. 作者只是认为对于具有物理边界 τ_1 的一个物理的量子点或有限晶体, 存在这样类型的 Bloch 波驻波态解是合理的.

[②]作为方程 (6.1) 的解, $\bar{\psi}(\bar{\boldsymbol{k}}, \boldsymbol{x})$ 和 $\bar{\psi}^*(\bar{\boldsymbol{k}}, \boldsymbol{x})$ 有同样的能量 $\bar{\Lambda}$. $\bar{\psi}_n^*(\bar{\boldsymbol{k}}, \boldsymbol{x}; \tau_2, \tau_3) = \bar{\psi}_n(-\bar{\boldsymbol{k}}, \boldsymbol{x}; \tau_2, \tau_3)$ 导致了 $\bar{\Lambda}_n(-\bar{\boldsymbol{k}}; \tau_2, \tau_3) = \bar{\Lambda}_n(\bar{\boldsymbol{k}}; \tau_2, \tau_3)$.

是方程 (6.1) 的非平凡解.

要使得它进一步是方程 (7.1) 的解, 函数 $f_{n,k_1}(\boldsymbol{x}; \tau_2, \tau_3)$ 要求在有限晶体或量子点的左、右表面为零. 把有限晶体左表面的方程写成 $x_1 = x_{1,\mathrm{l}}(x_2, x_3)$, 右表面的写成 $x_1 = x_{1,\mathrm{r}}(x_2, x_3)$, 我们要求

$$
\begin{aligned}
c_+ \bar{\psi}_n[k_1\bar{\boldsymbol{b}}_1, \boldsymbol{x} &\in x_{1,\mathrm{l}}(x_2, x_3); \tau_2, \tau_3] \\
&+ c_- \bar{\psi}_n[-k_1\bar{\boldsymbol{b}}_1, \boldsymbol{x} \in x_{1,\mathrm{l}}(x_2, x_3); \tau_2, \tau_3] = 0, \\
c_+ \bar{\psi}_n[k_1\bar{\boldsymbol{b}}_1, \boldsymbol{x} &\in x_{1,\mathrm{r}}(x_2, x_3); \tau_2, \tau_3] \\
&+ c_- \bar{\psi}_n[-k_1\bar{\boldsymbol{b}}_1, \boldsymbol{x} \in x_{1,\mathrm{r}}(x_2, x_3); \tau_2, \tau_3] = 0.
\end{aligned}
\tag{7.9}
$$

因为 $x_{1,\mathrm{r}}(x_2, x_3) = x_{1,\mathrm{l}}(x_2, x_3) + N_1$, 根据 (7.4) 式, 我们有

$$
\bar{\psi}_n[k_1\bar{\boldsymbol{b}}_1, \boldsymbol{x} \in x_{1,\mathrm{r}}(x_2, x_3); \tau_2, \tau_3] = \mathrm{e}^{\mathrm{i}k_1 N_1} \bar{\psi}_n[k_1\bar{\boldsymbol{b}}_1, \boldsymbol{x} \in x_{1,\mathrm{l}}(x_2, x_3); \tau_2, \tau_3]
$$

和

$$
\hat{\psi}_n[-k_1\bar{\boldsymbol{b}}_1, \boldsymbol{x} \in x_{1,\mathrm{r}}(x_2, x_3); \tau_2, \tau_3] = \mathrm{e}^{-\mathrm{i}k_1 N_1} \hat{\psi}_n[-k_1\bar{\boldsymbol{b}}_1, \boldsymbol{x} \in x_{1,\mathrm{l}}(x_2, x_3); \tau_2, \tau_3].
$$

因此, 要使得 (7.9) 式中的 $c_\pm$ 不同时为零, 对于这些 Bloch 波驻波态, $\mathrm{e}^{\mathrm{i}k_1 N_1} - \mathrm{e}^{-\mathrm{i}k_1 N_1} = 0$ 必须满足.

这些由 $\bar{\psi}_n(\bar{\boldsymbol{k}}, \boldsymbol{x}; \tau_2, \tau_3)$ 在 $\boldsymbol{a}_1$ 方向进一步限域得到的方程 (7.1) 的 Bloch 波驻波解应有以下形式:

$$
\psi_{n,j_1}(\boldsymbol{x}; \tau_1, \tau_2, \tau_3) = \begin{cases} f_{n,\kappa_1}(\boldsymbol{x}; \tau_1, \tau_2, \tau_3), & \boldsymbol{x} \text{ 在有限晶体内}, \\ 0, & \boldsymbol{x} \text{ 不在有限晶体内}. \end{cases}
\tag{7.10}
$$

这里

$$
f_{n,k_1}(\boldsymbol{x}; \tau_1, \tau_2, \tau_3) = c_{n,k_1;\tau_1} \bar{\psi}_n(k_1\bar{\boldsymbol{b}}_1, \boldsymbol{x}; \tau_2, \tau_3) + c_{n,-k_1;\tau_1} \bar{\psi}_n(-k_1\bar{\boldsymbol{b}}_1, \boldsymbol{x}; \tau_2, \tau_3);
$$

$$
\kappa_1 = j_1 \pi/N_1, \quad j_1 = 1, 2, \cdots, N_1 - 1,
\tag{7.11}
$$

j_1 是一个 Bloch 波驻波指数. 这些满足方程 (7.1) 的解 $\psi_{n,j_1}(\boldsymbol{x}; \tau_1, \tau_2, \tau_3)$ 的能量 Λ 是

$$
\Lambda_{n,j_1}(\tau_2, \tau_3) = \bar{\Lambda}_n(\kappa_1\bar{\boldsymbol{b}}_1; \tau_2, \tau_3).
\tag{7.12}
$$

每一个由 (7.12) 式给出的能量依赖于 N_1 和 τ_2, τ_3. 对应于每一个体能带 n, 存在 $N_1 - 1$ 个这样的态, 它们是有限晶体或量子点中的类棱态, 因为 $\bar{\psi}_n(\bar{\boldsymbol{k}}, \boldsymbol{x}; \tau_2, \tau_3)$ 在量子线中是类棱态.

由于有 (7.3), (7.8) 和 (7.12) 式, 对于一维 Bloch 波 $\bar{\psi}_n(\bar{\boldsymbol{k}}, \boldsymbol{x}; \tau_2, \tau_3)$ 的进一步量子限域, 一般说来, 类顶角态的能量总是比相应的类棱态的能量高:

$$
\Lambda_n(\tau_1, \tau_2, \tau_3) > \Lambda_{n,j_1}(\tau_2, \tau_3).
\tag{7.13}
$$

§7.3　$\bar{\psi}_{n,j_3}(\bar{\boldsymbol{k}}, \boldsymbol{x}; \tau_2, \tau_3)$ 的进一步量子限域

对于类表面态 $\bar{\psi}_{n,j_3}(\bar{\boldsymbol{k}}, \boldsymbol{x}; \tau_2, \tau_3)$ 的进一步量子限域效应[①], 我们考虑一个长方体形的平行六面体 C', 它具有矩形的底面 $x_3 = \tau_3$, 矩形的顶面 $x_3 = \tau_3 + N_3$, 与 $\boldsymbol{a}_2$ 轴垂直相交于 $\tau_2\boldsymbol{a}_2$ 的前表面, 与 $\boldsymbol{a}_2$ 轴垂直相交于 $(\tau_2 + 1)\boldsymbol{a}_2$ 的后表面, 与 $\boldsymbol{a}_1$ 轴垂直相交于 $\tau_1\boldsymbol{a}_1$ 的左表面以及 $(\tau_1 + 1)\boldsymbol{a}_1$ 的右表面, 如图 7.2 所示.

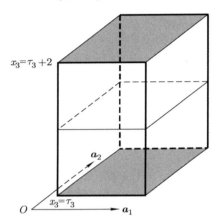

图 7.2　为讨论 $\bar{\psi}_{n,j_3}(\bar{\boldsymbol{k}}, \boldsymbol{x}; \tau_2, \tau_3)$ 的进一步量子限域的长方体形平行六面体 C'. 由 $x_3 = \tau_3$ 和 $x_3 = \tau_3 + N_3$ (图中情况 $N_3 = 2$) 确定的两个灰色 $\partial C_3'$ 面以及两个用粗线框出的 $\partial C_2'$ 面是函数 $\bar{\psi}_{n,j_3}(\bar{\boldsymbol{k}}, \boldsymbol{x}; \tau_2, \tau_3)$ 在其上为零的四个表面. 左右表面是函数 $\phi_{j_3}(\boldsymbol{x}; \tau_1, \tau_2, \tau_3)$ 进一步被要求为零的两个表面.

我们定义函数组 $\phi_{j_3}(\boldsymbol{x}; \tau_1, \tau_2, \tau_3)$ 的条件是: 要求其中每一个函数在 C' 底表面和顶表面为零, 在 $\boldsymbol{b}_3$ 方向其行为与波数 $j_3/N_3\,\pi|\boldsymbol{b}_3|$ 的 Bloch 波驻波 $\bar{\psi}_{j_3}(\bar{\boldsymbol{k}}, \boldsymbol{x}; \tau_2, \tau_3)$[②] 相同, 并且在 C' 的其他四个面上为零. 方程 (5.1) 满足这样条件的本征值和本征函数可以分别表示成 $\lambda_{n,j_3}(\tau_1, \tau_2)$ 和 $\phi_{n,j_3}(\boldsymbol{x}; \tau_1, \tau_2, \tau_3)$ $(n = 0, 1, 2, \cdots)$. 对于由方程 (5.1) 和这个条件定义的本征值 $\lambda_{n,j_3}(\tau_1, \tau_2)$, 我们有关于它和函数 $\bar{\psi}_{n,j_3}(\bar{\boldsymbol{k}}, \boldsymbol{x}; \tau_2, \tau_3)$ ((6.18) 式) 的本征值 $\bar{\Lambda}_{n,j_3}(\bar{\boldsymbol{k}}; \tau_2)$ ((6.19) 式) 的如下推论:

推论 7.2

$$\lambda_{n,j_3}(\tau_1, \tau_2) \geqslant \bar{\Lambda}_{n,j_3}(\bar{\boldsymbol{k}}; \tau_2). \tag{7.14}$$

具有不同 j_3 的 $\bar{\psi}_{n,j_3}(\bar{\boldsymbol{k}}, \boldsymbol{x}; \tau_2, \tau_3)$ 是彼此正交的, 它们之中的每一个在 $\boldsymbol{a}_1$ 方向是独立限域的. 推论 7.2 可以用与证明定理 7.1 类似的方法证明.

[①] 和 6.3 节相似, 因为类表面态 $\bar{\psi}_{n,j_3}(\bar{\boldsymbol{k}}, \boldsymbol{x}; \tau_2, \tau_3)$ 的存在只是来自物理直觉而非严格的数学证明, 本节只是在 6.3 节基础上的推论.

[②] $\bar{\psi}_{j_3}(\bar{\boldsymbol{k}}, \boldsymbol{x}; \tau_2, \tau_3)$ 一般可以是不同 n 的 $\bar{\psi}_{n,j_3}(\bar{\boldsymbol{k}}, \boldsymbol{x}; \tau_2, \tau_3)$ 的线性组合.

推论 7.2 和推论 6.2 相似, 因而由于推论 6.2 导致的二维 Bloch 波 $\hat{\psi}_{n,j_3}(\hat{k}, x; \tau_3)$ 在 a_2 方向上进一步限域的结果可以类似地用到一维 Bloch 波 $\bar{\psi}_{n,j_3}(\bar{k}, x; \tau_2, \tau_3)$ 在 a_1 方向上的进一步量子限域.

因为 $v(x + a_1) = v(x)$, 函数 $\phi_{n,j_3}(x; \tau_1, \tau_2, \tau_3)$ 有以下形式

$$\phi_{n,j_3}(x + a_1; \tau_1, \tau_2, \tau_3) = e^{ik_1} \phi_{n,j_3}(x; \tau_1, \tau_2, \tau_3). \tag{7.15}$$

(7.15) 式里的 k_1 可以是一个具有非零虚部的复数或一个实数. 如果 (7.15) 式里的 k_1 是一个实数, 则 $\phi_{n,j_3}(x; \tau_1, \tau_2, \tau_3)$ 是一个 $\bar{\psi}_{n',j_3}(\bar{k}, x; \tau_2, \tau_3)$. 按照推论 7.2, 一个 $\bar{\psi}_{n',j_3}(\bar{k}, x; \tau_2, \tau_3)$ 不可能是一个 $\phi_{n,j_3}(x; \tau_1, \tau_2, \tau_3)$, 除非在某些特殊的情况下当 $\bar{\psi}_{n',j_3}(\bar{k}, x; \tau_2, \tau_3)$ 具有一个与 a_1 轴垂直相交于 $\tau_1 a_1$ 的节面. 因此 (7.15) 式里的 k_1 只能在这样的特殊情况下才能是实数; 在大部分情况下 (7.15) 式里的 k_1 是一个具有非零虚部的复数.

(7.15) 式里 k_1 的虚部可正可负, 对应着 $\phi_{n,j_3}(x; \tau_1, \tau_2, \tau_3)$ 在 a_1 的正方向或负方向上衰减. 这样一些 (7.15) 式中 k_1 具有非零虚部的态 $\phi_{n,j_3}(x; \tau_1, \tau_2, \tau_3)$ 不可能存在于在 a_1 方向上具有平移不变性的量子线中, 因为它们会在 a_1 的负方向或正方向上发散. 它们在没有平移不变性的有限晶体或量子点中可能起着重要作用.

一维 Bloch 波 $\bar{\psi}_{n,j_3}(\bar{k}, x; \tau_2, \tau_3)$ 在 a_1 方向的进一步限域会在有限晶体或量子点里产生两种不同类型的电子态.

方程 (7.1) 的一种非平凡解可以由 (7.15) 式得到, 是

$$\psi_{n,j_3}(x; \tau_1, \tau_2, \tau_3) = \begin{cases} c_{N_1,N_2,N_3} \phi_{n,j_3}(x; \tau_1, \tau_2, \tau_3), & x \text{ 在有限晶体内}, \\ 0, & x \text{ 不在有限晶体内}, \end{cases} \tag{7.16}$$

这里 c_{N_1,N_2,N_3} 是归一化常数; 相应的本征值

$$\Lambda_{n,j_3}(\tau_1, \tau_2) = \lambda_{n,j_3}(\tau_1, \tau_2) \tag{7.17}$$

依赖于 N_3, τ_1 和 τ_2. 推论 7.2 的一个结果是对应于每一个体能带 n 和每一个 j_3, 仅存在方程 (7.1) 的一个形如 (7.16) 式的解. 对于每一个体能带, 在有限晶体或量子点中存在 $N_3 - 1$ 个这样的解. 它们是有限晶体或量子点中的类棱态, 因为大多数情况下 $\psi_{n,j_3}(x; \tau_1, \tau_2, \tau_3)$ 在 a_1 和 a_2 的正方向或负方向衰减.

现在我们再来求由 $\bar{\psi}_{n,j_3}(\bar{k}, x; \tau_2, \tau_3)$ 的进一步量子限域所得到的方程 (7.1) 的其他解. 我们可以期待存在由 $\bar{\psi}_{n,j_3}(\bar{k}, x; \tau_2, \tau_3)$ 在垂直交于 a_1 轴的两个位于 $\tau_1 a_1$ 和 $(\tau_1 + N_1)a_1$ 处的边界面的多次反射而形成的在 a_1 方向的 Bloch 波驻波态.

因为一维 Bloch 波 $\bar{\psi}_{n,j_3}(\bar{k}, x; \tau_2, \tau_3)$ 的能量 ((6.19) 式) 满足[①]

$$\bar{\Lambda}_{n,j_3}(\bar{k}; \tau_2) = \bar{\Lambda}_{n,j_3}(-\bar{k}; \tau_2), \tag{7.18}$$

[①] $\bar{\psi}^*_{n,j_3}(\bar{k}, x; \tau_2, \tau_3) = \bar{\psi}_{n,j_3}(-\bar{k}, x; \tau_2, \tau_3)$ 导致 (7.18) 式.

一般来说, 当 $c_\pm$ 不同时为零时,

$$
\begin{aligned}
f_{n,k_1,j_3}(\boldsymbol{x};\tau_2,\tau_3) = {} & c_+\bar{\psi}_{n,j_3}(k_1\bar{\boldsymbol{b}}_1,\boldsymbol{x};\tau_2,\tau_3) \\
& + c_-\bar{\psi}_{n,j_3}(-k_1\bar{\boldsymbol{b}}_1,\boldsymbol{x};\tau_2,\tau_3), \quad 0 < k_1 < \pi
\end{aligned}
$$

是方程 (6.1) 的非平凡解. 和 7.2 节中所做的类似, 我们可以得到由 $\bar{\psi}_{n,j_3}(\bar{\boldsymbol{k}},\boldsymbol{x};\tau_2,\tau_3)$ 在垂直交于 $\boldsymbol{a}_1$ 轴的位于 $\tau_1\boldsymbol{a}_1$ 和 $(\tau_1+N_1)\boldsymbol{a}_1$ 两个边界面多次反射而形成的 $\boldsymbol{a}_1$ 方向的 Bloch 波驻波态应当有如下的形式:

$$
\psi_{n,j_1,j_3}(\boldsymbol{x};\tau_1,\tau_2,\tau_3) = \begin{cases} f_{n,\kappa_1,j_3}(\boldsymbol{x};\tau_1,\tau_2,\tau_3), & \boldsymbol{x} \text{ 在有限晶体内}, \\ 0, & \boldsymbol{x} \text{ 不在有限晶体内}. \end{cases} \tag{7.19}
$$

这里,

$$
\begin{aligned}
f_{n,k_1,j_3}(\boldsymbol{x};\tau_1,\tau_2,\tau_3) = {} & c_{n,k_1,j_3;\tau_1}\bar{\psi}_{n,j_3}(k_1\bar{\boldsymbol{b}}_1,\boldsymbol{x};\tau_2,\tau_3) \\
& + c_{n,-k_1,j_3;\tau_1}\bar{\psi}_{n,j_3}(-k_1\bar{\boldsymbol{b}}_1,\boldsymbol{x};\tau_2,\tau_3),
\end{aligned}
$$

$\kappa_1 = j_1\,\pi/N_1$, $j_1 = 1,2,\cdots,N_1-1$, 如 (7.11) 式. 满足方程 (7.1) 的 Bloch 波驻波态 $\psi_{n,j_1,j_3}(\boldsymbol{x};\tau_1,\tau_2,\tau_3)$ 的能量 Λ 是

$$
\Lambda_{n,j_1,j_3}(\tau_2) = \bar{\Lambda}_{n,j_3}(\kappa_1\bar{\boldsymbol{b}}_1;\tau_2). \tag{7.20}
$$

在这样情况下, (7.20) 式里的能量依赖于 N_1, N_3 和 τ_2. 这样的驻波态是有限晶体或量子点中的类表面态, 因为 $\bar{\psi}_{n,j_3}(\bar{\boldsymbol{k}},\boldsymbol{x};\tau_2,\tau_3)$ 是量子线中的类表面态. 对应于每一个体能带 n, 在有限晶体或量子点中存在 $(N_1-1)(N_3-1)$ 个这样的态.

　　类似于 (7.13) 式, 由于有 (7.14), (7.17) 和 (7.20) 式, 对于 $\bar{\psi}_{n,j_3}(\bar{\boldsymbol{k}},\boldsymbol{x};\tau_2,\tau_3)$ 的进一步量子限域, 一般说来, 类棱态的能量总是高于一个相应的类表面态的能量:

$$
\Lambda_{n,j_3}(\tau_1,\tau_2) > \Lambda_{n,j_1,j_3}(\tau_2). \tag{7.21}
$$

§7.4　$\bar{\psi}_{n,j_2}(\bar{\boldsymbol{k}},\boldsymbol{x};\tau_2,\tau_3)$ 的进一步量子限域

　　对于量子线中类表面态 $\bar{\psi}_{n,j_2}(\bar{\boldsymbol{k}},\boldsymbol{x};\tau_2,\tau_3)$ 的进一步量子限域[①], 可以类似地讨论, 它会在有限晶体或量子点中产生 N_2-1 个类棱态和 $(N_1-1)(N_2-1)$ 个类表面态.

　　对于 $\bar{\psi}_{n,j_2}(\bar{\boldsymbol{k}},\boldsymbol{x};\tau_2,\tau_3)$ 的量子限域, 我们考虑一个长方体形的平行六面体 C'', 它具有矩形底表面 $x_3 = \tau_3$, 矩形顶表面 $x_3 = \tau_3+1$, 与 $\boldsymbol{a}_2$ 轴垂直相交于 $\tau_2\boldsymbol{a}_2$ 的

[①]和前面 7.3 节相似, 因为类表面态 $\bar{\psi}_{n,j_2}(\bar{\boldsymbol{k}},\boldsymbol{x};\tau_2,\tau_3)$ 的存在只是来自物理直觉而非严格的数学证明, 本节只是在 6.2 节基础上的推论.

前表面, 与 $\boldsymbol{a}_2$ 轴垂直相交于 $(\tau_2+N_2)\boldsymbol{a}_2$ 的后表面, 与 $\boldsymbol{a}_1$ 轴垂直相交于 $\tau_1\boldsymbol{a}_1$ 的左表面, 与 $\boldsymbol{a}_1$ 轴相交于 $(\tau_1+1)\boldsymbol{a}_1$ 的右表面, 如图 7.3 所示.

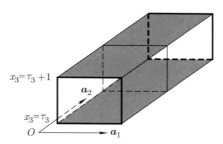

图 7.3　为讨论 $\bar{\psi}_{n,j_2}(\bar{\boldsymbol{k}},\boldsymbol{x};\tau_2,\tau_3)$ 进一步量子限域的长方体形平行六面体 C''. 由 $x_3=\tau_3$ 和 $x_3=\tau_3+1$ 确定的两个灰色 $\partial C_3''$ 面以及由 $\tau_2\boldsymbol{a}_2$ 和 $(\tau_2+N_2)\boldsymbol{a}_2$ 确定的两个粗线框出的 $\partial C_2''$ 面 (图中情况 $N_2=2$) 是函数 $\bar{\psi}_{n,j_2}(\bar{\boldsymbol{k}},\boldsymbol{x};\tau_2,\tau_3)$ 在其上为零的四个表面. $\partial C_1''$ 的左、右表面是函数 $\phi_{j_2}(\boldsymbol{x};\tau_1,\tau_2,\tau_3)$ 进一步被要求为零的两个表面.

我们定义函数组 $\phi_{j_2}(\boldsymbol{x};\tau_1,\tau_2,\tau_3)$ 的条件是, 要求其中每一个函数在 C'' 的底表面和顶表面为零, 在 $\hat{\boldsymbol{b}}_2$ 方向在 $\partial C_2''$ 的前表面和后表面为零, 其行为与具有波数 $j_2/N_2\,\pi|\hat{\boldsymbol{b}}_2|$ 的 Bloch 波驻波 $\bar{\psi}_{j_2}(\bar{\boldsymbol{k}},\boldsymbol{x};\tau_2,\tau_3)$[①] 相同, 并且在 $\partial C_1''$ 的左表面和右表面上为零. 方程 (5.1) 满足这样条件的本征值和本征函数可以分别表示成 $\lambda_{n,j_2}(\tau_1,\tau_3)$ 和 $\phi_{n,j_2}(\boldsymbol{x};\tau_1,\tau_2,\tau_3)$ $(n=0,1,2,\cdots)$. 对于由方程 (5.1) 和这个条件定义的本征值 $\lambda_{n,j_2}(\tau_1,\tau_3)$, 我们有关于它和函数 $\bar{\psi}_{n,j_2}(\bar{\boldsymbol{k}},\boldsymbol{x};\tau_2,\tau_3)$ ((6.11) 式) 的本征值 $\bar{\Lambda}_{n,j_2}(\bar{\boldsymbol{k}};\tau_3)$ ((6.13) 式) 的如下推论:

推论 7.3

$$\lambda_{n,j_2}(\tau_1,\tau_3) \geqslant \bar{\Lambda}_{n,j_2}(\bar{\boldsymbol{k}};\tau_3). \tag{7.22}$$

推论 7.3 可以用类似推论 7.2 的办法证明. 我们只需注意具有不同 j_2 的 $\bar{\psi}_{n,j_2}(\bar{\boldsymbol{k}},\boldsymbol{x};\tau_2,\tau_3)$ 是相互正交的, 它们在 $\boldsymbol{a}_1$ 方向都是独立限域的.

推论 7.3 与推论 7.2 类似. 推论 7.2 导致的一维 Bloch 波 $\bar{\psi}_{n,j_3}(\bar{\boldsymbol{k}},\boldsymbol{x};\tau_2,\tau_3)$ 在 $\boldsymbol{a}_1$ 方向上进一步限域的结果可以类似地用到一维 Bloch 波 $\bar{\psi}_{n,j_2}(\bar{\boldsymbol{k}},\boldsymbol{x};\tau_2,\tau_3)$ 在 $\boldsymbol{a}_1$ 方向上的量子限域.

因为 $v(\boldsymbol{x}+\boldsymbol{a}_1)=v(\boldsymbol{x})$, 函数 $\phi_{n,j_2}(\boldsymbol{x};\tau_1,\tau_2,\tau_3)$ 有如下的形式

$$\phi_{n,j_2}(\boldsymbol{x}+\boldsymbol{a}_1;\tau_1,\tau_2,\tau_3) = e^{ik_1}\phi_{n,j_2}(\boldsymbol{x};\tau_1,\tau_2,\tau_3). \tag{7.23}$$

[①] $\bar{\psi}_{j_2}(\bar{\boldsymbol{k}},\boldsymbol{x};\tau_2,\tau_3)$ 一般可以是不同 n 的 $\bar{\psi}_{n,j_2}(\bar{\boldsymbol{k}},\boldsymbol{x};\tau_2,\tau_3)$ 的线性组合.

(7.23) 式里的 k_1 可以是一个具有非零虚部的复数或一个实数. 如果 (7.23) 式里的 k_1 是一个实数, 则 $\phi_{n,j_2}(\boldsymbol{x};\tau_1,\tau_2,\tau_3)$ 是一个 $\bar{\psi}_{n',j_2}(\bar{\boldsymbol{k}},\boldsymbol{x};\tau_2,\tau_3)$. 按照推论 7.3, 一个 $\bar{\psi}_{n',j_2}(\bar{\boldsymbol{k}},\boldsymbol{x};\tau_2,\tau_3)$ 不可能是一个 $\phi_{n,j_2}(\boldsymbol{x};\tau_1,\tau_2,\tau_3)$, 除非在某些特殊的情况下当 $\bar{\psi}_{n',j_2}(\bar{\boldsymbol{k}},\boldsymbol{x};\tau_2,\tau_3)$ 具有与 $\boldsymbol{a}_1$ 轴垂直相交于 $\tau_1\boldsymbol{a}_1$ 的节面. 因此 (7.23) 式里的 k_1 只能在这样的特殊情况下才能是实数; 在大部分情况下是一个具有非零虚部的复数.

(7.23) 式里 k_1 的虚部可正可负, 对应于 $\phi_{n,j_2}(\boldsymbol{x};\tau_1,\tau_2,\tau_3)$ 在 $\boldsymbol{a}_1$ 的正方向或负方向上衰减. 这样一些 (7.23) 式里 k_1 具有非零虚部的态 $\phi_{n,j_2}(\boldsymbol{x};\tau_1,\tau_2,\tau_3)$ 不可能存在于在 $\boldsymbol{a}_1$ 方向具有平移不变性的量子线中, 因为它们会在 $\boldsymbol{a}_1$ 的负方向或正方向发散. 但是, 它们在没有平移不变性的有限晶体或量子点中可能会有重要作用.

一维 Bloch 波 $\bar{\psi}_{n,j_2}(\bar{\boldsymbol{k}},\boldsymbol{x};\tau_2,\tau_3)$ 在 $\boldsymbol{a}_1$ 方向的进一步限域会在有限晶体或量子点中产生两种不同类型的电子态.

方程 (7.1) 的一种非平凡解可以由 (7.23) 式得到, 是

$$\psi_{n,j_2}(\boldsymbol{x};\tau_1,\tau_2,\tau_3) = \begin{cases} c_{N_1,N_2,N_3}\phi_{n,j_2}(\boldsymbol{x};\tau_1,\tau_2,\tau_3), & \boldsymbol{x} \text{ 在有限晶体内,} \\ 0, & \boldsymbol{x} \text{ 不在有限晶体内.} \end{cases} \quad (7.24)$$

这里 c_{N_1,N_2,N_3} 是归一化常数; 相应的本征值是

$$\Lambda_{n,j_2}(\tau_1,\tau_3) = \lambda_{n,j_2}(\tau_1,\tau_3). \quad (7.25)$$

对应于每一个体能带 n 和每一个 j_2, 存在一个电子态 $\psi_{n,j_2}(\boldsymbol{x};\tau_1,\tau_2,\tau_3)$, 它在有限晶体内或量子点内是 $\phi_{n,j_2}(\boldsymbol{x};\tau_1,\tau_2,\tau_3)$, 而在其他地方为零; 它的能量 $\Lambda_{n,j_2}(\tau_1,\tau_3)$ 依赖于 τ_1, τ_3 和 N_2. 对应于每一个体能带 n, 在有限晶体或量子点中存在 $N_2 - 1$ 个这样的态. 它们是有限晶体或量子点中的类棱态, 因为 $\phi_{n,j_2}(\boldsymbol{x};\tau_1,\tau_2,\tau_3)$ 在大多数情况下会在 $\boldsymbol{a}_1$ 和 $\boldsymbol{a}_3$ 的正方向或负方向上衰减.

现在我们再来求由 $\bar{\psi}_{n,j_2}(\bar{\boldsymbol{k}},\boldsymbol{x};\tau_2,\tau_3)$ 进一步量子限域所得到的方程 (7.1) 的其他解. 我们可以期待存在着由于 $\bar{\psi}_{n,j_2}(\bar{\boldsymbol{k}},\boldsymbol{x};\tau_2,\tau_3)$ 在垂直交于 $\boldsymbol{a}_1$ 轴的位于 $\tau_1\boldsymbol{a}_1$ 和 $(\tau_1 + N_1)\boldsymbol{a}_1$ 两个边界面多次反射而形成的在 $\boldsymbol{a}_1$ 方向的 Bloch 波驻波态.

因为一维 Bloch 波 $\bar{\psi}_{n,j_2}(\bar{\boldsymbol{k}},\boldsymbol{x};\tau_2,\tau_3)$ 的能量满足[1]

$$\bar{\Lambda}_{n,j_2}(\bar{\boldsymbol{k}};\tau_3) = \bar{\Lambda}_{n,j_2}(-\bar{\boldsymbol{k}};\tau_3), \quad (7.26)$$

一般说来, 当 $c_\pm$ 不同时为零时,

$$\begin{aligned} f_{n,k_1,j_2}(\boldsymbol{x};\tau_2,\tau_3) = &\, c_+\bar{\psi}_{n,j_2}(k_1\bar{\boldsymbol{b}}_1,\boldsymbol{x};\tau_2,\tau_3) \\ &+ c_-\bar{\psi}_{n,j_2}(-k_1\bar{\boldsymbol{b}}_1,\boldsymbol{x};\tau_2,\tau_3), \qquad 0 < k_1 < \pi \end{aligned}$$

---

[1] $\bar{\psi}_{n,j_2}^*(\bar{\boldsymbol{k}},\boldsymbol{x};\tau_2,\tau_3) = \bar{\psi}_{n,j_2}(-\bar{\boldsymbol{k}},\boldsymbol{x};\tau_2,\tau_3)$ 导致了 (7.26) 式.

是 (6.1) 的非平凡解, 由于 (7.26) 式. 类似于 7.2 和 7.3 节的情况, 我们可以得到方程 (7.1) 的由于 $\bar{\psi}_{n,j_2}(\bar{\boldsymbol{k}}, \boldsymbol{x}; \tau_2, \tau_3)$ 的量子限域导致的 Bloch 波驻波态解应该有如下形式

$$\psi_{n,j_1,j_2}(\boldsymbol{x}; \tau_1, \tau_2, \tau_3) = \begin{cases} f_{n,\kappa_1,j_2}(\boldsymbol{x}; \tau_1, \tau_2, \tau_3), & \boldsymbol{x} \text{ 在有限晶体内}, \\ 0, & \boldsymbol{x} \text{ 不在有限晶体内}. \end{cases} \tag{7.27}$$

这里

$$\begin{aligned} f_{n,k_1,j_2}(\boldsymbol{x}; \tau_1, \tau_2, \tau_3) = {} & c_{n,k_1,j_2;\tau_1} \bar{\psi}_{n,j_2}(k_1\bar{\boldsymbol{b}}_1, \boldsymbol{x}; \tau_2, \tau_3) \\ & + c_{n,-k_1,j_2;\tau_1} \bar{\psi}_{n,j_2}(-k_1\bar{\boldsymbol{b}}_1, \boldsymbol{x}; \tau_2, \tau_3), \end{aligned}$$

$\kappa_1 = j_1\pi/N_1$, $j_1 = 1, 2, \cdots, N_1 - 1$, 如 (7.11) 式. 满足方程 (7.1) 的 Bloch 波驻波的解 $\psi_{n,j_1,j_2}(\boldsymbol{x}; \tau_1, \tau_2, \tau_3)$ 的能量 Λ 是

$$\Lambda_{n,j_1,j_2}(\tau_3) = \bar{\Lambda}_{n,j_2}(\kappa_1\bar{\boldsymbol{b}}_1; \tau_3). \tag{7.28}$$

这样的情况下, (7.28) 式里的能量 $\Lambda_{n,j_1,j_2}(\tau_3)$ 依赖于 N_1, N_2 和 τ_3. 这些是有限晶体或量子点中的类表面态, 因为 $\bar{\psi}_{n,j_2}(\bar{\boldsymbol{k}}, \boldsymbol{x}; \tau_2, \tau_3)$ 是量子线中的类表面态. 对应于每一个体能带 n, 在有限晶体或量子点中存在 $(N_1 - 1)(N_2 - 1)$ 个这样的态.

类似于 (7.21) 式, 由于 (7.22), (7.25) 和 (7.28) 式, 对于 $\bar{\psi}_{n,j_2}(\bar{\boldsymbol{k}}, \boldsymbol{x}; \tau_2, \tau_3)$ 的进一步量子限域, 类棱态的能量会高于相应的类表面态的能量:

$$\Lambda_{n,j_2}(\tau_1, \tau_3) > \Lambda_{n,j_1,j_2}(\tau_3). \tag{7.29}$$

§7.5 $\bar{\psi}_{n,j_2,j_3}(\bar{\boldsymbol{k}}, \boldsymbol{x}; \tau_2, \tau_3)$ 的进一步量子限域

对于类体态 $\bar{\psi}_{n,j_2,j_3}(\bar{\boldsymbol{k}}, \boldsymbol{x}; \tau_2, \tau_3)$ 的进一步量子限域[①], 我们考虑一个长方体形的平行六面体 C''', 它具有矩形底表面 $x_3 = \tau_3$, 矩形顶表面 $x_3 = \tau_3 + N_3$, 与 $\boldsymbol{a}_2$ 轴垂直相交于 $\tau_2\boldsymbol{a}_2$ 的前表面, 与 $\boldsymbol{a}_2$ 轴垂直相交于 $(\tau_2 + N_2)\boldsymbol{a}_2$ 的后表面, 与 $\boldsymbol{a}_1$ 轴垂直相交于 $\tau_1\boldsymbol{a}_1$ 的左表面, 与 $\boldsymbol{a}_1$ 轴垂直相交于 $(\tau_1 + 1)\boldsymbol{a}_1$ 的右表面, 如图 7.4 所示.

我们定义函数组 $\phi_{j_2,j_3}(\boldsymbol{x}; \tau_1, \tau_2, \tau_3)$ 的条件是: 要求其中每一个函数像 $\bar{\psi}_{j_2,j_3}(\bar{\boldsymbol{k}}, \boldsymbol{x}; \tau_2, \tau_3)$[②] 那样, 在 $\hat{\boldsymbol{b}}_2$ 方向在 $\partial C'''$ 的前表面和后表面为零, 其行为与具有波数为 $j_2/N_2 \pi|\hat{\boldsymbol{b}}_2|$ 的 Bloch 波驻波相同; 在 $\boldsymbol{b}_3$ 方向在 $\partial C_3'''$ 的底表面和顶表面为零, 其行为与具有波数为 $j_3/N_3 \pi|\boldsymbol{b}_3|$ 的 Bloch 波驻波相同; 并且在 $\partial C_1'''$ 的左表面和右表面

[①] 和前面 6.3 节相似, 因为 $\bar{\psi}_{n,j_2,j_3}(\bar{\boldsymbol{k}}, \boldsymbol{x}; \tau_2, \tau_3)$ 的存在只是来自物理直觉而非严格的数学证明, 本节只是在 6.3 节基础上的推论.

[②] $\bar{\psi}_{j_2,j_3}(\bar{\boldsymbol{k}}, \boldsymbol{x}; \tau_2, \tau_3)$ 一般可以是不同 n 的 $\bar{\psi}_{n,j_2,j_3}(\bar{\boldsymbol{k}}, \boldsymbol{x}; \tau_2, \tau_3)$ 的线性组合.

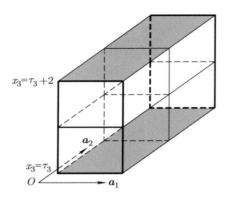

图 7.4   为讨论 $\bar{\psi}_{n,j_2,j_3}(\bar{\boldsymbol{k}}, \boldsymbol{x}; \tau_2, \tau_3)$ 进一步量子限域的长方体形平行六面体 C'''. 由 $x_3 = \tau_3$ 和 $x_3 = \tau_3 + N_3$ (图中情况为 $N_3 = 2$) 确定的两个灰色 $\partial C_3'''$ 面以及由 $\tau_2 \boldsymbol{a}_2$ 和 $(\tau_2 + N_2)\boldsymbol{a}_2$ (图中情况 $N_2 = 2$) 确定的两个粗线框出的 $\partial C_2'''$ 面是函数 $\bar{\psi}_{n,j_2,j_3}(\bar{\boldsymbol{k}}, \boldsymbol{x}; \tau_2, \tau_3)$ 在其上为零的四个表面；$\partial C_1'''$ 的左、右表面是函数 $\phi_{j_2,j_3}(\boldsymbol{x}; \tau_1, \tau_2, \tau_3)$ 进一步被要求为零的两个表面.

上为零. 方程 (5.1) 满足这样条件的本征值和本征函数可以分别表示成 $\lambda_{n,j_2,j_3}(\tau_1)$ 和 $\phi_{n,j_2,j_3}(\boldsymbol{x}; \tau_1, \tau_2, \tau_3)$ ($n = 0, 1, 2, \cdots$).

对于由方程 (5.1) 和这个条件定义的本征值 $\lambda_{n,j_2,j_3}(\tau_1)$, 我们预期有关于它和函数 $\bar{\psi}_{n,j_2,j_3}(\bar{\boldsymbol{k}}, \boldsymbol{x}; \tau_2, \tau_3)$ ((6.21) 式) 的本征值 $\bar{\Lambda}_{n,j_2,j_3}(\bar{\boldsymbol{k}})$ ((6.22) 式) 的如下推论:

推论 7.4

$$\lambda_{n,j_2,j_3}(\tau_1) \geqslant \bar{\Lambda}_{n,j_2,j_3}(\bar{\boldsymbol{k}}). \tag{7.30}$$

推论 7.4 可以用类似于证明推论 7.2 的方法证明. 我们只需注意具有不同 j_2 或 j_3 的 $\bar{\psi}_{n,j_2,j_3}(\bar{\boldsymbol{k}}, \boldsymbol{x}; \tau_2, \tau_3)$ 是相互正交的, 它们中的每一个在 $\boldsymbol{a}_1$ 方向都是独立限域的.

推论 7.4 与推论 7.2 类似, 因而由于推论 7.2 导致的一维 Bloch 波 $\bar{\psi}_n(\bar{\boldsymbol{k}}, \boldsymbol{x}; \tau_2, \tau_3)$ 在 $\boldsymbol{a}_1$ 方向上的进一步限域结果可以类似地用到一维 Bloch 波 $\bar{\psi}_{n,j_2,j_3}(\bar{\boldsymbol{k}}, \boldsymbol{x}; \tau_2, \tau_3)$ 在 $\boldsymbol{a}_1$ 方向上的量子限域.

因为 $v(\boldsymbol{x} + \boldsymbol{a}_1) = v(\boldsymbol{x})$, 函数 $\phi_{n,j_2,j_3}(\boldsymbol{x}; \tau_1, \tau_2, \tau_3)$ 有如下的形式

$$\phi_{n,j_2,j_3}(\boldsymbol{x} + \boldsymbol{a}_1; \tau_1, \tau_2, \tau_3) = \mathrm{e}^{\mathrm{i}k_1}\phi_{n,j_2,j_3}(\boldsymbol{x}; \tau_1, \tau_2, \tau_3). \tag{7.31}$$

(7.31) 式里的 k_1 可以是一个具有非零虚部的复数或一个实数. 如果 (7.31) 式里的 k_1 是一个实数, 则 $\phi_{n,j_2,j_3}(\boldsymbol{x}; \tau_1, \tau_2, \tau_3)$ 是一个 $\bar{\psi}_{n',j_2,j_3}(\bar{\boldsymbol{k}}, \boldsymbol{x}; \tau_2, \tau_3)$. 按照推论 7.4, 一个 $\bar{\psi}_{n',j_2,j_3}(\bar{\boldsymbol{k}}, \boldsymbol{x}; \tau_2, \tau_3)$ 不可能是一个 $\phi_{n,j_2,j_3}(\boldsymbol{x}; \tau_1, \tau_2, \tau_3)$, 除非在某些特殊的情况下当 $\bar{\psi}_{n',j_2,j_3}(\bar{\boldsymbol{k}}, \boldsymbol{x}; \tau_2, \tau_3)$ 具有与 $\boldsymbol{a}_1$ 轴垂直相交于 $\tau_1 \boldsymbol{a}_1$ 的节面. 因此 (7.31) 式

里的 k_1 只能在这样的特殊情况下才能是实数; 在大部分情况下是一个具有非零虚部的复数.

(7.31) 式里 k_1 的虚部可正可负, 对应于 $\phi_{n,j_2,j_3}(\boldsymbol{x}; \tau_1, \tau_2, \tau_3)$ 在 $\boldsymbol{a}_1$ 的正方向或负方向上衰减. 这样一些 (7.31) 式中 k_1 具有非零虚部的态 $\phi_{n,j_2,j_3}(\boldsymbol{x}; \tau_1, \tau_2, \tau_3)$ 不可能存在于在 $\boldsymbol{a}_1$ 方向上具有平移不变性的量子线中, 因为它们会在 $\boldsymbol{a}_1$ 的负方向或正方向上发散. 但是, 它们在没有平移不变性的有限晶体或量子点中可能会有重要作用.

一维 Bloch 波 $\bar{\psi}_{n,j_2,j_3}(\bar{\boldsymbol{k}}, \boldsymbol{x}; \tau_2, \tau_3)$ 在 $\boldsymbol{a}_1$ 方向的进一步限域会在有限晶体或量子点里产生两种不同类型的电子态.

方程 (7.1) 的一种非平凡解可以由 (7.31) 式得到, 为

$$\psi_{n,j_2,j_3}(\boldsymbol{x}; \tau_1, \tau_2, \tau_3) = \begin{cases} c_{N_1,N_2,N_3}\phi_{n,j_2,j_3}(\boldsymbol{x}; \tau_1, \tau_2, \tau_3), & \boldsymbol{x} \text{ 在有限晶体内}, \\ 0, & \boldsymbol{x} \text{ 不在有限晶体内}. \end{cases} \tag{7.32}$$

这里 c_{N_1,N_2,N_3} 是归一化常数. 相应的本征值是

$$\Lambda_{n,j_2,j_3}(\tau_1) = \lambda_{n,j_2,j_3}(\tau_1). \tag{7.33}$$

对于每一个能带 n 和每一组 j_2, j_3, 存在一个 $\psi_{n,j_2,j_3}(\boldsymbol{x}; \tau_1, \tau_2, \tau_3)$. 它在有限晶体或量子点内等于 $\phi_{n,j_2,j_3}(\boldsymbol{x}; \tau_1, \tau_2, \tau_3)$, 而在其他地方为零; 它的能量 $\Lambda_{n,j_2,j_3}(\tau_1)$ 依赖于 τ_1, N_2 和 N_3. 对应于每一个体能带 n, 在有限晶体或量子点中存在 $(N_2 - 1)(N_3 - 1)$ 个这样的态, 它们是有限晶体或量子点中的类表面态, 因为在大多数情况下 $\phi_{n,j_2,j_3}(\boldsymbol{x}; \tau_1, \tau_2, \tau_3)$ 在 $\boldsymbol{a}_1$ 的正方向或负方向上衰减.

现在我们再来求由 $\bar{\psi}_{n,j_2,j_3}(\bar{\boldsymbol{k}}, \boldsymbol{x}; \tau_2, \tau_3)$ 的进一步量子限域所得到的方程 (7.1) 的其他解. 我们可以期待存在着由于 $\bar{\psi}_{n,j_2,j_3}(\bar{\boldsymbol{k}}, \boldsymbol{x}; \tau_2, \tau_3)$ 在垂直交于 $\boldsymbol{a}_1$ 轴的两个位于 $\tau_1\boldsymbol{a}_1$ 和 $(\tau_1 + N_1)\boldsymbol{a}_1$ 的边界面的多次反射而形成的在 $\boldsymbol{a}_1$ 方向的 Bloch 波驻波态.

因为一维 Bloch 波 $\bar{\psi}_{n,j_2,j_3}(\bar{\boldsymbol{k}}, \boldsymbol{x}; \tau_2, \tau_3)$ 的能量满足[①]

$$\bar{\Lambda}_{n,j_2,j_3}(\bar{\boldsymbol{k}}) = \bar{\Lambda}_{n,j_2,j_3}(-\bar{\boldsymbol{k}}), \tag{7.34}$$

一般说来, 当 $c_{\pm}$ 不同时为 0 时,

$$\begin{aligned} f_{n,k_1,j_2,j_3}(\boldsymbol{x}; \tau_2, \tau_3) = {}& c_+\bar{\psi}_{n,j_2,j_3}(k_1\bar{\boldsymbol{b}}_1, \boldsymbol{x}; \tau_2, \tau_3) \\ & + c_-\bar{\psi}_{n,j_2,j_3}(-k_1\bar{\boldsymbol{b}}_1, \boldsymbol{x}; \tau_2, \tau_3), \quad 0 < k_1 < \pi \end{aligned}$$

[①] $\bar{\psi}^*_{n,j_2,j_3}(\bar{\boldsymbol{k}}, \boldsymbol{x}; \tau_2, \tau_3) = \bar{\psi}_{n,j_2,j_3}(-\bar{\boldsymbol{k}}, \boldsymbol{x}; \tau_2, \tau_3)$ 导致了 (7.34) 式.

是方程 (6.1) 的非平凡解, 由于有 (7.34) 式. 类似于 7.2—7.4 节的讨论, 我们可以看到由 $\bar{\psi}_{n,j_2,j_3}(\bar{\boldsymbol{k}}, \boldsymbol{x}; \tau_2, \tau_3)$ 进一步量子限域而得到的方程 (7.1)的 Bloch 波驻波解应有以下形式

$$\psi_{n,j_1,j_2,j_3}(\boldsymbol{x}; \tau_1, \tau_2, \tau_3) = \begin{cases} f_{n,\kappa_1,j_2,j_3}(\boldsymbol{x}; \tau_1, \tau_2, \tau_3), & \boldsymbol{x} \text{ 在有限晶体内,} \\ 0, & \boldsymbol{x} \text{ 不在有限晶体内,} \end{cases} \quad (7.35)$$

这里

$$\begin{aligned} f_{n,k_1,j_2,j_3}(\boldsymbol{x}; \tau_1, \tau_2, \tau_3) &= c_{n,k_1,j_2,j_3;\tau_1} \bar{\psi}_{n,j_2,j_3}(k_1\bar{\boldsymbol{b}}_1, \boldsymbol{x}; \tau_2, \tau_3) \\ &+ c_{n,-k_1,j_2,j_3;\tau_1} \bar{\psi}_{n,j_2,j_3}(-k_1\bar{\boldsymbol{b}}_1, \boldsymbol{x}; \tau_2, \tau_3). \end{aligned}$$

$\kappa_1 = j_1\pi/N_1, j_1 = 1, 2, \cdots, N_1 - 1$, 如 (7.11) 式. 满足 (7.1) 式的 Bloch 波驻波态 $\psi_{n,j_1,j_2,j_3}(\boldsymbol{x}; \tau_1, \tau_2, \tau_3)$ 的能量 Λ 由下式给出:

$$\Lambda_{n,j_1,j_2,j_3} = \bar{\Lambda}_{n,j_2,j_3}(\kappa_1\bar{\boldsymbol{b}}_1). \quad (7.36)$$

在这样情况下, (7.36) 式里的能量 Λ_{n,j_1,j_2,j_3} 依赖于 N_1, N_2 和 N_3. 这些能量 Λ_{n,j_1,j_2,j_3} 与体能带 $\varepsilon_n(\boldsymbol{k})$ 严格相符: 由 (7.36), (6.22) 和 (5.32) 式可以得到 $\Lambda_{n,j_1,j_2,j_3} = \bar{\Lambda}_{n,j_2,j_3}(\kappa_1\bar{\boldsymbol{b}}_1) = \hat{\Lambda}_{n,j_3}(\kappa_1\bar{\boldsymbol{b}}_1 + \kappa_2\hat{\boldsymbol{b}}_2) = \varepsilon_n(\kappa_1\bar{\boldsymbol{b}}_1 + \kappa_2\hat{\boldsymbol{b}}_2 + \kappa_3\bar{\boldsymbol{b}}_3)$. 这些驻波可以被看做是有限晶体或量子点中的类体态. 对应于每一个体能带指数 n, 在有限晶体或量子点中存在 $(N_1 - 1)(N_2 - 1)(N_3 - 1)$ 个这样的类体态.

由于 (7.30), (7.33) 和 (7.36) 式, 对于一维 Bloch 波 $\bar{\psi}_{n,j_2,j_3}(\bar{\boldsymbol{k}}, \boldsymbol{x}; \tau_2, \tau_3)$ 的进一步量子限域, 一个类表面态的能量总是高于相应的类体态的能量:

$$\Lambda_{n,j_2,j_3}(\tau_1) > \Lambda_{n,j_1,j_2,j_3}. \quad (7.37)$$

我们已经看到一维 Bloch 波 $\bar{\psi}_n(\bar{\boldsymbol{k}}, \boldsymbol{x}; \tau_2, \tau_3)$, $\bar{\psi}_{n,j_3}(\bar{\boldsymbol{k}}, \boldsymbol{x}; \tau_2, \tau_3)$, $\bar{\psi}_{n,j_2}(\bar{\boldsymbol{k}}, \boldsymbol{x}; \tau_2, \tau_3)$, $\bar{\psi}_{n,j_2,j_3}(\bar{\boldsymbol{k}}, \boldsymbol{x}; \tau_2, \tau_3)$ 的进一步量子限域的效应与第五章和第六章讨论过的情况是类似的: 每一组都会在理想有限晶体或量子点中产生两种不同类型的电子态, 这些有限晶体或量子点的电子态可以分成 8 组, 每组都有不同的性质. 对应于每一个体能带 n, 存在有

(1) 一个类顶角态 $\psi_n(\boldsymbol{x}; \tau_1, \tau_2, \tau_3)$ ((7.7) 式) , 其能量 $\Lambda_n(\tau_1, \tau_2, \tau_3)$ ((7.8) 式) 依赖于 τ_1, τ_2, τ_3;

(2) $(N_1 - 1)$ 个类棱态 $\psi_{n,j_1}(\boldsymbol{x}; \tau_1, \tau_2, \tau_3)$ ((7.10) 式) , 其能量 $\Lambda_{n,j_1}(\tau_2, \tau_3)$ ((7.12) 式) 依赖于 N_1, τ_2, τ_3;

(3) $(N_2 - 1)$ 个类棱态 $\psi_{n,j_2}(\boldsymbol{x}; \tau_1, \tau_2, \tau_3)$ ((7.24) 式) , 其能量 $\Lambda_{n,j_2}(\tau_1, \tau_3)$ ((7.25) 式) 依赖于 N_2, τ_1, τ_3;

(4) (N_3-1) 个类棱态 $\psi_{n,j_3}(\boldsymbol{x};\tau_1,\tau_2,\tau_3)$ ((7.16) 式)，其能量 $\varLambda_{n,j_3}(\tau_1,\tau_2)$ ((7.17) 式) 依赖于 N_3,τ_1,τ_2;

(5) $(N_1-1)(N_2-1)$ 个类表面态 $\psi_{n,j_1,j_2}(\boldsymbol{x};\tau_1,\tau_2,\tau_3)$ ((7.27) 式)，其能量 $\varLambda_{n,j_1,j_2}(\tau_3)$ ((7.28) 式) 依赖于 N_1,N_2,τ_3;

(6) $(N_2-1)(N_3-1)$ 个类表面态 $\psi_{n,j_2,j_3}(\boldsymbol{x};\tau_1,\tau_2,\tau_3)$ ((7.32) 式)，其能量 $\varLambda_{n,j_2,j_3}(\tau_1)$ ((7.33) 式) 依赖于 N_2,N_3,τ_1;

(7) $(N_1-1)(N_3-1)$ 个类表面态 $\psi_{n,j_1,j_3}(\boldsymbol{x};\tau_1,\tau_2,\tau_3)$ ((7.19) 式)，其能量 $\varLambda_{n,j_1,j_3}(\tau_2)$ ((7.20) 式) 依赖于 N_1,N_3,τ_2;

(8) $(N_1-1)(N_2-1)(N_3-1)$ 个类体态 $\psi_{n,j_1,j_2,j_3}(\boldsymbol{x};\tau_1,\tau_2,\tau_3)$ ((7.35) 式)，其能量 $\varLambda_{n,j_1,j_2,j_3}$ ((7.36) 式) 依赖于 N_1,N_2,N_3.

我们再次看到，在一个新方向上量子限域效应的结果实际上是对应于第六章讨论过的量子线中电子态的每一个子能带**总会有一个且只有一个态**的能量依赖于这个方向的边界；其他态的能量依赖于在这个方向上晶体的尺度，其能量可以直接从量子线的类棱子能带结构 $\bar{\varLambda}_n(\bar{\boldsymbol{k}};\tau_2,\tau_3)$ ((7.12) 式)，类表面子能带结构 $\bar{\varLambda}_{n,j_3}(\bar{\boldsymbol{k}};\tau_2)$ ((7.20) 式)，类表面子能带结构 $\bar{\varLambda}_{n,j_2}(\bar{\boldsymbol{k}};\tau_3)$ ((7.28) 式)，或类体子能带结构 $\bar{\varLambda}_{n,j_2,j_3}(\bar{\boldsymbol{k}})$ ((7.36) 式) 得到. 如果它们都是由同一个一维 Bloch 波的子能带得到的，依赖于边界的态能量总是高于依赖于晶体尺度的态.

这些有限晶体或量子点中的电子态可以被看做是一个由 $\boldsymbol{a}_1$ 和 $\boldsymbol{a}_2$ 方向确定的量子膜进一步在 $\boldsymbol{a}_2$ 方向限域，又最后在 $\boldsymbol{a}_1$ 方向上限域，如我们在 5.3—5.5, 6.1—6.3 及 7.1—7.5 节中讨论的. 这是一种特定的限域顺序；也可以等价地将电子态看做是三维 Bloch 波按其他限域顺序在三个方向上限域. 考虑到所有六种不同量子限域的顺序，我们可以得到对于有限晶体或量子点中电子态更全面的认识以及对于每一种电子态的态和能量的更具体的表达式，就像 (6.24) 和 (6.25) 式分别比 (6.18) 和 (6.19) 式更具体那样.

§7.6　具有简单立方、四角或正交 Bravais 格子的有限晶体或量子点

我们预期本章中的理论能够应用的最简单的情况是具有简单立方、四角或正交 Bravais 格子的有限晶体或量子点，其中 (5.17), (6.9) 和 (6.20) 式是成立的. 在这样的晶体中，三个晶格基矢 $\boldsymbol{a}_1, \boldsymbol{a}_2, \boldsymbol{a}_3$ 相互垂直并等价. 相应地，在 $\boldsymbol{k}$ 空间的三个晶格基矢 $\boldsymbol{b}_1, \boldsymbol{b}_2, \boldsymbol{b}_3$ 也是相互垂直并等价的. 考虑到六种不同限域顺序的量子限域效应，类似于 6.4 节的讨论，我们可以得到，对于这样一个在 $\boldsymbol{a}_1$ 方向尺度为 $N_1 a_1$, 在 $\boldsymbol{a}_2$ 方向上尺度为 $N_2 a_2$, 在 $\boldsymbol{a}_3$ 方向上尺度为 $N_3 a_3$ 的有限晶体或量子点，对应于每一个体能带，存在着一个类顶角态，$(N_1-1)+(N_2-1)+(N_3-1)$ 个类棱态，$(N_1-1)(N_2-1)+(N_2-1)(N_3-1)+(N_3-1)(N_1-1)$ 个类表面态，和

$(N_1 - 1)(N_2 - 1)(N_3 - 1)$ 个类体态. 它们是

(1) 一个类顶角态, 其能量为

$$\Lambda_n(\tau_1, \tau_2, \tau_3) = \lambda_n(\tau_1, \tau_2, \tau_3), \tag{7.38}$$

由 (7.8) 式得到. 这里, τ_1, τ_2, τ_3 分别确定有限晶体或量子点在 $\boldsymbol{a}_1$, $\boldsymbol{a}_2$, $\boldsymbol{a}_3$ 方向的晶体的边界位置.

(2) $N_1 - 1$ 个类棱态, 其能量为

$$\Lambda_{n,j_1}(\tau_2, \tau_3) = \bar{\Lambda}_n\left[\frac{j_1\pi}{N_1}\boldsymbol{b}_1; \tau_2, \tau_3\right], \tag{7.39}$$

由 (7.12) 式得到.

(3) $N_2 - 1$ 个类棱态, 其能量为

$$\Lambda_{n,j_2}(\tau_3, \tau_1) = \bar{\Lambda}_n\left[\frac{j_2\pi}{N_2}\boldsymbol{b}_2; \tau_3, \tau_1\right]. \tag{7.40}$$

(4) $N_3 - 1$ 个类棱态, 其能量为

$$\Lambda_{n,j_3}(\tau_1, \tau_2) = \bar{\Lambda}_n\left[\frac{j_3\pi}{N_3}\boldsymbol{b}_3; \tau_1, \tau_2\right], \tag{7.41}$$

由考虑不同限域顺序的、与 (7.12) 式类似的关系式得到. 这里, $j_1 = 1, 2, \cdots, N_1 - 1$, $j_2 = 1, 2, \cdots, N_2 - 1$, $j_3 = 1, 2, \cdots, N_3 - 1$. $\bar{\Lambda}_n[\bar{\boldsymbol{k}}; \tau_l, \tau_m]$ 是其表面取向为 $\boldsymbol{a}_l$ 或 $\boldsymbol{a}_m$ 方向的矩形截面的量子线的波矢为 $\bar{\boldsymbol{k}}$ 的类棱能带结构.

(5) $(N_1 - 1)(N_2 - 1)$ 个类表面态, 其能量为

$$\Lambda_{n,j_1,j_2}(\tau_3) = \hat{\Lambda}_n\left[\frac{j_1\pi}{N_1}\boldsymbol{b}_1 + \frac{j_2\pi}{N_2}\boldsymbol{b}_2; \tau_3\right], \tag{7.42}$$

由 (7.28) 和 (6.13) 式得到.

(6) $(N_2 - 1)(N_3 - 1)$ 个类表面态, 其能量为

$$\Lambda_{n,j_2,j_3}(\tau_1) = \hat{\Lambda}_n\left[\frac{j_2\pi}{N_2}\boldsymbol{b}_2 + \frac{j_3\pi}{N_3}\boldsymbol{b}_3; \tau_1\right], \tag{7.43}$$

由考虑到不同限域顺序的、与 (7.28) 和 (6.13) 式类似的关系式得到.

(7) $(N_3 - 1)(N_1 - 1)$ 个类表面态, 其能量为

$$\Lambda_{n,j_3,j_1}(\tau_2) = \hat{\Lambda}_n\left[\frac{j_3\pi}{N_3}\boldsymbol{b}_3 + \frac{j_1\pi}{N_1}\boldsymbol{b}_1; \tau_2\right], \tag{7.44}$$

由 (7.20) 和 (6.25) 式得到. 这里, $\hat{\Lambda}_n[\hat{\boldsymbol{k}}; \tau_l]$ 是膜平面在 $\boldsymbol{a}_l$ 方向上, 量子膜面内波矢为 $\hat{\boldsymbol{k}}$ 的类表面能带结构.

(8) $(N_{001} - 1)(N_{1\bar{1}0} - 1)(N_{110} - 1)$ 个类体态, 其能量为

$$\Lambda_{n,j_1,j_2,j_3} = \varepsilon_n\left[\frac{j_1\pi}{N_1}\boldsymbol{b}_1 + \frac{j_2\pi}{N_2}\boldsymbol{b}_2 + \frac{j_3\pi}{N_3}\boldsymbol{b}_3\right], \tag{7.45}$$

由 (7.36), (6.22), (5.32) 式得到.

另外, 由 (7.13), (7.21), (7.29), (7.37) 式, 和由其他限域顺序得到的类似关系式, 一般说来, 我们可以得到

$$\Lambda_n(\tau_1, \tau_2, \tau_3) > \Lambda_{n,j_l}(\tau_m, \tau_n) > \Lambda_{n,j_l,j_m}(\tau_n) > \Lambda_{n,j_l,j_m,j_n}, \tag{7.46}$$

这里每一个 l, m, n 可以是 $1, 2, 3$ 中的任意一个, 但不重复. (7.46) 式表示, 对于这样一个具有相同体能带指数 n 的有限晶体或量子点的态, 以下的普遍不等式成立:

类顶角态能量

> 每一个类棱态的能量

> 每一个相关的类表面态的能量

> 每一个相关的类体态的能量.

实际上更有意义的情况可能是具有面心立方或体心立方 Bravais 格子的有限晶体或量子点, 其中 (5.24), (6.9) 和 (6.20) 式成立. 对于这些晶体而言, 晶格基矢的选择与量子膜的取向有关. 根据 5.1—5.5, 6.1—6.3, 7.1—7.5 节的讨论, 我们可以知道这些晶体的三维 Bloch 波按一种特定顺序限域的结果. 如第六章中所做的, 把不同限域顺序所得到结果结合起来, 我们就可以得到对这些有限晶体或量子点中电子态的更加全面的认识.

§7.7　具有面心立方 Bravais 格子, 表面为 (001), (110), (1$\bar{1}$0) 面的有限晶体

对于一个具有面心立方 Bravais 格子, 表面在 (001), (110), (1$\bar{1}$0) 方向, 尺度为 $N_{001}a \times N_{110}a/\sqrt{2} \times N_{1\bar{1}0}a/\sqrt{2}$ 的长方体有限晶体, 对应于每一个体能带 n, 存在着 $2N_{001}N_{110}N_{1\bar{1}0}$ 个电子态, 它们可以通过将 6.5 节得到的一维 Bloch 波进一步在 [1$\bar{1}$0] 方向上限域, 或者将 6.6 节得到的一维 Bloch 波进一步在 [001] 方向上限域, 或者将一个具有 (1$\bar{1}$0) 和 (001) 表面的量子线中的一维 Bloch 波进一步在 [110] 方向上限域的类似结果而得到. 注意, 6.5 或 6.6 节中所得到的结果实际上都是两种不同限域顺序的结果. 类似于在 6.5 节的方法, 我们可以得到在这样的有限晶体或量子点中的电子态的如下性质:

对于每一个体能带 n, 有限晶体中总存在着一个类顶角态, 其能量 (用上角标 vt 表示) 为

$$\Lambda_n^{\mathrm{vt}}(\tau_{001}, \tau_{1\bar{1}0}, \tau_{110}) = \lambda_n(\tau_{001}, \tau_{1\bar{1}0}, \tau_{110}). \tag{7.47}$$

这里 $\tau_{110}, \tau_{1\bar{1}0}, \tau_{001}$ 分别确定有限晶体或量子点在 [110], [1$\bar{1}$0], [001] 方向的位置. 方程 (7.47) 来自类棱子能带 (6.32), (6.39),(6.56) 式或在 [110] 方向的量子线的一个类似的方程的进一步限域的依赖于边界的态.

对于每一个体能带 n, 在有限晶体中存在 $(N_{001} - 1) + (N_{110} - 1) + (N_{1\bar{1}0} - 1)$ 个类棱态, 它们是:

(1) $(N_{001} - 1)$ 个类棱态, 其能量为

$$\Lambda_{n,j_{001}}^{\mathrm{eg,a_1}}(\tau_{1\bar{1}0}, \tau_{110}) = \bar{\Lambda}_n\left[\frac{j_{001}\pi}{N_{001}a}(0,0,1); \tau_{1\bar{1}0}, \tau_{110}\right]; \tag{7.48}$$

(2) $(N_{110} - 1)$ 个类棱态, 其能量为

$$\Lambda_{n,j_{110}}^{\mathrm{eg,a_2}}(\tau_{1\bar{1}0}, \tau_{001}) = \bar{\Lambda}_n\left[\frac{j_{110}\pi}{N_{110}a}(1,1,0); \tau_{1\bar{1}0}, \tau_{001}\right]; \tag{7.49}$$

(3) $(N_{1\bar{1}0} - 1)$ 个类棱态, 其能量为

$$\Lambda_{n,j_{1\bar{1}0}}^{\mathrm{eg,a_3}}(\tau_{001}, \tau_{110}) = \bar{\Lambda}_n\left[\frac{j_{1\bar{1}0}\pi}{N_{1\bar{1}0}a}(1,-1,0); \tau_{001}, \tau_{110}\right]. \tag{7.50}$$

这里, $j_{001} = 1, 2, \cdots, N_{001} - 1$, $j_{1\bar{1}0} = 1, 2, \cdots, N_{1\bar{1}0} - 1$, $j_{110} = 1, 2, \cdots, N_{110} - 1$. $\bar{\Lambda}_n[\bar{k}; \tau_l, \tau_m]$ 是表面取向为 [l] 或 [m], 量子线方向波矢为 $\bar{k}$ 的矩形截面量子线的类棱带能带结构; l 和 m 可以是 001, 110, 1$\bar{1}$0 中的三者之二. 方程 (7.48)—(7.50) 来自类棱子能带 (6.32), (6.39), (6.56) 式, 和在 [110] 方向的量子线的一个类似的方程的进一步限域的依赖于尺度的态.

对于每一个体能带 n, 在有限晶体中存在着 $(N_{001} - 1)(N_{1\bar{1}0} - 1) + (N_{110} - 1)(N_{001} - 1) + (N_{1\bar{1}0} - 1)(N_{110} - 1)$ 个类表面态. 它们是:

(1) $(N_{001} - 1)(N_{1\bar{1}0} - 1)$ 个类表面态, 其能量为

$$\Lambda_{n,j_{001},j_{1\bar{1}0}}^{\mathrm{sf,a_1}}(\tau_{110}) = \hat{\Lambda}_n\left[\frac{j_{001}\pi}{N_{001}a}(0,0,1) + \frac{j_{1\bar{1}0}\pi}{N_{1\bar{1}0}a}(1,-1,0); \tau_{110}\right]. \tag{7.51}$$

(2) $(N_{110} - 1)(N_{001} - 1)$ 个类表面态, 其能量为

$$\Lambda_{n,j_{110},j_{001}}^{\mathrm{sf,a_2}}(\tau_{1\bar{1}0}) = \hat{\Lambda}_n\left[\frac{j_{110}\pi}{N_{110}a}(1,1,0) + \frac{j_{001}\pi}{N_{001}a}(0,0,1); \tau_{1\bar{1}0}\right]. \tag{7.52}$$

(3) $(N_{1\bar{1}0} - 1)(N_{110} - 1)$ 个类表面态, 其能量为

$$\Lambda_{n,j_{1\bar{1}0},j_{110}}^{\mathrm{sf,a_3}}(\tau_{001}) = \hat{\Lambda}_n\left[\frac{j_{1\bar{1}0}\pi}{N_{1\bar{1}0}a}(1,-1,0) + \frac{j_{110}\pi}{N_{110}a}(1,1,0); \tau_{001}\right]. \tag{7.53}$$

$\hat{\Lambda}_n[\hat{k}; \tau_l]$ 是取向于 [l] 方向, 膜平面波矢为 $\hat{k}$ 的量子膜的类表面能带结构; l 可以取 001, 110 或 1$\bar{1}$0 中的任意一个. 方程 (7.51)—(7.53) 来自类表面子能带 (6.46), (6.47)

式或 (6.57), (6.58) 式, 或在 [110] 方向量子线的两个类似的表达式的进一步限域的依赖于尺度的态.

对应于每一个体能带 n, 在有限晶体或量子点中存在 $2(N_{001}-1)(N_{1\bar{1}0}-1)(N_{110}-1) + (N_{001}-1)(N_{1\bar{1}0}-1) + (N_{110}-1)(N_{001}-1) + (N_{1\bar{1}0}-1)(N_{110}-1) + (N_{1\bar{1}0}-1) + (N_{110}-1) + (N_{001}-1) + 1$ 个类体态. 它们是:

(1) $(N_{001}-1)(N_{1\bar{1}0}-1)(N_{110}-1)$ 个类体态, 其能量为

$$\Lambda^{\mathrm{bk,a}}_{n,j_{001},j_{1\bar{1}0},j_{110}} = \varepsilon_n \left[\frac{j_{001}\pi}{N_{001}a}(0,0,1) + \frac{j_{1\bar{1}0}\pi}{N_{1\bar{1}0}a}(1,-1,0) + \frac{j_{110}\pi}{N_{110}a}(1,1,0) \right];$$

(7.54)

(2) $(N_{001}-1)(N_{1\bar{1}0}-1)(N_{110}-1)$ 个类体态, 其能量为

$$\Lambda^{\mathrm{bk,c}}_{n,j_{001},j_{1\bar{1}0},j_{110}} = \varepsilon_n \left[\frac{j_{001}\pi}{N_{001}a}(0,0,1) + \frac{j_{1\bar{1}0}\pi}{N_{1\bar{1}0}a}(1,-1,0) \right.$$
$$\left. + \frac{j_{110}\pi}{N_{110}a}(1,1,0) + \frac{2\pi}{a}(1,1,0) \right];$$

(7.55)

(3) $(N_{001}-1)(N_{1\bar{1}0}-1)$ 个类体态, 其能量为

$$\Lambda^{\mathrm{bk,b_1}}_{n,j_{001},j_{1\bar{1}0}} = \varepsilon_n \left[\frac{j_{001}\pi}{N_{001}a}(0,0,1) + \frac{j_{1\bar{1}0}\pi}{N_{1\bar{1}0}a}(1,-1,0) + \frac{\pi}{a}(1,1,0) \right];$$

(7.56)

(4) $(N_{110}-1)(N_{001}-1)$ 个类体态, 其能量为

$$\Lambda^{\mathrm{bk,b_2}}_{n,j_{110},j_{001}} = \varepsilon_n \left[\frac{j_{110}\pi}{N_{110}a}(1,1,0) + \frac{j_{001}\pi}{N_{001}a}(0,0,1) + \frac{\pi}{a}(1,-1,0) \right];$$

(7.57)

(5) $(N_{1\bar{1}0}-1)(N_{110}-1)$ 个类体态, 其能量为

$$\Lambda^{\mathrm{bk,b_3}}_{n,j_{1\bar{1}0},j_{110}} = \varepsilon_n \left[\frac{j_{1\bar{1}0}\pi}{N_{1\bar{1}0}a}(1,-1,0) + \frac{j_{110}\pi}{N_{110}a}(1,1,0) + \frac{\pi}{a}(0,0,1) \right];$$

(7.58)

(6) $(N_{001}-1)$ 个类体态, 其能量为

$$\Lambda^{\mathrm{bk,d_1}}_{n,j_{001}} = \varepsilon_n \left[\frac{j_{001}\pi}{N_{001}a}(0,0,1) + \frac{\pi}{a}(1,-1,0) + \frac{\pi}{a}(1,1,0) \right];$$

(7.59)

(7) $(N_{110}-1)$ 个类体态, 其能量为

$$\Lambda^{\mathrm{bk,d_2}}_{n,j_{110}} = \varepsilon_n \left[\frac{j_{110}\pi}{N_{110}a}(1,1,0) + \frac{\pi}{a}(0,0,1) + \frac{\pi}{a}(1,-1,0) \right];$$

(7.60)

(8) $(N_{1\bar{1}0} - 1)$ 个类体态, 其能量为

$$\Lambda^{\text{bk,d}_3}_{n,j_{1\bar{1}0}} = \varepsilon_n \left[\frac{j_{1\bar{1}0}\pi}{N_{1\bar{1}0}a}(1,-1,0) + \frac{\pi}{a}(1,1,0) + \frac{\pi}{a}(0,0,1) \right]; \tag{7.61}$$

(9) 一个类体态, 其能量是

$$\Lambda^{\text{bk,e}}_n = \varepsilon_n \left[\frac{\pi}{a}(1,-1,0) + \frac{\pi}{a}(1,1,0) + \frac{\pi}{a}(0,0,1) \right]. \tag{7.62}$$

这里 $\varepsilon(k_x, k_y, k_z)$ 是直角坐标系中的体能带结构. 方程 (7.54) 来自对类体子能带 (6.48), (6.59) 式或在 [110] 方向量子线的一个类似方程进一步限域的依赖于尺度的态. 方程 (7.55) 来自对类体子能带 (6.49), (6.60) 式或在 [110] 方向量子线的一个类似方程进一步限域的依赖于尺度的态. 方程 (7.56)—(7.58) 来自对类体子能带 (6.50) 和 (6.51) 式, (6.61) 和 (6.62) 式或在 [110] 方向量子线的两个类似方程的进一步限域的依赖于尺度的态. 方程 (7.59)—(7.61) 来自对类体子能带 (6.52) 和 (6.63) 式或在 [110] 方向的量子线的一个类似方程的进一步限域的依赖于尺度的态. 方程 (7.62) 来自对类体子能带 (6.52), (6.63) 式或在 [110] 方向量子线的一个类似方程的进一步限域的依赖于边界的态. 类似于在 (6.52) 式 $\bar{\Lambda}^{\text{bk,d}}_n(\bar{\boldsymbol{k}})$ (以及在 (6.63) 式和在 [110] 方向的量子线的一个类似的表达式) 里的实际上是量子线里的一个类体能带, 这样一个态实际上是有限晶体或量子点中的类体态. 所有这些类体态的能量都可以从相应体材料的能带结构 $\varepsilon_n(\boldsymbol{k})$ 直接得到.

因为在立方半导体中, 价带顶中的任何一个态都不可能同时在三个平面 (001), (110), (1$\bar{1}$0) 有一个节面, 因此在立方半导体的量子点中, 不可能存在能量等于价带顶能量且不随量子点尺度而改变的电子态. 这是 Franceschetti 和 Zunger[1] 在对具有自由表面的砷化镓量子点的数值计算中观察到的一个事实, 如图 5.4 (c) 所示.

§7.8　具有体心立方 Bravais 格子, 表面为 (100), (010), (001) 面的有限晶体

对于一个具有体心立方 Bravais 格子, 表面为 (100), (010), (001) 方向, 尺度为 $N_{100}a \times N_{010}a \times N_{001}a$ 的有限晶体或量子点, 对应于每一个体能带 n, 都存在着 $2N_{100}N_{010}N_{001}$ 个电子态. 它们可以通过把如 6.7 节中得到的具有 (001) 和 (010) 表面的量子线里的一维 Bloch 波进一步在 [110] 方向受到量子限域的结果, 以及具有 (100), (010) 表面的量子线, 具有 (100) 和 (001) 表面的量子线里的一维 Bloch 波进一步受到量子限域的类似结果结合起来而得到.

对于每一个体能带 n, 在有限晶体或量子点中存在一个类顶角态, 其能量为

$$\Lambda^{\text{vt}}_n(\tau_{100}, \tau_{010}, \tau_{001}) = \lambda_n(\tau_{100}, \tau_{010}, \tau_{001}). \tag{7.63}$$

这里 $\tau_{100}, \tau_{010}, \tau_{001}$ 分别确定有限晶体或量子点在 [100], [010], [001] 方向的边界的位置. (7.63) 式来自量子线中类棱子能带 (6.64) 式或沿 [001] 或 [010] 方向的两个量子线的相应的类棱子能带进一步量子限域而得到的依赖于边界的电子态.

对于每一个体能带 n, 在有限晶体或量子点中存在着 $(N_{100} - 1) + (N_{010} - 1) + (N_{001} - 1)$ 个类棱态. 它们是:

(1) $(N_{100} - 1)$ 个类棱态, 其能量为

$$\Lambda_{n,j_{100}}^{\mathrm{eg,a_1}}(\tau_{010}, \tau_{001}) = \bar{\Lambda}_n \left[\frac{j_{100}\pi}{N_{100}a}(1, 0, 0); \tau_{010}, \tau_{001} \right]; \qquad (7.64)$$

(2) $(N_{010} - 1)$ 个类棱态, 其能量为

$$\Lambda_{n,j_{010}}^{\mathrm{eg,a_2}}(\tau_{001}, \tau_{100}) = \bar{\Lambda}_n \left[\frac{j_{010}\pi}{N_{010}a}(0, 1, 0); \tau_{001}, \tau_{100} \right]; \qquad (7.65)$$

(3) $(N_{001} - 1)$ 个类棱态, 其能量为

$$\Lambda_{n,j_{001}}^{\mathrm{eg,a_3}}(\tau_{100}, \tau_{010}) = \bar{\Lambda}_n \left[\frac{j_{001}\pi}{N_{001}a}(0, 0, 1); \tau_{100}, \tau_{010} \right]. \qquad (7.66)$$

这里, $j_{100} = 1, 2, \cdots, N_{100} - 1$, $j_{010} = 1, 2, \cdots, N_{010} - 1$, $j_{001} = 1, 2, \cdots, N_{001} - 1$. 而 $\bar{\Lambda}_n[\bar{\boldsymbol{k}}; \tau_l, \tau_m]$ 是表面取向为 $[l]$ 或 $[m]$, 沿量子线方向的波矢为 $\bar{\boldsymbol{k}}$ 的矩形截面的量子线的类棱能带结构; l 和 m 可以是 100, 010, 001 中的三者之二. (7.64)—(7.66) 式来自量子线中类棱子能带 (6.64) 式和沿 [001] 或 [010] 方向的两个量子线的相应的类棱子能带进一步量子限域而得到的依赖于尺度的电子态.

对于每一个体能带 n, 在有限晶体或量子点中存在 $(N_{010}-1)(N_{001}-1)+(N_{001}-1)(N_{100}-1)+(N_{100}-1)(N_{010}-1)$ 个类表面态. 它们是:

(1) $(N_{010} - 1)(N_{001} - 1)$ 个类表面态, 其能量为

$$\Lambda_{n,j_{010},j_{001}}^{\mathrm{sf,a_1}}(\tau_{100}) = \hat{\Lambda}_n \left[\frac{j_{010}\pi}{N_{010}a}(0, 1, 0) + \frac{j_{001}\pi}{N_{001}a}(0, 0, 1); \tau_{100} \right]; \qquad (7.67)$$

(2) $(N_{001} - 1)(N_{100} - 1)$ 个类表面态, 其能量为

$$\Lambda_{n,j_{001},j_{100}}^{\mathrm{sf,a_2}}(\tau_{010}) = \hat{\Lambda}_n \left[\frac{j_{001}\pi}{N_{001}a}(0, 0, 1) + \frac{j_{100}\pi}{N_{100}a}(1, 0, 0); \tau_{010} \right]; \qquad (7.68)$$

(3) $(N_{100} - 1)(N_{010} - 1)$ 个类表面态, 其能量为

$$\Lambda_{n,j_{100},j_{010}}^{\mathrm{sf,a_3}}(\tau_{001}) = \hat{\Lambda}_n \left[\frac{j_{100}\pi}{N_{100}a}(1, 0, 0) + \frac{j_{010}\pi}{N_{010}a}(0, 1, 0); \tau_{001} \right]. \qquad (7.69)$$

这里, $\hat{\Lambda}_n[\hat{\boldsymbol{k}}; \tau_l]$ 是取向于 $[l]$ 方向, 平面内波矢为 $\hat{\boldsymbol{k}}$ 的量子膜的类表面态的能带结构; l 可以是 100, 010 或 001. 方程 (7.67)—(7.69) 来自于类表面子能带 (6.65) 和

(6.66) 式和沿 [010] 或 [001] 方向的两个量子线的相应的类表面子能带里的电子态的进一步量子限域而得到的依赖于尺度的电子态.

对每一个体能带 n, 在有限晶体或量子点中存在 $2(N_{100}-1)(N_{010}-1)(N_{001}-1) + (N_{001}-1)(N_{010}-1) + (N_{100}-1)(N_{001}-1) + (N_{010}-1)(N_{100}-1) + (N_{100}-1) + (N_{010}-1) + (N_{001}-1) + 1$ 个类体态. 它们是:

(1) $(N_{100}-1)(N_{010}-1)(N_{001}-1)$ 个类体态, 其能量为

$$\Lambda^{\mathrm{bk,a}}_{n,j_{100},j_{010},j_{001}} = \varepsilon_n \left[\frac{j_{100}\pi}{N_{100}a}(1,0,0) + \frac{j_{010}\pi}{N_{010}a}(0,1,0) + \frac{j_{001}\pi}{N_{001}a}(0,0,1) \right]; \qquad (7.70)$$

(2) $(N_{100}-1)(N_{010}-1)(N_{001}-1)$ 个类体态, 其能量为

$$\Lambda^{\mathrm{bk,c}}_{n,j_{100},j_{010},j_{001}} = \varepsilon_n \Big[\frac{j_{100}\pi}{N_{100}a}(1,0,0) + \frac{j_{010}\pi}{N_{010}a}(0,1,0)$$
$$+ \frac{j_{001}\pi}{N_{001}a}(0,0,1) + \frac{2\pi}{a}(1,0,0) \Big]; \qquad (7.71)$$

(3) $(N_{010}-1)(N_{001}-1)$ 个类体态, 其能量为

$$\Lambda^{\mathrm{bk,b_1}}_{n,j_{010},j_{001}} = \varepsilon_n \left[\frac{j_{010}\pi}{N_{010}a}(0,1,0) + \frac{j_{001}\pi}{N_{001}a}(0,0,1) + \frac{\pi}{a}(1,0,0) \right]; \qquad (7.72)$$

(4) $(N_{001}-1)(N_{100}-1)$ 个类体态, 其能量为

$$\Lambda^{\mathrm{bk,b_2}}_{n,j_{001},j_{100}} = \varepsilon_n \left[\frac{j_{001}\pi}{N_{001}a}(0,0,1) + \frac{j_{100}\pi}{N_{100}a}(1,0,0) + \frac{\pi}{a}(0,1,0) \right]; \qquad (7.73)$$

(5) $(N_{100}-1)(N_{010}-1)$ 个类体态, 其能量是

$$\Lambda^{\mathrm{bk,b_3}}_{n,j_{100},j_{010}} = \varepsilon_n \left[\frac{j_{100}\pi}{N_{100}a}(1,0,0) + \frac{j_{010}\pi}{N_{010}a}(0,1,0) + \frac{\pi}{a}(0,0,1) \right]; \qquad (7.74)$$

(6) $(N_{100}-1)$ 个类体态, 其能量为

$$\Lambda^{\mathrm{bk,d_1}}_{n,j_{100}} = \varepsilon_n \left[\frac{j_{100}\pi}{N_{100}a}(1,0,0) + \frac{\pi}{a}(0,1,0) + \frac{\pi}{a}(0,0,1) \right]; \qquad (7.75)$$

(7) $(N_{010}-1)$ 个类体态, 其能量为

$$\Lambda^{\mathrm{bk,d_2}}_{n,j_{010}} = \varepsilon_n \left[\frac{j_{010}\pi}{N_{010}a}(0,1,0) + \frac{\pi}{a}(0,0,1) + \frac{\pi}{a}(1,0,0) \right]; \qquad (7.76)$$

(8) $(N_{001} - 1)$ 个类体态, 其能量为

$$\Lambda_{n,j_{001}}^{\mathrm{bk,d_3}} = \varepsilon_n \left[\frac{j_{001}\boldsymbol{\pi}}{N_{001}a}(0,0,1) + \frac{\boldsymbol{\pi}}{a}(1,0,0) + \frac{\boldsymbol{\pi}}{a}(0,1,0) \right]; \tag{7.77}$$

(9) 一个类体态, 其能量是为

$$\Lambda_n^{\mathrm{bk,e}} = \varepsilon_n \left[\frac{\boldsymbol{\pi}}{a}(1,0,0) + \frac{\boldsymbol{\pi}}{a}(0,1,0) + \frac{\boldsymbol{\pi}}{a}(0,0,1) \right]. \tag{7.78}$$

这里 $\varepsilon(k_x, k_y, k_z)$ 是直角坐标系中的体能带结构. (7.70) 式来自于类体子能带 ((6.67) 式) 或沿 [010] 或 [001] 方向的两个量子线的类体子能带的类似的表达式进一步量子限域而得到的依赖于尺度的电子态. (7.71) 式来自于类体子能带 ((6.68) 式) 或沿 [010] 或 [001] 方向的两个量子线的类体子能带的类似的表达式进一步量子限域而得到的依赖于尺度的电子态. (7.72)—(7.74) 式来自于类体子能带 ((6.69), (6.70) 式) 或沿 [010] 或 [001] 方向的两个量子线的类体子能带的四个类似方程的进一步量子限域而得到的依赖于尺度的电子态. (7.75)—(7.77) 式来自于类体子能带 ((6.71) 式) 或沿 [010] 或 [001] 方向的两个量子线的两个类体子能带的类似方程的进一步量子限域而得到的依赖于尺度的电子态. (7.78) 式来自于类体子能带 ((6.71) 式) 或沿 [010] 或 [001] 方向的两个量子线的类体子能带的类似方程的进一步量子限域而得到的依赖于边界的电子态. 类似于 (7.62) 式中的 $\Lambda_n^{\mathrm{bk,e}}$, (7.78) 式里的 $\Lambda_n^{\mathrm{bk,e}}$ 也是一个类体态. 所有这些类体态的能量都可以从相应的体能带结构 $\varepsilon_n(\boldsymbol{k})$ 直接得到.

§7.9 小结和讨论

我们看到, 在 7.6—7.8 节讨论的理想长方体形有限晶体或量子点中, 存在四种类型的电子态: 类体态, 类表面态, 类棱态, 以及类顶角态. 晶体结构影响到有限晶体或量子点中每一种类型电子态的数目以及它们对有限晶体三维尺度的依赖. 在 7.6 节讨论的最简单情况与在 7.7 和 7.8 节讨论的具有面心立方和体心立方 Bravais 格子晶体的情况多少有些不同.

然而, 因为 7.7 节和 7.8 节的结果基本上是通过 7.1—7.5 节中讨论的对于一维 Bloch 波进一步量子限域的认识而得到的, 在这四种不同类型的电子态中存在着类似的关系. 比如, 对于一个具有面心立方 Bravais 格子, 表面为 $(1\bar{1}0)$, (110), (001) 的理想有限晶体或量子点在 (7.47) 式中的类顶角态能量和 (7.48), (7.49), (7.50) 式中的类棱态能量之间, 我们应该有

$$\Lambda_n^{\mathrm{vt}}(\tau_{1\bar{1}0}, \tau_{110}, \tau_{001}) > \Lambda_{n,j_{001}}^{\mathrm{eg,a_1}}(\tau_{1\bar{1}0}, \tau_{110}), \tag{7.79}$$

$$\Lambda_n^{\mathrm{vt}}(\tau_{1\bar{1}0}, \tau_{110}, \tau_{001}) > \Lambda_{n,j_{110}}^{\mathrm{eg,a_2}}(\tau_{1\bar{1}0}, \tau_{001}), \tag{7.80}$$

和

$$\Lambda_n^{\mathrm{vt}}(\tau_{1\bar{1}0}, \tau_{110}, \tau_{001}) > \Lambda_{n,j_{1\bar{1}0}}^{\mathrm{eg,a_3}}(\tau_{110}, \tau_{001}); \tag{7.81}$$

在 (7.47) 式的类顶角态能量和 (7.62) 式的类体态能量之间,

$$\Lambda_n^{\mathrm{vt}}(\tau_{1\bar{1}0}, \tau_{110}, \tau_{001}) > \Lambda_n^{\mathrm{bk,e}}; \tag{7.82}$$

在 (7.48) 式中的类棱态能量和相关的 (7.51) 和 (7.52) 式中的类表面态能量之间, 我们有

$$\Lambda_{n,j_{001}}^{\mathrm{eg,a_1}}(\tau_{1\bar{1}0}, \tau_{110}) > \Lambda_{n,j_{001},j_{1\bar{1}0}}^{\mathrm{sf,a_1}}(\tau_{110}) \tag{7.83}$$

和

$$\Lambda_{n,j_{001}}^{\mathrm{eg,a_1}}(\tau_{1\bar{1}0}, \tau_{110}) > \Lambda_{n,j_{110},j_{001}}^{\mathrm{sf,a_2}}(\tau_{1\bar{1}0}); \tag{7.84}$$

在 (7.48) 式中的类棱态能量和 (7.59) 式中相关的类体态能量之间, 有

$$\Lambda_{n,j_{001}}^{\mathrm{eg,a_1}}(\tau_{1\bar{1}0}, \tau_{110}) > \Lambda_{n,j_{001}}^{\mathrm{bk,d_1}}; \tag{7.85}$$

在 (7.49) 式中的类棱态能量和 (7.52), (7.53) 式中相关的类表面态能量之间, 有

$$\Lambda_{n,j_{110}}^{\mathrm{eg,a_2}}(\tau_{1\bar{1}0}, \tau_{001}) > \Lambda_{n,j_{110},j_{001}}^{\mathrm{sf,a_2}}(\tau_{1\bar{1}0}) \tag{7.86}$$

和

$$\Lambda_{n,j_{110}}^{\mathrm{eg,a_2}}(\tau_{1\bar{1}0}, \tau_{001}) > \Lambda_{n,j_{1\bar{1}0},j_{110}}^{\mathrm{sf,a_3}}(\tau_{001}); \tag{7.87}$$

在 (7.49) 式中的类棱态能量和 (7.60) 式中相关的类体态能量之间, 有

$$\Lambda_{n,j_{110}}^{\mathrm{eg,a_2}}(\tau_{1\bar{1}0}, \tau_{001}) > \Lambda_{n,j_{110}}^{\mathrm{bk,d_2}}; \tag{7.88}$$

在 (7.50) 式中的类棱态能量和 (7.51), (7.53) 式中的类表面态能量之间, 有

$$\Lambda_{n,j_{1\bar{1}0}}^{\mathrm{eg,a_3}}(\tau_{001}, \tau_{110}) > \Lambda_{n,j_{001},j_{1\bar{1}0}}^{\mathrm{sf,a_1}}(\tau_{110}) \tag{7.89}$$

和

$$\Lambda_{n,j_{1\bar{1}0}}^{\mathrm{eg,a_3}}(\tau_{001}, \tau_{110}) > \Lambda_{n,j_{1\bar{1}0},j_{110}}^{\mathrm{sf,a_3}}(\tau_{001}); \tag{7.90}$$

在 (7.50) 式中的类棱态能量和 (7.61) 式中相应的类体态能量之间, 有

$$\Lambda_{n,j_{1\bar{1}0}}^{\mathrm{eg,a_3}}(\tau_{001}, \tau_{110}) > \Lambda_{n,j_{1\bar{1}0}}^{\mathrm{bk,d_3}}; \tag{7.91}$$

在 (7.51) 式中的类表面态能量和 (7.54), (7.55) 式中的类体态能量之间, 有

$$\Lambda_{n,j_{001},j_{1\bar{1}0}}^{\mathrm{sf,a_1}}(\tau_{110}) > \Lambda_{n,j_{001},j_{1\bar{1}0},j_{110}}^{\mathrm{bk,a}} \tag{7.92}$$

和

$$\Lambda_{n,j_{001},j_{1\bar{1}0}}^{\mathrm{sf,a_1}}(\tau_{110}) > \Lambda_{n,j_{001},j_{1\bar{1}0},j_{110}}^{\mathrm{bk,c}}; \tag{7.93}$$

在 (7.51) 式中的类表面态能量和 (7.56) 式中的类体态能量之间, 有

$$\Lambda_{n,j_{001},j_{1\bar{1}0}}^{\mathrm{sf,a_1}}(\tau_{110}) > \Lambda_{n,j_{001},j_{1\bar{1}0}}^{\mathrm{bk,b_1}}; \tag{7.94}$$

在 (7.52) 中的类表面态能量和相关的 (7.54), (7.55) 式中的类体态能量之间, 有

$$\Lambda_{n,j_{110},j_{001}}^{\mathrm{sf,a_2}}(\tau_{1\bar{1}0}) > \Lambda_{n,j_{001},j_{1\bar{1}0},j_{110}}^{\mathrm{bk,a}} \tag{7.95}$$

和

$$\Lambda_{n,j_{110},j_{001}}^{\mathrm{sf,a_2}}(\tau_{1\bar{1}0}) > \Lambda_{n,j_{001},j_{1\bar{1}0},j_{110}}^{\mathrm{bk,c}}; \tag{7.96}$$

在 (7.52) 式中的类表面态能量和相关的 (7.57) 式中的类体态能量之间, 应该有

$$\Lambda_{n,j_{110},j_{001}}^{\mathrm{sf,a_2}}(\tau_{1\bar{1}0}) > \Lambda_{n,j_{110},j_{001}}^{\mathrm{bk,b_2}}; \tag{7.97}$$

在 (7.53) 式中的类表面态能量和相关的 (7.54), (7.55) 式中的类体态能量之间, 应该有

$$\Lambda_{n,j_{1\bar{1}0},j_{110}}^{\mathrm{sf,a_3}}(\tau_{001}) > \Lambda_{n,j_{001},j_{1\bar{1}0},j_{110}}^{\mathrm{bk,a}} \tag{7.98}$$

和

$$\Lambda_{n,j_{1\bar{1}0},j_{110}}^{\mathrm{sf,a_3}}(\tau_{001}) > \Lambda_{n,j_{001},j_{1\bar{1}0},j_{110}}^{\mathrm{bk,c}}; \tag{7.99}$$

在 (7.53) 式的类表面态能量和相应的 (7.58) 式的类体态能量之间, 应该有

$$\Lambda_{n,j_{1\bar{1}0},j_{110}}^{\mathrm{sf,a_3}}(\tau_{001}) > \Lambda_{n,j_{1\bar{1}0},j_{110}}^{\mathrm{bk,b_3}}. \tag{7.100}$$

基于在 7.2—7.5 节中得到的关系式 (7.13), (7.21), (7.29) 和 (7.37) 式, 这些关系都可以像 6.8 节中的关系式一样类似地得到.

相应地, 对于具有体心立方 Bravais 格子, 表面为 (100), (010), (001) 的理想有限晶体或量子点, 也可以类似地得到相应的结果.

如同类表面态应该理解为能量和性质由表面的位置而决定的电子态, 类棱态应该理解为能量和性质由棱的位置而决定的电子态, 类顶角态应该理解为能量和性质由顶角的位置而决定的电子态, 而不是局域在某一个特定顶角上的电子态. 对类顶角态性质的更清楚的认识需要对方程 (5.1) 的解的性质的更清楚的认识, 包括带隙里的解以及在允许能带范围的非 Bloch 态解.

类似于类表面态和类棱态, 类顶角态在物理根源上也是源于体能带. 类顶角态的能量高于相应的类棱态和类表面态的能量, 所以一个理想长方体形碱金属的有限晶体或量子点的顶角可能比表面和边缘带有更强的正电.

仅当一个 Bloch 函数同时有三个不同的节面, 而这些节面恰好是量子点的三个表面时的情况下, 这个类顶角态才可能是一个 Bloch 态. 这样的情况看起来在目前有兴趣的大多数有限晶体或量子点中不大可能发生.

总结 (7.46) 式, (7.79)—(7.100) 式以及 7.8 节中讨论过的具有体心立方 Bravais 格子的有限晶体或量子点中的类似方程, 我们可以得到, 对于具有同一体能带指标 n 的理想长方体形有限晶体或量子点中的电子态, 以下的普遍关系式成立:

类顶角态能量
> 每一个类棱态的能量
> 每一个相关的类表面态的能量
> 每一个相关的类体态的能量.

因此我们看到, 在一些如图 1.1 所示的简单而重要的理想长方体形有限晶体或量子点中, 电子态的普遍性质可以被认识, 可以解析地预言这些电子态的能量如何依赖于其尺度和形状, 很多电子态的能量也可以直接从晶体的能带结构得到. 我们再一次看到, 由于缺少平移不变性造成的困难是可以克服的.

在第一章里我们说到过, 半导体的低维系统里的光学性质可能随着其尺度的减小而显著改变: 测量得到的光学禁带宽随着其尺度的减小而增加; 一个间接半导体如 Si 可能会发光, 一个直接半导体如 GaAs 可能会变成一个间接半导体, 等等. 如果在半导体的低维系统里, 其光学性质最主要是由其类体的 Bloch 波驻波态之间的光跃迁决定的, 这些实验结果就比较好理解[①]. 也可以进一步理解为什么和实验结果相比, 各种有效质量近似的理论估计总是普遍地过高估计了光学禁带宽随着其尺度的减小而增加: 相应的光跃迁态应当是类似于 (7.54)—(7.62) 式等的 **Bloch 波驻波态**, 而并非类似于由其有效质量决定的 (1.13) 式的平面波驻波态[②].

对于边界存在对晶体中的电子态的影响, 这里得到的结果提供了一个比文献 [2] 里的讨论更为深入和具体的认识.

[①] 在许多实验研究中, 实验样品的类表面态、类棱态和类顶角态等很可能是被钝化了的.

[②] 如图 1.2 所表述的有效质量近似的物理图像违背了量子力学的一个基本点即 Hamilton 量算符是有下界而无上界的.

参 考 文 献

[1]   Franceschetti A, Zunger A. Appl. Phys. Lett., 1996, 68: 3455.

[2]   Born M, Huang K. Dynamical theory of crystal lattices. Oxford: Clarendon Press, 1954: Appendix IV.

第四部分
尾　　声

昨夜西风凋碧树，独上高楼，望尽天涯路.

—— 晏殊《蝶恋花·槛菊愁烟》

第八章 结 束 语

在本书里, 我们完全放弃了传统固体物理学中普遍使用的周期性边条件, 在微分方程数学理论的基础上再加上基于物理直觉的推理, 发展了一个关于一些理想简单低维系统和有限尺度的晶体中电子态的单电子的且不包含自旋的解析理论. 所谓 "理想", 是我们假定:

(1) 低维系统或有限晶体内的势场 $v(\boldsymbol{x})$ 与在具有平移不变性的晶体中的势场完全一样;

(2) 电子态完全局限于低维系统或有限晶体的有限尺度之内.

§8.1 总结和简单的讨论

本书最基本的结果可以总结如下:

(1) 在**一个统一的理论框架**下, 我们认识到, 在一些理想简单低维系统和有限尺度的晶体中, 由于在一个、两个或三个方向上的边界的存在和尺度的有限, 这些低维系统或有限晶体中的电子态不再是传统固体物理中 Bloch 定理所要求的是 Bloch 行波. 它们是在一个、两个或三个方向上:

(i) 由于尺度的有限而形成的 Bloch 波驻波; 或者是

(ii) 与边界的存在密切相关的另一种类型的电子态.

因此, 在这个统一的理论框架里, 1.3 节中说到的两个基本困难对于这些理想低维系统和有限晶体都不再存在.

(2) 我们认识到, 由于依赖于边界的电子态的存在, 理想的简单低维系统和有限晶体中的电子态的性质会与在传统固体物理学中所认识的具有平移不变性的晶体中电子态的性质有很大的不同; 也与固体物理学界对于低维系统和有限晶体中的电子态的一些传统的看法有很大的不同.

这些认识是通过试图理解 Bloch 波的量子限域效应而得到的.

我们认识到, 在 Bloch 波量子限域和众所周知的平面波量子限域之间存在着相似之处与不同之处: Bloch 波的量子限域的最重要的基本特征就是总是存在着依赖于边界 (即本书中的 τ) 的电子态. 我们也认识到, 多维空间的 Bloch 波量子限域和一维空间的 Bloch 波量子限域之间存在着相似之处和不同之处: 只有在一维空间的 Bloch 波量子限域里每一个依赖于边界的电子态才总是在禁带中或是一个带边态.

众所周知, 在平面波量子限域的情况下, 所有的允许态都是驻波态. Bloch 波的量子限域和平面波的量子限域的这个根本性的不同有一个很简单的根源. 在平面波的量子限域的情况下, 未被限域时的势场是处处相等的. 这样的势场具有连续的平移不变性, 即势场不存在一个最小的平移单位. 但是, 在 Bloch 波量子限域的情况下, 未被限域时的势场不是处处相等的. 这样的势场具有分立的平移不变性, 即势场存在一个不为零的最小平移单位. 因而, 平面波的量子限域效应和 Bloch 波的量子限域效应会有不同: 前者不依赖于边界的位置, 因为未被限域时的势场处处相等; 而后者会依赖于边界的位置, 因为未被限域时的势场并非处处相等.

因此, 很自然地, Bloch 波的量子限域效应一般应会依赖于边界的位置. 本书里得到的存在着与边界有关的电子态, 是 Schrödinger 方程、相应的边界条件以及有关数学定理 —— 诸如一维问题的定理 2.8、量子膜问题的定理 5.1 等 —— 的一个自然结论. 它是分立的平移不变性不同于连续的平移不变性的一个自然反映.

一维空间的 Bloch 波量子限域在尺度范围为 $L = Na$ 的问题中存在有 $N - 1$ 个与尺度有关的 Bloch 波驻波态是 Schrödinger 方程、边界条件 (4.4) 以及定理 2.8 的一个自然结论. 在特定条件如 (5.24), (6.9) 或 (6.20) 式得到满足的基础上, 最简单情况的多维 Bloch 波的量子限域效应可以根据物理直觉的推理而得到认识. 当一支特定的 Bloch 波被完全地限域在某一特定方向的一个特定尺度 Na 范围内 (a 是该方向上的最小平移单位, N 是一个正整数) 时, 如果这一支 Bloch 波满足特定的条件 (如 (5.24), (6.9) 或 (6.20) 式), 就可以由这支 Bloch 波在两个边界上多次反射的结果而形成 $N - 1$ 个 Bloch 波驻波态: 每一个 Bloch 波驻波态由波矢在这个特定方向上的分量为 k 和 $-k$ 的**两个** Bloch 行波组成, 而每一个 Bloch 波驻波态在这个限域范围 Na 内只可能有整数个 Bloch 波的半波长. 因为有这样的要求, 这 $N - 1$ 个 Bloch 波驻波态的波数和能量会由受限的长度 Na 来决定. 对于这支 Bloch 波的这个特定的限域, 这 $N - 1$ 个与尺度有关的 Bloch 波驻波态加上总是存在的 1 个依赖于边界位置的电子态就是应该存在的总共 N 个限域的电子态.

这里论证的对于这支 Bloch 波的**完全量子限域**的认识可以在形式上归纳为一个数学表达式

$$N = 1 + (N - 1). \tag{8.1}$$

(8.1) 式表示的是, 如果被截断的周期性结构里包含有 N 个周期 (左边), 对应于 Bloch 波的每一个**允许带**, 在被截断的周期性结构里存在有两种不同的态: 一种是有 1 个依赖于边界的态或子带; 另一种是有 $(N - 1)$ 个依赖于尺度的态或子带 (右边).

可以注意到, 依赖于边界的 1 电子态 (即 (8.1) 式中粗体 1 表示的 1 个态或子带如 (5.13) 式等) 总是存在的. 特定条件 (如 (5.24), (6.9) 或 (6.20) 式) 只是依赖于尺度的电子态的形式所要求的.

正是 (8.1) 式里的**粗体 1** 表示的 1 个态或子带, 最清楚地表明了 Bloch 波的量子限域既和众所周知的周期性边界条件的结果不同, 也和众所周知的平面波的量子限域不同. 正是由于在 (8.1) 式里依赖于边界的 **1 个态或子带**的存在导致了简单低维系统和有限晶体中的电子态性质在本质上既不同于传统固体物理学里的具有平移不变性的晶体中电子态性质, 也不同于固体物理学界常见的 (例如来自有效质量近似的) 对低维系统和有限晶体中电子态性质的一些普遍看法①.

(8.1) 式是对 Bloch 波的**一个允许带**而言的. 它表明依赖于边界的电子态或子带 ((8.1) 式中**粗体 1** 表示的 1 个态或子带) 的物理根源是与 Bloch 波的允许带 —— 而不是禁带 —— 密切相关的. 这一点对于理解表面态和 (或) 其他边界相关态的基本物理内涵是重要的. 如第五章所述, 从一维的表面态分析或从通常的半无限晶体的对表面态的分析中都不容易得到这个认识.

因此, (8.1) 式可以看做是本书得到的对于 Bloch 波的完全量子限域的基本认识的一个小结. 从理论上讲, 这些结果可以看做是对于量子限域效应在人们所熟知的平面波量子限域效应的基础上的一个有意义的重要补充和深入, 它可以增进我们对基本量子限域效应的认识. 从实际上讲, 这些结果也有可能在现代固体物理学和相关领域中找到有价值的应用. 如果说众所周知的平面波的量子限域的认识为理解低维系统和有限晶体的物理过程提供了有意义的启示, 我们有理由期望, 对于 Bloch 波的量子限域的清晰认识会是朝着对于低维系统和有限晶体里的物理过程的全面、深入认识走出的显著的一步.

一维晶体中的 Schrödinger 微分方程是一个常微分方程. 相关的常微分方程的解 —— 包括具有周期系数的常微分方程的解 —— 在数学上已经认识得相当清楚了. 正是基于这些数学上的认识, 特别是如第二章所总结的在文献 [1–4] 中得到的认识, 第三、四章的大部分结果可以严格证明. 正是由于一维晶体中的 Schrödinger 微分方程只可能有两个线性独立的解, 其能谱的允许带和禁带才总是交替存在的, 因而定理 2.8 限定了其依赖于边界位置的电子态才一定是在禁带里或在带边.

多维晶体的 Bloch 波的量子限域和一维晶体的 Bloch 波的量子限域之间的比较很自然地会和多维晶体的 Bloch 波和一维晶体的 Bloch 波的能谱之间的比较密切相关. 多维晶体的能谱与一维晶体的能谱有着根本性的不同[5-10]: 一个多维晶体的允许能带是重叠的; 其能谱里的带隙的数量总是有限的, 如果势场足够小, 能谱里也可能不存在带隙. 正是多维晶体能谱这些和一维晶体能谱的不同导致了定理 5.1 和定理 2.8 的结果的不同: 定理 5.1 所限定的是三维 Bloch 波的量子限域所产生的依赖于边界位置的电子态, 它高于或等于相关允许带的上带边, 而并非一定是在带

---

①周期性边界条件在 Na 的尺度里给出 N 个 Bloch 波行波. 如果类比于 (8.1) 式, 其结果可以形式地表达为 $N = N$, 是一个平凡的数学表达式; 平面波的完全量子限域给出的则全部是驻波.

隙里. 因此, 多维晶体里的在某个特定方向衰减的电子态可以处于允许能带的范围.

但是, 总的来说, 我们对于多维空间中相应的 Schrödinger 微分方程 (即二阶椭圆型偏微分方程), 特别是具有周期系数的椭圆型偏微分方程的解的性质比起一维晶体中的常微分方程的解的性质, 在数学上的认识要差很多. 因此, 对于多维有限晶体物理中的电子态, 我们还只能认识一些最简单的情况. 即使是在像 (5.24), (6.9) 或 (6.20) 式能满足的情况下, 在得到理想量子膜、量子线、量子点和有限晶体里电子态的过程中的很多推理我们在很大程度上还不得不借用从平面波的量子限域里得到的一些物理概念, 而非严格的数学论证. 对于第五至七章中的问题的严格的数学处理和更深入的认识, 还需要等待在相关数学领域里的进展.

和过去的传统理论比较, 这个晶体中电子态的新理论完全放弃了过去普遍采用的周期性边条件, 也就不存在前面提到过的传统固体物理学的晶体中的电子态理论的基本困难, 因而在作者看来是建立在一个更为合理和可靠的理论基础上. 作为一个单电子和无自旋的理论, 它能够包容相应的传统固体物理学的晶体中的电子态的理论, 是一个更为普遍的理论. 它能够说明和解释相应的传统固体物理学的晶体中的电子态的理论所能够说明和解释的所有问题; 更为有意义的是它还能进一步说明和解释相应的传统固体物理学的晶体中的电子态的理论所完全不能说明的许多问题.

我们看到, 第五章中的解析理论与许多以前发表过的一些数值计算结果是一致的, 因而它可能对这些数值计算结果所反映的基本物理内容提供了更加深入的理论上的认识. 但是, 除了在 6.6 节和 7.7 节提到的如图 5.4(b) 和 (c) 所示的 Franceschetti 和 Zunger 的关于自由量子线和自由量子点的数值计算[11] 以外, 作者还没有看到能够与第六章和第七章中的普遍预言直接比较的数值计算的结果. 我们也看到, 第五章中的普遍理论与以前文献 [12, 13] 发表的数值计算结果有所不同的情况是存在的. 作者希望本书的解析理论能够引起读者用进一步的数值计算来验证这里得到的普遍结论的兴趣. 无论这些在相关数学理论的基础上加以物理直觉的推理得到的普遍的解析预言被证实, 或者也有可能被发现在有的地方是有错误的, 都可以进一步增进我们目前对于低维系统和有限晶体中的电子态和 Bloch 波量子限域这样一些非常基本而重要的问题的认识, 包括澄清前面所提到的不一致的问题: 如果本书里的普遍预言被证明在某个 (或某些) 地方不正确, 推理过程的缺陷应该能很容易地被追溯到并得到改正, 从而能够建立起一个更加正确的理论①.

---

① Ajoy 和 Karmalkar[14,15] 试图用数值计算来检验本书的理论预言. 他们也用数值计算方法研究了一种假想的石墨烯的能带结构与其带状结构的能态之间的关系并和本书的解析理论进行比较. 他们得到的结论是在他们研究的问题里解析理论 "predicts all the important subbands in these ribbons and provides additional insight into the nature of their wavefunctions." (预言了这些带状结构所有重要的子能带, 并提供了关于其波函数性质的额外的洞见.)

我们利用一个简单模型得到了有关理想低维系统和有限晶体中的电子态的一些解析的和普遍的预言, 实际晶体当然要复杂得多. 然而, 通过这样一个简单模型, 我们已经清楚地认识到低维系统和有限晶体中的电子态和具有平移不变性的晶体的电子态之间的一些根本差别. 当系统的尺寸变小时, 这些低维系统的电子态的不同性质的效应会变得更加重要. 我们也已经看到, 低维系统和有限晶体的电子态性质可以与固体物理学界的一些传统看法 —— 比如说与从有效质量近似得到的看法 —— 有很大的不同.

也许, 本书里得到的一些最直截了当, 也可能是最有实用价值的理论预言是:

(1) 立方半导体理想低维系统的禁带宽实际上可能比体材料的禁带宽还要窄. 这是一个由定理 5.1、其他相关定理和立方半导体的价带顶的基本性质得到的结果①. 因为在半导体材料中最重要的物理过程往往发生在禁带附近, 对低维半导体禁带有新的不同认识, 则对低维半导体物理性质和其中的物理过程的认识及其实际应用有可能会产生影响②.

(2) 立方半导体的理想低维系统甚至可能具有金属的导电性, 因为源于体材料价带的依赖于边界的电子态有可能会具有比源于体材料导带的依赖于尺度的电子态更高的能量. 众所周知, 传统的晶体中的电子态的理论的最大的成功之一就是清楚地解释了宏观尺度下金属与半导体 (及绝缘体) 导电性质的区别. 这个新的预言表明, **宏观固体的这个根本差别在固体尺度很小, 低维系统或有限晶体存在边界的效应必须加以考虑时, 可能会变得模糊③.**

我们还可以从一个更一般的角度来看这些结果. 如果把各种物质体系按照其体系中的原子数目来排列, 在一端是由少数几个原子组成的体系, 而在另一端是无限多原子组成的晶体. 我们对这样一个物质体系谱两端的认识, 通常都比对其间广大范围的物质体系的认识要清楚得多; 由少数几个原子组成的体系的问题比较容易用量子力学的方法来处理, 而由无限多原子组成的晶体 —— 具有平移不变性 —— 则可以简化为实质上是一个只含几个原子的原胞的问题, 也比较容易处理. 然而, 这两端之间的广大范围的物质体系通常就比较难于认识, 因为处理许多原子的大体系 —— 如果没有办法简化 —— 在数学上要困难得多. 本书的结果表明, 在有些简单

---

①在一维晶体里, (2.72) 式和在 4.3 节里的分析也给出了同样的结果: 如果边界 τ 不是价带顶波函数的零点, 一维有限长的半导体禁带就比相应的一维无限长的半导体的禁带窄.

②Tripathi 等人的最近的一件实验研究工作[16] 报道了原子层淀积生长的超薄 CuO 膜的光学带隙的 "反常的" 厚度依赖关系: CuO 微粒的光学带隙随尺度的减小而减小.

③Rurali, Lorenti[17] 的一项工作看来支持这样一个预言. 他们用密度泛函计算研究了在 [100] 方向的硅纳米量子线, 发现这样的硅纳米量子线可能有金属的导电性. 我们的结果是对于理想低维系统的解析的和更为普遍的结果, 但我们也只是处理了矩形截面的量子线. 他们的结果也许表明, [100] 方向硅纳米量子线的非矩形截面和表面重构并不一定会消除硅纳米量子线可能具有的金属的导电性.

的不同尺度的被截断的理想周期系统中, 对于它们的电子结构现在可以得到比较清楚的认识了. 这些系统的电子结构以前因为原子数目很大, 又缺少平移不变性, 是很难认识的. 因此, 从某种意义上来说, 这开辟了一条认识的途径 —— 从一端是只有几个原子的物质体系到另一端是无限大尺度的晶体, 包括了整个中间广大范围的不同尺度的被截断的理想周期系统, 其中每一个都可以得到和两端同样清楚的认识.

自从 1932 年 Tamm 发表了他的关于表面态的开创性的经典工作[18] 以来, 对于表面态及其相关问题的研究得到迅速发展, 成为固体物理和化学中一个卓有成效的研究领域. 现在我们对于表面态有了一个新的也可以说更深入的认识: 表面态属于低维系统中电子态的一种形式 —— 类表面态. 它的最基本特征就是其能量和性质依赖于表面的位置. 从根本上说来, 表面态的存在是源于有关允许能带的存在而非禁带的存在. 表面态总是在禁带里, 并且总是在禁带中间处的衰减最快就仅仅是一维晶体的特征, 对于高维晶体并不适用. 多维晶体里的表面态并不一定总是在禁带里. 除类表面态以外, 还可以有类棱态、类顶角态.

然而, 尽管得到了很多新的认识, 我们所能认识的也还仅仅是一个开始. 本书中所用的是最简单的模型. 处理的低维系统和有限晶体也是一些最简单的情况. 对于所能得到的每一小点认识, 都还有很多我们还远未能认识的内容.

我们还几乎完全没有涉及 (5.24), (6.9) 或 (6.20) 式的条件不能满足的情况. 例如, 甚至即使在我们的简单模型里, 也还未能认识具有简单立方 Bravais 格子晶体的 (111) 理想量子膜的电子态性质①, 就更不用说其他更稍复杂的情况了.

我们的简单模型可以从很多方面加以改进, 或用来研究不同情况. 每一个改进的模型或对不同情况的研究所得到的新成果, 都可以增进我们对低维系统和有限晶体的电子态、物理性质及其中的物理过程的认识.

在本书中, 我们主要研究了理想低维系统和有限晶体中的电子态. 尽管我们已经认识到, 在理想低维系统或有限晶体中存在依赖于边界的电子态是 Bloch 波量子限域的一个基本特征, 但要对低维系统或有限晶体的物理性质及其中物理过程有更清楚的认识, 还有很多问题需要学习和探索. 即使仍然采用理想低维系统和有限晶体的最简单的模型, 我们也还需要认识这样一些物理问题: 比如, 对一个低维系统或有限晶体, 其特定的边界位置和边界面是如何决定的? 对于这样的边界位置和边界面, 这些低维系统或有限晶体中依赖于边界的电子态的特定形式是什么? 在理想量子膜中依赖于边界的电子态及其性质是否与半导体表面的重构有关? 如果答案是肯定的话, 又是怎样的关系? 更进一步地说, 在低维系统或有限晶体中这些依

---

①在这里所讨论的理想量子膜里, 对于每个体能带 $\varepsilon_n(\boldsymbol{k})$, 一个 N_3 层的理想 (111) 量子膜里, 总是有一个类表面子能带 $\hat{\Lambda}_n(\boldsymbol{k}; \tau_3)$. 在最简单的 $\hat{\boldsymbol{k}} = 0$ 的情况, 这种量子膜也会有 $N_3 - 1$ 个类体态 $\hat{\Lambda}_{n,j_3}(\hat{\boldsymbol{k}} = 0)$.

赖于边界的电子态的存在又是如何具体影响这些系统的物理性质 (如光跃迁, 散射, 输运过程及其他很多性质) 的? 我们也许有理由期待, Bloch 波驻波态之间的物理过程在很大程度上可以如传统的固体物理学中所处理的那样, 通过 Bloch 行波之间的物理过程来理解. 在 7.9 节我们曾说过如果半导体低维系统的光学性质主要是由类体态之间的光跃迁决定的, 1.4 节里提到的其对尺度的依赖关系的众所周知的实验事实也许就可能能够理解. 但是, 对于涉及依赖于边界的电子态的物理过程, 我们就所知甚少, 甚至基本上是一无所知. 如果超出这个最简单的模型, 我们知道的就更少了. 要对低维系统或有限晶体中物理性质和物理过程有清楚的和深入的认识, 还有很长很长的路要走.

平面波是一种人们已经研究、认识、了解了多年的一种熟知的物理对象. 它已经涉及我们生活和工作的许多方面. 现在我们知道, 平面波只不过是 Bloch 波的一种特殊形式. Bloch 波是一个比平面波更加普遍的波的形式, Bloch 波涉及的科学问题也就必然比平面波有远为丰富的内容. 但是, 对于这种比平面波更加普遍的 Bloch 波, 科学界除了一些最基本的认识以外, 迄今为止的认识还是非常有限. 这里面有太多太多的内容可以探索. 最简单的比如说 Bloch 波的带边态, 就是平面波完全涉及不到的波的形式. 再如简单的高维情况的 Bloch 波驻波态这样一些至关重要的概念, 学界对它们的认识更相当模糊, 或基本上是一无所知. 在本书里我们只不过是探索了在量子限域的问题上 Bloch 波比起平面波有些什么相似和不同. 初步的努力已经使我们学习到了一些全新的物理知识. 但是总的来说, 对于 Bloch 波的全面认识, 比起平面波, 我们就显然还欠缺得太多.

在与周期性偏微分方程及其解的性质等有关的数学问题上, 我们所欠缺的就更是太多太多了.

§8.2　一些有关的系统

这些对理想低维系统或有限晶体中的电子态得到的结果, 自然也可能会对一些相关物理问题的认识提供一些启示.

8.2.1　其他的有限周期性结构

很自然的一个问题是, 其他的周期系统被截断后的本征模式是否会有类似于低维系统或有限晶体中电子态那样的性质呢?

一个密切相关的并且研究得很多的问题就是经典波在周期介质中的行为, 例如在由不同弹性介质交替形成的周期结构 —— 常被称为声子晶体 —— 里的弹性波, 不同介电媒质或金属 – 介电媒质交替形成的周期结构 —— 常被称为光子晶体 —— 里的电磁波等. 在这样的系统中, 周期性结构的构造可以更具有灵活性, 包括其表面可以取在周期单元里的任意一个位置. 这样, 本书里的参数 τ 就可以是一个人为可控的物理量: 依赖于边界的态或模式就有可能通过适当选取边界面的位置来控制. 一个很自然的想法是, 本书主要部分的结论能否推广应用到声子晶体和光子晶体的研究上?

第二章里的有关周期性 Sturm-Liouville 方程的数学理论[2-4] 可以像处理一维电子晶体的 Schrödinger 微分方程一样, 直接用来处理一些重要的一维声子晶体或光子晶体的波动方程. 因此, 对于相应的声子晶体或光子晶体是否也能得到第二部分一维半无限晶体和 (或) 有限长度的晶体中电子态的结论, 实际上主要决定于特定物理问题的边界条件.

理想的长度 $L = Na$ 的有限一维声子晶体的无应力边界条件可以表达成

$$p(\tau)y'(\tau) = p(\tau)y'(\tau + Na) = 0. \tag{8.2}$$

文献 [19] 和附录 E 的研究表明, 在这个条件下也可以解析地得到有限长度的一维声子晶体的本征模式的严格的普遍结果: 长度 $L = Na$ 的一维有限声子晶体中有两种不同类型的模式: 对应于每个允许带有 $N - 1$ 个本征模式, 其本征值依赖于长度 L 但不依赖于边界位置 τ; 以及一个本征模式其本征值依赖于边界位置 τ 但不依赖于长度 L. 与我们在本书里讨论得很多的量子限域效应使得依赖于边界 τ 的电子态的能量向上移不同, 由边界条件 (8.2) 式导致的限域效应会使得在有限声子晶体里依赖于边界 τ 的模式频率向下移. 这再一次清楚地表明了边界条件对于依赖于边界 τ 的模式的决定性影响.

并不是所有的一维声子晶体或光子晶体的本征方程都有周期性 Sturm-Liouville 方程的形式. 近年来对于各种有限长度的一维声子晶体及光子晶体的理论和实验研究[20-24] 表明, 其他一些一维有限声子晶体或光子晶体里的本征模式的性质也有非常相似于第四章中的一维有限晶体中的电子态的性质. 如果这些声子晶体或光子晶体里的弹性波或电磁波能够被完全限域在 N 个周期范围里, 其本征模式就有两种不同的类型: 对应于无限晶体的每个允许频带, 有 $N - 1$ 个本征模式, 其本征值依赖于 N 但不依赖于边界位置, 并且可以由无限晶体的频谱结构得到; 以及一个相应于无限晶体的禁止范围的本征模式, 其本征值依赖于边界位置但不依赖于 N. 这个模式可以是一个局域在有限晶体的两端中的一端的表面模式, 也可以是一个限域的带边模式.

这些结果说明, 迄今为止的有关与被截断的周期性结构的研究都引向一个共同认识: 只要一维周期系统里的模式可以完全限域在包含有 N 个周期单元的有限范围里, 其基本结论就都可以归纳成 (8.1) 式的形式.

尽管我们对于一维问题已经得到了一些比较起来更为普遍的认识, 对于是否能将本书第三部分中关于三维 Bloch 波量子限域的认识推广到高维声子晶体或光子晶体, 基本上还是一无所知, 有待于进一步的研究.

8.2.2　理想空腔结构中的电子态

一个空腔结构就是在一个无限大的晶体中去掉一个低维系统所形成的结构. 这样一个空腔结构的电子态从理论上比较不容易研究: 这样的结构不具有平移不变性, 通常用来研究低维系统中电子态的理论办法 —— 比如说以有效质量近似为基础的办法或者是数值计算的方法 —— 也都不容易或不能有效地用来得到一些有普遍性的认识. 然而, 我们在本书主要部分中用来理解某些简单晶体的理想低维系统中的电子态的办法也可以用来对这些简单晶体的理想空腔结构的电子态提供一些认识. 这个问题留在附录 G 里讨论.

§8.3　能否有一个更普遍的理论?

在很多情况下, 决定物理问题的解的普遍性质的是系统的总的对称性而并不是特定问题的本征方程的具体细节. 对于具有周期性的系统, 尽管相关的本征方程可能大不相同, 诸如有关电子态问题的具有周期势场的 Schrödinger 方程, 声子晶体问题中的振动方程, 光子晶体中的 Maxwell 方程等都是不同的, 但是正是系统的对称性 —— 平移不变性和其他的有关对称性 —— 决定了这些解的普遍性质. 这些态或模式都有共同的性质:

$$\psi(\boldsymbol{x} + \boldsymbol{a}_i) = \mathrm{e}^{\mathrm{i}\boldsymbol{k}\cdot\boldsymbol{a}_i}\psi(\boldsymbol{x}), \tag{8.3}$$

这里 $\boldsymbol{a}_i$ 是最小的平移单位, 而波矢 $\boldsymbol{k}$ 可以限制在由系统的对称性决定的 Brillouin 区之内. 问题的本征值是波矢 $\boldsymbol{k}$ 的函数:

$$\lambda = \lambda_n(\boldsymbol{k}). \tag{8.4}$$

尽管 (8.3) 和 (8.4) 式可以通过研究每一个特定问题的特定的动力学方程的解的性质来得到, 但现在已经能够普遍地认识到, (8.3) 和 (8.4) 式是相关系统的总的对称性的结果, 即系统的平移不变性和其他的有关的对称性的结果, 而与有关问题的特定本征方程的具体形式或细节无关. 群论是研究对称系统的普遍性质的强有力的数学理论, 将群论用到不同的物理问题中, 就可以得到这样的普遍认识.

对于 Bloch 波的**完全**量子限域, 在简单理想低维系统和有限晶体中, 尺度和边界这二者对于电子态的能量的影响是可以分开的, 这样一个结果作者在最初得到时, 是感到非常惊讶的. 作者不知道任何其他问题也会有这样的特殊性质: 一般说来, 当我们求解一个带有边界条件的微分方程的本征值问题时, 区域和边界都会对所有的本征值有影响. 作者也与一些数学家讨论过, 也还没有遇见有人知道有其他问题也有类似的性质.

周期性是最基本也是研究得最为充分的数学概念之一. 对于由周期性所导致的普遍结论的清楚认识在现代固体物理的成功中起到了根本性的作用. 许多周期系统是可以被截断的; 被截断的周期系统会提出新的科学问题. 与对于周期性的研究和普遍认识相比, 对于被截断的周期性的研究和普遍认识要差很多. 而对于被截断的周期性系统的普遍认识具有基本的重要意义.

迄今为止研究得到的对被截断的一维周期性的初步认识包括:

(1) 取决于原有的周期性, 截断的位置 τ 和截断的条件, 一维周期结构在某个特定位置 τ 的单一截断, 对于未截断的周期结构的一个禁止的能量范围, 可能会带来的以下两种结果之一:

(i) 在该禁止的能量范围内引入一个

$$\psi(x + a) = \mathrm{e}^{\beta a}\psi(x) \tag{8.5}$$

形式的态或模式, 这里这里 a 是周期, $\beta \leqslant 0$ —— 如果截断的一维周期结构是一个处于 $[\tau, \infty)$ 的右截断周期结构, 或者 $\beta \geqslant 0$ —— 如果截断的一维周期结构是一个处于 $(-\infty, \tau]$ 的左截断周期结构;

(ii) 在该禁止的能量范围内不引入一个态或模式.

(2) 一维周期结构的两端截断 —— 位于 τ 和 $\tau + Na$, N 是一个正整数 —— 在最简单的情况下, 对于未截断的周期结构的任何一个允许带会带来的结果可以总结为 (8.1) 式: 在该允许带里存在 $N - 1$ 个由一维 (8.3) 式形式的 Bloch 波组成的驻波解, 以及一个在该允许带的上面或下面的禁止的能量范围内的 (8.5) 式形式的解, 这里 β 是一个实数.

这些是归纳迄今为止已有的研究结果得到的一些认识.

我们认识到, 存在依赖于边界的电子态是 Bloch 波的量子限域的最重要的基本特征. 虽然三维空间的 Bloch 波量子限域和一维空间的 Bloch 波量子限域会因为三维 Bloch 波的能谱结构和一维 Bloch 波的能谱结构的不同而显著不同, 但是在一些最简单的情况下, 它们都可以归纳为 (8.1) 式. (8.1) 式是否可能是被截断的周期性的在最简单情况下的一个普遍结论, 现在还只是一个未经证明的一个猜想. (8.3) 式和 (8.4) 式是将群论用到周期系统的本征值问题, 也就是从连续的平移不变性到分立的平移不变性的对称破缺的一个自然结论. 是否有可能 (8.1) 式也会类似地是一个更普遍的有关被截断的周期性的对称破缺数学理论的一个自然结论呢?

能够进一步认识清楚这个问题将是非常有意思的.

参 考 文 献

[1] Eastham M S P. The spectral theory of periodic differential equations. Edinburgh: Scottish Academic Press, 1973 及其中参考文献.

[2] Weidmann J. Spectral theory of ordinary differential operators. Berlin: Springer-Verlag, 1987.

[3] Zettl A. Sturm-Liouville theory. Providence: The American Mathematical Society, 2005.

[4] Brown B M, Eastham M S P, Schmidt K M. Periodic differential operators. (Operator Theory: Advances and Applications, Vol 230.) Basel: Birkhauser, 2013 及其中参考文献.

[5] Sommerfeld A, Bethe H. Elektronentheorie der Metalle, Berlin: Springer Verlag, 1967.

[6] Skriganov M M. Soviet Math. Dokl., 1979, 20: 956;
Skriganov M M. Invent. Math., 1985, 80: 107.

[7] Kuchment P A. Floquet theory for partial differential equations. (Operator Theory Advances and Applications, 60.) Basel: Birkhauser Verlag, 1993.

[8] Karpeshina Y E. Perturbation theory for the Schrödinger operator with a periodic potential. (Lecture Notes in Mathematics, Vol. 1663.) Berlin: Springer Verlag, 1997.

[9] Veliev O. Multidimensional periodic Schröinger operator: perturbation theory and applications. (Springer Tracts in Modern Physics, Vol. 263.) Cham: Springer Verlag, 2015.

[10] Kuchment P A. An overview of periodic elliptic operators//Bulletin (New Series) of the American Mathematical Society, 2016, 53: 343 及其中参考文献.

[11] Franceschetti A, Zunger A. Appl. Phys. Lett., 1996, 68: 3455.

[12] Zhang S B, Zunger A. Appl. Phys. Lett., 1993, 63: 1399.

[13] Zhang S B, Yeh C Y, Zunger A. Phys. Rev., 1993, B48, 11204.

[14] Ajoy A, Karmalkar S. J. Phys.: Condens. Matter, 2010, 22: 435502.

[15] Ajoy A. Ph. D thesis. Madras: Indian Institute of Technology, 2013.

[16] Tripathi T S. Terasaki I, Karppinen M. J. Phys.: Condens. Matter, 2016, 28: 475801.

[17] Rurali R, Lorenti N. Phys. Rev. Lett., 2005, 94: 026805.

[18] Tamm I. Physik. Z. Sowj., 1932, 1: 733.

[19] Ren S Y, Chang Y C. Phys. Rev., 2007, B 75: 212301.

[20] Hladky A C, Allan G, de Billy M. J. Appl. Phys., 2005, 98: 054909.

[21] El Boudouti H E, El Hassouani Y, Djafari-Rouhani B, et al. Phys. Rev., 2007, E76: 026607.

[22]　El Hassouani Y, El Boudouti E H, Djafari-Rouhani B, et al.　Journal of Physics: Conference Series, 2007, 92: 012113;
El Hassouani Y, El Boudouti E H, Djafari-Rouhani B, et al. Phys. Rev., 2008, B78: 174306.

[23]　El Boudouti E H, Djafari-Rouhani B, Akjouj A,et al. Surface Science Reports, 2009, 64: 471-594.

[24]　El Boudouti E H, Djafari-Rouhani B. One-dimensional phononic crystals//Deymier P A. Acoustic metamaterials and phononic crystals. (Springer Series in Solid-State Sciences, 173.) Berlin: Springer, 2013: 45.

第五部分

附　　录

子曰: 学而时习之, 不亦说乎?

——《论语·学而》

附录 A Kronig-Penney 模型

在我们现有的对于固体物理的一些基本问题的认识, 特别是对于一维晶体的电子态的认识中, Kronig-Penney 模型[1] 一直起着十分重要的作用[2-7]. 很自然地, 这个模型在研究固体物理的一些其他不同问题时也都起过重要作用. 这个模型的一个十分重要的特点是不仅 Kronig-Penney 晶体的能带结构是可以解析地得到的, 而且所有的解的函数形式 —— 在允许能带的范围里, 在带边和在禁带的范围里 —— 都是可以用简单的解析表达式表示的. 这就为更为清楚和明确地理解第二部分的结果提供了一个富有启发性的具体例子. 本附录是这样安排的: 在 A.1 节里, 我们简单地介绍 Kronig-Penney 模型的基本点. 在 A.2 节里, 我们用第二章理论来得到这个模型的能带结构. 在 A.3 节里, 我们得到无限长度的 Kronig-Penney 模型在不同能量范围的解的形式并和第二章理论结果进行比较. A.4 节里用第三章的理论形式处理半无限 Kronig-Penney 晶体, 研究其表面态的存在及其性质, 和第三章的普遍理论以及 Tamm 的经典工作[5] 和 Seitz 的经典书[2] 进行比较. 最后在 A.5 节里我们讨论长度为 $L = Na$ 的 Kronig-Penney 晶体, 并和第四章的理论进行比较.

A.1 模 型

电子在一维周期势场 $U(x)$ 中运动的 Schrödinger 微分方程可以写成

$$y'' + \chi^2[\lambda - U(x)]y = 0, \quad \chi^2 = \frac{8\pi^2 m}{h^2}, \tag{A.1}$$

这里 λ 是能量. 在 Kronig-Penney 模型[1]里研究的 $U(x)$ 是周期为 a 的矩形势场. 在晶体的第 ℓ 个原胞里 —— $a(\ell - 1) < x \leqslant a\ell$, 这里 ℓ 是一整数 —— 矩形势场 $U(x)$ 可以写成

$$U(x) = \begin{cases} 0, & 0 < x - a(\ell - 1) \leqslant d_1, \\ U_2, & d_1 < x - a(\ell - 1) \leqslant d_1 + d_2, \end{cases} \tag{A.2}$$

这里 $d_1 + d_2 = a$, U_2 是一个正实常数.

进一步在

$$\lim d_2 = 0, \quad \lim d_1 = a, \quad \lim U_2 = +\infty,$$

并保持

$$\lim(U_2 d_2) = p = 常数 \tag{A.3}$$

的极限条件下, Schrödinger 微分方程 (A.1) 成为

$$-y'' + \left[\sum_{n=-\infty}^{\infty} \frac{2p}{a}\delta(x-na) - \frac{\xi^2}{a^2} \right] y = 0, \qquad -\infty < x < \infty, \tag{A.4}$$

这里

$$\xi = a\chi\sqrt{\lambda}. \tag{A.5}$$

在本附录里, 处理 ξ 常常比处理能量 λ 更加方便. 因此我们常常以讨论 ξ 代替讨论能量 λ .

A.2　归一化解和判别式

A.2.1　归一化解

我们感兴趣的是方程 (A.4) 在 $\left[-\frac{a}{2}, \frac{a}{2}\right]$ 区间里的解. 方程 (A.4) 的两个线性独立归一化解 $\eta_1(x,\xi)$ 和 $\eta_2(x,\xi)$ 定义为

$$\eta_1\left(-\frac{a}{2}, \xi\right) = 1, \eta_1'\left(-\frac{a}{2}, \xi\right) = 0;\ \eta_2\left(-\frac{a}{2}, \xi\right) = 0, \eta_2'\left(-\frac{a}{2}, \xi\right) = 1. \tag{A.6}$$

将方程 (A.4) 从 $x = a - \delta$ 至 $x = a + \delta$ 对 x 积分, 我们得到[3]

$$y'(a+\delta) - y'(a-\delta) = 2\frac{p}{a}y(a). \tag{A.7}$$

所以可以得到方程 (A.4) 的两个归一化解为

$$\eta_1(x,\xi) = \begin{cases} \cos\frac{\xi}{2}\cos\frac{\xi}{a}x - \sin\frac{\xi}{2}\sin\frac{\xi}{a}x, & -\frac{a}{2} \leqslant x < 0, \\ \cos\frac{\xi}{2}\cos\frac{\xi}{a}x + \left(2\frac{p}{\xi}\cos\frac{\xi}{2} - \sin\frac{\xi}{2}\right)\sin\frac{\xi}{a}x, & 0 < x \leqslant \frac{a}{2}, \end{cases} \tag{A.8}$$

和

$$\eta_2(x,\xi) = \begin{cases} \left(\frac{\xi}{a}\right)^{-1}\left(\sin\frac{\xi}{2}\cos\frac{\xi}{a}x + \cos\frac{\xi}{2}\sin\frac{\xi}{a}x\right), & -\frac{a}{2} \leqslant x < 0, \\ \left(\frac{\xi}{a}\right)^{-1}\left[\sin\frac{\xi}{2}\cos\frac{\xi}{a}x + \left(\cos\frac{\xi}{2} + 2\frac{p}{\xi}\sin\frac{\xi}{2}\right)\sin\frac{\xi}{a}x\right], & 0 < x \leqslant \frac{a}{2}, \end{cases} \tag{A.9}$$

这里用到了 (A.6) 和 (A.7) 式.

从 (A.8) 和 (A.9) 式我们得到

$$\begin{aligned} \eta_1\left(\frac{a}{2}, \xi\right) &= \cos\xi + \frac{p}{\xi}\ \sin\ \xi, & \eta_1'\left(\frac{a}{2}, \xi\right) &= -\frac{\xi}{a}\left(\sin\xi - 2\frac{p}{\xi}\cos^2\frac{\xi}{2}\right), \\ \eta_2\left(\frac{a}{2}, \xi\right) &= \left(\frac{\xi}{a}\right)^{-1}\left(\sin\xi + 2\frac{p}{\xi}\sin^2\frac{\xi}{2}\right), & \eta_2'\left(\frac{a}{2}, \xi\right) &= \cos\xi + \frac{p}{\xi}\sin\xi. \end{aligned} \tag{A.10}$$

A.2.2 判别式 $D(\xi)$

从 (A.10) 式我们得到方程 (A.4) 的判别式是

$$D(\xi) = \eta_1(\frac{a}{2}, \xi) + \eta_2'(\frac{a}{2}, \xi) = 2\,\cos\xi + 2\,\frac{p}{\xi}\sin\xi. \qquad (A.11)$$

在每一个 $-2 \leqslant D(\xi) \leqslant 2$ 的能量范围里存在着方程 (A.4) 的本征解 —— Bloch 波解 $\phi_n(\pm k, x)$:

$$\phi_n(\pm k, x + a) = \mathrm{e}^{\pm ika}\phi_n(\pm k, x), \qquad (A.12)$$

这里 $-\pi/a < k \leqslant \pi/a$. 根据 (2.74) 式, Bloch 波矢 k 和 ξ 的关系是

$$\cos ka = \frac{1}{2}D(\xi) = \cos\xi + \frac{p}{\xi}\sin\xi. \qquad (A.13)$$

这就是熟知的 Kronig-Penney 模型的能带结构方程[1-3]. 虽然这个结果多年以前就为人所知, 我们这里采用的方法可以更容易推广到更普遍和更复杂的情况, 例如在一个周期里有多个不同的势场区域 $a = d_1 + d_2 + d_3 \cdots$, 每个势场区域有不同的宽度和势场高度的情形.

$D(\xi) < -2$ 的能量范围相当于在 $k = \pi/a$ 处的禁带. 方程 (A.4) 的两个线性独立解可以写成 $(\beta > 0)$:

$$y(\xi, \pm\beta, x + a) = -\mathrm{e}^{\pm\beta a}\,y(\xi, \pm\beta, x), \qquad -\infty < x < +\infty, \qquad (A.14)$$

根据 (2.82) 式, 这里 β 和 ξ 的关系是

$$\cosh\beta a = -\frac{1}{2}D(\xi) = -\cos\xi - \frac{p}{\xi}\sin\xi. \qquad (A.15)$$

$D(\xi) > 2$ 的能量范围相当于在 $k = 0$ 处的禁带. 方程 (A.4) 的两个线性独立解可以写成 $(\beta > 0)$:

$$y(\xi, \pm\beta, x + a) = \mathrm{e}^{\pm\beta a}\,y(\xi, \pm\beta, x), \qquad -\infty < x < +\infty, \qquad (A.16)$$

根据 (2.78) 式, 这里 β 和 ξ 的关系是

$$\cosh\beta a = \frac{1}{2}D(\xi) = \cos\xi + \frac{p}{\xi}\sin\xi. \qquad (A.17)$$

因为在一个特定的允许能带里, 一对 $\pm k$ 只相应于一个唯一的 ξ; 在一个特定的禁带里, 相同的 $\pm\beta$ 则可能对应于不同的 ξ. 因此在 (A.14) 和 (A.16) 式里除开 $\pm\beta$ 以外, 还需要 ξ 才能确定一个特定的禁带里的解函数.

A.2.3　带边本征值

　　第 n 个允许能带的上边缘 —— 也就是第 n 个禁带的下边缘, 可以记作 ω_n —— 是在

$$\xi = \omega_n = (n+1)\pi, \qquad\qquad n = 0,1,2,3,\cdots \qquad (A.18)$$

处.

　　第 n 个允许能带的下边缘 —— 也就是 $n > 0$ 时第 $n-1$ 个禁带的上边缘 —— 是位于

$$\begin{aligned}
\frac{\xi}{2}\tan\frac{\xi}{2} &= p/2, & n &= 0,2,4,\cdots, \\
\frac{\xi}{2}\cot\frac{\xi}{2} &= -p/2, & n &= 1,3,5,\cdots.
\end{aligned} \qquad (A.19)$$

这些是文献中早已知道的结果[1,3,7]. 第 n 个禁带的上边缘可以记作 Ω_n, $n = 0,\ 1,\ 2,\ 3,\cdots$.

　　Kronig-Penney 晶体的能带结构由 (A.4) 式里的 p 决定. 由 (A.18) 和 (A.19) 式所确定的能带边作为 p 的函数示于图 A.1.

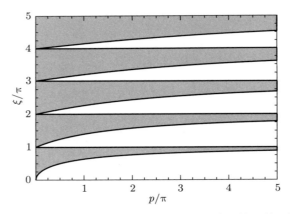

图 A.1　由 (A.18) 和 (A.19) 式所确定的能带边作为 (A.4) 式里的 p 的函数. 阴影区表示的是允许能带的范围. 禁带的下边缘 $\omega_n = (n+1)\pi$ 不随 p 而改变. 随着 p 由 $p=0$ 增加每个禁带都变宽, 每个允许能带都变窄.

　　下面我们将用基于 Kronig-Penney 模型的具体结果来讨论我们在第二章至第四章理论得到的结论. 在大多数情况下我们像一些文献[1,5] 里一样, 假定 $p = \dfrac{3\pi}{2}$. 我们也将会看到, 一些情况下从 Kronig-Penney 模型得到的物理结果可能会显著地甚至定性地取决于 p 的数值.

A.3　微分方程的解的表达式

下面我们来求得微分方程 (A.4) 的解的表达式. 我们将考虑以下几种情况:

(1) ξ 在一允许能带里;

(2) ξ 在一允许能带边: $\xi = \omega_n$ 或 $\xi = \Omega_n$;

(3) ξ 在一禁带里: $\omega_n < \xi < \Omega_n$.

我们只需要考虑解的函数在一个周期 $[-a/2, a/2]$ 里的表达式. 普遍而言, 方程 (A.4) 的解在区间 $\left[-\dfrac{a}{2}, \dfrac{a}{2}\right]$ 内总可以表达成其两个线性独立的归一化解 $\eta_1(x, \xi)$ 和 $\eta_2(x, \xi)$ 的线性组合:

$$y(x, \xi) = c_1 \eta_1(x, \xi) + c_2 \eta_2(x, \xi), \qquad -\frac{a}{2} \leqslant x \leqslant \frac{a}{2}. \tag{A.20}$$

因为在区间 $\left[-\dfrac{a}{2}, \dfrac{a}{2}\right]$ 内 $\eta_1(x, \xi)$ 和 $\eta_2(x, \xi)$ 已经在 (A.8)—(A.9) 式里给出了, 我们只须得到 (A.20) 式里的 $\dfrac{c_2}{c_1}$, 就可以得到方程 (A.4) 的解的表达式, 只差一个归一化常数因子.

在此基础上, 在整个实轴 $(\infty < x < +\infty)$ 上的解的函数形式可以很容易再由 (A.12), (A.14) 或 (A.16) 式得到.

从本书的第二部分我们知道, 对于周期性微分方程的解的零点的认识在本书的理论里起了基本的作用. 我们将特别关注 ξ 在这些不同范围时方程 (A.4) 的解的零点.

A.3.1　ξ 在一允许能带里

当 ξ 在一允许能带里时, 方程 (A.4) 的解函数是 (A.12) 式给出的 Bloch 波函数 $\phi_n(\pm k, x)$ $(0 < k < \pi/a)$. 在 (A.12) 式里令 $x = -a/2$ 并将 $\phi_n(\pm k, x+a)$ 写成 (A.20) 式的形式, 再用到 (A.10) 式我们得到

$$\frac{c_2}{c_1} = \pm \sqrt{\frac{D-2}{D+2}} \, \frac{\dfrac{\xi}{a} \cos \dfrac{\xi}{2}}{\sin \dfrac{\xi}{2}}. \tag{A.21}$$

因此在方程 (A.4) 的一个允许能带里, Bloch 波函数 $\phi_n(\pm k, x)$ 可以写成如下的形式:

$$\phi_n(\pm k, x) = C \left[\sqrt{D+2} \sin \frac{\xi}{2} \, \eta_1(x, \xi) \pm \sqrt{D-2} \, \frac{\xi}{a} \cos \frac{\xi}{2} \, \eta_2(x, \xi) \right],$$
$$-\frac{a}{2} \leqslant x \leqslant \frac{a}{2}, \tag{A.22}$$

这里 C 是一归一化常数. Bloch 波函数在实轴 $-\infty < x < +\infty$ 上的其余部分可以由 (A.12) 式得到.

可以看到, (A.22) 式里 Bloch 波函数 $\phi_n(\pm k, x)$ 的实部和虚部不可能同时为零. 这是因为在 $0 < k < \pi/a$ 时 $\sin\frac{\xi}{2}$ 或 $\cos\frac{\xi}{2}$ 都不可能为零; $\sqrt{D+2}$ 是一个非零的实数, 而 $\sqrt{D-2}$ 是一个非零的虚数; 并且, 根据 Sturm 分离定理 $\eta_1(x,\xi)$ 和 $\eta_2(x,\xi)$ 是不同时为零的实函数. 因此 (A.22) 式里的函数 $\phi_n(\pm k, x)$ 在 $[-a/2, a/2]$ 区间里没有零点, 因而在整个实轴 $(-\infty, +\infty)$ 也没有零点. 这是我们曾在第二章的 2.6 节说到的允许能带里的 Bloch 波函数没有零点的一个具体例子.

A.3.2 ξ 在一个带边: $\xi = \omega_n$ 或 $\xi = \Omega_n$

在任一带边 $\xi = \omega_n$ 或 $\xi = \Omega_n$ 处, 因为方程 (A.4) 的反演对称性, 带边波函数必须是对称的或反对称的实函数.

因为势场 $U(x)$ 在 δ 函数型的势垒之间的范围里为零, 对于一个特定的 ξ, 微分方程 (A.4) 的实对称解是

$$
f_{\mathrm{s}}(\xi, x) = \begin{cases} \cos\left[\dfrac{\xi}{a}(-x + c)\right], & -a/2 \leqslant x \leqslant 0, \\[2mm] \cos\left[\dfrac{\xi}{a}(x + c)\right], & 0 \leqslant x \leqslant a/2. \end{cases} \tag{A.23}
$$

(A.23) 式里的 c 是一个依赖于 ξ 的实常数:

$$
\tan\frac{\xi}{a} c = -\frac{p}{\xi}. \tag{A.24}
$$

在 $p = 3\pi/2$ 时由 (A.24) 式算出的 (A.23) 式里的 c 作为 ξ 的函数示于图 A.2.

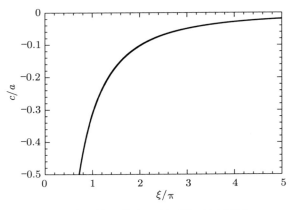

图 A.2   (A.23) 式里的 c 作为 ξ 的函数. 这里假定 $p = 3\pi/2$.

微分方程 (A.4) 的实反对称解是

$$f_a(\xi, x) = \sin\frac{\xi}{a}x, \qquad -a/2 \leqslant x \leqslant a/2. \tag{A.25}$$

根据 (A.12) 式, 带边波函数必须满足 $\phi_n(\pi/a, a/2) = -\phi_n(\pi/a, -a/2)$ 或 $\phi_n(0, a/2) = \phi_n(0, -a/2)$. 容易看到在每个禁带的下带边 $\xi = \omega_n$ 处的带边波函数一定是一个反对称函数:

$$\phi_n(k_{\mathrm{g}}, x) = C\sin\left[\frac{(n+1)\pi}{a}x\right], \qquad -a/2 \leqslant x \leqslant a/2. \tag{A.26}$$

这里用到了 (A.18) 式.

在每个禁带的上带边 $\xi = \Omega_n$ 处的带边波函数一定是一个对称函数:

$$\phi_{n+1}(k_{\mathrm{g}}, x) = \begin{cases} C\cos\left[\dfrac{\xi}{a}(-x+c)\right], & -a/2 \leqslant x \leqslant 0, \\[2ex] C\cos\left[\dfrac{\xi}{a}(x+c)\right], & 0 \leqslant x \leqslant a/2, \end{cases} \tag{A.27}$$

在 (A.26) 和 (A.27) 式里 $n = 0, 1, 2, 3, \cdots$, $k_{\mathrm{g}} = \pi/a$ 或 $k_{\mathrm{g}} = 0$. 类似地, 因为 $\phi_0(0, a/2) = \phi_0(0, -a/2)$, 在 Brillouin 区中心 $k = 0$ 的最低的带边波函数也必须是一对称的实函数:

$$\phi_0(0, x) = \begin{cases} C\cos\left[\dfrac{\xi}{a}(-x+c)\right], & -a/2 \leqslant x \leqslant 0, \\[2ex] C\cos\left[\dfrac{\xi}{a}(x+c)\right], & 0 \leqslant x \leqslant a/2. \end{cases} \tag{A.28}$$

在 (A.27) 和 (A.28) 式中, ξ 由 (A.19) 式给出. 在 (A.26)—(A.28) 式中, C 是一个归一化常数.

最低的带边波函数 $\phi_0(0, x)$ 在 $[-a/2, a/2]$ 区间内没有零点, 和定理 2.7(i) 一致. 这导致 $\phi_0(0, x)$ 在整个实轴 $(-\infty, +\infty)$ 上没有零点.

图 A.3 所示的是 $k = \pi/a$ 的最低的禁带的两个带边波函数 $\phi_0(\pi/a, x)$ 和 $\phi_1(\pi/a, x)$. 在图 A.3 和图 A.4 中, 为简单起见, 我们都假定归一化常数 $C = 1$. 因为我们这里所关心的问题和归一化常数的数值大小没有关系.

从图 A.3 中我们可以看到两个带边波函数 $\phi_0(\pi/a, x)$ 和 $\phi_1(\pi/a, x)$ 都是在区间 $(-a/2, a/2]$ 里有一个零点. 这是第二章的定理 2.7 (iii) 的一个具体例子.

图 A.4 所示的是最低的带边波函数 $\phi_0(0, x)$ 和 $k = 0$ 处的最低禁带的两个带边波函数 $\phi_1(0, x)$ 和 $\phi_2(0, x)$. 从图 A.4 中我们可以看到最低的带边波函数 $\phi_0(0, x)$ 在区间 $[-a/2, a/2]$ 里没有零点, 两个带边波函数 $\phi_1(0, x)$ 和 $\phi_2(0, x)$ 都是在区间 $(-a/2, a/2]$ 里有两个零点. 这是第二章的定理 2.7 (i), (ii) 的具体例子.

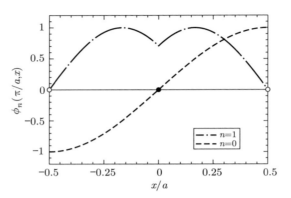

图 A.3　$k = \pi/a$ 的最低的禁带的带边波函数 $\phi_0(\pi/a, x)$ 和带边波函数 $\phi_1(\pi/a, x)$. 因为 (A.7) 式, 上带边波函数 $\phi_1(\pi/a, x)$ 的微商在 $x = 0$ 处是不连续的. $\phi_0(\pi/a, x)$ 在区间 $(-a/2, a/2]$ 里有一个零点 $x = 0$ (实心圆点); $\phi_1(\pi/a, x)$ 在区间 $(-a/2, a/2]$ 里有一个零点 $x = a/2$(空心圆点).

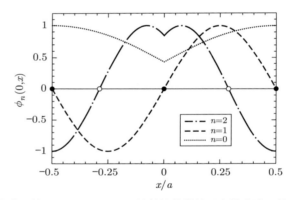

图 A.4　最低的带边波函数 $\phi_0(0, x)$ 和 $k = 0$ 最低的禁带的两个带边波函数 $\phi_1(0, x)$ 和 $\phi_2(0, x)$. 因为 (A.7) 式, 带边波函数 $\phi_0(0, x)$ 和 $\phi_2(0, x)$ 在 $x = 0$ 处的微商是不连续的. $\phi_0(0, x)$ 在区间 $[-a/2, a/2]$ 里没有零点. $\phi_1(0, x)$ 在 $(-a/2, a/2]$ 区间内有两个零点 $x = 0$ 和 $x = a/2$ (实心圆点). $\phi_2(0, x)$ 在 $(-a/2, a/2]$ 区间内有两个对称零点 (空心圆点).

　　其他带边波函数也可以类似地分析. 一般而言, 对于每一个特定的禁带, 从 (A.26) 式可知, 其下带边 $\xi = \omega_n = (n+1)\pi$ 处的波函数在 $(-a/2, a/2]$ 区间内总是有 $n+1$ 个零点; 从 (A.19) 和 (A.27) 式可知, 其上带边处的波函数在 $(-a/2, a/2]$ 区间内也总是有 $n+1$ 个零点. 两个带边波函数在 $(-a/2, a/2]$ 区间内有同样个数的零点, 和定理 2.7 (ii) 及 (iii) 一致[1].

---

[1] 可以见到, 下带边 $\xi = \omega_n$ 处的波函数 $\phi_0(\pi/a, x)$ 总是在势场的极大处即 $x = 0$ 处有一零点.

A.3.3 ξ 在一禁带里: $\omega_n < \xi < \Omega_n$

下面我们考虑 ξ 是在禁带里的情况. 需要分别考虑两种不同情况: ξ 是在 $k = \pi/a$ 的禁带里或 ξ 在是 $k = 0$ 的禁带里.

I. ξ 在 $k = \pi/a$ 的禁带里.

这时方程 (A.4) 的两个线性独立解具有 (A.14) 式描述的性质 ($\beta > 0$): $y(\xi, \pm\beta, x + a) = -\mathrm{e}^{\pm\beta a} y(\xi, \pm\beta, x)$, 这里 β 和 ξ 的关系是 (A.15) 式.

在 (A.14) 式中令 $x = -\dfrac{a}{2}$, 将 $y(\xi, \pm\beta, x)$ 写成 (A.20) 式的形式, 并用到 (A.10) 式, 得到

$$\frac{c_2}{c_1} = \pm \frac{\frac{\xi}{a}\cos\frac{\xi}{2}}{\sin\frac{\xi}{2}} \sqrt{\frac{D-2}{D+2}},$$

这里 $D = 2\cos\xi + 2\dfrac{p}{\xi}\sin\xi$ 是方程 (A.4) 的判别式. 因为在 $k = \pi/a$ 的禁带里 $D < -2$, 我们有

$$y(\xi, \pm\beta, x) = C\left[\sin\frac{\xi}{2}\sqrt{-D-2}\,\eta_1(x, \xi) \pm \frac{\xi}{a}\cos\frac{\xi}{2}\sqrt{2-D}\,\eta_2(x, \xi)\right], \qquad \text{(A.29)}$$

这里 C 是归一化常数. 在本小节里, 我们这样选取归一化常数 C, 使得 (A.29) 式里的 $y(\xi, \pm\beta, x)$ 满足 $y(\xi, \pm\beta, 0) = 1$. 这样我们得到

$$y(\xi, \pm\beta, x) = \begin{cases} \dfrac{2}{\sin\xi\,(\sqrt{-D-2}\pm\sqrt{2-D})}\left[\sin\dfrac{\xi}{2}\sqrt{-D-2}\cos\left(\dfrac{\xi}{2}+\dfrac{\xi}{a}x\right)\right. \\ \qquad\qquad \left. \pm\cos\dfrac{\xi}{2}\sqrt{2-D}\sin\left(\dfrac{\xi}{2}+\dfrac{\xi}{a}x\right)\right], \quad -\dfrac{a}{2}\leqslant x\leqslant 0, \\[4mm] \dfrac{2}{\sin\xi(\sqrt{-D-2}\mp\sqrt{2-D})}\left[\sin\dfrac{\xi}{2}\sqrt{-D-2}\cos\left(\dfrac{\xi}{2}-\dfrac{\xi}{a}x\right)\right. \\ \qquad\qquad \left. \mp\cos\dfrac{\xi}{2}\sqrt{2-D}\sin\left(\dfrac{\xi}{2}-\dfrac{\xi}{a}x\right)\right], \quad 0\leqslant x\leqslant\dfrac{a}{2}. \end{cases} \qquad \text{(A.30)}$$

(A.30) 式的第一部分直接来自 (A.29), (A.8) 和 (A.9) 式. 第二部分是根据方程 (A.4) 的反演对称性, $y(\xi, +\beta, x)$ 在 $+x$ 方向的行为和 $y(\xi, -\beta, x)$ 在 $-x$ 方向的行为完全一样: $y(\xi, \pm\beta, x) = y(\xi, \mp\beta, -x)$.

解的零点:

方程 (A.4) 的在 $k = \pi/a$ 处的一个禁带里的一个解 $y(\xi, \pm\beta, x)$ 的零点 $x = x_0$ 满足

$$y(\xi, \pm\beta, x_0) = 0.$$

根据 (A.30) 式, $y(\xi, \pm\beta, x)$ 的零点 $x = x_0$ 是下面两个方程之一的解:

$$\cot\left(\frac{\xi}{2} + \frac{\xi}{a}x_0\right) = \pm\sqrt{\frac{-\sin\xi + \frac{p}{\xi}(1 + \cos\xi)}{\sin\xi + \frac{p}{\xi}(1 - \cos\xi)}}, \quad -\frac{a}{2} \leqslant x_0 \leqslant 0,$$

$$\cot\left(\frac{\xi}{2} - \frac{\xi}{a}x_0\right) = \mp\sqrt{\frac{-\sin\xi + \frac{p}{\xi}(1 + \cos\xi)}{\sin\xi + \frac{p}{\xi}(1 - \cos\xi)}}, \quad 0 \leqslant x_0 \leqslant \frac{a}{2}. \tag{A.31}$$

II. ξ 在 $k = 0$ 的禁带里.

这时方程 (A.4) 的两个线性独立解具有 (A.16) 式描述的性质 ($\beta > 0$): $y(\xi, \pm\beta, x + a) = e^{\pm\beta a} y(\xi, \pm\beta, x)$, 这里 β 和 ξ 的关系是 (A.16) 式.

在 (A.16) 式中令 $x = -\frac{a}{2}$, 将 $y(\xi, \pm\beta, x)$ 写成 (A.20) 式的形式, 并用到 (A.10) 式, 得到

$$\frac{c_2}{c_1} = \pm\frac{\frac{\xi}{a}\cos\frac{\xi}{2}}{\sin\frac{\xi}{2}}\sqrt{\frac{D-2}{D+2}},$$

这里 $D = 2\cos\xi + 2\frac{p}{\xi}\sin\xi$ 是方程 (A.4) 的判别式. 因为在 $k = 0$ 的禁带里 $D > 2$, 我们有

$$y(\xi, \pm\beta, x) = C\left[\sin\frac{\xi}{2}\sqrt{D+2}\,\eta_1(x, \xi) \pm \frac{\xi}{a}\cos\frac{\xi}{2}\sqrt{D-2}\,\eta_2(x, \xi)\right], \tag{A.32}$$

这里 C 是归一化常数. 在本小节里, 这样选取归一化常数 C, 使得 (A.32) 式里的 $y(\xi, \pm\beta, x)$ 满足 $y(\xi, \pm\beta, 0) = 1$. 这样得到

$$y(\xi, \pm\beta, x) = \begin{cases} \dfrac{2}{\sin\xi\left(\sqrt{D+2} \pm \sqrt{D-2}\right)}\left[\sin\dfrac{\xi}{2}\sqrt{D+2}\cos\left(\dfrac{\xi}{2} + \dfrac{\xi}{a}x\right)\right. \\ \quad \left. \pm\cos\dfrac{\xi}{2}\sqrt{D-2}\sin\left(\dfrac{\xi}{2} + \dfrac{\xi}{a}x\right)\right], \quad -\dfrac{a}{2} \leqslant x \leqslant 0, \\[2mm] \dfrac{2}{\sin\xi\left(\sqrt{D+2} \mp \sqrt{D-2}\right)}\left[\sin\dfrac{\xi}{2}\sqrt{D+2}\cos\left(\dfrac{\xi}{2} - \dfrac{\xi}{a}x\right)\right. \\ \quad \left. \mp\cos\dfrac{\xi}{2}\sqrt{D-2}\sin\left(\dfrac{\xi}{2} - \dfrac{\xi}{a}x\right)\right], \quad 0 \leqslant x \leqslant \dfrac{a}{2}, \end{cases} \tag{A.33}$$

(A.33) 式的第一部分直接来自 (A.32), (A.8) 和 (A.9) 式. 第二部分是根据方程 (A.4) 的反演对称性, $y(\xi, +\beta, x)$ 在 $+x$ 方向的行为和 $y(\xi, -\beta, x)$ 在 $-x$ 方向的行为完全一样: $y(\xi, \pm\beta, x) = y(\xi, \mp\beta, -x)$.

在 $k = 0$ 的最低的禁带里两个不同的 ξ 对应的解函数 $y(\xi, +\beta, x)$ 和 $y(\xi, -\beta, x)$ 分别示于图 A.5 和图 A.6.

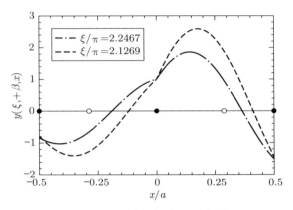

图 A.5　在 $k = 0$ 的最低的禁带里两个不同的能量 ξ 对应的 $y(\xi, +\beta, x)$ ((A.33) 式). 因为 (A.7) 式, 两个 $y(\xi, +\beta, x)$ 在 $x = 0$ 处的微商是不连续的. 每个 $y(\xi, +\beta, x)$ 在 $(-a/2, a/2]$ 区间里有两个零点. 随着能量 ξ 的增加, $y(\xi, +\beta, x)$ 的零点向左移, 从 $\phi_1(0, x)$ 的零点 (实心圆点) 移向 $\phi_2(0, x)$ 的零点 (空心圆点).

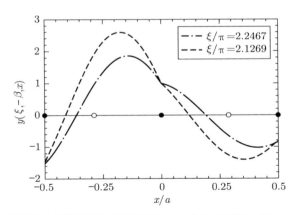

图 A.6　在 $k = 0$ 的最低的禁带里两个不同能量 ξ 对应的解函数 $y(\xi, -\beta, x)$ ((A.33) 式). 因为 (A.7) 式, 两个解函数在 $x = 0$ 处的微商是不连续的. 每个解函数在 $(-a/2, a/2]$ 区间里有两个零点. 随着能量 ξ 的增加, 解函数 $y(\xi, -\beta, x)$ 的零点向右移, 从 $\phi_1(0, x)$ 的零点 (实心圆点) 移向 $\phi_2(0, x)$ 的零点 (空心圆点).

解的零点:

方程 (A.4) 在 $k = 0$ 处的一个禁带里的一个解 $y(\xi, \pm\beta, x)$ 的零点 $x = x_0$ 满足

$$y(\xi, \pm\beta, x_0) = 0.$$

根据 (A.33) 式, $y(\xi, \pm\beta, x)$ 的零点 $x = x_0$ 是下面两个方程之一的解:

$$
\cot\left(\frac{\xi}{2} + \frac{\xi}{a}x_0\right) = \mp\sqrt{\frac{-\sin\xi + \dfrac{p}{\xi}(1 + \cos\xi)}{\sin\xi + \dfrac{p}{\xi}(1 - \cos\xi)}}, \quad -\frac{a}{2} \leqslant x_0 \leqslant 0,
$$

$$
\cot\left(\frac{\xi}{2} - \frac{\xi}{a}x_0\right) = \pm\sqrt{\frac{-\sin\xi + \dfrac{p}{\xi}(1 + \cos\xi)}{\sin\xi + \dfrac{p}{\xi}(1 - \cos\xi)}}. \quad 0 \leqslant x_0 \leqslant \frac{a}{2}.
$$

$$(A.34)$$

对于在 Brillouin 区中心 $k = 0$ 处的最低的禁带里不同的能量 ξ 由 (A.34) 式计算得到的 $y(\xi, +\beta, x)$ 的零点 x_0 如图 A.7 中的虚线所示. 如定理 2.8 所指出的, $y(\xi, +\beta, x)$ 在区间 $(-a/2, a/2]$ 里有两个零点; 当 ξ 由下带边 $\xi = \omega_1$ 增加至上带边 $\xi = \Omega_1$ 时 $y(\xi, +\beta, x)$ 的零点 x_0 相应地由 $\phi_1(0, x)$ 的零点 (实心圆点) 向左移至 $\phi_2(0, x)$ 的零点 (空心圆点).

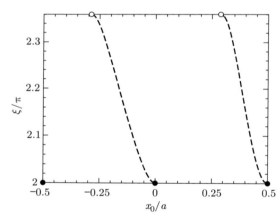

图 A.7　由 (A.34) 式计算得到的 $y(\xi, +\beta, x)$ 的零点 x_0.

对于在 Brillouin 区中心 $k = 0$ 处的最低的禁带里不同的能量 ξ, 由 (A.34) 式计算得到的 $y(\xi, -\beta, x)$ 的零点 x_0 如图 A.8 中的双点锁线所示. 如定理 2.8 所指出的, $y(\xi, -\beta, x)$ 在区间 $(-a/2, a/2]$ 里有两个零点; 当 ξ 由下带边 $\xi = \omega_1$ 增加至上带边 $\xi = \Omega_1$ 时 $y(\xi, -\beta, x)$ 的零点 x_0 相应地由 $\phi_1(0, x)$ 的零点 (实心圆点) 向右移至 $\phi_2(0, x)$ 的零点 (空心圆点).

图 A.7 和图 A.8 可以和第三章的图 3.1 和图 3.2 对照来看.

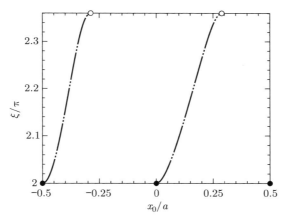

图 A.8 在 Brillouin 区中心 $k = 0$ 处的最低的禁带里由 (A.34) 式计算得到的 $y(\xi, -\beta, x)$ 的零点 x_0.

A.4 半无限 Kronig-Penney 晶体

对于一个左边界位于 τ 的右半无限 Kronig-Penney 晶体, 问题可以表述成在晶体内部

$$-\psi'' + \left[\sum_{n=-\infty}^{\infty} \frac{2p}{a} \delta(x - na) - \frac{\xi^2}{a^2} \right] \psi = 0, \quad \tau < x < +\infty \quad (A.35)$$

和一个在 τ 处的边界条件:

$$\psi'(\tau, \xi) - \sigma \, \psi(\tau, \xi) = 0, \quad (A.36)$$

这里 σ 是一个依赖于外部势垒 $U_{\text{out}}(x)$ 的正实数. 虽然 $U_{\text{out}}(x)$ 可以有不同的形式, 不同的 $U_{\text{out}}(x)$ 对问题的影响可以简化成 σ 的影响. 最简单的情况是晶体外部势垒是一常数: $U_{\text{out}} = U_0$. 我们只需要考虑 $-\frac{a}{2} \leqslant \tau \leqslant \frac{a}{2}$ 的情况.

A.4.1 表面态

这里我们只对方程 (A.35) 和 (A.36) 的表面态解有兴趣. 因为在 Kronig-Penney 模型里方程 (3.18) 和 (3.19) 里所需用到的归一化解 $\eta_i(\tau + a)$ 和 $\eta'_i(\tau + a)$ 可以很容易地得到, 一个很方便的方法是利用 3.6 节里的理论形式来研究半无限 Kronig-Penney 晶体的表面态的存在与否及其性质.

定义方程 (A.4) 的两个线性无关的归一化解 $\eta_1(x, \Lambda)$ 和 $\eta_2(x, \Lambda)$ 如下

$$\eta_1(\tau, \xi) = 1, \, \eta'_1(\tau, \xi) = 0; \quad \eta_2(\tau, \xi) = 0, \, \eta'_2(\tau, \xi) = 1. \quad (A.37)$$

我们总是可以将由 (A.1) 和 (A.2) 式描述的 Kronig-Penney 晶体的一个原胞看做是由三个区域组成的: 一个宽度为 d_2, 势场为 U_2 的区域夹在左面一个宽度为 d_1 势场为零的区域和右面一个宽度为 d_3 势场为零的区域之间. 这里

$$d_1 = -\tau, \ d_3 = a + \tau, \qquad -\frac{a}{2} < \tau \leqslant 0,$$

$$d_1 = a - \tau, \ d_3 = \tau, \qquad\quad 0 < \tau \leqslant \frac{a}{2}. \tag{A.38}$$

在 Kronig-Penney 极限

$$\lim d_2 = 0, \quad \lim(d_1 + d_3) = a, \lim c_{22} = 1, \lim s_{22} = 0, \quad \lim U_2 d_2 = p$$

下, 附录 C 里的 (C.27), (C.29) 和 (C.30) 式给出

$$\eta_1(\tau + a, \xi) = \cos\xi + 2\frac{p}{\xi}c_{11}s_{33},$$

$$\eta_2(\tau + a, \xi) = \frac{a}{\xi}\left(\sin\xi + 2\frac{p}{\xi}s_{11}s_{33}\right), \tag{A.39}$$

$$\eta_2'(\tau + a, \xi) = \cos\xi + 2\frac{p}{\xi}s_{11}c_{33},$$

这里 $c_{ii} = \cos k_i d_i, s_{ii} = \sin k_i d_i$ 由 (C.11) 式定义, 并且 $k_1 = k_3 = \frac{\xi}{a}$. 从 (A.39) 式可以得到这样一个 Kronig-Penney 晶体的判别式 $D(\xi)$ 是

$$D(\xi) = \eta_1(\tau + a, \xi) + \eta_2'(\tau + a, \xi) = 2\left(\cos\xi + \frac{p}{\xi}\sin\xi\right),$$

因为 $d_1 + d_3 = a$. 这和 (A.11) 式给出的判别式 $D(\xi)$ 是一样的.

因此根据 (3.18) 和 (3.19) 式, 禁带里的一个表面态的存在是由下面两个方程决定的. 对于在 $k = \pi/a$ 处的禁带, 方程是

$$\sigma a = \frac{p\sin\dfrac{\xi}{a}(d_1 - d_3) + \dfrac{\xi}{2}\sqrt{D^2(\xi) - 4}}{\sin\xi + \dfrac{p}{\xi}\left[\cos\dfrac{\xi}{a}(d_1 - d_3) - \cos\xi\right]}, \tag{A.40}$$

对于在 $k = 0$ 处的禁带, 方程是

$$\sigma a = \frac{p\sin\dfrac{\xi}{a}(d_1 - d_3) - \dfrac{\xi}{2}\sqrt{D^2(\xi) - 4}}{\sin\xi + \dfrac{p}{\xi}\left[\cos\dfrac{\xi}{a}(d_1 - d_3) - \cos\xi\right]}. \tag{A.41}$$

这两个方程决定了在相应的禁带里表面态是否存在及其性质, 诸如一个存在的表面态其本征值 $\Lambda = \xi^2/(\chi a)^2$ 如何依赖于 τ 和 σ.

如果在晶体外面的势垒是一个常数 $U_0 = q^2$, 我们就有

$$\sigma a = \sqrt{q^2 - \xi^2}. \tag{A.42}$$

q^2 取 4 个不同的数值时, 在 $k = 0$ 的最低禁带里方程 (A.41), (A.42) 的解 ξ 随 τ 的变化 (τ-ξ 关系) 示于图 A.9. 这里半无限 Kronig-Penney 晶体外的势垒 q^2 取 4 个不同的数值, 可以见到: (1) 对于每个特定的晶体外的势垒 q^2, 在 $[-a/2, a/2]$ 存在着一定的 τ 范围, 其中没有相应的 τ-ξ 曲线. 这表明对应于这样的晶体外的势垒 q^2 和在这样的范围里的 τ, 在这个禁带里不存在表面态; (2) 如同第三章所分析的那样, 这些无表面态存在的 τ 范围随晶体外的势垒 q^2 的降低而向右移; (3) 如同第三章的 (3.7) 式所言, 对于一个特定的边界位置 τ, 如果表面态存在, 它的能量 (ξ^2) 随晶体外的势垒 q^2 的增加而增加; (4) 如同第三章的 (3.8) 式所言, 对于一个特定的晶体外的势垒 q^2 如果表面态存在, 它的能量 (ξ^2) 随边界位置 τ 的增加而增加.

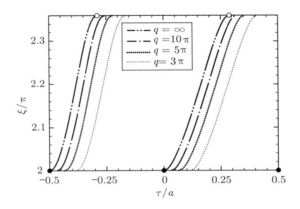

图 A.9 $k = 0$ 的最低禁带里方程 (A.41) 和 (A.42) 的解 ξ 随 τ 的变化 (τ-ξ 关系). 这里半无限 Kronig-Penney 晶体外的势垒 q^2 取 4 个不同的数值: 这里 $q = \infty$ 的双点锁线对应的就是图 A.8 的双点锁线. 其他不同的曲线分别对应于 $q = 10\pi$, $q = 5\pi$ 和 $q = 3\pi$.

在理想半无限 Kronig-Penney 晶体的情况下, 边界条件 (A.36) 就简化成

$$\psi(\tau, \xi) = 0. \tag{A.43}$$

根据 (3.20) 式, 现在表面态的存在条件就成为

$$\psi(\tau + a, \xi) = \psi(\tau, \xi) = 0, \tag{A.44}$$

或者根据 (A.37) 或 (3.21) 式而写成

$$\eta_2(\tau + a, \xi) = 0 \tag{A.45}$$

的形式.

A.4.2　和 Tamm 的工作的比较

作为方程 (A.40) 和 (A.41) 的一个应用, 我们将我们得到的结果和 Tamm 的经典工作[5] 的结果及 Seitz 的经典著作[2] 进行比较. 在 Tamm 的工作中假定了一个特定的边界位置: 它相应于我们这里的更为普遍的研究中的 $\tau \to +0$ 特殊情况. 在 $\tau \to +0$ 时 (A.40) 和 (A.41) 式给出

$$\frac{p - \sigma a}{\xi} = \sqrt{\frac{p^2}{\xi^2} + 2\,\frac{p}{\xi}\,\cot\,\xi - 1}, \tag{A.46}$$

因为对于 $k_x = 0$ 处的带隙, $\sin\xi \geqslant 0$ 而对于 $k_x = \pi/a$ 处的带隙, $\sin\xi \leqslant 0$.

这也就是

$$\sqrt{\frac{p^2}{\xi^2} + 2\frac{p}{\xi}\,\cot\,\xi - 1} = \frac{p - \sqrt{q^2 - \xi^2}}{\xi}. \tag{A.47}$$

将 (A.47) 式两边同时求平方, 我们得到

$$\frac{p^2}{\xi^2} + 2\frac{p}{\xi}\cot\xi - 1 = \frac{(q^2 - \xi^2) - 2p\sqrt{q^2 - \xi^2} + p^2}{\xi^2},$$

因此

$$\xi\cot\xi = \frac{q^2}{2p} - \sqrt{q^2 - \xi^2}. \tag{A.48}$$

这就是 Tamm 的文章 [5] 里的 (19) 式. 它也就是文献 [7] 书里的 (3.18) 式并且相当于 Seitz 的书[2] 第 322 页的 (6) 式. 如果 $\sigma > 0$ 亦即 $q^2 - \xi^2 > 0$, 方程 (A.48) 在每个 $(n+1)\pi < \xi < (n+2)\pi$ 区间里都有一个解. 也许正是这一点导致了在固体物理学界长期存在的一个普遍看法: 在低于一维半无限晶体外势垒的每一个禁带中都存在着一个由于在边界处的周期势场的截断所导致的表面态[2]. 但是正如 Tamm 在他的原始文章[5] 中所指出的, 条件 $p - \sqrt{q^2 - \xi^2} > 0$ 是必需的, 因为 (A.47) 式的左边总是正的. 所以 (A.47) **式的解的数量可能远少于** (A.48)**式的解的数量**. 因此, 在固体物理学界长期存在的一个普遍看法[2] 即 Tamm 的工作[5] 表明了在半无限 Kronig-Penney 晶体边界处的周期势场的截断会在低于晶体外势垒的每一个禁带中都导致一个表面态实际上是一种误解.

下面我们进一步论证 (A.47) 式的解 —— 也就是 Tamm 的原始文章 [5] 中的解 —— 的数目是非常有限的, 有时 Tamm 的原始文章 [5] 中的解实际上完全不可能存在.

条件 $p - \sqrt{q^2 - \xi^2} > 0$ 和 (A.42) 式中的条件 $\sigma > 0$ 导致了一个表面态 —— 也就是 (A.47) 式的一个解 —— 如果存在, 下面的条件必须满足:

$$\sqrt{q^2 - p^2} < \xi < q. \tag{A.49}$$

为了更明确地认识这个问题, 我们讨论晶体外势垒具有一特定 q 数值的情况. 在下面的图 A.10 中, 考虑在 $q = 5\pi$ 这一特定情况. 我们将图 A.1 和条件 (A.49) 结合起来考虑. 低于晶体外势垒有四个禁带 ($n = 0, 1, 2, 3$), 每个禁带里都有一个满足方程 (A.48) 的解. 但是如果问: 在这些禁带里是否会有表面态存在? 如果有, 又有几个禁带里可能会有表面态存在? 对于不同的 Kronig-Penney 晶体, 答案可能是完全不同的.

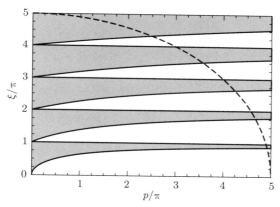

图 A.10　在 $q = 5\pi$ 时图 A.1 和条件 (A.49) 结合的结果. 虚线相应于 $\xi = \sqrt{q^2 - p^2}$. 按照 (A.49) 式, 只有在虚线以上 并在 $\xi = q = 5\pi$ 的直线以下 的 ξ 可以相应于一个表面态.

对于一个 $p = 3\pi/2$ 的 Kronig-Penney 晶体, 我们看到四个禁带都在虚线以下, 因此对这四个禁带 (A.49) 式都不可能成立. 相应地, 虽然这四个禁带的每一个里都有 (A.48) 式的解, 但都不可能有一个 (A.47) 式的解即一个表面态.

对于一个 $p = 4\pi$ 的 Kronig-Penney 晶体, 两个禁带 ($n = 0, 1$) 在虚线以下因而对这两个禁带 (A.49) 式不可能成立. 这两个禁带里都不可能有一个 (A.47) 式的解即一个表面态. 另两个禁带 ($n = 2, 3$) 在虚线以上因而对这两个禁带 (A.49) 式是成立的. 这两个禁带里则都可能有一个 (A.47) 式的解即一个表面态.

对于一个 $p = 4.95\pi$ 的 Kronig-Penney 晶体, 所有四个禁带都在虚线以上因而 (A.49) 式都能成立. 这样的 Kronig-Penney 晶体在 $q = 5\pi$ 以下的每个禁带里都可能有一个 (A.47) 式的解即一个表面态.

A.5   长度为 $L = Na$ 的有限 Kronig-Penney 晶体

对于一个其左边界为 τ 右边界为 $\tau + L$ 的长度为 $L = Na$ 的理想有限 Kronig-Penney 晶体, 其电子态是方程

$$-\psi'' + \left[\sum_{n=-\infty}^{\infty} \frac{2p}{a}\delta(x - na) - \frac{\xi^2}{a^2} \right] \psi = 0, \quad \tau < x < \tau + L \qquad (A.50)$$

和在 τ 和 $\tau + L$ 处的边界条件:

$$\psi(\tau) = \psi(\tau + L) = 0 \qquad (A.51)$$

的解.

普遍而言, 方程 (A.50) 和 (A.51) 的解如果存在, 则总可以表成

$$\psi(\xi, x) = \begin{cases} y(\xi, x), & \tau < x < \tau + L, \\ 0, & x \leqslant \tau \text{ 或 } x \geqslant \tau + L. \end{cases}$$

这里 $y(\xi, x)$ 是方程 (A.4) 的两个线性独立解 $y_1(\xi, x)$ 和 $y_2(\xi, x)$ 的线性组合:

$$y(\xi, x) = c_1 \, y_1(\xi, x) + c_2 \, y_2(\xi, x). \qquad (A.52)$$

如何选取 $y_1(\xi, x)$ 和 $y_2(\xi, x)$ 由方程 (A.4) 的判别式 $D(\xi)$ 决定. 在 (A.52) 式里的 $y(\xi, x)$ 是方程 (A.50) 的解的普遍形式, 我们要求它进一步满足

$$y(\xi, \tau) = y(\xi, \tau + L) = 0, \qquad (A.53)$$

来求得方程 (A.50) 和 (A.51) 的共同解.

我们考虑两种不同情况. (1) ξ 在一允许能带内部; (2) ξ 不在一允许能带内部. 不失一般性, 我们只须考虑在一个周期 $[-a/2, a/2]$ 里的 τ.

A.5.1 ξ 在一允许能带内部

当 ξ 在一允许能带内部时, 我们选取 (A.52) 式里的方程 (A.4) 的两个线性独立解 $y_1(\xi, x)$ 和 $y_2(\xi, x)$ 是 (A.12) 式给出的 Bloch 波函数 $\phi_n(\pm k, x)$ $(0 < k < \pi/a)$:

$$y_1(\xi, x) = \phi_n(k, x), \quad y_2(\xi, x) = \phi_n(-k, x).$$

基于 (A.12), (A.52) 和 (A.53) 式给出

$$\begin{aligned} &c_1 \, \phi_n(k, \tau) + c_2 \, \phi_n(-k, \tau) = 0, \\ &c_1 \, \mathrm{e}^{ikL}\phi_n(k, \tau) + c_2 \, \mathrm{e}^{-ikL}\phi_n(-k, \tau) = 0, \end{aligned} \qquad -\frac{a}{2} \leqslant \tau \leqslant \frac{a}{2}. \qquad (A.54)$$

在 A.3.1 小节我们知道, $\phi_n(+k, \tau)$ 或 $\phi_n(-k, \tau)$ 都不可能为零. 从 (A.54) 式我们得到

$$e^{ikL} - e^{-ikL} = 0 \tag{A.55}$$

是 (A.52) 和 (A.53) 式存在非平凡解的条件. (A.55) 式在 $0 < k < \pi/a$ 的范围里有 $N - 1$ 个解:

$$k = \frac{j\pi}{L}, \qquad j = 1, 2, \cdots, N - 1. \tag{A.56}$$

因此 (A.50) 和 (A.51) 式在每个能带里有 $N - 1$ 个解. 其 ξ 由下式决定:

$$\cos \frac{j\pi}{N} = \cos \xi + \frac{p}{\xi} \sin \xi, \qquad j = 1, 2, \cdots, N - 1. \tag{A.57}$$

A.5.2 ξ 不在一允许能带内部

这又可以有两种可能: ξ 可以在一个方程 (A.4) 的禁带内部, 或 ξ 是在方程 (A.4) 的一个带边.

如果 ξ 可以在一个禁带的内部, 可以选取 (A.52) 式里的方程 (A.4) 的两个线性独立解 $y_1(\xi, x)$ 和 $y_2(\xi, x)$ 是 (A.14) 式给出的 (如果禁带是在 $k = \dfrac{\pi}{a}$ 处); 或是 (A.16) 式给出的 (如果禁带是在 $k = 0$ 处). 用我们刚刚得到 (A.55) 式相似的方法, 并且因为当 $\beta \neq 0$ 时有

$$e^{\beta L} - e^{-\beta L} \neq 0,$$

我们可以得到

$$\psi(\tau + a, \xi) = \psi(\tau, \xi) = 0 \tag{A.58}$$

是存在方程 (A.50) 和 (A.51) 的解的必要条件.

如果 ξ 是在方程 (A.4) 的一个带边, 我们可以选取 A.3.2 小节里所讨论的带边波函数作为 (A.52) 式里的方程 (A.4) 的线性独立解 $y_1(\xi, x)$, 可以选取方程 (A.4) 的另一个与之线性无关的解作为 $y_2(\xi, x)$. 根据带边波函数的周期性或半周期性, 由 Sturm 分离定理我们可知, 只有带边波函数 $y_1(\xi, x)$ 才可能满足 (A.58) 式. 我们也得到 (A.58) 式是存在方程 (A.50) 和 (A.51) 式的解的必要条件.

由 (A.58) 式可以得到

$$\psi(\tau + \ell a, \xi) = \psi(\tau, \xi) = 0, \tag{A.59}$$

这里 $\ell = 1, 2, \cdots, N$. 因此 (A.58) 式是方程 (A.50) 和边界条件 (A.51) 式存在有 ξ 不在允许能带内部的解的必要和充分条件.

定理 2.8 表明, 对应于每一个带隙, 总是有一个且只有一个满足条件 (A.58) 的解.

类似于我们在 3.6 节里所讨论过的, 对于这个满足条件 (A.58) 的解, 计算得到的 $P = \dfrac{\psi(\tau + a, \xi)}{\psi(\tau, \xi)}$ 的比值有三种可能性: (a) $0 < |P| < 1$; (b) $|P| = 1$; (c) $|P| > 1$. (a) 对应于方程 (A.50) 和 (A.51) 的一个在 $+x$ 方向上振荡衰减的解 $\psi(x, \xi)$, 也就是一个局域在左边界 τ 的表面态. (b) 相应于 (A.58) 式里的 $\psi(x, \xi)$ 是 (A.4) 式的一个带边态. (c) 对应于方程 (A.50) 和 (A.51) 的一个在 $-x$ 方向上振荡衰减的解 $\psi(x, \xi)$, 也就是一个局域在右边界 $\tau + L$ 的表面态.

作为一个例子, 在图 A.11 里我们给出了 $p = (3/2)\pi$ 的 Kronig-Penney 晶体在 $k = 0$ 的最低禁带的方程 (A.50) 和 (A.51) 的解的 ξ 是怎样随 τ 而变化的. 每一个 $-a/2 < \tau \leqslant a/2$ 都总是对应着一个且只有一个 ξ, 或者是在一个虚线区域, 或者是在一个双点锁线区域, 或者是一个实心圆点或空心圆点. 它相应于方程 (A.50) 和 (A.51) 在此禁带里的一个解 ψ. 这个解在 τ 处为零并且或具有 $c_1 e^{\beta a} p_1(\xi, x)$ 的形式, 因而相应于一个局域于有限晶体右端的表面态; 或具有 $c_2 e^{-\beta a} p_2(\xi, x)$ 的形式, 因而相应于一个局域于有限晶体左端的表面态; 或是一个周期函数因而是一个带边态. 实际上图 A.11 就是图 A.7 和图 A.8 的简单结合.

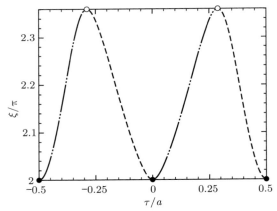

图 A.11 $p = (3/2)\pi$ 的 Kronig-Penney 晶体在 $k = 0$ 的最低禁带的方程 (A.50) 和 (A.51) 的解的 ξ 和 τ 的关系. 对于每一个 $-a/2 < \tau \leqslant a/2$ 在禁带里都总是存在着一个且只有一个方程 (A.50) 和 (A.51) 的解的 ξ, 与其相应的 ψ 或者是一个局域在有限晶体左端的表面态 (双点锁线) 或者是一个局域在有限晶体右端的表面态 (虚线) 或者是限域的带边态 (实心圆点和空心圆点).

所以, 有限长度 $L = Na$ 的 Kronig-Penney 晶体内的所有的电子态, 包括其中每个电子态的能量和波函数是怎样依赖于参量 p, 晶体的边界 τ 和晶体的长度 L

都可以解析地得到. 如众所周知, Kronig-Penney 模型在对于具有平移不变性的晶体和半无限晶体中的电子态的认识中起了重要作用. 我们这里看到, 对于有限尺度的周期系统中的电子态, 这个模型也再一次提供了全面深入和定量的认识.

参 考 文 献

[1] Kronig R L, Penney W G. Proc. Roy. Soc. London. Ser. A., 1931, 130: 499.

[2] Seitz F. The modern theory of solids. New York: McGraw-Hill, 1940.

[3] Jones H. The theory of Brillouin zones and electronic states in crystals. Amsterdam: North-Holland, 1960.

[4] 例如, Kittel C. Introduction to solid state physics. 7th ed. New York: John Wiley & Sons, 1996;

Sokolov A A, Loskutov Y M, Ternov I M. Quantum mechanics. New York: Holt, Rinehart and Winston, 1966: 112-114;

Merzbacher E. Quantum mechanics. New York: John Wiley, 1961;

Liboff R L. Introductory quantum mechanics. 4th ed. Reading: Addison-Wesley, 2002;

Kantorovich L. Quantum theory of the solid state. Berlin: Springer, 2004.

[5] Tamm I. Physik. Z. Sowj., 1932, 1: 733.

[6] Stęślicka M. Prog. Surf. Sci., 1974, 5: 157.

[7] Davison S G, Stęślicka M. Basic theory of surface states. Oxford: Clarendon Press, 1992.

附录 B 具有有限外部势场 V_{out} 的一维对称有限晶体中的电子态

一维晶体的 Schrödinger 微分方程可以写成:

$$-y''(x) + [v(x) - \lambda]y(x) = 0. \qquad (B.1)$$

这里 $v(x) = v(x + a)$ 是晶体的周期势场.

长度为 $L = Na$ 的一维有限晶体, 其本征值 Λ 和本征函数 $\psi(x)$ 是在晶体内部满足下面的方程

$$-\psi''(x) + [v(x) - \Lambda]\psi(x) = 0, \quad \tau < x < \tau + L, \qquad (B.2)$$

并在两个边界 τ 和 $\tau + L$ 处满足一定边界条件的解. 如果在晶体外的势场 $V_{\text{out}} = +\infty$, 我们会有这样的边界条件:

$$\psi(x) = 0, \quad \text{当 } x = \tau \text{ 或 } x = \tau + L. \qquad (B.3)$$

这就是第四章中处理的情况. 我们知道对应于每一个禁带, 总是存在一个而且只有一个态, 其能量依赖于边界的位置但不依赖于晶体的长度. 这样一个依赖于边界的态的两种可能性之一就是表面态. 因此, 在一个理想的一维有限晶体中, 每一个禁带中最多有一个表面态.

很多年以前 Shockley 发表的一篇经典文章[1] 表明, 在一维对称有限晶体中, 当势场的周期非常小, 使得所允许能带的边界曲线交叉, 并且晶体中的原子数目 N 又非常大的时候, 表面态在禁带中是成对出现的. 为了清楚地理解文献 [1] 中的结果和第四章的结果之间的关系, 在本附录中我们研究像文献 [1] 中那样, 电子不是完全限制在有限晶体里, 而长度也不是很长的情况.

现在我们需要考虑的是 V_{out} 有限的情况. 定性地说, 有限的 V_{out} 的影响可以从文献 [2] 的一个定理中直接得到: 一个有限的 V_{out} 使得所有的能级向下移. 定量地说, 有限的 V_{out} 使得电子态的一小部分溢出有限晶体, 因而使得边界条件取代 (B.3) 式而成为

$$(\psi'/\psi)_{x=\tau} = \sigma_1, \quad (\psi'/\psi)_{x=\tau+L} = -\sigma_2. \qquad (B.4)$$

这里, σ_1 和 σ_2 是两个依赖于 V_{out} 的正数. 注意 (B.3) 式对应的是 $\sigma_1 = \sigma_2 = +\infty$ 的情况, 而 σ_1 和 σ_2 会随着 V_{out} 的减少而单调减少. 虽然 V_{out} 可能有不同的形式,

但是不同的 V_{out} 对这里讨论问题的影响可以简化成 σ_1 和 σ_2 的影响. Shockley 处理了 V_{out} 有限的一维对称有限晶体 (其中 $\sigma_1 = \sigma_2 = \sigma$) 的情况. 他的处理给我们提供了一条研究第四章结果对于对称一维有限晶体而言在多大程度上依赖于 V_{out} 的途径. 为了便于与他的原始文章结果进行比较, 我们采用他的方法, 即假定晶体原胞内部的势场是对称的, 并且, 我们也采用文献 [1] 中同样的符号, 只是我们用 λ (而不是用 E) 表示能量, 而晶体中原子的数目用 N 来表示; 同样, 我们也考虑两个最低的禁带: 一个在 $k = \pi/a$ 处, 一个在 $k = 0$ 处.

假定 $g(x)$ 和 $u(x)$ 是 Schrödinger 微分方程 (B.1) 在一个原胞中的两个独立解, 对于原胞中心 $x = 0$ 这两个解是对称的或反对称的. Shockley 得到

$$g(a/2)u'(a/2)(1 - \mathrm{e}^{-ika}) = g'(a/2)u(a/2)(1 + \mathrm{e}^{ika}),$$

而且进一步得到

$$\sigma = \mu \tan(ka/2) \tan(Nka/2)$$

和

$$\sigma = -\mu \tan(ka/2) \cot(Nka/2),$$

即文献 [1] 中的方程 (1) 和 (12) , 由此给出一维有限晶体中电子态的能量, 这里 $\mu = u'(a/2)/u(a/2)$. 因此有限的 V_{out} 的影响可以从能级对于 σ 的依赖而得到. 图 B.1 所示的是在两个不同长度 ($N = 14$ 和 $N = 15$) 的晶体中, 在 $k = 0$ 的禁带上带边 $\varepsilon_2(0)$ 附近的电子态的数值计算结果. 原胞内的势场取为

$$v(x) = \begin{cases} -30, & \text{如果 } |x| \leqslant 0.38, \\ 0, & \text{如果 } 0.38 < |x| \leqslant 0.5; \end{cases}$$

并取 $a = 1$. 可以看到, 降低 V_{out} (即降低 σ) 会使所有的能级向下移. 但是, 禁带里的态的能量对于晶体长度的依赖远远小于能带内部的态的能量对于晶体长度的依赖; 也就是说, 由 4.2 节讨论所得到的禁带里的态与能带内部的态的主要差别依然不变.

对于很多物理问题, σ 可以看做是足够大的[3]. 对图 B.1 中的那些电子态, 在 σ 大 (也就是 V_{out} 大) 的极限下, 能带里的态的能量可以近似给出为

$$\Lambda_{2,j} = \varepsilon_2(k_j),$$

这里

$$k_j = \frac{j\pi}{Na} - \frac{2}{Na}\frac{\mu}{\sigma}\tan\left(\frac{j\pi}{2N}\right), \quad j = 1, 2, \cdots, N-1, \tag{B.5}$$

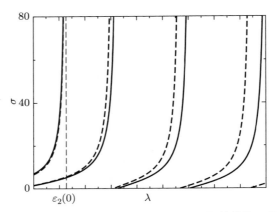

图 B.1　对 $N = 14$ (实线) 和 $N = 15$ (粗虚线) 在 $k = 0$ 处的禁带的上带边 $\varepsilon_2(0)$ 附近计算的 $\sigma = \mu \tan(ka/2) \tan(Nka/2)$ 和 $\sigma = -\mu \tan(ka/2) \cot(Nka/2)$. 细虚线是在 $k = 0$ 处的禁带的上带边 $\varepsilon_2(0)$. 注意即使是在 σ 有限时, 禁带中的态的能量也几乎不依赖于晶体长度.

$\mu > 0$. 另一方面, 禁带里的态的能量可以近似地给出为

$$\Lambda_{1,\text{gap}} = \varepsilon_2(0) - \varepsilon_2''(0) \frac{6(c-1)}{(cN^2 - 1)a^2},$$

$\varepsilon_2''(0) > 0$, 这里 $c = -\sigma N/\mu > 1$, $\mu < 0$, 并且当 $\sigma \to +\infty$ 时, $c \to 1$. 我们又一次可以清楚地看到, 降低 σ (即降低 V_{out}) 使得所有的能级下移, 而禁带里的态的能量对晶体长度的依赖远小于能带内部的态的能量对晶体长度的依赖.

　　Shockley 发现, 当以下两个条件

　　(i) 势场的周期 a 非常小使得所允许的能带边界曲线发生交叉;

　　(ii) 晶体中的原子数目 N 非常大

都满足时, 禁带中的表面态成对出现. 现在我们来更仔细地研究这个问题, 试图理解在一维对称有限晶体的一个禁带中两个表面态是如何出现的. 如文献 [1] 中那样, 我们也考虑 N 是偶数的情况.

　　一般说来, 作为方程 (B.1) 的非平凡解, 禁带里的电子态总会有以下形式

$$y(x) = A e^{\beta x} f_1(x) + B e^{-\beta x} f_2(x), \tag{B.6}$$

这是从 (2.77) 或 (2.81) 式得来的, 其中 A 和 B 不同时为零, $\beta > 0$, $f_i(x)(i = 1, 2)$ 是一个周期函数

$$f_i(x + a) = f_i(x), \qquad \text{禁带在 } k = 0,$$

或是一个半周期函数

$$f_i(x + a) = -f_i(x), \qquad \text{禁带在 } k = \pi/a.$$

(B.6) 式是比简单的表面态 (其中 A 或 B 为零, 因而表面态只局域于晶体的一端) 更为普遍的解. 实际上, 在一个对称的一维有限晶体中, (B.6) 式中任何这样一个态必然是对称的 ($A = B$) 或反对称的 ($A = -B$), 因而它总是相等地局限在有限晶体的两端, 从而可以被看做是广义的表面态.

我们来考虑在一个特定的禁带中, 作为 (B.2) 式的满足边条界件 (B.4) 的解可能有多少个 (B.6) 式类型的态.

对于在 $k = \pi/a$ 处的禁带, 如文献 [1] 中所指出的, 两个带边态分别是由 $g(a/2) = 0$ 或 $u'(a/2) = 0$ 给定的; 两个带边波函数在一个原胞 $[-a/2, a/2)$ 中都有一个零点 (定理 2.7), 其中的一个 (由 $g(a/2) = 0$ 给定) 对原胞中心是对称的, 其电子密度主要集中在原胞中心, 在原胞边缘处为零; 而另一个 (由 $u'(a/2) = 0$ 给定) 对原胞中心是反对称的, 其电子密度主要集中在原胞的两端 $x = \pm a/2$, 在原胞的中心处为零.

无论 a 如何小, 如果原胞的势场在原胞的边缘比原胞的中心要高, 如 Shockley 在文献 [1] 中的图 1 (a) 所示, 并且原胞势场的形式是合理的, 应当是 $g(a/2) = 0$ 给出该禁带的低带边态, 而 $u'(a/2) = 0$ 给出该禁带的高带边态: 一个电子密度大部分集中在势场低谷处的态应该比一个电子密度大部分集中在势场峰值处的态具有较低的能量. 事实上, 文献 [3] 也没有观察到能带的交叉. Shockley 证明的是, 在禁带中的两个表面态仅可能存在于 $g(a/2) = 0$ 给出较高的带边态的情况下. 因此, 在 $k = \pi/a$ 处的这个最低的禁带里如文献 [1] 中图 2 所示的存在两个表面态的情况, 对于有一个合理晶体原胞势场的一维有限晶体看来是不太可能的. 与我们这里分析相符合的是, 很多其他研究者在 $k = \pi/a$ 的最低禁带里也没有观察到 "Shockley" 类型的表面态 [3,4].

然后我们再来看上面一个在 $k=0$ 处的禁带. 两个带边态由 $g'(a/2) = 0$ 或 $u(a/2) = 0$ 给出, 这两者之间哪个态高哪个态低取决于原胞势场的形式. 在 $V_{out} = +\infty$ 的情况下, 相应于 $\sigma = +\infty$ 文献 [1] 中的 (11) 和 (12) 对于每一个能带给出 $N-1$ 个态 ($k_j = j\pi/Na$, $j = 1, 2, \cdots, N-1$), 每一个禁带处有一个受限的带边态. 这个禁带处的受限带边态就是由 $u(a/2) = 0$ 给出的带边态, 因为它的波函数在晶体边界上为零, 这与 4.4 节中的结果是一致的.

如果这个受限的带边态在 $V_{out} = +\infty$ 时是在该禁带处的低带边态 $\varepsilon_1(0)$, 则任意有限的 V_{out} 都会使得它下移进入比它低的能带 $\varepsilon_1(k)$ 中, 这样就不会产生表面态. 只有在当 $V_{out} = +\infty$ 时这个受限的带边态是该禁带处的高带边态 $\varepsilon_2(0)$, 有限的 V_{out} 会使得它下移进入禁带而产生一个表面态. 这相应于 $u(a/2) = 0$ 给出这个禁带的高带边态的情况.

图 B.2 所示的是这种情况下用图 B.1 中同样的模型原胞势场的一个数值计算的结果, 用来和文献 [1] 中的图 4 进行比较. 当 $V_{out} = +\infty$ (即 $\sigma = +\infty$) 时,

$u(a/2) = 0$ 给出一个在上带边 $\varepsilon_2(0)$ 处的反对称的受限带边态. 任何一个由有限 V_{out} 引起的有限的 σ 都可以将这个态 (粗虚线) 下移到禁带中而形成一个反对称的禁带态. 然而, 使一个对称态 (实线) 越过高带边态 $\varepsilon_2(0)$ 而进入禁带成为另一个表面态需要

$$\sigma < -N\gamma_{\text{u}}; \tag{B.7}$$

这里, γ_{u} 是 γ $(= g'(a/2)/g(a/2))$ 在上带边的值, 是一个负数. 因此原则上说来, 如果禁带中存在两个表面态 (一个对称的和一个反对称的), σ (或 V_{out}) 必须小, 而 N 必须大. 然而, 太小的 σ (或 V_{out}) 有可能使得反对称的表面态 (粗虚线) 越过低带边态 $\varepsilon_1(0)$, 而离开禁带进入下面的能带 $\varepsilon_1(k)$. 这在 $\sigma < -\mu_1/N$ 时会发生. 这里 μ_1 是在下带边 $\varepsilon_1(0)$ 处的 μ 值, 也是一个负数. 注意, μ_1 和 γ_{u} 是由原胞势场决定的, 而 σ 依赖于 V_{out}. 如图 B.2 所示的是 $N = 14$ 的情况: 当一个足够小的 σ (或 V_{out}) 将对称态 (实线) 由上面的能带 $\varepsilon_2(k)$ 移入禁带时, 反对称的表面态 (粗虚线) 几乎同时进入下面的能带 $\varepsilon_1(k)$. 事实上, σ 通常是相当大的[3]①. 取决于 σ 或者 V_{out}, 通常需要一个大得多的 N 来满足 $\sigma < -N\gamma_{\text{u}}$. 如果要求两个表面态几乎简并的话, N 就需要更大了. 在一个对称的一维有限晶体中, 两个简并的 (B.6) 式类型的禁带态 (一个是对称的, 另一个是反对称的), 才可以线性组合转变成每端各有一个的两个表面态.

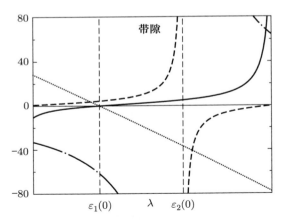

图 B.2　禁带 $k = 0$ 附近表面态有可能存在时的情况 $(N = 14)$. 图中示出 $\gamma \times 100$ (点线), μ (点划线), $\mu \tan(ka/2) \tan(Nka/2)$ (实线) 和 $-\mu \tan(ka/2) \cot(Nka/2)$ (粗虚线). 左边的细虚线垂直线对应于低带边 $\varepsilon_1(0)$, 右边的细虚线垂直线对应于高带边 $\varepsilon_2(0)$.

---

①在作者所知道的几乎所有过去发表的数值计算结果 (例如文献 [5,6]) 里, 对于 $k_j = j\pi/(Na)$ 的偏离都相当小. 因而从 (B.5) 式可以得到通常有 $(2\mu/\sigma) \tan(j\pi/2N) \ll 1$.

如同 Shockley 的文章 [1] 中, 这里的计算是针对对称的一维有限晶体的. 尽管如此, 我们也可以得到一些对一般一维有限晶体的表面态的理解: 因为当 $V_{\text{out}} = +\infty$ 时, 一个一般的一维有限晶体对应于每一个禁带中只有一个态, 而有限的 V_{out} 总是使得所有的能级向下移, 在任何情况下, 如果 V_{out} 有限时在禁带中有两个态, 其中之一必然来自禁带上面的能带, 而且它在 $V_{\text{out}} = +\infty$ 时 (与晶体是否对称无关) 必然会有能量 $\varepsilon_{2m+2}(\pi/Na)$ (对 $k = 0$ 处的禁带) 或 $\varepsilon_{2m+1}[(N-1)\pi/Na]$ (对 $k = \pi/a$ 处的禁带). 仅有一个足够小的 V_{out} (依赖于 N) 才能使它越过禁带的上带边进入禁带, 而成为另一个表面态. N 越小, 当 $V_{\text{out}} = +\infty$ 时这个态离上带边 $\varepsilon_{2m+2}(0)$ 或 $\varepsilon_{2m+1}(\pi/a)$ 就越远, 越难以由一个有限的 V_{out} 将这个态下移到禁带中. 因此, 我们可以预言, 一个不是非常长的一维有限晶体在每一个禁带中最多有一个禁带中的电子态. 但是这一个禁带中的电子态的空间分布在非对称的有限晶体里可能会有些不同: 因为当 $V_{\text{out}} = +\infty$ 时, 非对称的有限晶体禁带中的电子态在 (B.6) 式中会有 $A = 0$ 或 $B = 0$, 也就是说, 禁带中的电子态会主要分布在晶体的某一端; 当 V_{out} 减少时, 似乎没有什么可以理解的理由会引起禁带中电子态空间分布的很大变化. 因此我们预期, 这样一个带边态多半还会是主要分布在非对称有限晶体的同一端.

参 考 文 献

[1] Shockley W. Phys. Rev., 1939, 56: 317.

[2] Courant R, Hilbert D. Methods of mathematical physics: Vol. 1. New York: Interscience, 1953: 409, Theorem 3 及相关脚注.

[3] Levine J D. Phys. Rev., 1968, 171: 701.

[4] Davison S G, Stęślicka M. Basic theory of surface states. Oxford: Clarendon Press, 1992.

[5] Zhang S B, Zunger A. Appl. Phys. Lett., 1993, 63: 1399.

[6] Zhang S B, Yeh C Y, Zunger A. Phys. Rev., 1993, B48: 11204.

附录 C 层状结构晶体

　　一种特殊类型的一维声子晶体或一维光子晶体是层状结构晶体 —— 其每个周期是由两层或多层不同的各向同性的均匀媒质构成的. 对于这样的层状结构晶体, 其动力学方程可以写成

$$[p(x)y'(x)]' + [\lambda w(x) - q(x)]y(x) = 0. \tag{C.1}$$

方程里的系数 $p(x)(> 0)$, $w(x)(> 0)$, $q(x)$ 在每个单层里都是实常数, 并且都是周期为 a 的实周期函数:

$$p(x+a) = p(x), \quad q(x+a) = q(x), \quad w(x+a) = w(x). \tag{C.2}$$

最简单的层状结构晶体其每个周期是由两种不同的各向同性的均匀媒质构成的[1-5]. 在有些情况, 层状结构晶体其每个周期可能是由三种或更多种不同的各向同性的均匀媒质构成的[6-9].

　　我们现在用第二章的周期性 Sturm-Liouville 方程 (2.2) 理论来处理一种每个周期是由 N 层不同的各向同性的均匀媒质构成的层状结构晶体. 每种介质 l 的厚度记作 d_l, 这里 $l = 1, 2, \cdots, N$. 第 l 层的起点和终点可以记作 x_{l-1} 和 x_l 因而 $d_l = x_l - x_{l-1}$. 我们还可以选取 $x_0 = 0$, 这样 $x_N = a$ 就是层状结构晶体的周期. 在第 l 层里我们有

$$p(x) = p_l, \quad q(x) = q_l, \quad w(x) = w_l, \tag{C.3}$$

都是实常数. 并且 $p_l > 0$, $w_l > 0$. 方程 (C.1) 可以写成

$$[p_l y'(x)]' + [\lambda w_l - q_l]y(x) = 0, \qquad x_{l-1} \leqslant x \leqslant x_l, \tag{C.4}$$

或等价地写成

$$[p_l y'(x)]' + p_l k_l^2 y(x) = 0, \qquad x_{l-1} \leqslant x \leqslant x_l, \tag{C.5}$$

其中

$$p_l k_l^2 = \lambda w_l - q_l. \tag{C.6}$$

如果 $\lambda w_l - q_l > 0$, k_l 是实数; 如果 $\lambda w_l - q_l < 0$, k_l 是虚数.

按照第二章的理论, 这样一种层状结构晶体的带结构是由其本征方程 (C.1) 的判别式

$$D(\lambda) = \eta_1(a, \lambda) + p(a)\eta_2'(a, \lambda) \tag{C.7}$$

所决定的. 这里 $\eta_1(x, \lambda)$ 和 $\eta_2(x, \lambda)$ 是方程 (C.1) 的两个满足条件

$$\eta_1(0, \lambda) = 1, \ p(0)\eta_1'(0, \lambda) = 0; \ \ \eta_2(0, \lambda) = 0, \ p(0)\eta_2'(0, \lambda) = 1 \tag{C.8}$$

的线性独立归一化解.

根据 (C.5) 式, 在第 l 层有

$$\begin{aligned} \eta_1(x, \lambda) &= A_l \ \cos k_l x + B_l \ \sin k_l x; \\ p(x)\eta_1'(x, \lambda) &= -p_l k_l \ A_l \ \sin k_l x + p_l k_l \ B_l \ \cos k_l x, \end{aligned} \qquad x_{l-1} \leqslant x \leqslant x_l, \tag{C.9}$$

这里 k_l 由 p_l, q_l, w_l 和本征值 λ 从 (C.6) 式决定. 定义

$$f_l = p_l \ k_l, \tag{C.10}$$

引入 $\Gamma_{l,l-1} = \cos k_l x_{l-1}$, $\Sigma_{l,l-1} = \sin k_l x_{l-1}$, 在 $x = x_{l-1}$ 我们有

$$\begin{aligned} \eta_1(x_{l-1}, \lambda) &= A_l \ \Gamma_{l,l-1} + B_l \ \Sigma_{l,l-1}; \\ p_{l-1}\eta_1'(x_{l-1}, \lambda) &= -f_l \ A_l \ \Sigma_{l,l-1} + f_l \ B_l \ \Gamma_{l,l-1}. \end{aligned}$$

由此可得

$$A_l = \eta_1(x_{l-1}, \lambda) \cos k_l x_{l-1} - \frac{1}{f_l} \ p_{l-1}\eta_1'(x_{l-1}, \lambda) \sin k_l x_{l-1};$$

和

$$B_l = \eta_1(x_{l-1}, \lambda) \sin k_l x_{l-1} + \frac{1}{f_l} \ p_{l-1}\eta_1'(x_{l-1}, \lambda) \cos k_l x_{l-1}.$$

为简单起见引入

$$c_{ll} = \cos k_l d_l, \quad s_{ll} = \sin k_l d_l, \tag{C.11}$$

在 $x = x_l$ 我们有

$$\eta_1(x_l, \lambda) = \eta_1(x_{l-1}, \lambda)c_{ll} + \frac{1}{f_l}p_{l-1}\eta_1'(x_{l-1}, \lambda)s_{ll},$$

和

$$p_l\eta_1'(x_l, \lambda) = p_{l-1}\eta_1'(x_{l-1}, \lambda)c_{ll} - f_l\eta_1(x_{l-1}, \lambda)s_{ll}.$$

这两个式子可以写成

$$\begin{pmatrix} \eta_1(x_l, \lambda) \\ p_l\eta_1'(x_l, \lambda) \end{pmatrix} = \begin{pmatrix} c_{ll} & \dfrac{1}{f_l}s_{ll} \\ -f_l s_{ll} & c_{ll} \end{pmatrix} \begin{pmatrix} \eta_1(x_{l-1}, \lambda) \\ p_{l-1}\eta_1'(x_{l-1}, \lambda) \end{pmatrix}. \tag{C.12}$$

类似地，我们可以得到

$$\begin{pmatrix} \eta_2(x_l, \lambda) \\ p_l\eta_2'(x_l, \lambda) \end{pmatrix} = \begin{pmatrix} c_{ll} & \dfrac{1}{f_l}s_{ll} \\ -f_l s_{ll} & c_{ll} \end{pmatrix} \begin{pmatrix} \eta_2(x_{l-1}, \lambda) \\ p_{l-1}\eta_2'(x_{l-1}, \lambda) \end{pmatrix}. \tag{C.13}$$

(C.12) 和 (C.13) 式可以进一步写成

$$\tilde{\eta}_i(x_l, \lambda) = M_l\,\tilde{\eta}_i(x_{l-1}, \lambda) = \prod_{j=l}^{1} M_j\,\tilde{\eta}_i(x_0, \lambda) = \mathbb{M}_l\,\tilde{\eta}_i(x_0, \lambda),\ i = 1, 2, \tag{C.14}$$

这里

$$\tilde{\eta}_i(x_l, \lambda) = \begin{pmatrix} \eta_i(x_l, \lambda) \\ p_l\eta_i'(x_l, \lambda) \end{pmatrix}, \qquad l = 1, \cdots, N; \tag{C.15}$$

并且

$$M_j = \begin{pmatrix} c_{jj} & \dfrac{1}{f_j}s_{jj} \\ -f_j s_{jj} & c_{jj} \end{pmatrix}, \qquad j = 1, \cdots, N; \tag{C.16}$$

而

$$\mathbb{M}_l = M_l\,M_{l-1}\,\cdots\,M_1 = \prod_{j=l}^{1} M_j. \tag{C.17}$$

由 (C.8) 式,

$$\tilde{\eta}_1(x_0, \lambda) = \begin{pmatrix} 1 \\ 0 \end{pmatrix}, \qquad \tilde{\eta}_2(x_0, \lambda) = \begin{pmatrix} 0 \\ 1 \end{pmatrix}, \tag{C.18}$$

对于一个由 N 种不同的均匀介质构成的层状晶体, $x_N = a$. (C.14) 式给出

$$\eta_1(a, \lambda) = (\mathbb{M}_N)_{11}, \tag{C.19}$$

$$p_l\eta_1'(a, \lambda) = (\mathbb{M}_N)_{21}; \tag{C.20}$$

和

$$\eta_2(a, \lambda) = (\mathbb{M}_N)_{12}, \tag{C.21}$$

$$p_l \eta_2'(a, \lambda) = (\mathbb{M}_N)_{22}. \tag{C.22}$$

方程 (C.1) 的判别式 $D(\lambda)$ 是

$$D(\lambda) = \eta_1(a, \lambda) + p(a)\eta_2'(a, \lambda) = \mathrm{tr}(\mathbb{M}_N). \tag{C.23}$$

在 $-2 \leqslant D(\lambda) \leqslant 2$ 的 λ 的范围里, 本征模的带结构由

$$\cos ka = \frac{1}{2}\mathrm{tr}(\mathbb{M}_N) \tag{C.24}$$

决定. (C.19)—(C.24) 式和 (C.16), (C.17) 式可以用来处理各种不同的层状晶体.
　　在 $l = 1$ 时, (C.19)—(C.22) 式给出

$$\eta_1(x_1, \lambda) = c_{11}, \quad p_1\eta_1'(x_1, \lambda) = -f_1 s_{11}, \tag{C.25}$$

$$\eta_2(x_1, \lambda) = \frac{1}{f_1} s_{11}, \quad p_1\eta_2'(x_1, \lambda) = c_{11}. \tag{C.26}$$

　　对于一个由两种不同媒质构成的层状晶体, $N = 2$ 且 $x_2 = a$. (C.19)—(C.22) 式给出

$$\eta_1(a, \lambda) = c_{22}c_{11} - \frac{f_1}{f_2}s_{22}s_{11}, \tag{C.27}$$

$$p_2\eta_1'(a, \lambda) = -f_1\, c_{22}s_{11} - f_2\, s_{22}c_{11}, \tag{C.28}$$

$$\eta_2(a, \lambda) = \frac{1}{f_1}c_{22}s_{11} + \frac{1}{f_2}s_{22}c_{11}, \tag{C.29}$$

和

$$p_2\eta_2'(a, \lambda) = c_{22}c_{11} - \frac{f_2}{f_1}s_{22}s_{11}. \tag{C.30}$$

(C.23) 式给出

$$D(\lambda) = 2c_{22}c_{11} - \left(\frac{f_1}{f_2} + \frac{f_2}{f_1}\right)s_{22}s_{11}. \tag{C.31}$$

因而在 $-2 \leqslant D(\lambda) \leqslant 2$ 的 λ 的范围里, 其带结构由

$$\cos ka = \cos k_2 d_2\, \cos k_1 d_1 - \frac{1}{2}\left(\frac{f_1}{f_2} + \frac{f_2}{f_1}\right)\sin k_2 d_2 \sin k_1 d_1 \tag{C.32}$$

即 (C.24) 式所决定. 这是在文献中早已熟知的[1-5].

进一步对于一种每个周期由三种不同的均匀介质构成的层状结构晶体, $N = 3$ 且 $x_3 = a$. 由 (C.19)—(C.22) 式我们得到

$$\eta_1(a, \lambda) = c_{33}c_{22}c_{11} - \frac{f_1}{f_2}c_{33}s_{22}s_{11} - \frac{f_1}{f_3}s_{33}c_{22}s_{11} - \frac{f_2}{f_3}s_{33}s_{22}c_{11}, \quad (C.33)$$

$$p_3\eta_1'(a, \lambda) = -f_1\, c_{33}c_{22}s_{11} - f_2\, c_{33}s_{22}c_{11} - f_3\, s_{33}c_{22}c_{11} + \frac{f_3 f_1}{f_2}s_{33}s_{22}s_{11},$$
$$(C.34)$$

$$\eta_2(a, \lambda) = \frac{1}{f_1}c_{33}c_{22}s_{11} + \frac{1}{f_2}c_{33}s_{22}c_{11} + \frac{1}{f_3}s_{33}c_{22}c_{11} - \frac{f_2}{f_1 f_3}s_{33}s_{22}s_{11},$$
$$(C.35)$$

和

$$p_3\eta_2'(a, \lambda) = c_{33}c_{22}c_{11} - \frac{f_2}{f_1}c_{33}s_{22}s_{11} - \frac{f_3}{f_1}s_{33}c_{22}s_{11} - \frac{f_3}{f_2}s_{33}s_{22}c_{11}.$$
$$(C.36)$$

由 (C.23) 式我们得到其动力学方程 (C.1) 的判别式是

$$D(\lambda) = 2c_{33}c_{22}c_{11} - \left(\frac{f_1}{f_2} + \frac{f_2}{f_1}\right)c_{33}s_{22}s_{11} - \left(\frac{f_1}{f_3} + \frac{f_3}{f_1}\right)s_{33}c_{22}s_{11}$$
$$- \left(\frac{f_2}{f_3} + \frac{f_3}{f_2}\right)s_{33}s_{22}c_{11}. \quad (C.37)$$

因而在 $-2 \leqslant D(\lambda) \leqslant 2$ 的 λ 的范围里, 其带结构由 (C.24) 式决定:

$$\cos ka = \cos k_3 d_3\, \cos k_2 d_2\, \cos k_1 d_1 - \frac{1}{2}\left(\frac{f_1}{f_2} + \frac{f_2}{f_1}\right)\cos k_3 d_3 \sin k_2 d_2 \sin k_1 d_1$$

$$-\frac{1}{2}\left(\frac{f_1}{f_3} + \frac{f_3}{f_1}\right)\sin k_3 d_3\, \cos k_2 d_2 \sin k_1 d_1 - \frac{1}{2}\left(\frac{f_2}{f_3} + \frac{f_3}{f_2}\right)\sin k_3 d_3 \sin k_2 d_2\, \cos k_1 d_1.$$
$$(C.38)$$

再进一步对于一种每个周期由四层不同的均匀介质构成的层状结构晶体, $N = 4$ 且 $x_4 = a$. 由 (C.19)—(C.22) 式我们可以类似地得到

$$\eta_1(a, \lambda) = [c_{44}c_{33}c_{22}c_{11} - \frac{f_1}{f_2}c_{44}c_{33}s_{22}s_{11} - \frac{f_1}{f_3}c_{44}s_{33}c_{22}s_{11} - \frac{f_2}{f_3}c_{44}s_{33}s_{22}c_{11}$$

$$-\frac{f_1}{f_4}s_{44}c_{33}c_{22}s_{11} - \frac{f_2}{f_4}s_{44}c_{33}s_{22}c_{11} - \frac{f_3}{f_4}s_{44}s_{33}c_{22}c_{11} + \frac{f_3 f_1}{f_2 f_4}s_{44}s_{33}s_{22}s_{11},$$
$$(C.39)$$

$$p_4\eta_1'(a, \lambda) = -f_1 c_{44}c_{33}c_{22}s_{11} - f_2 c_{44}c_{33}s_{22}c_{11} - f_3 c_{44}s_{33}c_{22}c_{11} - f_4 s_{44}c_{33}c_{22}c_{11}$$

$$+\frac{f_3 f_1}{f_2}c_{44}s_{33}s_{22}s_{11} + \frac{f_1 f_4}{f_2}s_{44}c_{33}s_{22}s_{11} + \frac{f_1 f_4}{f_3}s_{44}s_{33}c_{22}s_{11} + \frac{f_2 f_4}{f_3}s_{44}s_{33}s_{22}c_{11},$$
$$(C.40)$$

$$\eta_2(a,\lambda) = \frac{1}{f_1}c_{44}c_{33}c_{22}s_{11} + \frac{1}{f_2}c_{44}c_{33}s_{22}c_{11} + \frac{1}{f_3}c_{44}s_{33}c_{22}c_{11} + \frac{1}{f_4}s_{44}c_{33}c_{22}c_{11}$$

$$-\frac{f_2}{f_1 f_3}c_{44}s_{33}s_{22}s_{11} - \frac{f_2}{f_1 f_4}s_{44}c_{33}s_{22}s_{11} - \frac{f_3}{f_1 f_4}s_{44}s_{33}s_{22}s_{11} - \frac{f_3}{f_2 f_4}s_{44}s_{33}s_{22}c_{11},$$

$$(C.41)$$

和

$$p_4\eta_2'(a,\lambda) = c_{44}c_{33}c_{22}c_{11} - \frac{f_2}{f_1}c_{44}c_{33}s_{22}s_{11} - \frac{f_3}{f_1}c_{44}s_{33}c_{22}s_{11} - \frac{f_3}{f_2}c_{44}s_{33}s_{22}c_{11}$$

$$-\frac{f_4}{f_1}s_{44}c_{33}c_{22}s_{11} - \frac{f_4}{f_2}s_{44}c_{33}s_{22}c_{11} - \frac{f_4}{f_3}s_{44}s_{33}c_{22}c_{11} + \frac{f_2 f_4}{f_1 f_3}s_{44}s_{33}s_{22}s_{11}.$$

$$(C.42)$$

由 (C.23) 式我们得到其动力学方程的判别式是

$$D(\lambda) = 2c_{44}c_{33}c_{22}c_{11} - \left(\frac{f_1}{f_2} + \frac{f_2}{f_1}\right)c_{44}c_{33}s_{22}s_{11} - \left(\frac{f_1}{f_3} + \frac{f_3}{f_1}\right)c_{44}s_{33}c_{22}s_{11}$$

$$-\left(\frac{f_2}{f_3} + \frac{f_3}{f_2}\right)c_{44}s_{33}s_{22}c_{11} - \left(\frac{f_1}{f_4} + \frac{f_4}{f_1}\right)s_{44}c_{33}c_{22}s_{11} - \left(\frac{f_2}{f_4} + \frac{f_4}{f_2}\right)s_{44}c_{33}s_{22}c_{11}$$

$$-\left(\frac{f_3}{f_4} + \frac{f_4}{f_3}\right)s_{44}s_{33}c_{22}c_{11} + \left(\frac{f_3 f_1}{f_2 f_4} + \frac{f_2 f_4}{f_1 f_3}\right)s_{44}s_{33}s_{22}s_{11}. \quad (C.43)$$

因此在 $-2 \leqslant D(\lambda) \leqslant 2$ 的 λ 的范围里, 其带结构由

$$\cos ka = \cos k_4 d_4 \ \cos k_3 d_3 \ \cos k_2 d_2 \ \cos k_1 d_1$$

$$-\frac{1}{2}\left(\frac{f_1}{f_2} + \frac{f_2}{f_1}\right)\cos k_4 d_4 \ \cos k_3 d_3 \sin k_2 d_2 \sin k_1 d_1$$

$$-\frac{1}{2}\left(\frac{f_1}{f_3} + \frac{f_3}{f_1}\right)\cos k_4 d_4 \sin k_3 d_3 \ \cos k_2 d_2 \sin k_1 d_1$$

$$-\frac{1}{2}\left(\frac{f_2}{f_3} + \frac{f_3}{f_2}\right)\cos k_4 d_4 \sin k_3 d_3 \sin k_2 d_2 \ \cos k_1 d_1$$

$$-\frac{1}{2}\left(\frac{f_1}{f_4} + \frac{f_4}{f_1}\right)\sin k_4 d_4 \ \cos k_3 d_3 \ \cos k_2 d_2 \sin k_1 d_1$$

$$-\frac{1}{2}\left(\frac{f_2}{f_4} + \frac{f_4}{f_2}\right)\sin k_4 d_4 \ \cos k_3 d_3 \sin k_2 d_2 \ \cos k_1 d_1$$

$$-\frac{1}{2}\left(\frac{f_3}{f_4} + \frac{f_4}{f_3}\right)\sin k_4 d_4 \sin k_3 d_3 \ \cos k_2 d_2 \ \cos k_1 d_1$$

$$+\frac{1}{2}\left(\frac{f_3 f_1}{f_2 f_4} + \frac{f_2 f_4}{f_1 f_3}\right)\sin k_4 d_4 \sin k_3 d_3 \sin k_2 d_2 \sin k_1 d_1 \quad (C.44)$$

决定.

对于每个周期由五种或更多种不同的均匀介质构成的层状结构晶体, 相应的表达式也容易得到.

虽然有关带结构的表达式在文献里已经得到过[6-9], 我们这里的做法在数学上说来更为基本和简单, 并得到了更多的结果. (C.16)—(C.17) 式和 (C.19)—(C.24) 式是简单的和容易理解的解析表达式. $\eta_i(a, \lambda)$ 和 $p(a)\eta_i'(a, \lambda), i = 1, 2$ 在半无限一维声子晶体的表面模式的行为的研究中起着重要的作用, 这些在附录 A, E 和 F 中可以看到.

(C.19)—(C.24) 式可以方便地用于层状结构晶体的数字计算研究中. **实际上, 对于任何一个能用方程 (2.2) 描述的任何一个一维晶体, 无论其系数 $p(x), q(x)$, $w(x)$ 是什么形式, 都可以用足够多层的层状结构晶体来近似到要求的任何精度. 对于很多实际问题, $\eta_i(\tau + a)$ 和 $p(a)\eta_i'(\tau + a)$ 都可以利用本附录里的方法得到用计算机语言表达到任意精确度的形式.** 因此, (C.19)—(C.24) 式可以方便地用于任何系数 $p(x), q(x), w(x)$ 的一维晶体的数字计算研究中. 因此, (3.18) 和 (3.19) 式可以用来普遍地和定量地研究能用方程 (2.2) 描述的任何一维晶体, 包括任何一维半无限晶体中的表面态的存在与否以及表面态的性质,

参 考 文 献

[1] Rytov S M. Sov. Phys. JETP, 1956, 2: 466;
     Rytov S M. Sov. Phys. Acoust., 1956, 2: 68.

[2] Camley R E, Djafari-Rouhani B, Dobrzynski L, et al. Phys. Rev., 1983, B27: 7318.

[3] Yariv A, Yeh P. Optical waves in crystals. New York: John Wiley & Sons, 1984.

[4] Yeh P. Optical waves in layered media. New York: John Wiley & Sons, 1988.

[5] Kosevich A M. JETP Lett., 2001, 74: 559.

[6] Djafari-Rouhani B, Dobrzynski L. Solid State Commun., 1987, 62: 609.

[7] Boudouti E H E, Djafari-Rouhani B, Akjouj A, et al. Phys. Rev., 1996, B54: 14728.

[8] Szmulowicz F. Phys. Lett., 469, A345: 2005.

[9] Szmulowicz F. Phys. Rev., 2005, B72: 235103.

附录 D $\dfrac{\partial \Lambda}{\partial \tau}$ 和 $\dfrac{\partial \Lambda}{\partial \sigma}$ 的解析表达式

Sturm-Liouville 问题是一个已有 170 多年历史的经典的数学问题[1]. 它和许多重要的物理问题有着非常密切的关系. 最近 Sturm-Liouville 理论[1] 的一个值得注意的进展是数学家们发现正则 Sturm-Liouville 问题的本征值是其边界位置、边界条件、其微分方程里的系数的可微函数并且进一步得到了其微商的表达式 [2-4]. 这一新的数学进展有可能在物理领域里找到有价值的应用.

作为 Sturm-Liouville 理论的一个应用, 在本附录里我们将采用最近由 Kong 和 Zettl[3,4] 所发展的途径, 得到关于普遍的一维半无限晶体里如果存在着表面态或表面模式, 其本征值怎样随其边界位置和边界条件变化的定量表达式. 这里得到的结果对于普遍的半无限晶体包括电子晶体、声子晶体和光子晶体都是成立的.①

我们所感兴趣的是形如 (2.2) 式的周期性 Sturm-Liouville 方程:

$$[p(x)y'(x)]' + [\lambda w(x) - q(x)]y(x) = 0, \tag{D.1}$$

这里 $p(x), q(x)$ 和 $w(x)$ 是分段连续的周期为 a 的实周期函数

$$p(x+a) = p(x), \ q(x+a) = q(x), \ w(x+a) = w(x),$$

并且 $p(x)$ 和 $w(x)$ 为正:

$$p(x) > 0, \quad w(x) > 0.$$

我们假定方程 (D.1) 已解, 所有的解都是已知的. 其本征值带是 $\varepsilon_n(k)$ 而本征函数是 Bloch 函数 $\phi_n(k,x)$, 这里 $n = 0, 1, 2, \cdots$, 并且 $-\dfrac{\pi}{a} < k \leqslant \dfrac{\pi}{a}$. 我们主要是对两个相邻的本征值带之间总是有一个带隙的情况有兴趣. 方程 (D.1) 的带隙总是在 Brillouin 区的中心 $k = 0$ 或 Brillouin 区的边缘 $k = \dfrac{\pi}{a}$.

对于一维半无限晶体的表面态, 我们假定在半无限晶体的内部其周期性和无限晶体内部的周期性是一样的. 对于这样一个左边界在 τ 处的一维右半无限晶体, 在边界 τ 处的特定边界下的本征值 Λ 和本征函数 $\psi(x)$ 是以下的方程

$$[p(x)\psi'(x)]' + [\Lambda w(x) - q(x)]\psi(x) = 0, \qquad \tau < x < \infty \tag{D.2}$$

---

①这里的结果及其数字计算的验证曾发表 (文献 [5]).

和在 τ 处的边界条件:

$$\sigma\psi(\tau) - p(\tau)\psi'(\tau) = 0 \tag{D.3}$$

的解.

    这里 σ 的数值取决于具体问题. 要在晶体的一个带隙里存在一个表面态, 在大多数情况下 σ 需要在 $[0, \infty]$ 的范围里.

    在方程 (D.1) 已解的基础上, 方程 (D.2) 和 (D.3) 的解是否存在及其性质完全由 (D.3) 式中的 τ 和 σ 决定.

    如果在方程 (D.1) 的一个带隙里存在着一个方程 (D.2) 和 (D.3) 的其本征值为 Λ 的解, 其本征函数 $\psi(x)$ 在半无限晶体的内部的普遍形式是

$$\psi(x, \Lambda) = \mathrm{e}^{-\beta(\Lambda)x} f(x, \Lambda). \tag{D.4}$$

如果带隙是在 Brillouin 区的中心 $k = 0$, $f(x, \Lambda)$ 是一周期函数 $f(x+a, \Lambda) = f(x, \Lambda)$. 如果带隙是在 Brillouin 区的边缘 $k = \dfrac{\pi}{a}$, $f(x, \Lambda)$ 是一半周期函数 $f(x + a, \Lambda) = -f(x, \Lambda)$. $\beta(\Lambda)$ 是一个取决于 Λ 的正实数. (D.4) 式里的指数因子使得 $\psi(x, \Lambda)$ 局域在半无限晶体中左端因而是一个表面态. 随着 Λ 趋近带边, $\beta(\Lambda)$ 会随着趋近于零. 但是只要 Λ 没有接触到带边, $\beta(\Lambda)$ 就总是一个非零的正数. (D.4) 式里的 $\psi(x, \Lambda)$ 总是可以取作实函数, 且

$$\psi(x, \Lambda) = 0, \qquad x \to \infty. \tag{D.5}$$

$\psi(x, \Lambda)$ 可以在 (τ, ∞) 的范围里归一化:

$$\int_{\tau}^{\infty} w(x)\psi^2(x, \Lambda)\mathrm{d}x = 1. \tag{D.6}$$

    下面我们研究这个表面态的本征值 Λ 怎样随 τ 和 σ 的变化而变化. 我们先假定 $\sigma \neq \infty$. 令 $\delta\sigma$ 是一无限小的实数, 类似于 ψ 是方程 (D.2) 和 (D.3) 的一个解, 我们也会有方程

$$[p(x)\chi'(x)]' + [(\Lambda + \delta\Lambda)w(x) - q(x)]\chi(x) = 0 \tag{D.7}$$

和边界条件

$$(\sigma + \delta\sigma)\chi(\tau) - p(\tau)\chi'(\tau) = 0 \tag{D.8}$$

在 (τ, ∞) 的范围里的一个解 χ. χ 会有类似于 ψ 的 (D.4)—(D.6) 式的性质. 从 (D.2) 和 (D.7) 式我们得到

$$(p\psi')'\chi - (p\chi')'\psi = [\delta\Lambda]w\psi\chi. \tag{D.9}$$

因为 ψ 和 χ 有非常相似于 (D.4) 式的形式, 我们可以将 (D.9) 式的两边在 (τ, ∞) 的范围里求积分, 得到

$$\int_\tau^\infty [(p\psi')'\chi - (p\chi')'\psi]\mathrm{d}x = \int_\tau^\infty [\delta\Lambda]w\psi\chi\mathrm{d}x. \tag{D.10}$$

(D.10) 式的左边

$$\int_\tau^\infty [(p\psi')'\chi - (p\chi')'\psi]\mathrm{d}x = -[(p\psi')\chi - (p\chi')\psi]_{x=\tau}. \tag{D.11}$$

这里我们用到了 (D.5) 式, 因而 $[(p\psi')\chi - (p\chi')\psi]_{x\to\infty} = 0$.

令 $\chi = \psi + \delta\psi$, 并令 $\delta\sigma \to 0$, (D.10) 式的右边给出

$$\int_\tau^\infty [\delta\Lambda]w\psi\chi\mathrm{d}x = \int_\tau^\infty [\delta\Lambda]w\psi\psi\mathrm{d}x = \delta\Lambda. \tag{D.12}$$

这是因为随着 $\delta\sigma \to 0$, $\int_\tau^\infty [\delta\Lambda]w\psi(\delta\psi)\mathrm{d}x$ 是比 $\int_\tau^\infty [\delta\Lambda]w\psi\psi\mathrm{d}x$ 更高级的无穷小因而可以忽略, 并用到 ψ 的归一化 (D.6) 式.

将 (D.11) 和 (D.12) 式结合起来, 我们得到

$$-[(p\psi')\chi - (p\chi')\psi]_{x=\tau} = \delta\Lambda. \tag{D.13}$$

对于 $\sigma = \infty$ 的情况, 注意 (D.3) 式现在表明 $\psi(\tau) = 0$. 函数 χ 现在可以由 (D.7) 式和边界条件 $\chi(\tau + \delta\tau) = 0$ 来定义, 这里 $\delta\tau$ 是一个无限小的实数. 令 $\delta\tau \to 0$, 类似的论证将会给出同样的 (D.13) 式.

从 (D.13) 式我们可以得到关于本征值 Λ 和边界条件及边界位置的几个定量的关系式.

1. 边界条件为 $\psi(\tau) = 0$ 时本征值 Λ 和边界位置 τ 的关系

令两个本征函数 ψ 和 χ 满足 $\psi(\tau) = 0$ 和 $\chi(\tau + \delta\tau) = 0$. (D.13) 式给出

$$-p(\tau)\psi'(\tau)\chi(\tau) = \delta\Lambda. \tag{D.14}$$

(D.14) 式的左边的 $\chi(\tau)$ 是

$$
\begin{aligned}
-\chi(\tau) = \chi(\tau + \delta\tau) - \chi(\tau) &= \int_\tau^{\tau+\delta\tau} \frac{1}{p(x)}[p(x)\chi'(x)]\mathrm{d}x \\
&= \int_\tau^{\tau+\delta\tau} \frac{1}{p(x)}[p(x)\psi'(x)]\mathrm{d}x \\
&\quad + \int_\tau^{\tau+\delta\tau} \frac{1}{p(x)}[p(x)\delta\psi'(x)]\mathrm{d}x,
\end{aligned} \tag{D.15}
$$

这里用到了 $\chi(\tau + \delta\tau) = 0$ 和 $\chi = \psi + \delta\psi$. 随着 $\delta\tau \to 0$, (D.15) 式中右边第二项 $\displaystyle\int_{\tau}^{\tau+\delta\tau} \dfrac{1}{p(x)}[p(x)\delta\psi'(x)]\mathrm{d}x$ 是比 (D.15) 式中右边第一项更高级的无穷小量因而可以忽略. 我们可以得到

$$p(\tau)\psi'(\tau)\left[\frac{1}{p(\tau)}p(\tau)\psi'(\tau)\right](\delta\tau) = \delta\Lambda,$$

也就是

$$\frac{\partial \Lambda}{\partial \tau} = \frac{1}{p(\tau)}[p(\tau)\psi'(\tau)]^2. \tag{D.16}$$

2. 边界条件为 $p(\tau)\psi'(\tau) = 0$ 时本征值 Λ 和边界位置 τ 的关系

令两个本征函数 ψ 和 χ 满足 $p(\tau)\psi'(\tau) = 0$ 和 $p(\tau+\delta\tau)\chi'(\tau+\delta\tau) = 0$. (D.13) 式给出

$$p(\tau)\chi'(\tau)\psi(\tau) = \delta\Lambda. \tag{D.17}$$

(D.17) 式左边的 $p(\tau)\chi'(\tau)$ 是

$$
\begin{aligned}
p(\tau)\chi'(\tau) &= -\int_{\tau}^{\tau+\delta\tau}[p(x)\chi'(x)]'\mathrm{d}x = -\int_{\tau}^{\tau+\delta\tau}[q(x) - (\Lambda+\delta\Lambda)w(x)]\chi(x)\mathrm{d}x \\
&= -\int_{\tau}^{\tau+\delta\tau}[q(x) - (\Lambda+\delta\Lambda)w(x)]\psi(x)\mathrm{d}x \\
&\quad -\int_{\tau}^{\tau+\delta\tau}[q(x) - (\Lambda+\delta\Lambda)w(x)]\delta\psi(x)\mathrm{d}x,
\end{aligned}
\tag{D.18}
$$

这里用到了 $p(\tau+\delta\tau)\chi'(\tau+\delta\tau) = 0$, (D.7) 式和 $\chi = \psi + \delta\psi$. 当 $\delta\tau \to 0$ 时 (D.18) 式右边的第二项是比 (D.18) 式第一项更高级的无穷小量因而可以忽略. 我们得到

$$\psi(\tau)[-q(\tau)\psi(\tau) + \Lambda w(\tau)\psi(\tau)]\,\delta\tau = \delta\Lambda,$$

也就是

$$\frac{\partial \Lambda}{\partial \tau} = -[\psi(\tau)]^2[q(\tau) - \Lambda w(\tau)]. \tag{D.19}$$

3. 边界条件为既非 $\psi(\tau) = 0$ 也非 $p(\tau)\psi'(\tau) = 0$ 时本征值 Λ 和边界位置 τ 的关系

在边界条件为既非 $\psi(\tau) = 0$ 也非 $p(\tau)\psi'(\tau) = 0$ 的情况下, 如文献 [3] 所指出, 可将 (D.16) 式和 (D.19) 式的结果结合起来得到

$$\frac{\partial \Lambda}{\partial \tau} = \frac{1}{p(\tau)}[p(\tau)\psi'(\tau)]^2 - [\psi(\tau)]^2[q(\tau) - \Lambda w(\tau)]. \tag{D.20}$$

4. 在一特定边界位置 τ 处表面态的本征值 Λ 和 σ 的关系

如果 σ 在 $\sigma = 0$ 附近, 因为 $\sigma = 0$ 表明 $p(\tau)\psi'(\tau) = 0$ 即 $\psi(\tau) \neq 0$, 因而对于一个无限小的 $\delta\sigma$ 我们有 $\chi(\tau) \neq 0$. 用到 (D.3) 和 (D.8) 式, (D.13) 式给出

$$-[\psi\chi(-\delta\sigma)]_{x=\tau} = \delta\Lambda.$$

令 $\delta\sigma \to 0$ 我们有 $\chi \to \psi$ 因而得到

$$\frac{\partial \Lambda}{\partial \sigma} = [\psi(\tau)]^2. \tag{D.21}$$

如果 σ 不在 $\sigma = 0$ 附近, 我们会有 $p(\tau)\psi'(\tau) \neq 0$ 并且对于一个无限小的 $\delta\sigma$ 也会有 $p(\tau)\chi'(\tau) \neq 0$. 用到 (D.3) 和 (D.8) 式, (D.13) 式给出

$$p(\tau)\psi'(\tau)p(\tau)\chi'(\tau)\sigma^{-2}(\delta\sigma) = \delta\Lambda.$$

令 $\delta\sigma \to 0$ 我们会有 $\chi'(\tau) \to \psi'(\tau)$ 因而得到

$$\frac{\partial \Lambda}{\partial \sigma} = \sigma^{-2}[p(\tau)\psi'(\tau)]^2 = [\psi(\tau)]^2 > 0.$$

即一个和 (D.21) 式同样的表达式.

因为 (D.16) 和 (D.19) 式只是 (D.20) 式的两个特殊情况, 所以 (D.20) 和 (D.21) 式是说明一个表面态的本征值 Λ 是如何随 τ 或 σ 而变化的两个普遍的关系式.

(D.16), (D.19), (D.20) 和 (D.21) 式的结果看起来是和过去已知的定性或数值计算的结果是一致的. 例如:

(i) 对于一维半无限电子晶体的表面态, (D.21) 式是第三章里定性关系 (3.7) 式的定量化的表达式.

(ii) 对于一维半无限电子晶体的表面态, (D.20) 式是第三章里定性关系 (3.8) 式的定量化的表达式. 这种情况下的 (D.20) 式可以写成

$$\frac{\partial \Lambda}{\partial \tau} = [\psi(\tau)]^2 \left[\frac{1}{p(\tau)}\sigma^2 + \Lambda - q(\tau) \right],$$

当相应于在表面处的 "约化的外势场" $\dfrac{1}{p(\tau)}\sigma^2 + \Lambda$ 大于表面处的 "约化的周期势场" $q(\tau)$ 时, 就会有 $\dfrac{\partial \Lambda}{\partial \tau} > 0$.

在这里我们利用 Sturm-Liouville 理论的方法, 得到了如果在一维半无限晶体的边界处存在着表面态或表面模, 这个表面态或表面模的本征值是如何依赖于边界位置和边界条件的解析表达式. 这里得到的解析表达式已经经过数值计算验证[5]. 这些解析表达式有可能会在相关领域里的实际问题 —— 例如在一维光子晶体或声子晶体的研究和设计的有关问题 —— 中得到有价值的应用,

对于一个特定的 σ, $\Lambda(\tau)$ 一定是一个 τ 的周期函数, 像 (D.1) 和 (D.2) 式里的系数 p, q, w 一样以 a 为周期. 这里得到的结果 —— 在许多情况下 $\dfrac{\partial \Lambda}{\partial \tau}$ 是正的 —— 只是在表面位置 τ 和在特定的边界条件下在一个特定的带隙里存在有表面态或表面模 时才是正确的. 因此, 这里得到的一些结果的一个直接结论就是一维半无限周期系统的周期性在其边界 τ 处的截断**可能会也可能不会**在一个特定的带隙范围产生一个表面态或表面局域模.

参 考 文 献

[1] Zettl A. Sturm-Liouville theory. Providence: The Amecian Mathematical Society, 2005.

[2] Dauge M, Helffer B. J. Diff. Equations, 1993, 104: 243;
     Dauge M, Helffer B. J. Diff. Equations, 1993, 104: 263.

[3] Kong Q, Zettl A. J. Diff. Equations, 1996, 126: 389.

[4] Kong Q, Zettl A. J. Diff. Equations, 1996, 131: 1.

[5] Ren S Y, Chang Y C. Annals of Physics, 2010, 325: 937.

附录 E　一维声子晶体

　　研究经典波在周期媒质中的传播, 诸如在两种或数种不同弹性媒质交替形成的周期结构中的弹性波的传播或在两种或数种不同电磁媒质交替形成的周期结构中的电磁波的传播, 在物理学领域里已有多年的历史[1-4], 在近数十年里更是一个相当活跃的领域[5-15]. 这主要是因为这些结构里的经典波的性质和单一媒质里的经典波相比, 可能会有很大的不同: 这些结构里的经典波的频谱里可能存在着由于其构成媒质的物理性质不同和周期性而导致的带隙. 由不同弹性媒质交替形成的周期结构现在常被称为声子晶体, 由不同电磁媒质交替形成的周期结构现在常被称为光子晶体. 一维声子晶体和光子晶体是最简单的声子晶体和光子晶体. 对于一维声子晶体和光子晶体的清楚认识是认识高维声子晶体和光子晶体的基础.

　　最简单的情况是这些一维声子晶体或光子晶体是由两种不同的各向同性的均匀媒质交替构成的. 研究由两种或数种不同的各向同性的均匀媒质构成的一维声子晶体和光子晶体的一个广泛使用的理论工具是转移矩阵方法 (TMM). 其做法是在每一单层媒质里求解相应媒质里的波动方程, 然后在相邻两层媒质的界面用必要的连续性条件将界面两边的有关物理量联系起来[6-8]. 第二章里的周期性 Sturm-Liouville 方程数学理论的一个主要优点就是它可以直接处理普遍的一维声子晶体和光子晶体, 包括可以直接处理一维多层结构声子晶体和光子晶体的波动方程. 这个理论形式从一开始就处理整个一维声子晶体或光子晶体里的波动方程, 而不只是在每一个单层媒质里的波动方程, 边界处的连续性条件则内含在方程本身的数学性质里. 比起转移矩阵方法, 这个理论形式在数学上更加深刻也更加普遍: 过去从转移矩阵方法得到的一些有关方程在这个理论形式里作为简单特例可以容易地得到, 也可以进一步得到一些过去未得到过的处理更普遍和更复杂情况的有关方程和对一些相关问题的更全面和深入的认识.

　　和文献里大量的关于周期媒质中的经典波的研究相比, 关于声子晶体和光子晶体的边界存在和尺度有限的效应的研究相对来说比较少, 对问题的一些基本认识也更为不足. 文献里已有不少关于半无限一维声子晶体和光子晶体的研究并且得到了许多重要结果, 例如文献 [5-9,11,16-28] 和其中的参考文献. 关于有限长度 $L = Na$ —— 这里 a 是晶体里一个周期的长度, N 是一正整数 —— 的一维声子晶体和光子晶体的理论和实验研究据作者所知则只是在近些年才开始发表[29-35]. 作者本人缺乏在这个已有大量工作积累并卓有成效的领域的工作经验, 只是从基本理论的角度觉得本书主要部分所研究的有关边界的存在和尺度的有限对于晶体中电子态的影响这样一些基本问题在有关声子晶体和光子晶体的有关物理问题上也应当会有相应的反映. 在本附录和附录 F 里我们将按照无限晶体、半无限晶体和有限长度的晶体的顺序, 应用第二章里的周期性 Sturm-Liouville 方程数学理论[36-38] 来研究一维声子晶体和光子晶体, 希望能够增进在有关边界存在和尺度有限对一维声子晶体和光子晶体的性质的影响的一些基本物理问题的认识, 包括对过去关于半无限一维晶体研究里得到的一些具体结果里的普遍意义的认识. 在本附录里我们讨论一维声子晶体. 在下一附录 F 里我们讨论一维光子晶体. 这里采用的微分方程的理论方法在许多问题上比过去普遍采用的基于转移矩阵方法更为容易地推广到比较复杂的情况. 因为在一些情况下的一维声子晶体和光子晶体里的波动方程和我们在本书正文里讨论的一维电子晶体里的波动方程都可以统一到周期性 Sturm-Liouville 方程的形式. 我们将看到本书第三章和第四章里得到的一些基本认识在这些一维声子晶体和光子晶体里确实可能会有与其相应的反映.

E.1   一维无限声子晶体

我们考虑一个如图 E.1 所示的一维声子晶体里的横向声学波的传播[30]. 此声子晶体由在 y 和 z 方向均匀、在 x 方向周期变化的各向同性的弹性媒质构成.

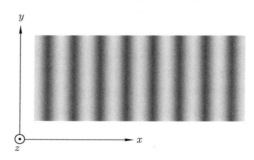

图 E.1   一维声子晶体. 其 Lamé 系数 $\mu(x)$ 和密度 $\rho(x)$ 是 x 的以 a 为周期的周期函数 (经允许引自文献 [30], 版权为 American Physical Society 所有)

取位移的方向为 y 方向, 则横向声学波运动的动力学方程是[39]

$$\rho(x)\frac{\partial^2}{\partial t^2}y(x,z,t) = \frac{\partial}{\partial x}\left[\mu(x)\frac{\partial y}{\partial x}\right] + \mu(x)\frac{\partial^2 y}{\partial z^2},$$

这里 $\rho(x+a) = \rho(x)$ 是密度, $\mu(x+a) = \mu(x)$ 是 Lamé 系数, 都是周期为 a 的周期函数. 将横向声波的位移写成

$$y(x,z,t) = y(x)\mathrm{e}^{\mathrm{i}(k_z z - \omega t)},$$

问题的基本方程便成为

$$-[\mu(x)y'(x)]' + [\mu(x)k_z^2 - \rho(x)\lambda]y(x) = 0. \tag{E.1}$$

这里 $\lambda = \omega^2 \geqslant 0$, $\mu(x) > 0$, $\rho(x) > 0$. 这是第二章里的普遍方程 (2.2) 的一个特殊形式.[①]

过去关于一维声子晶体的研究工作主要集中在其允许带结构. 按照第二章的理论, 这样一个声子晶体的本征值谱的带结构是由方程 (E.1) 定义为

$$D(\lambda) = \eta_1(a, \lambda) + \mu(a)\eta_2'(a, \lambda) \tag{E.2}$$

的判别式决定的. 这里 $\eta_1(x, \lambda)$ 和 $\eta_2(x, \lambda)$ 是方程 (E.1) 的两个满足条件

$$\eta_1(0, \lambda) = 1, \ \mu(0)\eta_1'(0, \lambda) = 0; \quad \eta_2(0, \lambda) = 0, \ \mu(0)\eta_2'(0, \lambda) = 1 \tag{E.3}$$

的线性无关归一化解.

在满足 $-2 \leqslant D(\lambda) \leqslant 2$ 的 λ 范围里, 存在着微分方程 (E.1) 的非发散的本征解. 其本征值 $\varepsilon_n(k_x)$ 和本征函数 $\phi_n(k_x, x)$ 的波矢 k_x 可以局限在 Brillouin 区内:

$$-\frac{\pi}{a} < k_x \leqslant \frac{\pi}{a}.$$

这里 k_x 是 Bloch 波矢. 在这些范围里的允许带结构 $\lambda = \varepsilon_n(k_x)$ 可以由 $D(\lambda)$ 得到:

$$\cos k_x a = \frac{1}{2} D(\lambda). \tag{E.4}$$

许多过去研究过的一维声子晶体都是多层结构的, 例如文献 [1,6,16-24] 和其中的参考文献. 最简单的情况是一维多层结构的声子晶体是由两种不同的 Lamé 系数为 μ_l, 密度为 ρ_l 而厚度为 d_l 的均匀媒质层构成的, $l = 1, 2$. $\mu(x)$ 和 $\rho(x)$ 可以写成

$$\mu(x) = \begin{cases} \mu_1, & na < x \leqslant d_1 + na, \\ \mu_2, & na + d_1 < x \leqslant (n+1)a, \end{cases} \tag{E.5}$$

和

$$\rho(x) = \begin{cases} \rho_1, & na < x \leqslant d_1 + na, \\ \rho_2, & na + d_1 < x \leqslant (n+1)a, \end{cases} \tag{E.6}$$

这里 $a = d_1 + d_2$ 是周期, n 是一整数, $\mu_l > 0$ 和 $\rho_l > 0$ 是实常数.

[①]本节的理论也可以用于沿 x 方向传播的弹性纵波, 相应于方程 (E.1) 里 $k_z = 0$.

通过引入

$$\mu_l k_l^2 = \begin{cases} \lambda\rho_1 - \mu_1 k_z^2, & na < x \leqslant d_1 + na, \\ \lambda\rho_2 - \mu_2 k_z^2, & na + d_1 < x \leqslant (n+1)a, \end{cases} \quad (E.7)$$

基本方程 (E.1) 现在可以写成

$$(\mu_l y'(x))' + \mu_l k_l^2 y(x) = 0. \quad (E.8)$$

这里如果 $\lambda\rho_l - \mu_l k_z^2 < 0$, k_l 是虚数; 如果 $\lambda\rho_l - \mu_l k_z^2 > 0$, k_l 是实数.

方程 (E.8) 是方程 (E.1) 的一种特殊形式. 其系数 $\mu(x) = \mu_l$ 和 $\rho(x) = \rho_l$ 是分段连续的函数, 在孤立点 $x = na$ 和 $x = d_1 + na$ 处不连续. 从附录 C 的 (C.31) 式我们有

$$D(\lambda) = 2 \cos k_2 d_2 \cos k_1 d_1 - \left(\frac{\mu_1 k_1}{\mu_2 k_2} + \frac{\mu_2 k_2}{\mu_1 k_1}\right) \sin k_2 d_2 \sin k_1 d_1. \quad (E.9)$$

随着 λ 由 $-\infty$ 增加, $D(\lambda)$ 的变化和在 2.4 节所描述的非常相似.

从 (E.4) 和 (E.9) 式可以得到其动力学方程为 (E.8) 式的层状声子晶体的允许带结构由下式决定

$$\cos k_x a = \cos k_2 d_2 \cos k_1 d_1 - \frac{1}{2}\left[\frac{\mu_1 k_1}{\mu_2 k_2} + \frac{\mu_2 k_2}{\mu_1 k_1}\right] \sin k_2 d_2 \sin k_1 d_1. \quad (E.10)$$

这就是文献里如在 [1,6,10,17,18,22,24] 常常见到的色散关系式. 虽然类似于 (E.10) 式的色散关系表达式是很早以前就已经在文献中得到过了, 我们这里采用的途径比较普遍, 容易推广到更为普遍的情形. 例如每个周期里包含有三种以上材料的层状声子晶体[20,21], 根据 (C.38) 式可以得到包含有三种材料的层状声子晶体允许带结构由下式决定:

$$\begin{aligned} \cos k_x a = &\cos k_3 d_3 \cos k_2 d_2 \cos k_1 d_1 \\ &- \frac{1}{2}\left(\frac{\mu_1 k_1}{\mu_2 k_2} + \frac{\mu_2 k_2}{\mu_1 k_1}\right) \cos k_3 d_3 \sin k_2 d_2 \sin k_1 d_1 \\ &- \frac{1}{2}\left(\frac{\mu_1 k_1}{\mu_3 k_3} + \frac{\mu_3 k_3}{\mu_1 k_1}\right) \sin k_3 d_3 \cos k_2 d_2 \sin k_1 d_1 \\ &- \frac{1}{2}\left(\frac{\mu_2 k_2}{\mu_3 k_3} + \frac{\mu_3 k_3}{\mu_2 k_2}\right) \sin k_3 d_3 \sin k_2 d_2 \cos k_1 d_1, \end{aligned} \quad (E.11)$$

这里 k_x 是 Bloch 波矢, 而 $\mu_l k_l^2 = \lambda\rho_l - \mu_l k_z^2, l = 1, 2, 3$.

E.2　半无限一维声子晶体的表面模式

和半无限一维电子晶体的情况不同, 半无限一维声子晶体的表面边界的位置和边界条件都可以比较任意地人为改变, 关于半无限一维声子晶体的表面模式的存在与否及其对边界位置和边界条件的依赖关系的研究也就更有现实意义.

对于半无限一维声子晶体的表面模式的理论研究和实验研究已经有很多年的历史, 可参看例如文献 [6,16-19,22-24] 和其中的参考文献. 和过去的大多数的理论研究主要基于转移矩阵方法不同, 我们这里的做法是基于周期性 Sturm-Liouville 方程的理论. 我们将会看到, 过去得到的一些理论结果这里可以很容易地得到, 也可以进一步得到一些关于半无限一维声子晶体表面模式的一些普遍的认识.

假定方程 (E.1) 已解, 得到的本征值带结构是 $\varepsilon_n(k_x, k_z)$ 而相应的本征函数是 Bloch 函数 $\phi_n(k_x, k_z, x)$, 这里 $n = 0, 1, 2, \cdots$ 而 $-\dfrac{\pi}{a} < k_x \leqslant \dfrac{\pi}{a}$. 为简单起见, 在以下讨论里将不再明显地写出本征值和本征函数对 k_z 的依赖. 我们主要对 (E.1) 式的两个相邻允许本征值带之间总是有一个带隙的情况有兴趣. 对于这些情况带边 $\varepsilon_n(0)$ 和 $\varepsilon_n\left(\dfrac{\pi}{a}\right)$ 的顺序是

$$\varepsilon_0(0) < \varepsilon_0\left(\frac{\pi}{a}\right) < \varepsilon_1\left(\frac{\pi}{a}\right) < \varepsilon_1(0) < \varepsilon_2(0)$$

$$< \varepsilon_2\left(\frac{\pi}{a}\right) < \varepsilon_3\left(\frac{\pi}{a}\right) < \varepsilon_3(0) < \varepsilon_4(0) < \cdots.$$

带隙是在 $\varepsilon_{2m}\left(\dfrac{\pi}{a}\right)$ 和 $\varepsilon_{2m+1}\left(\dfrac{\pi}{a}\right)$ 之间或是在 $\varepsilon_{2m+1}(0)$ 和 $\varepsilon_{2m+2}(0)$ 之间, 这里 $m = 0, 1, 2, \cdots$.

一个左边界为 τ 的半无限一维声子晶体其本征模是方程

$$-[\mu(x)\psi'(x)]' + [\mu(x)k_z^2 - \rho(x)\Lambda]\psi(x) = 0, \qquad x \geqslant \tau \tag{E.12}$$

和在表面 τ 处的一个边界条件的解. 这个边界条件可以普遍地写成

$$\sigma\psi(\tau, \Lambda) - \mu(\tau)\psi'(\tau, \Lambda) = 0. \tag{E.13}$$

我们称由方程 (E.12) 描述的半无限一维声子晶体为右半无限一维声子晶体.

对于一维半无限声子晶体的表面模式, 我们感兴趣的是其本征值 Λ 不在无限晶体方程 (E.1) 的允许带内部里的解, 即 Λ 是在 $\left[\varepsilon_{2m}\left(\dfrac{\pi}{a}\right), \varepsilon_{2m+1}\left(\dfrac{\pi}{a}\right)\right]$ 或 $[\varepsilon_{2m+1}(0),$ $\varepsilon_{2m+2}(0)]$ 区间里或 $\Lambda \leqslant \varepsilon_0(0)$ 范围里的解.[①] 对于在这些范围里的任何一个 Λ, 方

[①]对于在任何一个允许能带内部里的 Λ, 方程 (E.1) 总有两个在半无限声子晶体里非发散的解. 这两个解的一个线性组合总可以同时满足方程 (E.12) 和 (E.13).

程 (E.1) 总有一个在半无限声子晶体里非发散的解和一个在半无限声子晶体里发散的解. 仅当方程 (E.1) 的那个在半无限声子晶体里非发散的解也同时满足方程 (E.13) 时, 我们才有一个方程 (E.12) 和 (E.13) 的共同解.

方程 (E.1) 的任何在 $|D(\lambda)| \geqslant 2$ 的范围里的在右半无限声子晶体里非发散的解都可以写成

$$\psi(x, \Lambda) = \mathrm{e}^{-\beta(\Lambda)x} f(x, \Lambda) \tag{E.14}$$

的形式, 这里 $\beta(\Lambda) \geqslant 0$ 由方程 (E.1) 判别式 $D(\lambda)$ 决定. 如果带隙是在 Brillouin 区的中心 $k_x = 0$, $f(x, \Lambda)$ 是周期函数 $p(x + a, \Lambda) = p(x, \Lambda)$; 如果带隙是在 Brillouin 区的边界 $k_x = \dfrac{\pi}{a}$, $f(x, \Lambda)$ 则是半周期函数 $s(x + a, \Lambda) = -s(x, \Lambda)$.

在一维半无限声子晶体内部, 方程 (E.12) 的任何解都可以表示成方程 (E.1) 的两个线性无关解 η_1 和 η_2 的线性组合:

$$\psi(x, \Lambda) = c_1 \eta_1(x, \Lambda) + c_2 \eta_2(x, \Lambda), \qquad x \geqslant \tau, \tag{E.15}$$

这里 $\eta_1(x, \Lambda)$ 和 $\eta_2(x, \Lambda)$ 是方程 (E.1) 的两个满足条件

$$\eta_1(\tau, \Lambda) = 1, \ \mu(\tau)\eta_1'(\tau, \Lambda) = 0; \ \ \eta_2(\tau, \Lambda) = 0, \ \mu(\tau)\eta_2'(\tau, \Lambda) = 1 \tag{E.16}$$

的归一化解.

E.2.1 简单情况

最简单的情况是一维半无限声子晶体的边界表面是自由表面. 表面 τ 处的无应力边界条件是

$$\mu(\tau)\psi'(\tau, \Lambda) = 0. \tag{E.17}$$

这相当于 (E.13) 式里 $\sigma = 0$. (E.15) 式现在成为

$$\psi(x, \Lambda) = c_1 \eta_1(x, \Lambda), \qquad x \geqslant \tau. \tag{E.18}$$

由 (E.14), (E.17) 和 (E.18) 式, 得到表面模式 (E.14) 存在的必要条件为

$$\mu(\tau + a)\eta_1'(\tau + a, \Lambda) = 0. \tag{E.19}$$

最简单的一维声子晶体是由两种不同的各向同性的弹性媒质层交替构成的一维声子晶体. 附录 C 里的结果为研究这样一些简单的一维声子晶体里的表面模式特别是其随边界位置 τ 的变化提供了方便.

不失一般性, 可以只考虑表面边界处在第一种媒质层的情况. 这样, 有 $0 \leqslant \tau \leqslant d_1$. 可以把这里所考虑的由两种媒质层构成的声子晶体看成是一个每个周期由三种媒质层构成的声子晶体的特殊情况: 这三种媒质的物理参数分别为 μ_1, μ_2, μ_1 和 ρ_1, ρ_2, ρ_1, 厚度分别为 $d_1 - \tau, d_2, \tau$. 根据 (C.34) 式, 方程 (E.19) 成为

$$
-\mu_1 k_1 \, \cos k_2 d_2 \sin k_1 d_1 - \mu_2 k_2 \sin k_2 d_2 \, \cos k_1 d_1
$$
$$
-\mu_2 k_2 \left(1 - \frac{\mu_1^2 k_1^2}{\mu_2^2 k_2^2} \right) \sin k_2 d_2 \sin k_1 (d_1 - \tau) \sin k_1 \tau = 0,
$$

即

$$
\cos k_2 d_2 \sin k_1 d_1 + \frac{1}{2} \left(\frac{\mu_2 k_2}{\mu_1 k_1} + \frac{\mu_1 k_1}{\mu_2 k_2} \right) \sin k_2 d_2 \, \cos k_1 d_1
$$
$$
+ \frac{1}{2} \left(\frac{\mu_2 k_2}{\mu_1 k_1} - \frac{\mu_1 k_1}{\mu_2 k_2} \right) \sin k_2 d_2 \, \cos k_1 (d_1 - 2\tau) = 0. \quad \text{(E.20)}
$$

这里 k_l 由 (E.7) 式给出.

对于一个任意的特定边界位置 τ, 定理 2.8 表明在从 $[0, \varepsilon_0(0)]$ 开始的每个禁域都总是存在着一个而且只有一个方程 (E.17) 和 (E.19) 的解 $\Lambda = \nu_{\tau,n}$.

对于由两种不同的各向同性的弹性媒质层交替构成的一维声子晶体, 它也就是方程 (E.20) 一个解.

$\psi(\tau + a, \Lambda)$ 对于 $\psi(\tau, \Lambda)$ 的比值 P 是

$$
P = \eta_1(\tau + a, \Lambda), \quad \text{(E.21)}
$$

这里用到了 (E.16) 和 (E.18) 式. 将这个由方程 (E.20) 得到的解 $\Lambda = \nu_{\tau,n}$ 代入 (C.33) 式, 就可以得到表面模式的解函数 $\eta_1(x, \Lambda)$ 在 $x = \tau + a$ 处的值

$$
\eta_1(\tau + a, \nu_{\tau,n}) = \cos k_2 d_2 \, \cos k_1 d_1 - \frac{1}{2} \left[\frac{\mu_1 k_1}{\mu_2 k_2} + \frac{\mu_2 k_2}{\mu_1 k_1} \right] \sin k_2 d_2 \sin k_1 d_1
$$
$$
- \frac{1}{2} \left[\frac{\mu_1 k_1}{\mu_2 k_2} - \frac{\mu_2 k_2}{\mu_1 k_1} \right] \sin k_2 d_2 \sin k_1 (d_1 - 2\tau). \quad \text{(E.22)}
$$

根据 (E.19) 式算得的 $\eta_1(\tau + a, \Lambda)$ 有三种情况: (a) $0 < |\eta_1(\tau + a, \nu_{\tau,n})| < 1$; (b) $|\eta_1(\tau + a, \nu_{\tau,n})| = 1$; (c) $|\eta_1(\tau + a, \nu_{\tau,n})| > 1$. 在情况 (a) 时, $\psi(x, \nu_{\tau,n}) = c_1 \eta_1(x, \nu_{\tau,n})$ 相当于方程 (E.12) 和 (E.13) 的一个在 $+x$ 方向振荡衰减的解 $\psi(x, \nu_{\tau,n})$, 也就是一个形式为 (E.14) 式的表面局域模式[①]; 由 (E.20) 和 (E.22) 式可以很容易得到过去

[①]情况 (b) 相当于方程 (E.19) 或 (E.20) 给出方程 (E.8) 的一个带边本征值, $\nu_{\tau,n} = \epsilon_n(k_g, k_z)$. 此时 $\psi(x, \nu_{\tau,n})$ 在半无限一维声子晶体内部是一个周期函数或半周期函数. 情况 (c) 相当于方程 (E.19) 的一个在 $-x$ 方向振荡衰减的解 $\psi(x, \nu_{\tau,n})$, 此时可以在 $(-\infty, \tau]$ 的半无限一维声子晶体里存在一个表面模式.

文献里例如在文献 [6] 里所用到的一些研究由两种不同媒质构成的半无限一维声子晶体的基本方程.

对于一维声子晶体是由三种不同媒质构成的情况, 不失一般性, 可以只考虑表面边界处在第一种媒质层的情况. 这样, 有 $0 \leqslant \tau \leqslant d_1$. 可以把所考虑的由三种媒质层构成的声子晶体看成是一个每个周期由四种媒质层构成的声子晶体的特殊情况: 这四种媒质的物理参数分别为 $\mu_1, \mu_2, \mu_3, \mu_1$ 和 $\rho_1, \rho_2, \rho_3, \rho_1$, 厚度分别为 $d_1 - \tau,$ d_2, d_3, τ. 在 (E.19) 和 (E.21) 式的基础上, 根据 (C.39)—(C.42) 式可以得到类似于 (E.20) 和 (E.22) 的方程, 用以研究由三种不同媒质构成的半无限一维声子晶体的表面模式.

E.2.2　比较普遍的情况

对于 (E.13) 式里 $\sigma \neq 0$ 的普遍情况, 由 (E.14) 式可以得到

$$\sigma\psi(\tau + a, \Lambda) - \mu(\tau)\psi'(\tau + a, \Lambda) = \sigma\psi(\tau, \Lambda) - \mu(\tau)\psi'(\tau, \Lambda) = 0, \qquad \text{(E.23)}$$

是半无限一维声子晶体的表面局域模式 (E.14) 存在的必要条件.

根据 (E.23), (E.15) 和 (E.14) 式, 从类似于 3.5 节的推理可以得到对于一个在 Brillouin 区中心 $k_x = 0$ 的带隙, 在右半无限晶体的左边界 τ 附近存在一个表面模式的条件是

$$\sigma = \frac{-\eta_1(\tau + a, \Lambda) + \mu(\tau)\eta_2'(\tau + a, \Lambda) - \sqrt{D^2(\Lambda) - 4}}{2\,\eta_2(\tau + a, \Lambda)}. \qquad \text{(E.24)}$$

对于一个在 Brillouin 区边界 $k_x = \dfrac{\pi}{a}$ 的带隙, 在右半无限晶体的左边界 τ 附近存在一个表面模式的条件是

$$\sigma = \frac{-\eta_1(\tau + a, \Lambda) + \mu(\tau)\eta_2'(\tau + a, \Lambda) + \sqrt{D^2(\Lambda) - 4}}{2\,\eta_2(\tau + a, \Lambda)}. \qquad \text{(E.25)}$$

这里 $D(\lambda) = \eta_1(\tau + a, \lambda) + \mu(\tau)\eta_2'(\tau + a, \lambda)$ 是方程 (E.1) 的判别式. (E.24) 和 (E.25) 式是我们研究一维半无限声子晶体的表面模式的存在与否及其性质的基本方程.

最简单的情况是一维声子晶体是由两种 Lamé 系数为 μ_l, 密度为 ρ_l 和厚度为 d_l 的各向同性的弹性媒质层交替构成的一维声子晶体. 不失一般性, 在这里我们可以只考虑表面边界处在第一种媒质层的情况. 这样, 我们有 $0 \leqslant \tau \leqslant d_1$. 我们可以把这里所考虑的由两种媒质层构成的声子晶体看成是一个每个周期由三种媒质层构成的声子晶体的特殊情况: 这三种媒质的物理参数分别为 μ_1, μ_2, μ_1 和 ρ_1, ρ_2, ρ_1, 厚度分别为 $d_1 - \tau, d_2, \tau$. 这样一个一维半无限声子晶体的表面模式的存在与否及其性质可以由 (E.24) 和 (E.25) 式决定, 其中 η_i 和 $\mu\eta_i'$ 由 (C.33)—(C.36) 式给出. 类似地, 由三种不同媒质构成半无限一维声子晶体的表面模式的存在与否及其性质也可以由 (E.24) 和 (E.25) 式决定, 其中 η_i 和 $\mu\eta_i'$ 由 (C.39)—(C.42) 式给出.

E.2.3　简单的讨论

一个半无限一维声子晶体的一个特定的带隙里可以有也可以没有一个表面局域模, 方程 (E.24) 或 (E.25) 可以有也可以没有在一个禁止范围里的解 —— 对于其在某一禁止范围里存在表面局域模, (E.23) 式只是一个必要但非充分条件.

如果方程 (E.23) 在一个 $|D(\lambda)| \geqslant 2$ 特定的禁止范围存在一个解 Λ, 这个解 Λ 可以是在带边或是在禁止范围里面. 只有这个解 Λ 是在禁止范围里面, 并且这个解有 (E.14) 式的形式时, 我们才有一个方程 (E.12) 和 (E.13) 的解, 也就是说一个局域在方程 (E.12) 描述的右半无限一维声子晶体的左端的表面局域模.

如果 Λ 是在一个带边, 方程 (E.23) 的这样一个解的函数形式会是一个周期函数或半周期函数, 取决于禁止范围是在 Brillouin 区的中心还是在边界.

在 (E.23) 式里 $\sigma = 0$ 的情况, 如果存在一个表面局域模 $\Lambda = \nu_{\tau,n}$, 按照定理 2.8, 这个表面局域模的频率总是低于相应的允许频带.

基于第二章中的关于方程 (E.8) 的解的零点的定理 2.8, 我们可以知道在最低允许带以下的表面模在 $(-\infty, +\infty)$ 范围内没有零点; 在最低的禁带里的表面模在 $[0, a)$ 区间内有一个零点; 在次低的禁带里的表面模在 $[0, a)$ 区间内有两个零点; 等等. 这就解释了文献 [6] 里图 9 的表面模的行为: (a) 相应于在 $\varepsilon_0(0)$ 以下的表面模因而没有零点; (b) 相应于在次低的禁带里的表面模因而它在一个周期内有两个零点. 这个定理也解释了文献 [20] 里图 4 的表面模的行为: 它们分别相应于以下各个范围里的表面模: (a) 低于 $\varepsilon_0(0)$; (c) 在带隙 $(\varepsilon_0(\pi/a), \varepsilon_1(\pi/a))$ 里; (b) 在带隙 $(\varepsilon_1(0), \varepsilon_2(0))$ 里; (d) 在带隙 $(\varepsilon_2(\pi/a), \varepsilon_3(\pi/a))$ 里. 因而分别在一个周期里: 没有零点; 有一个零点; 有两个零点; 有三个零点.

可以注意到, 此前关于一维声子晶体表面模的零点是没有任何理论的.

E.3　有限长度的一维声子晶体

第二章的周期性 Sturm-Liouville 方程的理论也可以用来解析地处理方程 (E.1) 描述的理想一维声子晶体在长度有限时的本征模, 从而得到有关有限长度的一维声子晶体在两端都是自由表面时的本征模的普遍的和确切的基本认识.[①]

对于两端分别为位于 $x = \tau$ 和 $x = \tau + L$ 的自由表面的有限长度 $(L = Na)$ 的理想一维声子晶体, 其本征值 Λ 和在晶体内部的本征函数 $\psi(x, \Lambda)$ 是以下微分方程

$$-[\mu(x)\psi'(x, \Lambda)]' + [\mu(x)k_z^2 - \rho(x)\Lambda]\psi(x, \Lambda) = 0, \quad \tau < x < \tau + L \quad \text{(E.26)}$$

[①]这一小节的部分结果曾发表 (文献 [30]). 因为在当时作者并没有认识到文献 [40] 里的 Hill 方程的理论能够像第二章的周期性 Sturm-Liouville 方程的理论那样得以推广, 在那里对系数 $\mu(x)$ 加上了过于严格的限制: 要求 $\mu'(x)$ 为分段连续.

和在 $x = \tau$ 及 $x = \tau + L$ 处的自由边界条件:

$$\mu(\tau)\psi'(\tau, \Lambda) = \mu(\tau)\psi'(\tau + L, \Lambda) = 0 \tag{E.27}$$

的解.

令 $y_1(x, \lambda)$ 和 $y_2(x, \lambda)$ 是方程 (E.1) 的两个线性独立解. 方程 (E.26) 和 (E.27) 的解如果存在, 总是可以普遍地表示成

$$\psi(x, \Lambda) = c_1 y_1(x, \Lambda) + c_2 y_2(x, \Lambda), \qquad \tau < x < \tau + L \tag{E.28}$$

(这里 c_1 和 c_2 不同时为零), 因而是方程 (E.1) 的一个满足条件 (E.27) 的解.

(E.28) 式中两个线性独立解 $y_1(x, \lambda)$ 和 $y_2(x, \lambda)$ 的形式是由 (E.1) 式的判别式 $D(\lambda)$ 决定的. 方程 (E.26) 和 (E.27) 的非平凡解 Λ 和 $\psi(x, \Lambda)$ 是否存在以及解的性质可以在此基础上直接得到.

对于有限的一维声子晶体, 相应的无限声子晶体的允许和禁止范围里的 λ 都应当加以考虑. 我们需要考虑方程 (E.27) 的 Λ 在 $[0, +\infty)$ 范围里的解. 按照 C.5 节的理论, 取决于 λ 的数值, 两个线性独立解 $y_1(x, \lambda)$ 和 $y_2(x, \lambda)$ 的形式可能五种不同情况.

E.3.1 λ 是在无限声子晶体的一个允许带里面

如果 λ 是在无限声子晶体的一个允许带里面, $-2 < D(\lambda) < 2$. 根据 (2.73) 式这种情况下方程 (E.1) 的两个线性独立解可以选取为:

$$\begin{aligned}
y_1(x, \lambda) &= \mathrm{e}^{\mathrm{i}k_x(\lambda)x} p_1(x, \lambda), \\
y_2(x, \lambda) &= \mathrm{e}^{-\mathrm{i}k_x(\lambda)x} p_2(x, \lambda).
\end{aligned} \tag{E.29}$$

相应地我们有

$$\begin{aligned}
\mu(x + a)y_1'(x + a, \lambda) &= \mathrm{e}^{\mathrm{i}k_x(\lambda)a} \mu(x)y_1'(x, \lambda), \\
\mu(x + a)y_2'(x + a, \lambda) &= \mathrm{e}^{-\mathrm{i}k_x(\lambda)a} \mu(x)y_2'(x, \lambda),
\end{aligned} \tag{E.30}$$

这里 $k_x(\lambda)$ 是一依赖于 λ 的实数, 并且

$$0 < k_x(\lambda)a < \pi.$$

将 (E.30) 式用 N 次, 根据方程 (E.27) 和 (E.28) 我们就得到

$$\begin{aligned}
&c_1 \mu(\tau)y_1'(\tau, \Lambda) + c_2 \mu(\tau)y_2'(\tau, \Lambda) = 0, \\
&c_1 \mathrm{e}^{\mathrm{i}k_x(\Lambda)L} \mu(\tau)y_1'(\tau, \Lambda) + c_2 \mathrm{e}^{-\mathrm{i}k_x(\Lambda)L} \mu(\tau)y_2'(\tau, \Lambda) = 0.
\end{aligned}$$

因为 $\mu(x)y_1'(x,\lambda)$ 的零点是和 $\mu(x)y_2'(x,\lambda)$ 的零点分开的, 简单的数学计算给出, 存在方程 (E.26) 和 (E.27) 的非平凡解要求[1]

$$e^{\mathrm{i}k_x(\Lambda)L} - e^{-\mathrm{i}k_x(\Lambda)L} = 0. \tag{E.31}$$

注意 (E.31) 式不包含 τ. 如果

$$k_x(\Lambda)L = j\pi, \ j = 1, 2, \cdots, N-1,$$

就可以得到方程 (E.28) 的具有 (E.29) 式形式的非平凡解. 因此在无限声子晶体的方程 (E.1) 的每个允许带 $\varepsilon_n(k_x)$ 的内部存在着 $N-1$ 个 $\Lambda = \Lambda_{n,j}$, 这里 $j = 1, 2, \cdots, N-1$, 它们满足

$$k_x(\Lambda_{n,j}) = j\,\pi/L.$$

相应地在无限声子晶体的每个允许带 $\varepsilon_n(k_x)$ 内部存在着 $N-1$ 个本征模, 其本征值是

$$\Lambda_{n,j} = \varepsilon_n\left(\frac{j\pi}{L}\right), \ \ j = 1, 2, \cdots, N-1. \tag{E.32}$$

这种情况下每个本征值是声子晶体长度 L 的函数. 它们都与晶体边界的位置 τ 或 $\tau + L$ 无关. 相应的 $N-1$ 个本征模 $\psi(x, \Lambda_{n,j})$ 是在有限声子晶体内部由波矢为 $k_x = j\,\pi/L$ 和 $-k_x = -j\,\pi/L$ 的两个 Bloch 波 $\phi_n(k_x = j\,\pi/L, x)$ 和 $\phi_n(-k_x = -j\,\pi/L, x)$ 构成的 Bloch 驻波态. 为简单起见, 我们称这些模式为 L 有关模式, 虽然只是其本征值是只与 L 有关的. (E.32) 式中的本征值是可以从无限声子晶体的每个允许带 $\varepsilon_n(k_x)$ 得到的, 它们非常类似于第四章里讨论的 L 有关电子态. 可以注意到虽然边界条件 (E.27) 完全不同于第四章里讨论的长度 L 有限时的电子限域的边界条件 (4.6), 两种情况下的 L 有关电子态或本征模式的本征值的对 L 的依赖关系是完全一样的.

E.3.2 λ 不在无限声子晶体的一个允许带里面

按照第二章的理论, $D(\lambda)$ 的范围一共有五种情况. 我们现在可以统一考虑 $|D(\lambda)| \geqslant 2$ 的四种情况.

---

[1] 否则我们就会有

$$c_1\mu(\tau)y_1'(\tau, \Lambda) = 0, \ \text{并且} \ c_2\mu(\tau)y_2'(\tau, \Lambda) = 0.$$

如果 $\mu(\tau)y_1'(\tau, \Lambda) = 0$, 则据 (E.30) 式必有 $\mu(\tau)y_i'(\tau+a, \Lambda) = \mu(\tau)y_i'(\tau, \Lambda) = 0$ 但根据定理 2.8, 这只可能发生在 $|D(\Lambda)| \geqslant 2$ 的区间里. 因此上式里的 $\mu(\tau)y_1'(\tau, \Lambda)$ 和 $\mu(\tau)y_2'(\tau, \Lambda)$ 都不可能为零, 这样上式给出 $c_1 = c_2 = 0$. 因而从上式不可能得到方程 (E.26) 和 (E.27) 的非平凡解.

如果 λ 是在无限声子晶体的一个禁带内部, 即 $|D(\lambda)| > 2$. $y_1(x, \lambda)$ 和 $y_2(x, \lambda)$ 可以按 (2.77) 式选取 (如果禁带在 $k_x = 0$ 处) 或按 (2.81) 式选取 (如果禁带在 $k_x = \pi/a$ 处). 用刚才得到 (E.31) 式相似的方法可以得到

$$\mu(\tau)\psi'(\tau + a, \Lambda) = \mu(\tau)\psi'(\tau, \Lambda) = 0 \tag{E.33}$$

是在一个禁带内部能够存在方程 (E.26) 满足边界条件 (E.27) 时的解的必要条件.

如果 λ 是在方程 (E.1) 的一个带边, 即 $|D(\lambda)| = 2$. 我们总可以选取 $y_1(\lambda, x)$ 为方程 (E.1) 的带边波函数, $y_2(\lambda, x)$ 为方程 (E.1) 的另一个与 $y_1(\lambda, x)$ 线性独立的解. 简单的数学会给出只有带边波函数 $y_1(\Lambda, x)$ 才可能是方程 (E.26) 满足边界条件 (E.27) 的解. 因此 (E.33) 式是在 $|D(\lambda)| \geqslant 2$ 的范围里能够存在方程 (E.26) 满足边界条件 (E.27) 的解的必要条件. 容易看到 (E.33) 式也是在此范围里存在方程 (E.26) 满足边界条件 (E.27) 的解的充分条件, 因为从 (E.33) 式可以得到

$$\mu(\tau)\psi'(\tau + \ell a, \Lambda) = \mu(\tau)\psi'(\tau, \Lambda) = 0, \tag{E.34}$$

这里 $\ell = 1, 2, \cdots, N$.

因此, (E.33) 式是在 $|D(\lambda)| \geqslant 2$ 的范围里存在方程 (E.26) 满足边界条件 (E.27) 的解的充分必要条件. 而且这个解一定具有 $\psi(x, \Lambda) = \mathrm{e}^{\pm\beta(\Lambda)} f(x, \Lambda)$ 的形式, 这里 $\beta(\Lambda) \geqslant 0$ 而 $f(x, \Lambda)$ 是一个周期函数或半周期函数.

(E.33) 式里不包含有晶体的长度 L; 因此由 (E.33) 式得到的 (E.26) 和 (E.27) 式的本征值 $\Lambda_{\tau,n}$ 只会依赖于 τ, 而与 L 无关. 为简单起见, 我们把这些由 (E.33) 式得到的本征模式称为 τ 有关模式, 虽然这样的模式中只是其本征值 Λ 才只依赖于 τ.

定理 2.8 表明, 对于任何实数 τ, 总是有且只有一个由 (E.33) 式决定的本征值 —— 也就是由第二章里的 (2.97) 式决定的本征值 $\nu_{\tau,n}$ —— 存在于以下的范围里: $\nu_{\tau,0}$ 是在 $[0, \varepsilon_0(0)]$ 里, $\nu_{\tau,2m+1}$ 是在区间 $\left[\varepsilon_{2m}\left(\frac{\pi}{a}\right), \varepsilon_{2m+1}\left(\frac{\pi}{a}\right)\right]$ 里, $\nu_{\tau,2m+2}$ 是在区间 $[\varepsilon_{2m+1}(0), \varepsilon_{2m+2}(0)]$ 里, 总是**低于**或等于相应的允许带的极小值.

如同在 E.2.1 小节里所讨论过的一样, 从 (E.33) 式所得到的 $P = \dfrac{\psi(\tau + a, \Lambda_{\tau,n})}{\psi(\tau, \Lambda_{\tau,n})}$ 可以有三种可能性: (a) $0 < |P| < 1$; (b) $|P| = 1$; (c) $|P| > 1$. (a) 相应的是方程 (E.26) 和 (E.27) 的一个在 $+x$ 方向振荡衰减的解 $\psi(x, \Lambda_{\tau,n})$, 是一个局域在晶体左边界 τ 处的表面模式. (b) 相应的是方程 (E.26) 和 (E.27) 的解 $\psi(x, \Lambda_{\tau,n})$ 在有限一维声子晶体内部是一个方程 (E.1) 的带边解. (c) 相应的是方程 (E.26) 和 (E.27) 的一个在 $+x$ 方向振荡增加即在 $-x$ 方向振荡衰减的解 $\psi(x, \Lambda_{\tau,n})$, 是一个局域在晶体右边界 $\tau + L$ 处的表面模式.

和一维有限电子晶体的情况显著不同的一点是这里的一个依赖于 τ 的本征模的频率总是低于相应于同一允许带的依赖于 L 的本征模的频率. 也就是说, 有限的一维声子晶体里边界条件 (E.27) 的限域总是使得依赖于 τ 的本征模的频率更低, 而不是像第四章里讨论的那样, 边界条件 (4.6) 的限域总是使得依赖于 τ 的电子态能量更高. 这一根本性的不同是来源于这里的边界条件 (E.27) 和第四章里的电子限域的边界条件 (4.6) 的不同: 在第四章里的电子限域的边界条件 (4.6) 导致了对于依赖于 τ 的电子态的要求是 $y(\tau) = y(\tau + a) = 0$, 定理 2.8 要求相应的本征值是在对应的允许能带的上面的禁带里. 这一点正是一维有限声子晶体的限域和第四章里讨论的一维有限电子晶体的量子限域根本不同之处.

因此在一个长度为 $L = Na$ 的自由边界的一维声子晶体里总是有两种不同的模式: 相应于每个允许带的 $N-1$ 个模式, 其本征值依赖于晶体长度 L 但与晶体边界位置无关; 相应于每个频率的禁止范围总是有一个且只有一个模式其本征值依赖于晶体边界位置 τ 但与晶体长度 L 无关.

我们这里的结果是通过一个微分方程理论的途径得到的. 这个途径比较适合用来研究由不同的各向同性的均匀固体媒质层构成的一维声子晶体. 有其他作者[29,31,33-35] 用 Green 函数和转移矩阵的方法研究了其他类型的一维声子晶体, 得到了完全相似的结果. 在一个有 N 个原胞的有限长度的一维声子晶体里有两种不同的模式: 相应于每个允许带有 $N-1$ 个模式, 其能量与有限晶体的长度有关; 相应于每个频率的禁止范围有一个模式, 其能量取决于有限晶体的边界.

A.-C. Hladky-Hennion, G. Allan 和 M. de Billy[29] 从理论上和实验上研究了沿由两种不同直径的钢球交替构成的双原子链的纵弹性波的传播. 他们得到无限长度的双原子链的振动模式包括由一个带隙分开的两个低频支. 有 N 个单元的有限长度的双原子链则有两种不同的振动模式: 在每个允许带里有 $N-1$ 个振动模式其频率依赖于 N; 在带隙里有一个振动模式其频率不依赖于 N; 以及一个总是存在的处于最低带边的零频模式, 也不依赖于 N.

El Hassouani 等人[31,33] 和 El Boudouti 等人[34] 用 Green 函数的方法从理论上研究了 N 个周期的其每个周期单元是由液体媒质 (例如水) 层和固体媒质 (例如 Plexi 玻璃) 层交替构成的自由边界的一维声子晶体的本征模式. 他们发现对于每个平行于界面的波矢 $k_{\parallel}$ (相应于我们这里的 k_z), 相应于每个允许带总是有 $N-1$ 个模式其能量依赖于 N 但是不依赖于有限晶体的边界位置. 相应于每个带隙总是有且只有一个模式其能量依赖于有限晶体的边界位置但是不依赖于晶体的尺度 N. 这个模式或是能量处于带隙内部的一个局域在有限尺度结构的两个边界面之一的一个表面模式, 或者是一个限域的带边模式.

El Boudouti 和 Djafari-Rouhani[35] 进一步利用 Green 函数方法研究了更为普遍的包含有 N 个原胞的一维有限声子晶体的本征模式. 一维有限声子晶体的构成

单元可以是分立的, 也可以是连续媒质. 这里的单个原胞可以是多层结构的, 也可以是多波导形式的. 在一定条件下他们得到了包含有 N 个原胞的有限声子晶体的 Green 函数的一个表达式, 这个表达式里涉及的是单个原胞的 Green 函数的有关矩阵元, 而与单个原胞内部的结构细节无关. 有限晶体的本征模式的频率由其 Green 函数的极点给出, 由此他们无须知道每个原胞的结构细节就可以得到包含有 N 个原胞的有限声子晶体的本征模式的一个普遍认识: 包含有 N 个原胞的有限声子晶体在无限声子晶体的每个允许带内有 $N-1$ 个模式; 此外还会存在一种相应于每个频率的禁止范围的其频率与 N 无关而只由单个原胞的 Green 函数的有关矩阵元决定的模式. 如果单个原胞是非对称的, 这种模式就是局域在有限晶体的两个边界表面之一的表面模式. 如果单个原胞是对称的, 这种模式就是在有限晶体的内部的一个带边模式.

这样我们看到, 在现已研究过的一些不同形式一维声子晶体的本征模式都有共同的性质. 在一个包含有 N 个原胞的有限长度的一维声子晶体里有两种不同的本征模式: 相应于每个允许带有 $N-1$ 个模式, 其频率与有限晶体的边界位置无关但依赖于 N 且都可以由无限一维声子晶体的色散关系得到; 相应于每个带隙有一个模式, 其频率不依赖于 N 而依赖于有限晶体的边界位置. 这个模式或是一个表面模式, 或是一个限域的带边模式. 因为一维无限声子晶体的每个允许带和带隙都是交替地存在的, 我们也可以说一个长度 $L = Na$ 的一维有限声子晶体的每个允许带都总是有一个而且只有一个依赖于 τ 的本征模. 这点是和我们在第四章里讨论的依赖于 τ 的电子态非常相似的.

参 考 文 献

[1] Rytov S M. Akust. Zh., 1956, 2: 71 [Sov. Phys. Acoust., 1956, 2: 68];
Rytov S M. Zh. Eksp. Teor. Fiz., 1955, 29: 605 [Sov. Phys. JETP, 1956, 2: 466].

[2] Ewing W M, Jardetzky W S, Press F. Elastic waves in layered media. New York, NY: McGraw-Hill Book Co., Inc., 1957.

[3] Born M, Wolf E. Principles of optics: electromagnetic theory of propagation, interference and diffraction of light. 7th ed. Cambridge: Cambridge University Press, 2016.

[4] Delph T J, Herrmann G, Kaul R K. J. Appl. Mech., 1972, 45: 343.

[5] Yeh P, Yariv A, Hong C S. J. Opt. Soc. Am., 1977, 67: 423;
Yeh P, Yariv A, Cho A Y. Appl. Phys. Lett., 1978, 32: 104.

[6] Camley R E, Djafari-Rouhani B, Dobrzynski L, et al. Phys. Rev., 1983, B27: 7318.

[7] Yariv A, Yeh P. Optical waves in crystals. New York: John Wiley & Sons, 1984.

[8]   Yeh P. Optical waves in layered media. New York: John Wiley & Sons, 1988.

[9]   Joannopoulos J D, Meade R D, Winn J N. Photonic crystals: molding the flow of
        light. Princeton: Princeton University Press, 1995.

[10]   Tamura S, Hurley D C, Wolfe J P. Phys. Rev., 1988, B38: 1427.

[11]   Joannopoulos J D, Johnson S G, Winn J N, et al. Photonic crystals, molding the
        flow of light. 2nd ed. Princeton: Princeton University Press, 2008.

[12]   Lourtioz J-M, Benisty H, Berger V, et al. Photonic crystals: towards nanoscale
        photonic devices. 2nd ed. Berlin: Springer-Verlag, 2008.

[13]   Sibilia C, Benson T M, Marciniak M, et al. Photonic crystals: physics and technology.
        Milano: Springer, 2008.

[14]   Prather D W, Sharkawy A, Shi S, et al. Photonic crystals, theory, applications and
        fabrication. Hoboken: John Wiley & Sons, 2009.

[15]   Khelif A, Adibi A. Phononic crystals: fundamentals and applications. New York,
        NY: Springer, 2016.

[16]   Djafari-Rouhani B, Dobrzynski L, Hardouin Duparc O, et al. Phys. Rev., 1983, B28:
        1711.

[17]   Grahn H T, Maris H J, Tauc J, et al. Phys. Rev., 1988, B38: 6066.

[18]   El Boudouti E H, Djafari-Rouhani B, Khourdifi E M, et al. Phys. Rev., 1993, B48:
        10987.

[19]   El Boudouti E H, Djafari-Rouhani B, Nougaoni A. Phys. Rev., 1995, B51: 13801.

[20]   El Boudouti E H, Djafari-Rouhani B, Akjouj A, et al. Phys. Rev., 1996, B54: 14728.

[21]   Djafari-Rouhani B, Dobrzynski L. Solid State Commun., 1987, 62: 609.

[22]   Chen W, Lu Y, Maris H J, et al. Phys. Rev., 1994, B50: 14506.

[23]   Pu N W, Bokor J. Phys. Rev. Lett., 2003, 91: 076101.

[24]   Pu N W. Phys. Rev., 2005, B72: 115428.

[25]   Robertson W M, Arjavalingam G, Meade R D, et al. Opt. Lett., 1993, 18, 528.

[26]   Ramos-Mendieta F, Halevi P. Opt. Commun., 1996, 129: 1.

[27]   Ramos-Mendieta F, Halevi P. J. Opt. Soc. Am., 1997, B14: 370.

[28]   Vinogradov A P, Dorofeenko A V, Erokhin S G, et al. Phys. Rev., 2006, B74: 045128.

[29]   Hladky-Hennion A-C, Allan G, de Billy M. J. Appl. Phys., 2005, 98: 054909.

[30]   Ren S Y, Chang Y C. Phys. Rev., 2007, B75: 212301.

[31]   El Hassouani Y, El Boudouti E H, Djafari-Rouhani B, et al. Journal of Physics:
        Conference Series, 2007, 92: 012113.

[32]   El Boudouti E H, El Hassouani Y, Djafari-Rouhani B, et al. Phys. Rev., 2007, E76:
        026607

[33]　El Hassouani Y, El Boudouti E H, Djafari-Rouhani B, et al. Phys. Rev., 2008, B78: 174306.

[34]　El Boudouti E H, Djafari-Rouhani B, Akjouj A, et al. Surface Science Reports, 2009, 64: 471.

[35]　El Boudouti E H, Djafari-Rouhani B. One-dimensional phononic crystals//Deymier P A. Acoustic metamaterials and phononic crystals. (Springer Series in Solid-State Sciences, 173.) Berlin: Springer, 2013: 45.

[36]　Weidmann J. Spectral theory of ordinary differential operators. Berlin: Springer-Verlag, 1987.

[37]　Zettl A. Sturm-Liouville theory. Providence: American Mathematical Society, 2005. 特别是 39 页.

[38]　Brown B M, Eastham M S P, Schmidt K M. Periodic differential operators. (Operator Theory: Advances and Applications, Vol. 230.) Basel: Birkhauser, 2013 及其中参考文献.

[39]　Landau L D, Lifshitz E M. Theory of elasticity. London: Pergamon Press, 1959.

[40]　Eastham M S P. The spectral theory of periodic differential equations. Edinburgh: Scottish Academic Press, 1973.

附录 F 一维光子晶体

关于一维光子晶体的研究已经有多年的历史. 早在数百年前, Hooke 和 Newton 就曾经研究过重叠的薄层结构的光学性质[1,2], 近代在 1980 年代后期以前的有关研究工作可参看文献 [3-9] 和其中的参考文献. 1987 年发表的两篇论文 [10, 11] 标志着光子晶体研究的一个突破性进展, 从那以后, 光子晶体的研究工作呈现出更加迅猛的势头, 形成了一个活跃并成果丰硕的领域[12-24]. 有看法认为现在光学领域里的许多研究方向都是在探索在微米和纳米尺度范围内的周期性结构的效应[25].

光子晶体的最重要的性质是其频谱里可能存在着由于其构成媒质的电磁 (介电) 性质不同和系统的周期性而导致的带隙, 带隙的存在可能会导致许多有价值的实际应用. 关于光子晶体的 Maxwell 方程涉及两个不同而又密切相关的矢量场 —— 电场 E 和磁场 H, 因而其有关的物理问题的内容比起声子晶体更加丰富和多样化. 光子晶体的构成材料彼此之间也可能有更加不同的电磁性质. 即使光子晶体外面是真空, 电磁波也不是完全局域在光子晶体内部. 这样一些因素使得与有关声子晶体的研究相比, 有关光子晶体的研究更加丰富多彩, 也可能有更多的实际应用.

一维光子晶体是最简单的光子晶体. 对于一维光子晶体里的物理问题的清楚认识是认识二维或三维光子晶体里的物理问题的基础. 多年以来, 转移矩阵方法[5,8,9]一直是研究最简单的一维光子晶体 —— 由两种不同的各向同性的均匀介电媒质层交替构成的一维光子晶体 —— 的一个主要理论工具. 其基本做法是在每一个单层均匀介电媒质层里求解波动方程, 将相邻单层的电场和磁场在界面处按照相应的连续条件联系起来, 再用 Bloch 定理来处理周期性[8,9]. 迄今为止的许多关于一维光子晶体基本理论认识都是通过转移矩阵方法得到的.

现代的周期性 Sturm-Liouville 微分方程数学理论的一个重要优点是它可以直接处理普遍的一维多层晶体. 一维多层光子晶体所要求的相邻单层的电场和磁场在界面处的连续条件已经被包含在方程本身里面. 也就是说, 我们所直接处理的是整个一维光子晶体的波动方程, 而不是像转移矩阵方法那样只在每个单层里解波动方程, 然后在界面处按照相应的连续条件联系起来. 我们这里就试图在前面第二章的理论的基础上, 来探索和认识一维光子晶体里的一些有关的基本问题. 我们将会看到, 一些过去用转移矩阵方法得到的基本结果在这里可以很容易地得到, 也不难进一步得到过去用转移矩阵方法没有得到的一些基本结果.

　　许多研究光子晶体的作者常常将光子晶体里的电磁波和晶体里的电子波进行比较来阐明光子晶体里的一些物理问题, 例如文献 [12, 16-18, 21, 23] 等. 因为在许多情况下的一维光子晶体里的波动方程和一维电子晶体里的波动方程都可以统一到周期性 Sturm-Liouville 方程 (2.2) 的形式, 这样的比较现在看来就更有着确切的理论基础. 在本书的第三章和第四章里得到有关一维电子晶体的一些结果, 很自然地也在一维光子晶体里有关的物理问题上有着相应的反映.

F.1　波 动 方 程

　　我们这里只讨论最简单的光子晶体. 我们假定构成光子晶体的材料的磁导率等于真空中的磁导率 μ_0, 其介电系数是各向同性的且不依赖于频率的正实数. 从不带自由电荷和不存在自由电流的情况下光在这样的不同介电媒质交替形成的光子晶体的传播的 Maxwell 方程可以导出四个基本方程[5,8,9,12,17] (CGS 单位制):

$$\frac{1}{\epsilon(\boldsymbol{x})}\nabla \times \nabla \times \boldsymbol{E}(\boldsymbol{x},t) = -\frac{1}{c^2}\frac{\partial^2}{\partial t^2}\boldsymbol{E}(\boldsymbol{x},t),$$
$$\nabla \times \left[\frac{1}{\epsilon(\boldsymbol{x})}\nabla \times \boldsymbol{H}(\boldsymbol{x},t)\right] = -\frac{1}{c^2}\frac{\partial^2}{\partial t^2}\boldsymbol{H}(\boldsymbol{x},t),$$
$$\nabla \cdot \epsilon(\boldsymbol{x})\boldsymbol{E}(\boldsymbol{x},t) = 0, \tag{F.1}$$
$$\nabla \cdot \boldsymbol{H}(\boldsymbol{x},t) = 0.$$

这里 $\boldsymbol{E}(\boldsymbol{x},t)$ 和 $\boldsymbol{H}(\boldsymbol{x},t)$ 分别是电场和磁场, c 是真空中的光速, $\epsilon(\boldsymbol{x})$ 是光子晶体的相对介电函数.

　　对于光子晶体里的电磁波的传播, 我们感兴趣的是方程组 (F.1) 如下形式的解:

$$\boldsymbol{E}(\boldsymbol{x},t) = \boldsymbol{E}(\boldsymbol{x})\mathrm{e}^{-\mathrm{i}\omega t},$$
$$\boldsymbol{H}(\boldsymbol{x},t) = \boldsymbol{H}(\boldsymbol{x})\mathrm{e}^{-\mathrm{i}\omega t}.$$

这里 ω 是本征角频率. $\boldsymbol{E}(\boldsymbol{x})$ 和 $\boldsymbol{H}(\boldsymbol{x})$ 是以下方程的本征函数:

$$\frac{1}{\epsilon(\boldsymbol{x})}\nabla \times \nabla \times \boldsymbol{E}(\boldsymbol{x}) - \left(\frac{\omega}{c}\right)^2 \boldsymbol{E}(\boldsymbol{x}) = 0 \tag{F.2}$$

和

$$\nabla \times \left[\frac{1}{\epsilon(\boldsymbol{x})}\nabla \times \boldsymbol{H}(\boldsymbol{x})\right] - \left(\frac{\omega}{c}\right)^2 \boldsymbol{H}(\boldsymbol{x}) = 0. \tag{F.3}$$

光子晶体里的电磁波可以用 (F.3) 式和

$$\nabla \cdot \boldsymbol{H}(\boldsymbol{x}) = 0 \tag{F.4}$$

求解. $\boldsymbol{E}(\boldsymbol{x})$ 可以从 $\boldsymbol{H}(\boldsymbol{x})$ 通过

$$\nabla \times \boldsymbol{H}(\boldsymbol{x}) - \frac{\mathrm{i}\omega}{c}\epsilon(\boldsymbol{x})\boldsymbol{E}(\boldsymbol{x}) = 0 \tag{F.5}$$

来求得; 也可以用 (F.2) 式和

$$\nabla \cdot \epsilon(\boldsymbol{x})\boldsymbol{E}(\boldsymbol{x}) = 0 \tag{F.6}$$

求解. $\boldsymbol{H}(\boldsymbol{x})$ 可以从 $\boldsymbol{E}(\boldsymbol{x})$ 通过

$$\nabla \times \boldsymbol{E}(\boldsymbol{x}) + \frac{\mathrm{i}\omega}{c}\epsilon(\boldsymbol{x})\boldsymbol{H}(\boldsymbol{x}) = 0 \tag{F.7}$$

来求得.

F.2   一维光子晶体的 TM 模式和 TE 模式

在本附录里我们只讨论最简单的一维光子晶体: $\epsilon(\boldsymbol{x})$ 只是 x 的函数, 且是 x 的周期函数: $\epsilon(x + a) = \epsilon(x) > 0$.

我们选取电磁波的传播平面为 xz 平面. 一个在 xz 平面传播的电磁波可以是 TM 模式 —— 其磁场 $\boldsymbol{H}(\boldsymbol{x})$ 的方向是在 y 方向, 或是 TE 模式 —— 其电场 $\boldsymbol{E}(\boldsymbol{x})$ 的方向是在 y 方向.

F.2.1   TM 模式

对于磁场 $\boldsymbol{H}(\boldsymbol{x})$ 的方向是在 y 方向的 TM 模式, $\boldsymbol{H}(\boldsymbol{x})$ 可以写成

$$H_x = 0, \ H_y = H_y(x)\mathrm{e}^{\mathrm{i}k_z z}, \ H_z = 0.$$

令 $y = H_y(x)$, 从 (F.3) 和 (F.5) 式可以得到对于 TM 模式我们有

$$\left[\frac{1}{\epsilon(x)}y'(x)\right]' + \left[\left(\frac{\omega}{c}\right)^2 - \frac{1}{\epsilon(x)}k_z^2\right]y(x) = 0 \tag{F.8}$$

和

$$E_x \frac{\omega}{c}\epsilon(x) = -k_z y(x)\mathrm{e}^{\mathrm{i}k_z z}, \ E_y = 0, \ E_z \frac{\mathrm{i}\omega}{c}\epsilon(x) = y'(x)\mathrm{e}^{\mathrm{i}k_z z}. \tag{F.9}$$

方程 (F.8) 是第二章里方程 (2.2) 相应于 $p(x) = \dfrac{1}{\epsilon(x)}, q(x) = \dfrac{1}{\epsilon(x)}k_z^2, w(x) = \dfrac{1}{c^2}$ 和 $\lambda = \omega^2$ 的一个特定形式. 最简单的也是过去研究得最多的一维光子晶体是由两种不同的各向同性的介电媒质层交替构成的光子晶体. 在这样的光子晶体里, $\epsilon(x)$ 是

一个分段连续的阶跃函数而不是一个连续函数. 因此 Eastham 书[26] 里的 Hill 方程的理论不能直接应用来处理这样的光子晶体里的方程 (F.8). 因为这一点, 在本书的第一版里曾说到过电子晶体的一些结果不应该直接地应用于光子晶体. 这一版第二章的数学理论则可以直接用来处理这样的光子晶体里的方程 (F.8).

如第二章的数学理论所指出的, 在方程 (F.8) 的解里, y 和 $\frac{1}{\epsilon(x)}y'$ 是连续的, TM 模式所要求的 H_y 和 E_z 是连续的条件[5,8,9] 已内含地包括在方程 (F.8) 和 (F.9) 里面.

按照第二章的数学理论, TM 模式的带结构是由方程 (F.8) 的定义为

$$D_{\mathrm{tm}}(\lambda) = \eta_1(a, \lambda) + \frac{1}{\epsilon(a)}\eta_2'(a, \lambda) \tag{F.10}$$

的判别式 $D_{\mathrm{tm}}(\lambda)$ 决定的. 这里 $\eta_1(x, \lambda)$ 和 $\eta_2(x, \lambda)$ 是方程 (F.8) 的两个满足以下条件

$$\eta_1(0, \lambda) = 1, \frac{1}{\epsilon(0)}\eta_1'(0, \lambda) = 0; \quad \eta_2(0, \lambda) = 0, \frac{1}{\epsilon(0)}\eta_2'(0, \lambda) = 1 \tag{F.11}$$

的线性无关归一化解. 允许带是在满足 $-2 \leqslant D_{\mathrm{tm}}(\lambda) \leqslant 2$ 的 λ 范围里. 在这些范围里的允许带结构可以由 $D_{\mathrm{tm}}(\lambda)$ 得到:

$$\cos k_x a = \frac{1}{2}D_{\mathrm{tm}}(\lambda). \tag{F.12}$$

这里 k_x 是 Bloch 波矢: $-\frac{\pi}{a} < k_x \leqslant \frac{\pi}{a}$.

F.2.2　TE 模式

对于电场 $\boldsymbol{E}(\boldsymbol{x})$ 的方向是在 y 方向的 TE 模式, $\boldsymbol{E}(\boldsymbol{x})$ 可以写成

$$E_x = 0, \ E_y = E_y(x)\mathrm{e}^{\mathrm{i}k_z z}, E_z = 0.$$

令 $y = E_y(x)$, 从方程 (F.2) 和 (F.7) 可以得到

$$y'' + \left[\epsilon(x)\left(\frac{\omega}{c}\right)^2 - k_z^2\right]y = 0 \tag{F.13}$$

和

$$H_x \frac{\omega}{c} = k_z y(x)\mathrm{e}^{\mathrm{i}k_z z}, \ H_y = 0, \ H_z \frac{\mathrm{i}\omega}{c} = -y'(x)\mathrm{e}^{\mathrm{i}k_z z}. \tag{F.14}$$

方程 (F.13) 是方程 (2.2) 相应于 $p(x) = 1, q(x) = k_z^2, w(x) = \frac{1}{c^2}\epsilon(x)$ 和 $\lambda = \omega^2$ 的一

个特定形式. 第二章的数学理论可以用来处理这样的光子晶体的方程 (F.13).

在方程 (F.13) 的解里, TE 模式所要求的 E_y 和 H_z 是连续的条件[5,8,9] 已内含地包括在方程 (F.13) 的解 y 和 y' 是连续的里面.

按照第二章的数学理论, TE 模式的带结构是由方程 (F.13) 的定义为

$$D_{\text{te}}(\lambda) = \eta_1(a, \lambda) + \eta_2'(a, \lambda) \tag{F.15}$$

的判别式 $D_{\text{te}}(\lambda)$ 决定的. 这里 $\eta_1(x, \lambda)$ 和 $\eta_2(x, \lambda)$ 是方程 (F.13) 的两个满足以下条件

$$\eta_1(0, \lambda) = 1, \eta_1'(0, \lambda) = 0; \quad \eta_2(0, \lambda) = 0, \eta_2'(0, \lambda) = 1 \tag{F.16}$$

的线性无关归一化解. 允许带是在满足 $-2 \leqslant D_{\text{te}}(\lambda) \leqslant 2$ 的 λ 范围里. 在这些范围里的允许带结构可以由 $D_{\text{te}}(\lambda)$ 得到:

$$\cos k_x a = \frac{1}{2} D_{\text{te}}(\lambda), \tag{F.17}$$

这里 k_x 是 Bloch 波矢: $-\dfrac{\pi}{a} < k_x \leqslant \dfrac{\pi}{a}$.

F.2.3 由两种不同介电媒质层交替构成的光子晶体的带结构

最简单的一维光子晶体是由两种介电常数分别为 ϵ_1, ϵ_2, 厚度分别为 d_1, d_2 的各向同性的均匀介电媒质层交替构成的周期性结构.

1. TM 模式

对于一个这样的一维光子晶体, TM 模式的方程 (F.8) 可以写成

$$\left[\frac{1}{\epsilon_l} y'(x)\right]' + \left[\frac{\lambda}{c^2} - \frac{k_z^2}{\epsilon_l}\right] y(x) = 0, \tag{F.18}$$

这里

$$\epsilon_l = \begin{cases} \epsilon_1, & na < x \leqslant d_1 + na, \\ \epsilon_2, & na + d_1 < x \leqslant (n+1)a. \end{cases} \tag{F.19}$$

并且 $\lambda = \omega^2 \geqslant 0$, $a = d_1 + d_2$ 是光子晶体的周期, n 是整数, $\epsilon_1 \neq \epsilon_2$ 是正实常数.

方程 (F.18) 是方程 (2.2) 相应于 $q(x) = \dfrac{1}{\epsilon_l} k_z^2$, $w(x) = \dfrac{1}{c^2} > 0$, $p(x) = \dfrac{1}{\epsilon_l}$ 且 $p(x)$ 在 $x = na$ 和 $x = d_1 + na$ 的孤立点处不连续的一种特殊情况. 方程 (F.18) 可以写成

$$\left[\frac{1}{\epsilon_l} y'(x)\right]' + \frac{1}{\epsilon_l} k_l^2 y(x) = 0, \tag{F.20}$$

这里

$$\frac{1}{\epsilon_l}k_l^2 = \frac{\lambda}{c^2} - \frac{k_z^2}{\epsilon_l}, \quad l = 1, 2. \tag{F.21}$$

按照第二章的数学理论, TM 模式的带结构可以由方程 (F.20) 的判别式 $D_{\mathrm{tm}}(\lambda)$ 完全和解析地决定. 附录 (C.31) 式给出了判别式 $D_{\mathrm{tm}}(\lambda)$ 的形式是

$$D_{\mathrm{tm}}(\lambda) = 2\,\cos k_2 d_2\,\cos k_1 d_1 - \left[\frac{k_1\epsilon_2}{k_2\epsilon_1} + \frac{k_2\epsilon_1}{k_1\epsilon_2}\right]\sin k_2 d_2 \sin k_1 d_1. \tag{F.22}$$

随着 λ 增加, $D_{\mathrm{tm}}(\lambda)$ 像 2.4 节所述的那样变化.

大多数过去的理论研究工作都是关于允许带结构的, 这相应于 $-2 \leqslant D_{\mathrm{tm}}(\lambda)$ $\leqslant +2$ 的范围. 从 (F.12) 和 (F.22) 式我们可以知道对于两种不同介电媒质层交替构成的一维光子晶体, 由方程 (F.18) 描述的 TM 模式的允许带结构是由

$$\cos k_x a = \cos k_2 d_2\,\cos k_1 d_1 - \frac{1}{2}\left[\frac{k_1\epsilon_2}{\epsilon_1 k_2} + \frac{k_2\epsilon_1}{\epsilon_2 k_1}\right]\sin k_2 d_2\,\sin k_1 d_1 \tag{F.23}$$

决定的. 这就是在文献 [8] 里的 6.2 节和文献 [9] 里的 6.2 节里得到的 TM 模式的带结构, 也是在一些文献例如 [4, 27-31] 等得到的或用到的色散关系.

对于半无限和有限长度的光子晶体, 方程 (F.18) 的解在相应于 $|D_{\mathrm{tm}}(\lambda)| > 2$ 的禁止能量范围的性质也是重要的, 这些解的性质也取决于 (F.22) 式里的判别式 $D_{\mathrm{tm}}(\lambda)$.

2. TE 模式

对于一个这样的光子晶体, TE 模式的方程 (F.13) 可以写成

$$y''(x) + \left[\frac{\lambda}{c^2}\,\epsilon_l - k_z^2\right]y(x) = 0, \tag{F.24}$$

这里

$$\epsilon_l = \begin{cases} \epsilon_1, & na < x \leqslant d_1 + na, \\ \epsilon_2, & na + d_1 < x \leqslant (n+1). \end{cases} \tag{F.25}$$

并且 $\lambda = \omega^2 \geqslant 0$, $a = d_1 + d_2$ 是光子晶体的周期, n 是整数, $\epsilon_1 \neq \epsilon_2$ 是正实常数.

方程 (F.24) 是方程 (2.2) 相应于 $p(x) = 1$, $q(x) = k_z^2$ 并且 $w(x) = \frac{1}{c^2}\epsilon_l > 0$ 的一种特殊情况.

方程 (F.24) 可以写成

$$y''(x) + k_l^2 y(x) = 0, \tag{F.26}$$

这里

$$k_l^2 = \frac{\lambda}{c^2} \epsilon_l - k_z^2. \tag{F.27}$$

按照第二章的数学理论, TE 模式的带结构可以由方程 (F.26) 的判别式 $D_{\text{te}}(\lambda)$ 完全和解析地决定. 附录 C 里的 (C.31) 式给出了判别式 $D_{\text{te}}(\lambda)$ 的形式是

$$D_{\text{te}}(\lambda) = 2\cos k_2 d_2 \ \cos k_1 d_1 - \left[\frac{k_1}{k_2} + \frac{k_2}{k_1}\right] \sin k_2 d_2 \sin k_1 d_1. \tag{F.28}$$

随着 λ 从 $-\infty$ 增加, $D_{\text{te}}(\lambda)$ 像 2.4 节所述的那样变化.

大多数过去的理论研究工作都是关于允许带结构的, 这相应于 $-2 \leqslant D_{\text{te}}(\lambda) \leqslant +2$ 的范围. 从 (F.17) 和 (F.28) 式可以得到对于两种不同介电媒质层交替构成的一维光子晶体, 由方程 (F.24) 描述的 TE 模式在 $-2 \leqslant D_{\text{te}}(\lambda) \leqslant +2$ 范围里的允许带结构是

$$\cos k_x a = \ \cos k_2 d_2 \ \cos k_1 d_1 - \frac{1}{2}\left[\frac{k_1}{k_2} + \frac{k_2}{k_1}\right] \sin k_2 d_2 \sin k_1 d_1. \tag{F.29}$$

这就是文献 [8] 里的 6.2 节和文献 [9] 里的 6.2 节里得到的 TE 模式的带结构和文献 [4, 27-31] 等得到的或用到的色散关系.

对于半无限和有限长度的光子晶体, 方程 (F.24) 的解在相应于 $|D_{\text{te}}(\lambda)| > 2$ 的禁止能量范围的性质也是重要的, 这些性质也取决于 (F.28) 式里的判别式 $D_{\text{te}}(\lambda)$.

第二章里定理 2.7 给出了方程 (F.8) 或 (F.13) 的解的带边模式的零点的数目的准确值. 在最低的带隙的下带边和上带边的模式在一个周期 a 里正好有一个零点. 这正是在文献 [12] 书里第四章里图 3 和文献 [17] 书里第四章里图 3 和图 4 里所看到的.

F.2.4 由多种不同介电媒质层构成的一维光子晶体的带结构

从上一小节里我们看到得到光子晶体的 TM 模式和 TE 模式的带结构的核心问题是得到相应方程的判别式 $D_{\text{tm}}(\lambda)$ 或 $D_{\text{te}}(\lambda)$. 在此基础上其 TM 模式和 TE 模式的带结构可以从 (F.12) 和 (F.17) 式得到.

对于其一个基本单元包含有三种或更多种介电媒质层的一维光子晶体[32-35] 其 TM 模式的方程 (F.8) 的判别式 $D_{\text{tm}}(\lambda)$ 和 TE 模式的方程 (F.13) 的判别式 $D_{\text{te}}(\lambda)$ 都可以由附录 C 里的有关表达式或那里使用的方法得到.

1. TM 模式

对于其一个基本单元包含有介电常数依次分别为 $\epsilon_1, \epsilon_2, \epsilon_3$, 厚度依次分别为 d_1, d_2, d_3 的三种不同的各向同性的均匀介电媒质层的一维光子晶体, 方程 (F.8) 的

判别式 $D_{\mathrm{tm}}(\lambda)$ 可以从 (C.28) 式得到. 其带结构可以写成

$$
\begin{aligned}
\cos k_x a ={}& \cos k_3 d_3 \ \cos k_2 d_2 \ \cos k_1 d_1 \\
&-\frac{1}{2}\left(\frac{\epsilon_2 k_1}{\epsilon_1 k_2}+\frac{\epsilon_1 k_2}{\epsilon_2 k_1}\right)\ \cos k_3 d_3 \sin k_2 d_2 \sin k_1 d_1 \\
&-\frac{1}{2}\left(\frac{\epsilon_3 k_1}{\epsilon_1 k_3}+\frac{\epsilon_1 k_3}{\epsilon_3 k_1}\right)\sin k_3 d_3 \ \cos k_2 d_2 \sin k_1 d_1 \\
&-\frac{1}{2}\Big(\frac{\epsilon_3 k_2}{\epsilon_2 k_3}+\frac{\epsilon_2 k_3}{\epsilon_3 k_2}\Big)\sin k_3 d_3 \sin k_2 d_2 \ \cos k_1 d_1 .
\end{aligned}
\tag{F.30}
$$

这里 k_l ($l=1,2,3$) 类似于 (F.21) 式, 由

$$
\frac{1}{\epsilon_l}k_l^2 = \frac{\lambda}{c^2}-\frac{k_z^2}{\epsilon_l}
\tag{F.31}
$$

给出.

对于其一个基本单元包含有四种不同的各向同性的均匀介电媒质层的一维光子晶体, 方程 (F.8) 的判别式 $D_{\mathrm{tm}}(\lambda)$ 可以从 (C.34) 式得到. 其带结构也可以相应地得到. 如果需要, 对于其一个基本单元包含有更多种不同的各向同性的均匀介电媒质层的一维光子晶体的判别式 $D_{\mathrm{tm}}(\lambda)$ 和带结构也可以用类似于附录 C 里的方法得到.

2. TE 模式

对于其一个基本单元包含有介电常数依次分别为 $\epsilon_1, \epsilon_2, \epsilon_3$, 厚度依次分别为 d_1, d_2, d_3 的三种不同的各向同性的均匀介电媒质层的一维光子晶体, 方程 (F.13) 的判别式 $D_{\mathrm{te}}(\lambda)$ 可以从 (C.28) 式得到. 其带结构可以写成

$$
\begin{aligned}
\cos k_x a ={}& \cos k_3 d_3 \ \cos k_2 d_2 \ \cos k_1 d_1 \\
&-\frac{1}{2}\left(\frac{k_1}{k_2}+\frac{k_2}{k_1}\right)\ \cos k_3 d_3 \sin k_2 d_2 \sin k_1 d_1 \\
&-\frac{1}{2}\left(\frac{k_1}{k_3}+\frac{k_3}{k_1}\right)\sin k_3 d_3 \ \cos k_2 d_2 \sin k_1 d_1 \\
&-\frac{1}{2}\left(\frac{k_2}{k_3}+\frac{k_3}{k_2}\right)\sin k_3 d_3 \sin k_2 d_2 \ \cos k_1 d_1 .
\end{aligned}
\tag{F.32}
$$

这里 k_l ($l=1,2,3$) 类似于 (F.27) 式, 由

$$
k_l^2 = \frac{\lambda}{c^2}\ \epsilon_l - k_z^2
\tag{F.33}
$$

给出.

对于其一个基本单元包含有四种不同的各向同性的均匀介电媒质层的一维光子晶体, 方程 (F.13) 的判别式 $D_{\mathrm{te}}(\lambda)$ 可以从 (C.34) 式得到. 其带结构也可以相应

地得到. 如果需要, 对于其一个基本单元包含有更多种不同的各向同性的均匀介电媒质层的一维光子晶体的判别式 $D_{te}(\lambda)$ 和带结构也可以用类似于附录 C 的方法得到.

F.3   半无限一维光子晶体的表面模式

半无限一维光子晶体可能有频率存在于其带隙里并局域在边界附近的表面模式. 文献里也已经有不少关于半无限一维光子晶体的表面模式的研究工作, 例如文献 [7-9,12,18,27-31,36-50] 等及其中的参考文献. 和无限一维光子晶体的理论相似, 过去主要采用的一个研究工具是基于转移矩阵方法. 通过它得到了关于半无限一维光子晶体的表面模式的许多重要结果和基本认识.

我们这里应用第二章里的周期性 Sturm-Liouville 方程的理论来研究这个问题. 在此基础上可以得到一个研究半无限一维光子晶体的表面模式的一个普遍的理论形式, 也可以得到有关半无限一维光子晶体的表面模式的一些新的和普遍的基本认识.

半无限一维光子晶体的表面模式一般而言会不同于理想半无限一维电子晶体的表面态或自由表面半无限一维声子晶体的表面模式: 即使半无限一维光子晶体的外部是真空, 电磁波也不会完全限域在半无限一维光子晶体内部. 正是因为这一点, 半无限一维光子晶体的表面模式只可能存在于 "光线" (the light line) 之下, 如文献 [12] 书里第 4 章的图 13 和文献 [17] 书里第 4 章的图 14 所示.

F.3.1   表面 TM 模式

如果一个简单的由 (F.8) 式描述的一维光子晶体有一个左边界 τ, 因而是半无限的, 光子晶体内部 TM 模式的基本方程可以写成

$$\left[\frac{1}{\epsilon(x)}\psi'(x)\right]' + \left[\left(\frac{\Omega}{c}\right)^2 - \frac{1}{\epsilon(x)}k_z^2\right]\psi(x) = 0, \quad x > \tau; \tag{F.34}$$

如果其边界外面是一个介电常数为 $\epsilon_0 > 0$ 的各向同性的均匀媒质, 边界外面的 TM 模式的相应方程可以写成

$$\psi''(x) + \left[\epsilon_0\left(\frac{\Omega}{c}\right)^2 - k_z^2\right]\psi(x) = 0, \quad x < \tau, \tag{F.35}$$

在两个方程的界面 τ 处 H_y 和 E_z 是连续的.

我们可以看到只有在 $\epsilon_0\left(\frac{\Omega}{c}\right)^2 - k_z^2 < 0$ 时方程 (F.35) 的解才可能是在光子晶

体外是衰减的解. 也就是说, 一个局域的表面模式只在 "光线" $\omega = \dfrac{1}{\sqrt{\epsilon_0}} c k_z$ 以下才可能存在.

方程 (F.35) 的解可以写成

$$\psi(x) = C \mathrm{e}^{\gamma x}, \qquad\qquad x < \tau, \tag{F.36}$$

这里

$$\gamma = \left[k_z^2 - \epsilon_0 \left(\frac{\Omega}{c} \right)^2 \right]^{1/2} > 0. \tag{F.37}$$

考虑到在界面 τ 处 TM 模式的 H_y 和 E_z 必须连续, 在光子晶体内部方程 (F.34) 可以写成

$$\left[\frac{1}{\epsilon(x)} \psi'(x) \right]' + \left[\left(\frac{\Omega}{c} \right)^2 - \frac{1}{\epsilon(x)} k_z^2 \right] \psi(x) = 0, \quad x > \tau,$$
$$\sigma_{\mathrm{tm}} \psi(x) = \frac{1}{\epsilon(\tau)} \psi'(x), \qquad x = \tau_{+0}, \tag{F.38}$$

这里

$$\sigma_{\mathrm{tm}} = \frac{1}{\epsilon_0} \left[k_z^2 - \epsilon_0 \left(\frac{\Omega}{c} \right)^2 \right]^{1/2} \tag{F.39}$$

是一个与 Ω, k_z 和 ϵ_0 有关的量.[①]

我们感兴趣的是方程 (F.38) 的局域在边界 τ 处附近的解, 根据第二章里 2.5 节的理论, 我们可以看到如果方程 (F.38) 存在着一个局域在边界 τ 处附近的解, 其本征值 $\Lambda = \Omega^2$ 一定是在方程 (F.8) 的一个带隙里, 并且一定有

$$\psi(x, \Lambda) = \mathrm{e}^{-\beta(\Lambda) x} f(x, \Lambda) \tag{F.40}$$

的形式, 这里 $\beta(\Lambda) > 0$. 如果带隙是在 Brillouin 区的中心 $k_x = 0$, $f(x, \Lambda)$ 是周期函数 $p(x + a, \Lambda) = p(x, \Lambda)$; 如果带隙是在 Brillouin 区的边界 $k_x = \dfrac{\pi}{a}$, $f(x, \Lambda)$ 是半周期函数 $s(x + a, \Lambda) = -s(x, \Lambda)$.

方程 (F.38) 的一个 (F.40) 式形式的解一定必须满足条件:

$$\sigma_{\mathrm{tm}} \psi(\tau + a, \Lambda) - \frac{1}{\epsilon(\tau)} \psi'(\tau + a, \Lambda) = \sigma_{\mathrm{tm}} \psi(\tau, \Lambda) - \frac{1}{\epsilon(\tau)} \psi'(\tau, \Lambda) = 0. \tag{F.41}$$

[①]因为对于 TM 模式, H_y 和 E_z 是连续的, 即 $\sigma_{\mathrm{tm}} = \dfrac{\psi'_{\tau+0}}{\epsilon(\tau)\psi_{\tau+0}} = \dfrac{\psi'_{\tau-0}}{\epsilon_0 \psi_{\tau-0}} = \dfrac{\gamma}{\epsilon_0}$.

这里 σ_{tm} 由 (F.39) 式给出.

另一方面, 方程 (F.38) 的任何解 ψ 在 $x \geqslant \tau$ 的范围里都可以表成方程 (F.8) 的两个线性独立解 $\eta_1(x, \lambda)$ 和 $\eta_2(x, \lambda)$ 的线性组合:

$$\psi(x, \lambda) = c_1 \eta_1(x, \lambda) + c_2 \eta_2(x, \lambda), \quad x \geqslant \tau. \tag{F.42}$$

这里 $\eta_1(x, \lambda)$ 和 $\eta_2(x, \lambda)$ 是方程 (F.8) 的满足以下条件的两个归一化解

$$\eta_1(\tau, \lambda) = 1, \quad \frac{1}{\epsilon(\tau)} \eta_1'(\tau, \lambda) = 0; \quad \eta_2(\tau, \lambda) = 0, \quad \frac{1}{\epsilon(\tau)} \eta_2'(\tau, \lambda) = 1. \tag{F.43}$$

根据 (F.41), (F.42) 和 (F.43) 式, 类似于 3.5 节和 E.2.2 小节的推理我们可以得到在带隙里存在一个表面 TM 模式的条件是

$$\frac{1}{\epsilon_0} \left[k_z^2 - \epsilon_0 \left(\frac{\Omega}{c} \right)^2 \right]^{1/2} = \frac{-\eta_1(\tau + a, \Omega^2) + \dfrac{1}{\epsilon(\tau)} \eta_2'(\tau + a, \Omega^2) + \sqrt{D_{\mathrm{tm}}^2(\Omega^2) - 4}}{2\,\eta_2(\tau + a, \Omega^2)}, \tag{F.44}$$

如果带隙是在 $k_x = \pi/a$; 或

$$\frac{1}{\epsilon_0} \left[k_z^2 - \epsilon_0 \left(\frac{\Omega}{c} \right)^2 \right]^{1/2} = \frac{-\eta_1(\tau + a, \Omega^2) + \dfrac{1}{\epsilon(\tau)} \eta_2'(\tau + a, \Omega^2) - \sqrt{D_{\mathrm{tm}}^2(\Omega^2) - 4}}{2\,\eta_2(\tau + a, \Omega^2)}, \tag{F.45}$$

如果带隙是在 $k_x = 0$. 这两个方程可以用来普遍地研究 TM 表面模式存在与否及其性质与光子晶体的边界 τ 的位置和其外媒质的关系.

具体到对于一维光子晶体是由两种不同介电媒质层交替构成的简单情况, 不失一般性, 我们可以只考虑其表面边界 τ 是在第一种媒质层的情况, 即 $0 < \tau \leqslant d_1$. 最简单的情况是边界层是整个一层媒质 1, 即 $\tau = 0$ 的情况. 这时边界模式的存在与否是由 (F.44) 或 (F.45) 式是否有解决定的, 其中

$$\eta_1(\tau + a, \lambda) = \cos k_2 d_2\ \cos k_1 d_1 - \frac{k_1 \epsilon_2}{k_2 \epsilon_1} \sin k_2 d_2 \sin k_1 d_1,$$

$$\eta_2(\tau + a, \lambda) = \frac{\epsilon_1}{k_1} \cos k_2 d_2 \sin k_1 d_1 + \frac{\epsilon_2}{k_2} \sin k_2 d_2\ \cos k_1 d_1,$$

$$\frac{1}{\epsilon(\tau)} \eta_2'(a, \lambda) = \cos k_2 d_2\ \cos k_1 d_1 - \frac{k_2 \epsilon_1}{k_1 \epsilon_2} \sin k_2 d_2 \sin k_1 d_1 \tag{F.46}$$

由 (C.27), (C.29) 和 (C.30) 式给出, $D_{\mathrm{tm}}(\lambda)$ 由 (F.22) 式给出.

对于更为普遍的 $\tau \neq 0$ 的情况, 由两种不同介电媒质层交替构成的一维光子晶体可以看做是由三种介电媒质层交替构成的一维光子晶体的一种特殊情况: 三种

介电媒质的介电常数依次分别是 $\epsilon_1, \epsilon_2, \epsilon_1$ 而厚度依次分别是 $d_1 - \tau, d_2, \tau$. 现在可以将 $x = \tau$ 当作是三种介电媒质层交替构成的一维光子晶体的原点, 定义 $\eta_1(x, \lambda)$ 和 $\eta_2(x, \lambda)$ 如 (F.43) 式. 根据 (C.33), (C.35) 和 (C.36) 式我们可以得到

$$\eta_1(\tau + a, \lambda) = \cos k_2 d_2 \, \cos k_1 d_1 - \sin k_2 d_2 \left[\frac{\epsilon_2 k_1}{\epsilon_1 k_2} \sin k_1(d_1 - \tau) \, \cos k_1 \tau \right.$$
$$\left. + \frac{\epsilon_1 k_2}{\epsilon_2 k_1} \, \cos k_1(d_1 - \tau) \, \sin k_1 \tau \right],$$

$$\eta_2(\tau + a, \lambda) = \frac{\epsilon_1}{k_1} \, \cos k_2 d_2 \sin k_1 d_1 + \frac{\epsilon_2}{k_2} \sin k_2 d_2 \, \cos k_1 d_1$$
$$+ \frac{\epsilon_2}{k_2} \left(1 - \frac{\epsilon_1^2 k_2^2}{\epsilon_2^2 k_1^2} \right) \sin k_2 d_2 \sin k_1(d_1 - \tau) \sin k_1 \tau,$$

$$\frac{1}{\epsilon(\tau)} \eta_2'(\tau + a, \lambda) = \cos k_2 d_2 \, \cos k_1 d_1 - \sin k_2 d_2 \left[\frac{\epsilon_1 k_2}{\epsilon_2 k_1} \sin k_1(d_1 - \tau) \, \cos k_1 \tau \right.$$
$$\left. + \frac{\epsilon_2 k_1}{\epsilon_1 k_2} \, \cos k_1(d_1 - \tau) \sin k_1 \tau \right], \tag{F.47}$$

它们可以和 (F.22) 式里给出的 $D_{\mathrm{tm}}(\lambda)$ 一起用到 (F.44) 和 (F.45) 式里, 决定在一个确定的带隙里是否存在表面模式.

对于由三种介电常数依次分别是 $\epsilon_1, \epsilon_2, \epsilon_3$, 厚度依次分别是 d_1, d_2, d_3 的不同介电媒质层交替构成的一维光子晶体的 TM 表面模式, 我们也可以只考虑其表面边界 τ 是在第一种媒质层的情况, 即 $0 < \tau \leqslant d_1$. 由三种不同介电媒质交替构成的一维光子晶体可以看做是由四种介电媒质层交替构成的一维光子晶体的一种特殊情况: 四种介电媒质的介电常数依次分别是 $\epsilon_1, \epsilon_2, \epsilon_3, \epsilon_1$ 而厚度依次分别是 $d_1 - \tau, d_2, d_3, \tau$. 可以将 $x = \tau$ 当作是四种介电媒质层交替构成的一维光子晶体的原点, 定义 $\eta_1(x, \lambda)$ 和 $\eta_2(x, \lambda)$ 如 (F.43) 式. 根据 (C.39), (C.41) 和 (C.42) 式可以得到 $\eta_1(\tau + a, \lambda)$, $\eta_2(\tau + a, \lambda)$ 和 $\frac{1}{\epsilon(\tau)} \eta_2'(\tau + a, \lambda)$. 它们可以和 (C.37) 式给出的 $D_{\mathrm{tm}}(\lambda)$ 一起用在 (F.44) 和 (F.45) 式里, 决定一个确定的带隙里是否存在表面模式.

类似的方法可以用来研究由更多种不同介电媒质层交替构成的一维光子晶体的 TM 表面模式,

F.3.2   表面 TE 模式

对于一个简单的其左边界为 τ 的 TE 模式由 (F.13) 式描述的一维光子晶体, 如果边界外面是一个介电常数为 $\epsilon_0 > 0$ 的各向同性的均匀媒质, 晶体内部的 TE 模式的基本方程可以写成

$$\psi''(x) + \left[\epsilon(x) \left(\frac{\Omega}{c} \right)^2 - k_z^2 \right] \psi(x) = 0, \qquad x > \tau, \tag{F.48}$$

晶体外部的 TE 模式的相应方程则是

$$\psi''(x) + \left[\epsilon_0\left(\frac{\Omega}{c}\right)^2 - k_z^2\right]\psi(x) = 0, \quad x < \tau, \tag{F.49}$$

在两个方程的界面 τ 处 E_y 和 H_z 是连续的.

我们可以看到只有在 $\epsilon_0\left(\frac{\Omega}{c}\right)^2 - k_z^2 < 0$ 时方程 (F.48) 和 (F.49) 的解才可能在光子晶体外是衰减的解. 也就是说, 一个局域的 TE 表面模式只在 "光线" $\omega = \frac{1}{\sqrt{\epsilon_0}}ck_z$ 以下才可能存在.

方程 (F.49) 的解可以写成

$$\psi(x) = Ce^{\gamma x}, \qquad x < \tau, \tag{F.50}$$

这里

$$\gamma = \left[k_z^2 - \epsilon_0\left(\frac{\Omega}{c}\right)^2\right]^{1/2}. \tag{F.51}$$

考虑到对于 TE 模式 E_y 和 H_z 在边界面 τ 处是连续的, 在光子晶体内部方程 (F.48) 可以写成

$$\psi''(x) + \left[\epsilon(x)\left(\frac{\Omega}{c}\right)^2 - k_z^2\right]\psi(x) = 0, \quad x > \tau,$$
$$\sigma_{\text{te}}\,\psi(x) = \psi'(x), \qquad x = \tau_{+0}, \tag{F.52}$$

这里

$$\sigma_{\text{te}} = [k_z^2 - \epsilon_0(\frac{\Omega}{c})^2]^{1/2} \tag{F.53}$$

是一个与 Ω, k_z 和 ϵ_0 有关的量.[①]

按照 (F.52) 式, 对于一个半无限一维光子晶体, 在光子晶体和其外的均匀媒质之间的界面 τ 处的边界条件是这里的 σ_{te}, 由 (F.53) 式给出.

我们感兴趣的是方程 (F.52) 的局域在边界 τ 处附近的解, 根据第二章里 2.5 节的理论, 我们可以看到如果方程 (F.52) 存在着一个局域在边界 τ 处附近的解, 其本征值 $\Lambda = \Omega^2$ 是一定是在方程 (F.13) 的一个带隙里, 并且一定有

$$\psi(x, \Lambda) = e^{-\beta(\Lambda)x}f(x, \Lambda) \tag{F.54}$$

[①]因为对于 TE 模式边界面 τ 处 E_y 和 H_z 是连续的. (F.14) 式给出了 $\psi_{\tau_{-0}} = \psi_{\tau_{+0}}$ 并且 $\psi'_{\tau_{-0}} = \psi'_{\tau_{+0}}$, $\sigma_{\text{te}} = \frac{\psi'_{\tau_{+0}}}{\psi_{\tau_{+0}}} = \frac{\psi'_{\tau_{-0}}}{\psi_{\tau_{-0}}} = \gamma$. 这里 γ 由 (F.51) 式给出.

的形式, 这里 $\beta(\Lambda) > 0$. 如果带隙是在 Brillouin 区的中心 $k_x = 0$, $f(x, \Lambda)$ 是周期函数 $p(x + a, \Lambda) = p(x, \Lambda)$; 如果带隙是在 Brillouin 区的边界 $k_x = \dfrac{\pi}{a}$, $f(x, \Lambda)$ 是半周期函数 $s(x + a, \Lambda) = -s(x, \Lambda)$. 因而下面的方程就是存在有这样一个表面模式 $\psi(x, \Lambda)$ 的必要条件:

$$\sigma_{\text{te}}\psi(\tau + a, \Lambda) - \psi'(\tau + a, \Lambda) = \sigma_{\text{te}}\psi(\tau, \Lambda) - \psi'(\tau, \Lambda) = 0. \tag{F.55}$$

方程 (F.52) 的任何解 ψ 在 $x \geqslant \tau$ 的范围里都可以表成方程 (F.13) 的两个线性独立解的线性组合:

$$\psi(x, \lambda) = c_1 \eta_1(x, \lambda) + c_2 \eta_2(x, \lambda), \quad x \geqslant \tau. \tag{F.56}$$

这里 $\eta_1(x, \lambda)$ 和 $\eta_2(x, \lambda)$ 是方程 (F.13) 的满足以下条件的两个归一化解

$$\eta_1(\tau, \lambda) = 1, \ \eta_1'(\tau, \lambda) = 0; \quad \eta_2(\tau, \lambda) = 0, \ \eta_2'(\tau, \lambda) = 1. \tag{F.57}$$

根据 (F.55), (F.56) 和 (F.57) 式, 类似于 3.5 节和 E.2.2 小节的推理我们可以得到在带隙里存在一个表面 TE 模式的条件是

$$\left[k_z^2 - \epsilon_0 \left(\frac{\Omega}{c}\right)^2\right]^{1/2} = \frac{-\eta_1(\tau + a, \Omega^2) + \eta_2'(\tau + a, \Omega^2) + \sqrt{D^2(\Omega^2) - 4}}{2\,\eta_2(\tau + a, \Omega^2)}, \tag{F.58}$$

如果带隙是在 $k_x = \pi/a$; 或

$$\left[k_z^2 - \epsilon_0 \left(\frac{\Omega}{c}\right)^2\right]^{1/2} = \frac{-\eta_1(\tau + a, \Omega^2) + \eta_2'(\tau + a, \Omega^2) - \sqrt{D^2(\Omega^2) - 4}}{2\,\eta_2(\tau + a, \Omega^2)}, \tag{F.59}$$

如果带隙是在 $k_x = 0$. 这两个方程可以用来普遍地研究 TE 表面模式的存在与否及其性质与光子晶体的边界 τ 的位置和其外媒质的关系.

　　具体对于一维光子晶体是由两种不同介电媒质层交替构成的简单情况, 不失一般性, 我们可以只考虑其表面边界 τ 是在第一种媒质的情况, 即 $0 \leqslant \tau \leqslant d_1$. 最简单的情况是边界层是整个一层媒质 1, 即 $\tau = 0$ 的情况. 这时边界模式的存在与否是由 (F.58) 或 (F.59) 式是否有解决定的, 其中

$$\eta_1(\tau + a, \lambda) = \cos k_2 d_2 \, \cos k_1 d_1 - \frac{k_1}{k_2} \sin k_2 d_2 \sin k_1 d_1,$$

$$\eta_2(\tau + a, \lambda) = \frac{1}{k_1} \cos k_2 d_2 \sin k_1 d_1 + \frac{1}{k_2} \sin k_2 d_2 \, \cos k_1 d_1,$$

$$\eta_2'(\tau + a, \lambda) = \cos k_2 d_2 \, \cos k_1 d_1 - \frac{k_2}{k_1} \sin k_2 d_2 \sin k_1 d_1, \tag{F.60}$$

由 (C.27), (C.29) 和 (C.30) 式给出, $D_{\text{te}}(\lambda)$ 由 (F.28) 式给出. 这个结果和过去从转移矩阵方法得到的一些有关表面模式存在的有关方程如文献 [8] 书里的 (6.9-5) 式, 文献 [9] 书里的 (11.5-6) 式和在文献 [30] 里用到的有关方程实际上是一样的.

对于更为普遍的 $\tau \neq 0$ 的情况, 由两种不同介电媒质交替构成的一维光子晶体可以看做是由三种介电媒质层交替构成的一维光子晶体的一种特殊情况: 三种介电媒质的介电常数依次分别是 $\epsilon_1, \epsilon_2, \epsilon_1$ 而厚度依次分别是 $d_1 - \tau, d_2, \tau$. 我们现在可以将 $x = \tau$ 当作是不同介电媒质层交替构成的一维光子晶体的原点, 定义 $\eta_1(x, \lambda)$ 和 $\eta_2(x, \lambda)$ 如 (F.57) 式. 根据 (C.33), (C.35) 和 (C.36) 式我们可以得到

$$
\begin{aligned}
\eta_1(\tau + a, \lambda) = {}& \cos k_2 d_2 \, \cos k_1 d_1 \\
& - \sin k_2 d_2 \left[\frac{k_1}{k_2} \sin k_1(d_1 - \tau) \, \cos k_1 \tau + \frac{k_2}{k_1} \cos k_1(d_1 - \tau) \, \sin k_1 \tau \right], \\
\eta_2(\tau + a, \lambda) = {}& \frac{1}{k_1} \cos k_2 d_2 \sin k_1 d_1 + \frac{1}{k_2} \sin k_2 d_2 \, \cos k_1 d_1 \\
& + \frac{1}{k_2} \left(1 - \frac{k_2^2}{k_1^2} \right) \sin k_2 d_2 \sin k_1(d_1 - \tau) \sin k_1 \tau, \\
\eta_2'(\tau + a, \lambda) = {}& \cos k_2 d_2 \, \cos k_1 d_1 \\
& - \sin k_2 d_2 \left[\frac{k_2}{k_1} \sin k_1(d_1 - \tau) \cos k_1 \tau + \frac{k_1}{k_2} \cos k_1(d_1 - \tau) \sin k_1 \tau \right],
\end{aligned} \tag{F.61}
$$

它们可以和 (F.28) 式里给出的 $D_{\text{te}}(\lambda)$ 一起用到 (F.58) 和 (F.59) 式里, 决定表面模式是否存在.

对于由三种介电常数依次分别是 $\epsilon_1, \epsilon_2, \epsilon_3$, 厚度依次分别是 d_1, d_2, d_3 的不同介电媒质层交替构成的一维光子晶体的表面 TE 模式, 我们也可以只考虑其表面边界 τ 是在第一种媒质的情况, 即 $0 \leqslant \tau \leqslant d_1$. 由三种不同介电媒质交替构成的一维光子晶体可以看做是由四种介电媒质层交替构成的一维光子晶体的一种特殊情况: 四种介电媒质的介电常数依次分别是 $\epsilon_1, \epsilon_2, \epsilon_3, \epsilon_1$ 而厚度依次分别是 $d_1 - \tau, d_2, d_3, \tau$. 我们现在可以将 $x = \tau$ 当作是四种介电媒质交替构成的一维光子晶体的原点, 定义 $\eta_1(x, \lambda)$ 和 $\eta_2(x, \lambda)$ 如 (F.57) 式. 我们可以根据 (C.39), (C.41) 和 (C.42) 式得到 $\eta_1(\tau + a, \lambda)$, $\eta_2(\tau + a, \lambda)$ 和 $\eta_2'(\tau + a, \lambda)$. 它们可以和 (C.37) 式给出的 $D_{\text{te}}(\lambda)$ 一起用在 (F.58) 和 (F.59) 式里, 决定表面 TE 模式是否存在.

F.3.3　简单的讨论

过去一些研究一维光子晶体的表面模式的理论工作如文献 [8, 9, 30] 主要是研究了最简单的由两种不同介电媒质交替构成的一维光子晶体且其最外层是一整层其中之一种介电媒质的情况. 过去关于一维光子晶体在不同表面位置时的表面模式的研究如文献 [37, 38] 采用的是 "超原胞方法" (super-cell method) 或其他数值

方法如文献 [12, 17]. 我们这里在 F.3.1 和 F.3.2 小节发展的理论形式在数学上更为基本, 更为普遍, 但实际上更为简单. 作为我们这里的理论形式的应用的一个简单的例子, 在图 F.1 中示出了一个在文献 [12, 17] 书里研究过的一维光子晶体在不同表面位置时的表面能带结构.

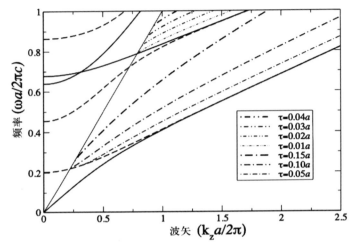

图 F.1　一个在文献 [12, 17] 书里研究过的半无限一维光子晶体在表面位置不同时的 TE 表面带. 这里研究的是和文献 [12] 里第 4 章图 13 或文献 [17] 里第 4 章图 14 完全一样的一维光子晶体, 只是表面位置可以不同. 最外表面的一层是在介电常数 $\epsilon = 13$ 的一层, 其厚度是 $0.2a - \tau$. 图中对应于 $\tau = 0.1a$ 的锁线相应于在文献 [12, 17] 书里的有关图的表面能带. 图中粗实 (虚) 线对应的是 $k_x = 0$ ($k_x = \frac{\pi}{a}$) 处的带边. 细实线对应的是 "光线". 每一条单点锁线对应的是一条在 $k_x = \frac{\pi}{a}$ 处的最低带隙里根据 (F.58) 式算出的表面带. 每一条双点锁线对应的是一条 $k_x = 0$ 处的最低带隙里根据 (F.59) 式算出的表面带.

我们这里在 F.3.1 和 F.3.2 小节发展的理论形式也可以推广到研究一维光子晶体里的更为普遍的局域模式, 例如局域在一个右半无限一维光子晶体和一个左半无限一维光子晶体之间的一个结构附近的局域模式, 这两个半无限一维光子晶体可以是同样材料构成的, 像文献 [12] 书里第 4 章的图 6 和图 10 以及文献 [17] 书里第 4 章的图 7 和图 11 所示的那样, 也可以是由不同的材料构成的, 像文献 [30] 的图 6 那样. 这个结构可以就是两个不同的半无限一维光子晶体之间的一个界面, 也可以是一个不同厚度的媒质层, 或一个完全不同的媒质层, 等等.

在第二章的理论的基础上, 我们也可以得到半无限一维光子晶体的表面模式的其他一些普遍认识.

1. 一维光子晶体的表面模式的零点数

第二章的定理 2.8 给出了一维光子晶体的任一带隙里的衰减模式在光子晶体的一个周期 a 里的零点的个数. 从此定理我们知道频率在最低带隙里的任何表面模式在一个周期 a 里有一个零点, 频率在次低带隙里的任何表面模式在一个周期 a 里有两个零点, 等等. 这正是在文献 [8] 书里的图 6.19, 6.20, 在文献 [9] 书里的图 11.20, 11.21, 11.23, 在文献 [38] 的图 6 里, 在文献 [17] 书里第 4 章的图 11, 图 13 所示的. 我们也可以知道, 因为在文献 [30] 的图 3 里光子晶体的表面模式在每个周期里有两个零点, 这个表面模式一定是在次低带隙里的. 在第四低的带隙里的表面模式在每个周期里有四个零点, 如文献 [37] 中的图 1 和文献 [38] 中的图 9 所示.

2. 光子晶体的表面模式的频率对表面位置 τ 的依赖关系

附录 D 里的 (D.20) 式可以说明一个半无限晶体表面已存在的表面模式的本征值 $\Lambda = \Omega^2$ 是如何随表面位置 τ 而变化的.

根据 (D.20) 式, 一个方程 (2.2) 描述的半无限光子晶体的已存在的表面模式的本征值 $\Lambda = \Omega^2$ 随表面位置 τ 的变化满足

$$\frac{\partial \Lambda}{\partial \tau} = \frac{1}{p(\tau)}[p(\tau)\psi'(\tau)]^2 - [\psi(\tau)]^2[q(\tau) - \Lambda w(\tau)].$$

根据此式并利用将 (F.8) 或 (F.13) 式和 (2.2) 式比较得到的 $p(x), q(x), w(x)$, 我们可以得到对于一个已存在的表面 TM 模式或 TE 模式的本征值 Λ 总是有

$$\frac{\partial \Lambda}{\partial \tau} > 0. \tag{F.62}$$

这里用到了 $\epsilon_0 < \epsilon(\tau)$ 和一维半无限光子晶体的表面模式仅能存在于 "光线" 以下: $\omega < \dfrac{c}{\sqrt{\epsilon_0}} k_z$, 并且对于表面 TM 模式用到了 (F.38), (F.39) 式, 对于表面 TE 模式用到了 (F.52), (F.53) 式.

方程 (F.62) 表明如果一个一维半无限光子晶体的表面处存在有在一个特定带隙里的一个表面模式, 这个表面模式的本征值 $\Lambda = \Omega^2$ 总是随着边界 τ 向光子晶体内部运动而增加的. 这是在过去的数值计算如文献 [38] 里所看到的. 在图 F.1 里的数值计算结果也清楚地表明, 随着表面位置 τ 向光子晶体里面移动, 存在着的 TE 表面模式频率是增加的.

Λ 作为 τ 的函数一定也是周期为 a 的周期函数. 如果在一个周期 a 的某些区间里 $\partial \Lambda / \partial \tau > 0$, 在同一个周期 a 的某些其他区间里就一定会有 $\partial \Lambda / \partial \tau < 0$. 在这些 $\partial \Lambda / \partial \tau < 0$ 区间里就不会存在方程 (F.34) 及 (F.35) 或方程 (F.38) 的表面 TM 模式解, 也不会存在方程 (F.48) 及 (F.49) 或方程 (F.52) 的表面 TE 模式解. 在文献 [17] 书里 (61 页) 有一个句子: "In fact, *every* periodic material has surface modes for *some* choice of termination" (实际上, 每个周期性材料都可能会在某些选定的截断处有表

面模式). 根据我们这里得到的认识, 也可以再加上一句: "Every periodic material can have no surface mode in any specific band gap for some choice of termination" (每个周期性材料的任一带隙都可能会在某些选定的截断处不会有表面模式). 再进一步, 对于任何周期性材料的任一个带隙, 也总有办法能够找到其对应于存在或不存在表面模式的截断位置区间.

关于光子晶体的表面模式的评注 基于我们在本书里得到的对电子晶体的表面模式和表面子能带的认识, 我们可以对光子晶体的表面模式和表面子带的普遍性质作以下评注.

1. 从物理根源而言, 光子晶体的一个表面模式或表面子能带的存在是根源于一个体允许带的存在而不是一个带隙的存在. 只有一维光子晶体的表面模式才总是在一个带隙内. 在文献 [17] 书里有人说 "In this atypical case, localization does not require a band gap."(p.93) (在此非典型情形, 局域化不要求有一个带隙). 这句话里的 "atypical case" (非典型情形) 在多维情况里实际上是普遍现象.

2. 因而一般而言, 衰减最快的表面模式不一定是在带隙的中间. 在文献 [17] 书里说到的 "And as a general rule of thumb, we can localize states near the middle of the gap much more tightly than states near the gap's edge" (一般规律是, 带隙中部的态远比带隙边缘的态更局域化) (Ibanescu et al. PRL, 2006, 96: 033904) 只是在一维情况里才正确. "There are subtle exceptions to this rule, for example, with certain band structures in two and three dimensions, saddle points in the bands can lead to strong localization away from midgap" (这个规律也有些例外, 例如, 二维、三维能带的鞍点有可能导致并不处于带隙中部的强局域态) (出处同上), 说到的一些 "例外" 在多维情况里实际上是普遍现象.

F.4 有限长度一维光子晶体

从原则上来说第二章的数学理论也可以用来处理长度为 $L = Na$ 的有限一维光子晶体. 但是, 因为有 TM (TE) 电磁波在光子晶体和其外的媒质 (真空或其他介电媒质) 在边界界面处的 H_y (E_y) 和 E_z (H_z) 连续性的要求, 不应该再用在有限一维光子晶体的边界表面处 $y = 0$ 或 $py' = 0$ 的边界条件来处理长度为 $L = Na$ 的有限一维光子晶体. 因而一般来说, 我们得不到相应于每个允许带有 $N - 1$ 个模式其频率依赖于 N 但与边界位置无关, 相应于每个带隙有一个模式其频率依赖于边界位置但与 N 无关这样的结果.

尽管如此, El Boudouti 等人[51] 关于同轴电缆构成的光子晶体的一件研究工作从理论上推导出, 用数值计算证实并从实验上观察到了包含有 N 个原胞并且两端磁场为零的光子晶体确有这样的两种不同模式.

文献 [51] 的作者们所考虑的是一种每个单元由同轴电缆构成的周期性重复的简单结构.

具体来说他们首先考虑的是最简单的由 A 和 B 两节不同的标准同轴电缆串联组成的一个基本单元. 这样一个基本单元可以写成 AB 的形式. 他们利用 Green 函数方法得到了这样一个系统的解析解, 即此系统的光子晶体的带结构和包含有 N 个基本单元的有限一维光子晶体在两端磁场为零 $\boldsymbol{H}=0$ 时的本征模式. 从理论上论证了包含有 N 个原胞且两端磁场为零的光子晶体确有两种不同的模式: 相应于每个允许带的 $N-1$ 个模式和相应于每个带隙的一个模式, 这个模式与 N 无关而只由基本单元的结构决定, 是局域在有限结构的两端之一附近的表面模式. 这些结果和第四章里的图 4.1 所示的结果相似.

文献 [51] 的作者又对由对称单元构成的有限周期结构作了类似的研究. 每个对称单元由置一个 B 于两个等同的 A 之间构成, 即一个 ABA 结构. 这样, 单元的两端都是 A, 因而是对称的. 这样的单元连接起来的结构两端也都是 A, 因而也是对称的. 对于由 N 个这样的 ABA 单元构成的有限周期结构, 他们也得到了存在着相应于每个允许带的 $N-1$ 个模式和相应于每个带隙的一个模式. 因为这里的基本单元是 ABA 式对称的, 所有的相应于带隙的本征模式都是带边模式. 这些结果和本书里有关有限一维电子晶体里电子态的结论是一致的.

参 考 文 献

[1] Hooke R. Micrographia. London: The Royal Society, 1665; reprinted by Palo Alto: Octavo, 1998.

[2] Newton I. Opticks. 4th ed. London: William Innys, 1730; reprinted by New York: Dover Publications, 1952.

[3] Abeles F. Ann. Phys. (Paris), 1950, 5: 596; 1950, 5: 706.

[4] Rytov S M. Zh. Eksp. Teor. Fiz., 1955, 29: 605 [Sov. Phys. JETP, 1956, 2: 466].

[5] Born M, Wolf E. Principles of optics: electromagnetic theory of propagation, interference and diffraction of light. 7th ed. Cambridge: Cambridge University Press, 2016.

[6] Brekhovskikh L M. Waves in layered media. New York, NY: Academic, 1960.

[7] Yeh P, Yariv A, Hong C S. J. Opt. Soc. Am., 1977, 67: 423;
    Yeh P, Yariv A, Cho A Y. Appl. Phys. Lett., 1978, 32: 104.

[8] Yariv A, Yeh P. Optical waves in crystals. New York: John Wiley & Sons, 1984.

[9] Yeh P. Optical waves in layered media. New York: John Wiley & Sons, 1988; Hoboken: John Wiley & Sons, 2005.

[10]   Yablonovitch E. Phys. Rev. Lett., 1987, 58: 2059.

[11]   John S. Phys. Rev. Lett., 1987, 58: 2486.

[12]   Joannopoulos J D, Meade R D, Winn J N. Photonic crystals, molding the flow of light. Princeton: Princeton University Press, 1995.

[13]   Johnson S G, Joannopoulos J D. Photonic crystals: the road from theory to practice. Boston: Kluwer, 2005.

[14]   Sakoda K. Optical properties of photonic crystals. Berlin: Springer, 2005.

[15]   Inoue K, Ohtaka K. Photonic crystals. Berlin: Springer-Verlag, 2004.

[16]   Lourtioz J-M, Benisty H, Berger V, et al. Photonic crystals: towards nanoscale photonic devices. Berlin: Springer, 2005.

[17]   Joannopoulos J D, Johnson S G, Winn J N, et al. Photonic crystals, molding the flow of light. 2nd ed. Princeton: Princeton University Press, 2008.

[18]   Lourtioz J M, Benisty H, Berger V, et al. Photonic crystals: towards nanoscale photonic devices. 2nd ed. Berlin: Springer-Verlag, 2008.

[19]   Sibilia C, Benson T M, Marciniak M, et al. Photonic crystals: physics and technology. Milano: Springer, 2008.

[20]   Sukhoivanov I A, Guryev I V. Photonic crystals: physics and practical modeling. Berlin: Springer, 2009.

[21]   Prather D W, Sharkawy A, Shi S, et al. Photonic crystals, theory, applications and fabrication. Berlin: John Wiley & Sons, 2009.

[22]   Massaro A. Photonic crystals - introduction, applications and theory. open access book (InTech 2012).

[23]   Gong Q, Hu X. Photonic crystals: principles and applications. Boca Eaton: CRC Press, 2013.

[24]   Goodwin B. Photonic crystals: characteristics, performance and applications. New York: Nova Science Pub Inc, 2017.

[25]   Garanovich I L, Longhi S, Sukhorukov A A, et al. Phys. Repts., 2012, 518: 1.

[26]   Eastham M S P. The spectral theory of periodic differential equations. Edinburgh: Scottish Academic Press, 1973.

[27]   Saldana X I, de la Cruz G G. J. Opt. Soc. Am., 1991, A8: 36.

[28]   Bah M L, Akjouj A, El Boudouti E H, et al. J. Phys. Condens. Matter, 1996, 8: 4171.

[29]   Kosevich A M. JETP Letters, 2001, 74: 559.

[30]   Vinogradov A P. Dorofeenko A V, Erokhin S G, et al. Phys. Rev., 2006, B74: 045128.

[31]   El Abouti O, El Boudouti E H, El Hassouani Y, et al. Phys. Plasmas, 2016, 23: 082115.

[32] Naumov A N, Zheltikov A M. Laser Phys., 2001, 11: 879.

[33] Park B, Kim M N, Kim S W, et al. Optics Express, 2008, 16: 14524.

[34] Prasad S, Singh V, Singh A K. Optik, 2010, 121: 1520.

[35] Scotognella F. Optical Materials, 2012, 34: 1610.

[36] Robertson W M, Arjavalingam G, Meade R D, et al. Opt. Lett., 1993, 18: 528.

[37] Ramos-Mendieta F, Halevi P. Opt. Commun., 1996, 129: 1.

[38] Ramos-Mendieta F, Halevi P. J. Opt. Soc. Am., 1997, B14: 370.

[39] Robertson W M. J. Lightwave Technol., 1999, 17: 2013.

[40] Robertson W M, May M S. Appl. Phys. Lett., 1999, 74: 1800.

[41] Villa F, Gaspar-Armenta J A. Opt. Commun., 2003, 223: 109.

[42] Gaspar-Armenta J A, Villa F. J. Opt. Soc. Am. B, 2004, 21: 405.

[43] Martorell J, Sprung D W L, Morozov G V. J. Opt. A: Pure Appl. Opt., 2006, 8: 630.

[44] Bravo-Abad J, Ibanescu M, Joannopolous J D, et al. Phys. Rev., 2006, A74: 053619.

[45] Sasin M E, Seisyan R P, Kalitteevski M A, et al. Appl. Phys. Lett., 2008, 92: 251112.

[46] Wang T B, Yin C P, Liang W Y, et al. J. Opt. Soc. Am., 2009, B26: 1635.

[47] Ballarini M, Frascella F, Michelotti F, et al. Appl. Phys. Lett., 2011, 99: 043302.

[48] Brückner R, Sudzius M, Hintschich S I, et al. Appl. Phys. Lett., 2012, 100: 062101.

[49] Angelini A, Enrico E, De Leo N, et al. New J. Phys., 2013, 15: 073002.

[50] Das R, Srivastava T, Jha R. Opt. Lett., 2014, 39: 896.

[51] El Boudouti E H, El Hassouani Y, Djafari-Rouhani B, et al. Phys. Rev., 2007, E76: 026607.

附录 G 理想空腔结构中的电子态

在本附录中, 我们将研究从无限晶体中除去一个如第四至七章所讨论的低维结构后形成的空腔结构中的电子态.

对于本附录中处理的理想空腔结构的电子态, 我们假定 (i) 空腔结构外的势场 $v(x)$ 或 $v(\boldsymbol{x})$ 与在方程 (4.1) 或 (5.1) 里是一样的; (ii) 电子态完全限制在空腔之外.

G.1 一维晶体里理想空腔结构的电子态

一个一维晶体里的理想空腔结构是由一个具有势场周期 a 的无限长一维晶体中除去一个边界位于 τ 和 $\tau+L$ 的一维有限晶体而形成的结构 (这里 $L=Na$, 而 N 是一个正整数).

这样一个理想空腔结构的电子态的本征值 Λ 和本征函数 $\psi(x)$ 在晶体内部是下面 Schrödinger 微分方程的解

$$-\psi''(x) + [v(x) - \Lambda]\psi(x) = 0, \quad x \leqslant \tau \text{ 或 } x \geqslant \tau+L; \tag{G.1}$$

而在空腔结构内部为零:

$$\psi(x) = 0, \quad \tau < x < \tau+L. \tag{G.2}$$

实际上, (G.1) 和 (G.2) 式可以看成是在两个半无限的一维晶体中电子态的方程: 一个左半无限晶体在 $(-\infty, \tau)$ 的范围内; 而一个右边的半无限晶体在 $(\tau+L, +\infty)$ 的范围内. 这两个半无限晶体不是相互无关的, 因为 $L=Na$, 而 N 是一个正整数. 对这样两个半无限晶体, 如在 3.1 节中一样, 我们仅关心能量依赖于边界 τ 或 $\tau+L$ 的电子态. 在我们清楚地认识了理想有限晶体中依赖于 τ 的电子态的性质的基础上, 这些空腔结构中依赖于边界的电子态的能量和性质就不难得到.

在 4.3 节中, 我们分析了理想一维有限晶体中依赖于 τ 的电子态. 在一维晶体理想空腔结构中依赖于边界的电子态的性质也可以从中很容易地得到.

我们还是用一个 $k=0$ 处的禁带作为例子. 对于一个具有特定指数 n 的禁带, 边界 τ 可能是下面三种情况之一:

(1) 如果 τ 是在 $L(n)$ 中, 对于边界位于 τ 和 $\tau+L$ 的有限晶体, 在禁带中存在一个具有 $\mathrm{e}^{-\beta x}p(x,\Lambda)$ 形式的表面态 (其中 $\beta > 0$). 这表示位于有限晶体左端 τ 处的一个能量为 Λ 的表面态. 相应地, $\tau+L$ 也是在 $L(n)$ 里, 因此在右半无限晶体的

左边界 $\tau + L$ 附近同样存在一个形式为 $\mathrm{e}^{-\beta x} p(x, \Lambda)$, 具有能量 Λ 的表面态. 而在左半无限晶体中不存在依赖于 τ 的电子态.

(2) 如果 τ 是在 $R(n)$ 中, 对于边界位于 τ 和 $\tau + L$ 的有限晶体, 在禁带中存在一个具有 $\mathrm{e}^{\beta x} p(x, \Lambda)$ 形式的表面态 (其中 $\beta > 0$). 这表示位于有限晶体右端 $\tau + L$ 处的一个能量为 Λ 的表面态. 相应地, 在左半无限晶体的右边界 τ 附近存在着一个同样形式为 $\mathrm{e}^{\beta x} p(x, \Lambda)$, 具有能量 Λ 的表面态. 而在右半无限晶体中不存在依赖于边界 $\tau + L$ 的电子态.

(3) 如果 τ 在 $M(n)$ 中, 对于边界位于 τ 和 $\tau + L$ 的有限晶体, 在禁带中存在一个能量 Λ 和带边的能量相同, 具有 $p(x, \Lambda)$ 形式的带边态. 这时 $\tau + L$ 在 $M(n)$ 中是在位于 $(-\infty, \tau)$ 的左半无限晶体中和在位于 $(\tau + L, +\infty)$ 的右半无限晶体中同时存在一个能量 Λ 和带边能量相同, 具有 $p(x, \Lambda)$ 形式的带边态.

对于 $k = \pi/a$ 处的禁带可以类似地分析, 只需用半周期函数 $s(x, \Lambda)$ 来代替周期函数 $p(x, \Lambda)$.

因此, 在这样一个空腔结构中依赖于 τ 的电子态可以与被除去的有限晶体中的依赖于 τ 的电子态相类似地得到. 主要的差别是在上面的 (1) 和 (2) 的情况中, 空腔结构中相应的表面态波函数应该是在半无限晶体, 而不是在有限晶体中归一化; 在上面的 (3) 的情况中, 相应的带边态波函数应该像在半无限的晶体中那样归一化.

G.2 三维晶体里理想二维空腔结构的电子态

三维无限晶体中的二维空腔结构相应于从一个无限大的晶体中除去某一个特定取向和特定厚度的量子膜. 在这一节, 我们仅对在无限晶体中除去一个第五章所讨论的理想量子膜后而形成的空腔结构有兴趣. 如第五章所述, 我们假定膜平面由两个基矢 $\boldsymbol{a}_1$ 和 $\boldsymbol{a}_2$ 确定, $x_3 = \tau_3$ 确定被除去的理想量子膜的底部, 而 N_3 是一个表征被除去的量子膜厚度的正整数. 这样一个空腔结构有两个分开的部分, 即上面一个半无限晶体部分和下面一个半无限晶体部分.

二维空腔结构的电子态 $\hat{\psi}(\hat{\boldsymbol{k}}, \boldsymbol{x})$ 是下面两个方程的解:

$$-\nabla^2 \hat{\psi}(\hat{\boldsymbol{k}}, \boldsymbol{x}) + [v(\boldsymbol{x}) - \Lambda]\hat{\psi}(\hat{\boldsymbol{k}}, \boldsymbol{x}) = 0, \quad \text{如果 } x_3 \leqslant \tau_3 \text{ 或 } x_3 \geqslant \tau_3 + N_3 \quad \text{(G.3)}$$

和

$$\hat{\psi}(\hat{\boldsymbol{k}}, \boldsymbol{x}) = 0 \quad \text{如果 } \tau_3 < x_3 < \tau_3 + N_3. \quad \text{(G.4)}$$

这样一个空腔结构中的电子态 $\hat{\psi}(\hat{\boldsymbol{k}}, \boldsymbol{x})$ 是在膜平面里的波矢为 $\hat{\boldsymbol{k}}$ 的二维 Bloch 波.

如 G.1 节讨论的, 我们只关心这样一个空腔结构中与边界有关的电子态. 与我们在 G.1 节中看到的非常相似, 这样一个空腔结构中依赖于边界的电子态可以类似地从第五章中讨论的被除去的量子膜中依赖于边界的电子态得到: 对应于每一个体能带 n 和薄膜平面中的每一个波矢 $\hat{\boldsymbol{k}}$, 在空腔结构中总有一个这样的电子态, 这可以通过由 (5.11) 式确定空腔结构中的一个非发散的 $(\hat{\boldsymbol{k}}, \boldsymbol{x}; \tau_3)$ 得到:

$$\hat{\psi}_n(\hat{\boldsymbol{k}}, \boldsymbol{x}; \tau_3) = \begin{cases} c\hat{\phi}_n(\hat{\boldsymbol{k}}, \boldsymbol{x}; \tau_3), & \text{如果 } x_3 \leqslant \tau_3 \text{ 或 } x_3 \geqslant \tau_3 + N_3, \\ 0, & \text{如果 } \tau_3 < x_3 < \tau_3 + N_3, \end{cases} \tag{G.5}$$

这里 c 是一个归一化常数. 与 (5.33) 式不同的是, 在 (G.5) 式里的 c 不依赖于被除去的量子膜的厚度 N_3. 在 (G.5) 式里的 $\hat{\psi}_n(\hat{\boldsymbol{k}}, \boldsymbol{x}; \tau_3)$ 只应取等式右半边的 $\hat{\phi}_n(\hat{\boldsymbol{k}}, \boldsymbol{x}; \tau_3)$ 的非发散部分. 相应地, 这样的一个电子态的能量由下式给定

$$\hat{\Lambda}_n(\hat{\boldsymbol{k}}; \tau_3) = \hat{\lambda}_n(\hat{\boldsymbol{k}}; \tau_3), \tag{G.6}$$

如同 (5.34) 式. 对每一个能带 n 和每一个 $\hat{\boldsymbol{k}}$, 方程 (G.3) 和 (G.4) 只有一个解 (G.5). 每一个由 (G.5) 式确定的 $\hat{\psi}_n(\hat{\boldsymbol{k}}, \boldsymbol{x}; \tau_3)$ 都是空腔结构中的其能量 $\hat{\Lambda}_n(\hat{\boldsymbol{k}}; \tau_3)$ ((G.6) 式) 依赖于空腔结构边界 τ_3 但不依赖于空腔结构厚度 N_3 的一个电子态. 按照定理 5.1, $\hat{\Lambda}_n(\hat{\boldsymbol{k}}; \tau_3)$ 高于或者正好等于具有同样 n 和 $\hat{\boldsymbol{k}}$ 的体能带 $\varepsilon_n(\boldsymbol{k})$ 的能量最大值.

在 (G.5) 式里的 $\hat{\phi}_n(\hat{\boldsymbol{k}}, \boldsymbol{x}; \tau_3)$ 是一个 Bloch 函数的特殊情况:

$$\hat{\phi}_n(\hat{\boldsymbol{k}}, \boldsymbol{x}; \tau_3) = \phi_{n'}(\boldsymbol{k}, \boldsymbol{x}), \quad n \leqslant n', \tag{G.7}$$

相应的 Bloch 函数 $\phi_{n'}(\boldsymbol{k}, \boldsymbol{x})$ 在 $x_3 = \tau_3$ 处有一个节面, 因此也在 $x_3 = \tau_3 + \ell$ 处有节面 (这里 $\ell = 1, 2, \cdots, N_3$). (G.5) 式中的波函数 $\hat{\phi}_n(\hat{\boldsymbol{k}}, \boldsymbol{x}; \tau_3)$ 在空腔结构的上半无限晶体和下半无限晶体中都存在.

在大多数情况下, (G.5) 式里的 $\hat{\phi}_n(\hat{\boldsymbol{k}}, \boldsymbol{x}; \tau_3)$ 不是 Bloch 函数. 在这样的情况下, (5.11) 式里的 k_3 有一个非零的虚部, 表示 (G.5) 式里的 $\hat{\psi}_n(\hat{\boldsymbol{k}}, \boldsymbol{x}; \tau_3)$ 是一个局域于空腔结构的下半无限晶体的上表面 (如果 (5.11) 式里 k_3 的虚部为负) 或其上半无限晶体的下表面 (如果 (5.11) 式中的 k_3 的虚部为正) 附近的表面态. 它只存在于空腔结构两个半无限晶体中的其中一个里面. 相应地, 这样一个电子态的能量按定理 5.1 有这样的关系:

$$\hat{\Lambda}_n(\hat{\boldsymbol{k}}; \tau_3) > \varepsilon_n(\boldsymbol{k}), \quad \text{如果 } (\boldsymbol{k} - \hat{\boldsymbol{k}}) \cdot \boldsymbol{a}_i = 0, \ i = 1, 2, \tag{G.8}$$

但是没有什么理由期待 $\hat{\Lambda}_n(\hat{\boldsymbol{k}}; \tau_3)$ 一定要在晶体能带结构的禁带里.

因此在这样一个理想的空腔结构中, 对于每一个体能带 n, 只存在一个类表面的能带 $\hat{\Lambda}_n(\hat{\boldsymbol{k}}; \tau_3)$ 即 (G.6) 式.

这些结果应该对于从具有简单立方、四角或正交 Bravais 格子的晶体里除去一个理想的 (001) 量子膜而形成的空腔结构是正确的. 更一般地, 这些结果对于具有

面心立方或体心立方 Bravais 格子的晶体除去一个理想的 (001) 或 (110) 量子膜后所形成的空腔结构也应该是正确的.

以上 G.1—G.2 节中我们看到, 空腔结构依赖于边界的电子态实际上可以类似地从被除去的低维系统中的依赖于边界的电子态得到. 这是因为理想的空腔结构和被除去的理想低维系统具有共同的边界这样一个简单的事实. 同样的想法可以用来得到三维晶体的理想一维或零维空腔结构中依赖于边界的电子态.

G.3　三维晶体里理想一维空腔结构的电子态

一个三维无限晶体中的一维空腔结构是从无限晶体中除去一个量子线形成的结构. 在本节里, 我们关心的是一个第六章讨论的矩形截面量子线从无限晶体中被除去而形成的空腔结构.

如同第六章讨论的, 我们选择基矢 a_1 在空腔结构线的方向. 一个这样的矩形截面的空腔结构可以由底表面 $x_3 = \tau_3$, 顶表面 $x_3 = \tau_3 + N_3$, 垂直相交 a_2 轴于 $\tau_2 a_2$ 的前表面, 垂直相交 a_2 轴于 $(\tau_2 + N_2)a_2$ 的后表面来确定, 这里 τ_2 和 τ_3 分别确定空腔结构的边界面, 而 N_2 和 N_3 则分别是表示空腔结构的尺度和形状的两个正整数.

对于这样一个理想空腔结构中的电子态, 我们需要得到满足下面方程的本征值 $\bar{\Lambda}$ 和本征函数 $\bar{\psi}(\bar{k}, x)$:

$$-\nabla^2 \bar{\psi}(\bar{k}, x) + [v(x) - \bar{\Lambda}]\bar{\psi}(\bar{k}, x) = 0, \quad \text{如果 } x \text{ 不在空腔内} \tag{G.9}$$

和

$$\bar{\psi}(\bar{k}, x) = 0, \quad \text{如果 } x \text{在空腔内}. \tag{G.10}$$

方程 (G.9) 和 (G.10) 的解 $\bar{\psi}(\bar{k}, x)$ 是波矢 $\bar{k}$ 在线的方向 (a_1 方向) 的一维 Bloch 波.

这两个方程有不同类型的电子态的解. 像在 G.1 和 G.2 节里一样, 本节中我们仅关心方程 (G.9) 和 (G.10) 的能量依赖于空腔结构边界位置 τ_2 和 (或) τ_3 的解. 根据与第五、六章以及 G.1 和 G.2 节中相似的论证, 我们可以容易地理解, 这些能量依赖于边界位置 τ_2 或 τ_3 的电子态是空腔结构中的类表面态, 它们位于空腔结构里与被除去的量子线的类表面态相对的表面上. 也就是说, 如果在被除去的量子线的顶表面有一个类表面态的话, 在空腔结构的底表面就会有一个相应的类表面态; 反之亦然. 如果在被除去的量子线的前表面有一个类表面态, 则在空腔结构的后表面就有一个相应的类表面态, 反之亦然. 类似地, 能量同时依赖于空腔结构边界位

置 τ_2 和 τ_3 的电子态是空腔结构中的类棱态, 它们位于与被除去的量子线的类棱态相对的空腔结构的边缘上.

G.3.1　具有简单立方、四角或正交 Bravais 格子的晶体中的一维空腔结构

对于一个具有简单立方、四角或正交 Bravais 格子的晶体的理想一维空腔结构, 如果被除去的量子线有两个在 a_2 方向的边界面由 τ_2 确定, 相距为 $N_2 a_2$, 另两个在 a_3 方向的边界面由 τ_3 确定, 相距为 $N_3 a_3$, 则对于每一个体能带 n 在空腔结构中存在有:

(1) $(N_3 - 1)$ 个类表面子能带, 其能量为

$$\bar{\Lambda}_{n,j_3}(\bar{\boldsymbol{k}}; \tau_2) = \hat{\Lambda}_n\left(\bar{\boldsymbol{k}} + \frac{j_3\pi}{N_3}\boldsymbol{b}_3; \tau_2\right); \tag{G.11}$$

(2) $(N_2 - 1)$ 个类表面子能带, 其能量为

$$\bar{\Lambda}_{n,j_2}(\bar{\boldsymbol{k}}; \tau_3) = \hat{\Lambda}_n\left(\bar{\boldsymbol{k}} + \frac{j_2\pi}{N_2}\boldsymbol{b}_2; \tau_3\right); \tag{G.12}$$

以及

(3) 一个类棱子能带, 其能量 $\bar{\Lambda}_n(\bar{\boldsymbol{k}}; \tau_2, \tau_3)$ 同时依赖于 τ_2 和 τ_3, 与 6.4 节中的 (6.29), (6.30) 和 (6.31) 式相似.

这里 $j_2 = 1, 2, \cdots, N_2 - 1$, $j_3 = 1, 2, \cdots, N_3 - 1$; $\hat{\Lambda}_n(\hat{\boldsymbol{k}}; \tau_3)$ 是在 a_3 方向的量子膜的膜平面内波矢为 $\hat{\boldsymbol{k}}$ 的类表面能带, $\hat{\Lambda}_n(\hat{\boldsymbol{k}}; \tau_2)$ 是在 a_2 方向的量子膜的膜平面内波矢为 $\hat{\boldsymbol{k}}$ 的类表面能带.

但是, 更有实际意义的情况可能还是具有面心立方和体心立方 Bravais 格子的晶体的空腔结构.

G.3.2　面心立方晶体中具有 (001) 和 (110) 表面的一维空腔结构

面心立方 Bravais 格子的晶体中表面为 (011) 和 (110) 的一维空腔结构是从一个无限大的晶体中除去一个 $[1\bar{1}0]$ 方向的量子线所形成的结构, 这个被除去的量子线具有 (001) 和 (110) 表面, 且有一个 $N_{110}a/\sqrt{2} \times N_{001}a$ 的矩形截面 (其中 N_{110} 和 N_{001} 是两个正整数).

对应于每一个体能带 n, 在这样一个空腔结构中存在 $(N_{001} - 1) + (N_{110} - 1)$ 个类表面子能带. 它们是 $(N_{001} - 1)$ 个子能带, 其能量为

$$\bar{\Lambda}_{n,j_{001}}^{\mathrm{sf},a_1}(\bar{\boldsymbol{k}}; \tau_{110}) = \hat{\Lambda}_n\left[\bar{\boldsymbol{k}} + \frac{j_{001}\pi}{N_{001}a}(0, 0, 1); \tau_{110}\right], \tag{G.13}$$

和 $(N_{110} - 1)$ 个子能带, 其能量为

$$\bar{\Lambda}_{n,j_{110}}^{\mathrm{sf},a_2}(\bar{\boldsymbol{k}}; \tau_{001}) = \hat{\Lambda}_n\left[\bar{\boldsymbol{k}} + \frac{j_{110}\pi}{N_{110}a}(1, 1, 0); \tau_{001}\right], \tag{G.14}$$

与 (6.51) 和 (6.52) 式类似. 这里 τ_{001} 或 τ_{110} 确定空腔结构在 [001] 或 [110] 方向的边界面的位置, $j_{001} = 1, 2, \cdots, N_{001} - 1$, $j_{110} = 1, 2, \cdots, N_{110} - 1$; $\hat{\Lambda}_n(\hat{\boldsymbol{k}}; \tau_{001})$ 是膜平面在 [001] 方向的量子膜平面内波矢为 $\hat{\boldsymbol{k}}$ 的类表面能带结构, $\hat{\Lambda}_n(\hat{\boldsymbol{k}}; \tau_{110})$ 是膜平面在 [110] 方向的量子膜平面内波矢为 $\hat{\boldsymbol{k}}$ 的类表面能带结构.

与 (6.38) 或 (6.45) 式相似, 对每一个体能带 n, 在空腔结构中总有一个类棱子能带, 其能量 $\bar{\Lambda}_n^{\text{eg}}(\boldsymbol{k}; \tau_{001}, \tau_{110})$ 同时依赖于 τ_{001} 和 τ_{110}.

G.3.3 面心立方晶体中具有 (110) 和 $(1\bar{1}0)$ 表面的一维空腔结构

在具有面心立方 Bravais 格子的晶体中, 表面为 (110) 和 $(1\bar{1}0)$ 面的一维空腔结构是从一个无限大的晶体中除去一个 [001] 方向的量子线所形成的结构, 这个被除去的量子线有 (110) 和 $(1\bar{1}0)$ 表面及一个 $N_{110}a/\sqrt{2} \times N_{1\bar{1}0}a/\sqrt{2}$ 的矩形的截面 (这里 N_{110} 和 $N_{1\bar{1}0}$ 是两个正整数).

对应于每一个体能带 n, 在空腔结构中存在 $(N_{1\bar{1}0} - 1) + (N_{110} - 1)$ 个类表面子能带. 它们是 $(N_{1\bar{1}0} - 1)$ 个类表面子能带, 其能量是

$$\bar{\Lambda}_{n,j_{1\bar{1}0}}^{\text{sf},\text{a}_1}(\bar{\boldsymbol{k}}; \tau_{110}) = \hat{\Lambda}_n\left[\bar{\boldsymbol{k}} + \frac{j_{1\bar{1}0}\boldsymbol{\pi}}{N_{1\bar{1}0}a}(1, -1, 0); \tau_{110}\right], \tag{G.15}$$

和 $(N_{110} - 1)$ 个类表面子能带, 其能量是

$$\bar{\Lambda}_{n,j_{110}}^{\text{sf},\text{a}_2}(\bar{\boldsymbol{k}}; \tau_{1\bar{1}0}) = \hat{\Lambda}_n\left[\bar{\boldsymbol{k}} + \frac{j_{110}\boldsymbol{\pi}}{N_{110}a}(1, 1, 0); \tau_{1\bar{1}0}\right], \tag{G.16}$$

与 (6.61) 及 (6.62) 式相似. 这里 τ_{110} 或 $\tau_{1\bar{1}0}$ 确定空腔结构在 [110] 或 $[1\bar{1}0]$ 方向的边界面的位置, $j_{110} = 1, 2, \cdots, N_{110} - 1$, $j_{1\bar{1}0} = 1, 2, \cdots, N_{1\bar{1}0} - 1$. $\hat{\Lambda}_n(\hat{\boldsymbol{k}}; \tau_{110})$ 是膜平面在 [110] 方向的量子膜的膜平面内波矢为 $\hat{\boldsymbol{k}}$ 的类表面子能带, $\hat{\Lambda}_n(\hat{\boldsymbol{k}}; \tau_{1\bar{1}0})$ 是膜平面在 $[1\bar{1}0]$ 方向的量子膜的膜平面内波矢为 $\hat{\boldsymbol{k}}$ 的类表面子能带.

(与 6.63) 式相似, 对应于每一个体能带 n, 在一维空腔结构中存在一个类棱子能带, 其能量 $\bar{\Lambda}_n^{\text{eg}}(\bar{\boldsymbol{k}}; \tau_{110}, \tau_{1\bar{1}0})$ 同时依赖于 τ_{110} 和 $\tau_{1\bar{1}0}$.

G.3.4 体心立方晶体中具有 (010) 和 (001) 表面的一维空腔结构

在具有体心立方 Bravais 格子的晶体中, 表面为 (010) 和 (001) 面的一维空腔结构是从无限大的晶体中除去一个 [100] 方向量子线所形成的结构, 这个被除去的量子线有 (010) 和 (001) 表面, 且有一个 $N_{010}a \times N_{001}a$ 的矩形截面 (其中 N_{010} 和 N_{001} 是两个正整数).

对于每一个体能带 n, 在空腔结构中存在 $(N_{001} - 1) + (N_{010} - 1)$ 个类表面子能带. 它们是 $(N_{001} - 1)$ 个类表面子能带, 其能量为

$$\bar{\Lambda}_{n,j_{001}}^{\text{sf},\text{a}_1}(\bar{\boldsymbol{k}}; \tau_{010}) = \hat{\Lambda}_n\left[\bar{\boldsymbol{k}} + \frac{j_{001}\boldsymbol{\pi}}{N_{001}a}(0, 0, 1); \tau_{010}\right], \tag{G.17}$$

和 $(N_{010} - 1)$ 个类表面子能带, 其能量为

$$\bar{\Lambda}_{n,j_{010}}^{\mathrm{sf,a_2}}(\bar{\boldsymbol{k}}; \tau_{001}) = \bar{\Lambda}_n \left[\bar{\boldsymbol{k}} + \frac{j_{010}\pi}{N_{010}a}(0, 1, 0); \tau_{001} \right], \tag{G.18}$$

与 (6.69) 和 (6.70) 式相似. 这里 τ_{010} 或 τ_{001} 确定空腔结构在 [010] 或 [001] 方向的边界面, $j_{001} = 1, 2, \cdots, N_{001} - 1$, $j_{010} = 1, 2, \cdots, N_{010} - 1$; $\hat{\Lambda}_n(\hat{\boldsymbol{k}}; \tau_{001})$ 是膜平面在 [001] 方向, 量子膜的膜平面内波矢为 $\hat{\boldsymbol{k}}$ 的类表面子能带, $\hat{\Lambda}_n(\hat{\boldsymbol{k}}; \tau_{010})$ 是膜面在 [010] 方向, 量子膜的膜平面内波矢为 $\hat{\boldsymbol{k}}$ 的类表面子能带.

类似于 (6.71) 式, 对于每一个体能带 n, 在一维空腔结构中存在一个类棱子能带, 其能量 $\bar{\Lambda}_n^{\mathrm{eg}}(\bar{\boldsymbol{k}}; \tau_{001}, \tau_{010})$ 同时依赖于 τ_{001} 和 τ_{010}.

G.4　三维晶体里理想零维空腔结构的电子态

三维无限晶体中的零维空腔结构是从无限晶体中除去一个量子点所形成的结构. 本节中, 我们只关心那些是从无限晶体中除去一个如第七章中讨论的长方体形量子点而形成的理想空腔结构.

这样一个空腔结构可以由底表面 $x_3 = \tau_3$, 顶表面 $x_3 = \tau_3 + N_3$, 与 $\boldsymbol{a}_2$ 轴分别垂直相交于 $\tau_2 \boldsymbol{a}_2$, $(\tau_2 + N_2)\boldsymbol{a}_2$ 的前、后表面, 与 $\boldsymbol{a}_1$ 轴分别垂直相交于 $\tau_1 \boldsymbol{a}_1$, $(\tau_1 + N_1)\boldsymbol{a}_1$ 的左、右表面来确定. 这里 τ_1, τ_2, τ_3 分别确定空腔结构在三个方向的边界的位置, 而 N_1, N_2, N_3 则分别是表示空腔结构尺度和形状的三个正整数. 我们要求解满足下面方程的本征值 Λ 和本征函数 $\psi(\boldsymbol{x})$:

$$-\nabla^2 \psi(\boldsymbol{x}) + [v(\boldsymbol{x}) - \Lambda]\psi(\boldsymbol{x}) = 0, \quad \text{如果 } \boldsymbol{x} \text{ 不在空腔内} \tag{G.19}$$

和

$$\psi(\boldsymbol{x}) = 0, \quad \text{如果 } \boldsymbol{x} \text{ 在空腔内.} \tag{G.20}$$

方程 (G.19) 和 (G.20) 有不同类型的电子态的解. 如同 G.1—G.3 节中所讨论的, 我们仅关心方程 (G.19) 和 (G.20) 的解中其能量依赖于空腔结构的边界 τ_1, τ_2 和 (或) τ_3 的解. 根据第五章至第七章以及 G.1—G.3 节中相似的论证, 我们可以容易地理解, 能量依赖于边界的位置 τ_1, τ_2 或 τ_3 三者之一的是空腔结构中的类表面态, 它们位于空腔结构中与相应的被除去的量子点里的类表面态相对的表面上. 也就是说, 如果在被除去的量子点的某一个特定的表面附近有一个类表面态, 那么在空腔结构的相对的表面附近就有一个相应的类表面态. 在空腔结构中能量依赖于边界的位置 τ_1, τ_2 或 τ_3 三者之二的是空腔结构中的类棱态, 它们位于空腔结构中与相应的被除去的量子点里的类棱态相对的边. 在空腔结构中能量同时依赖于空腔结

构三个边界位置 τ_1, τ_2, τ_3 的是空腔结构中的类顶角态, 它们位于空腔结构中被除去的量子点相应的类顶角态相对的顶角.

G.4.1　具有简单立方、四角或正交 Bravais 格子的晶体中的零维空腔结构

在一个具有简单立方、四角或正交 Bravais 格子的晶体中, 在其 $\boldsymbol{a}_1$ 方向的尺度为 $N_1 a_1$, $\boldsymbol{a}_2$ 方向的尺度为 $N_2 a_2$, $\boldsymbol{a}_3$ 方向的尺度为 $N_3 a_3$ 的空腔结构里, 对应于每一个体能带, 存在 $(N_1 - 1)(N_2 - 1) + (N_2 - 1)(N_3 - 1) + (N_3 - 1)(N_1 - 1)$ 个类表面态, $(N_1 - 1) + (N_2 - 1) + (N_3 - 1)$ 个类棱态, 以及一个类顶角态. 它们包括:

(1) $(N_1 - 1)(N_2 - 1)$ 个类表面态, 其能量为

$$\Lambda_{n,j_1,j_2}(\tau_3) = \hat{\Lambda}_n \left[\frac{j_1\pi}{N_1} \boldsymbol{b}_1 + \frac{j_2\pi}{N_2} \boldsymbol{b}_2; \tau_3 \right]; \tag{G.21}$$

(2) $(N_2 - 1)(N_3 - 1)$ 个类表面态, 其能量为

$$\Lambda_{n,j_2,j_3}(\tau_1) = \hat{\Lambda}_n \left[\frac{j_2\pi}{N_2} \boldsymbol{b}_2 + \frac{j_3\pi}{N_3} \boldsymbol{b}_3; \tau_1 \right]; \tag{G.22}$$

(3) $(N_3 - 1)(N_1 - 1)$ 个类表面态, 其能量为

$$\Lambda_{n,j_3,j_1}(\tau_2) = \hat{\Lambda}_n \left[\frac{j_3\pi}{N_3} \boldsymbol{b}_3 + \frac{j_1\pi}{N_1} \boldsymbol{b}_1; \tau_2 \right]; \tag{G.23}$$

(4) $(N_1 - 1)$ 个类棱态, 其能量为

$$\Lambda_{n,j_1}(\tau_2, \tau_3) = \bar{\Lambda}_n \left[\frac{j_1\pi}{N_1} \boldsymbol{b}_1; \tau_2, \tau_3 \right]; \tag{G.24}$$

(5) $(N_2 - 1)$ 个类棱态, 其能量为

$$\Lambda_{n,j_2}(\tau_3, \tau_1) = \bar{\Lambda}_n \left[\frac{j_2\pi}{N_2} \boldsymbol{b}_2; \tau_3, \tau_1 \right]; \tag{G.25}$$

(6) $(N_3 - 1)$ 个类棱态, 其能量为

$$\Lambda_{n,j_3}(\tau_1, \tau_2) = \bar{\Lambda}_n \left[\frac{j_3\pi}{N_3} \boldsymbol{b}_3; \tau_1, \tau_2 \right]; \tag{G.26}$$

以及

(7) 一个类顶角态, 其能量 $\Lambda_n(\tau_1, \tau_2, \tau_3)$ 依赖于 τ_1, τ_2 和 τ_3, 这些与 (7.40)—(7.46) 式相似.

这里 $j_1 = 1, 2, \cdots, N_1 - 1$, $j_2 = 1, 2, \cdots, N_2 - 1$, $j_3 = 1, 2, \cdots, N_3 - 1$. τ_1, τ_2, τ_3 分别确定空腔结构在 $\boldsymbol{a}_1$, $\boldsymbol{a}_2$, $\boldsymbol{a}_3$ 三个方向的边界位置. $\hat{\Lambda}_n[\hat{\boldsymbol{k}}; \tau_l]$ 是膜平面在 $\boldsymbol{a}_l$ 方向的量子膜的类表面子能带, $\bar{\Lambda}_n[\bar{\boldsymbol{k}}; \tau_l, \tau_m]$ 是量子线的表面在 $\boldsymbol{a}_l$ 或在 $\boldsymbol{a}_m$ 方向的矩形截面的量子线的类棱子能带.

最有实际意义的情况还是可能还是面心立方或体心立方晶体的空腔结构. 与 G.1—G.3 节中的情况相似, 我们也可以得到这些空腔结构中的电子态.

G.4.2 面心立方晶体中具有 $(1\bar{1}0)$, (110), (001) 表面的零维空腔结构

在一个面心立方晶体的空腔结构中, 如果空腔结构具有 (001), (110), $(1\bar{1}0)$ 表面, 而且长方体形空腔的尺度为 $N_{001}a \times N_{110}a/\sqrt{2} \times N_{1\bar{1}0}a/\sqrt{2}$, 这样一个空腔结构中依赖于边界的电子态就可以用与 7.7 节中理想量子点里的依赖于边界的电子态类似的方法求得.

对应于每一个体能带 n, 在空腔结构中存在 $(N_{001}-1)(N_{1\bar{1}0}-1) + (N_{110}-1)(N_{001}-1) + (N_{1\bar{1}0}-1)(N_{110}-1)$ 个类表面态. 它们包括:

(1) $(N_{001}-1)(N_{1\bar{1}0}-1)$ 个类表面态, 其能量为

$$\Lambda_{n,j_{001},j_{1\bar{1}0}}^{\mathrm{sf,a_1}}(\tau_{110}) = \hat{\Lambda}_n \left[\frac{j_{001}\pi}{N_{001}a}(0,0,1) + \frac{j_{1\bar{1}0}\pi}{N_{1\bar{1}0}a}(1,-1,0); \tau_{110} \right]; \tag{G.27}$$

(2) $(N_{110}-1)(N_{001}-1)$ 个类表面态, 其能量为

$$\Lambda_{n,j_{110},j_{001}}^{\mathrm{sf,a_2}}(\tau_{1\bar{1}0}) = \hat{\Lambda}_n \left[\frac{j_{110}\pi}{N_{110}a}(1,1,0) + \frac{j_{001}\pi}{N_{001}a}(0,0,1); \tau_{1\bar{1}0} \right]; \tag{G.28}$$

(3) $(N_{1\bar{1}0}-1)(N_{110}-1)$ 个类表面态, 其能量为

$$\Lambda_{n,j_{1\bar{1}0},j_{110}}^{\mathrm{sf,a_3}}(\tau_{001}) = \hat{\Lambda}_n \left[\frac{j_{1\bar{1}0}\pi}{N_{1\bar{1}0}a}(1,-1,0) + \frac{j_{110}\pi}{N_{110}a}(1,1,0); \tau_{001} \right]. \tag{G.29}$$

与 (7.57)—(7.59) 式类似.

这里 $j_{001} = 1, 2, \cdots, N_{001}-1$, $j_{1\bar{1}0} = 1, 2, \cdots, N_{1\bar{1}0}-1$, $j_{110} = 1, 2, \cdots, N_{110}-1$. $\tau_{110}, \tau_{1\bar{1}0}, \tau_{001}$ 分别确定空腔结构在 $[110]$, $[1\bar{1}0]$, $[001]$ 方向的边界面的位置, $\hat{\Lambda}_n[\hat{\boldsymbol{k}}; \tau_l]$ 是膜平面在 $[l]$ 方向的量子膜的类表面子能带结构 (l 可以是 110, $1\bar{1}0$, 001 中的三者之一).

对应于每一个体能带 n, 在空腔结构中存在 $(N_{001}-1) + (N_{110}-1) + (N_{1\bar{1}0}-1)$ 个类棱态, 它们包括:

(1) $(N_{001}-1)$ 个类棱态, 其能量为

$$\Lambda_{n,j_{001}}^{\mathrm{eg,a_1}}(\tau_{1\bar{1}0}, \tau_{110}) = \bar{\Lambda}_n \left[\frac{j_{001}\pi}{N_{001}a}(0,0,1); \tau_{1\bar{1}0}, \tau_{110} \right]; \tag{G.30}$$

(2) $(N_{110}-1)$ 个类棱态, 其能量为

$$\Lambda_{n,j_{110}}^{\mathrm{eg,a_2}}(\tau_{1\bar{1}0}, \tau_{001}) = \bar{\Lambda}_n \left[\frac{j_{110}\pi}{N_{110}a}(1,1,0); \tau_{1\bar{1}0}, \tau_{001} \right]; \tag{G.31}$$

(3) $(N_{1\bar{1}0}-1)$ 个类棱态, 其能量为

$$\Lambda_{n,j_{1\bar{1}0}}^{\mathrm{eg,a_3}}(\tau_{001}, \tau_{110}) = \bar{\Lambda}_n \left[\frac{j_{1\bar{1}0}\pi}{N_{1\bar{1}0}a}(1,-1,0); \tau_{001}, \tau_{110} \right]. \tag{G.32}$$

与 (7.60)—(7.62) 式类似.

这里 $\bar{\Lambda}_n[\bar{\boldsymbol{k}}; \tau_l, \tau_m]$ 是量子线的表面在 $[l]$ 或在 $[m]$ 方向的矩形量子线的类棱态的能带. l 和 m 可以是 001, 110, 1$\bar{1}$0 中的三者之二.

对于每一个体能带 n, 在空腔结构中存在一个类顶角态, 其能量 $\Lambda_n^{\text{vt}}(\tau_{001}, \tau_{1\bar{1}0}, \tau_{110})$ 同时依赖于 τ_{001}, $\tau_{1\bar{1}0}$ 和 τ_{110}, 与 (7.63) 式相似.

G.4.3 体心立方晶体中具有 (100), (010), (001) 表面的零维空腔结构

对于一个体心立方晶体的空腔结构, 如果空腔结构具有 (100), (010) 和 (001) 表面, 并且长方体空腔的尺度是 $N_{100}a \times N_{010}a \times N_{001}a$, 这样一个空腔结构中依赖于边界的电子态可以用与 7.8 节中理想量子点依赖于边界的电子态类似的方法来得到.

对应于每一个体能带 n, 在空腔结构中存在 $(N_{100} - 1)(N_{010} - 1) + (N_{010} - 1)(N_{001} - 1) + (N_{001} - 1)(N_{100} - 1)$ 个类表面态. 它们包括:

(1) $(N_{010} - 1)(N_{001} - 1)$ 个类表面态, 其能量为

$$\Lambda_{n,j_{010},j_{001}}^{\text{sf,a}_1}(\tau_{100}) = \hat{\Lambda}_n\left[\frac{j_{010}\pi}{N_{010}a}(0,1,0) + \frac{j_{001}\pi}{N_{001}a}(0,0,1); \tau_{100}\right]; \qquad (G.33)$$

(2) $(N_{001} - 1)(N_{100} - 1)$ 个类表面态, 其能量为

$$\Lambda_{n,j_{001},j_{100}}^{\text{sf,a}_2}(\tau_{010}) = \hat{\Lambda}_n\left[\frac{j_{001}\pi}{N_{001}a}(0,0,1) + \frac{j_{100}\pi}{N_{100}a}(1,0,0); \tau_{010}\right]; \qquad (G.34)$$

(3) $(N_{100} - 1)(N_{010} - 1)$ 个类表面态, 其能量为

$$\Lambda_{n,j_{100},j_{010}}^{\text{sf,a}_3}(\tau_{001}) = \hat{\Lambda}_n\left[\frac{j_{100}\pi}{N_{100}a}(1,0,0) + \frac{j_{010}\pi}{N_{010}a}(0,1,0); \tau_{001}\right]. \qquad (G.35)$$

与 (7.73)—(7.75) 式相类似.

这里 $j_{100} = 1, 2, \cdots, N_{100} - 1$, $j_{010} = 1, 2, \cdots, N_{010} - 1$, $j_{001} = 1, 2, \cdots, N_{001} - 1$. $\tau_{100}, \tau_{010}, \tau_{001}$ 分别确定空腔结构在 [100], [010], [001] 方向的边界面的位置. $\hat{\Lambda}_n[\hat{\boldsymbol{k}}; \tau_l]$ 是膜平面在 $[l]$ 方向的量子膜的类表面子能带 (l 可以是 100, 010, 001 三者之一).

对于每一个体能带 n, 在这结构中, 存在 $(N_{100} - 1) + (N_{010} - 1) + (N_{001} - 1)$ 个类棱态, 它们包括:

(1) $(N_{100} - 1)$ 个类棱态, 其能量为

$$\Lambda_{n,j_{100}}^{\text{eg,a}_1}(\tau_{010}, \tau_{001}) = \bar{\Lambda}_n\left[\frac{j_{100}\pi}{N_{100}a}(1,0,0); \tau_{010}, \tau_{001}\right]; \qquad (G.36)$$

(2) $(N_{010} - 1)$ 个类棱态, 其能量为

$$\Lambda_{n,j_{010}}^{\text{eg,a}_2}(\tau_{001}, \tau_{100}) = \bar{\Lambda}_n\left[\frac{j_{010}\pi}{N_{010}a}(0,1,0); \tau_{001}, \tau_{100}\right]; \qquad (G.37)$$

(3) $(N_{001} - 1)$ 个类棱态, 其能量为

$$\Lambda_{n,j_{001}}^{\mathrm{eg},\mathrm{a}_3}(\tau_{100}, \tau_{010}) = \bar{\Lambda}_n \left[\frac{j_{001}\boldsymbol{\pi}}{N_{001}a}(0, 0, 1); \tau_{100}, \tau_{010} \right]. \tag{G.38}$$

类似于 (7.76)—(7.78) 式.

这里 $\bar{\Lambda}_n[\bar{\boldsymbol{k}}; \tau_l, \tau_m]$ 是表面在 $[l]$ 或 $[m]$ 方向的矩形截面的量子线的类棱子能带 (l 和 m 可以是 $100, 010, 001$ 三者之二).

对应于每一个体能带 n, 在空腔结构中有一个类顶角态, 其能量 $\Lambda_n^{\mathrm{vt}}(\tau_{100}, \tau_{010}, \tau_{001})$ 同时依赖于 τ_{100}, τ_{010} 和 τ_{001}, 与 (7.79) 式类似.